D1675328

*Die Natur ist das einzige Buch,
das auf allen Blättern großen Gehalt bietet.*

Johann Wolfgang v. Goethe
(1787, im Alter von 38 Jahren)

Geophänologie

und die kontinuierliche meßtechnische Erfassung der Hauptpotentiale des Systems Erde

- Band 2 -

Heinz Schmidt-Falkenberg
unter Mitwirkung von
Josef M. Kellndorfer

herausgegeben von
Wolf Tietze

Projekte-Verlag

Prof. Dr.-Ing. Dr. rer.nat. h.c. *Heinz Schmidt-Falkenberg*
Honorarprofessor entpfl. an der Universität in Karlsruhe.
Leiter a.D. des Forschungsbereichs Photogrammetrie und Fernerkundung im Deutschen Geodätischen Forschungsinstitut (Abteilung II in Frankfurt am Main).

Dipl.-Geograph Dr. rer.nat. *Josef M. Kellndorfer*
Woods Hole Research Center, Woods Hole, Massachusetts, USA

Impressum

1. Auflage
Herausgeber: Dr. rer.nat. Wolf Tietze
Satz und Druck: Buchfabrik JUCO GmbH - Halle (Saale) - www.jucogmbh.de

© Projekte-Verlag 188, Halle (Saale) 2005 • www.projekte-verlag.de

ISBN 3-938227-99-0
Preis: 75,00 EURO

Inhaltsverzeichnis

Die Zusammenstellungen der Satellitenmissionen mit Bezug zum jeweils genannten Thema sind besonders gekennzeichnet durch ▼

4.3 Meereis 597
Meereisbildung, Eis-Nomenklatur - Meereisausdehnung, Polinja, Eisbedeckungsgrad - Meereisvolumen, Meereisdicke - Schneebedeckung des Meereises - Meereisbewegung/Meereisdrift, Eisdriftgeschwindigkeit - Meereisrauhigkeit, Albedo - Meereisalter - Zum Gefrieren und Schmelzen von Meereis mit Schneeauflage - Netzpunkt- und Netzflächen-Daten - Digitaler Atlas Antarktis

4.3.01 Satelliten-Erdbeobachtungssysteme
(vorrangig zur Beobachtung von Meereis, polaren Eiskappen und Schneedecken) 617
Satelliten mit Sensoren zum Erfassen von Strahlungsreflexion, vorrangig jener, die sich an tätigen Oberflächen des Meereises vollzieht
▼ - Satelliten zum Erfassen von Mikrowellen-Strahlungsemission, vorrangig jener, die von tätigen Oberflächen des Meereises ausgeht ▼

4.3.02 Zur Eisbedeckung der Polarmeere 626
Untermeerische Geländeoberfläche (Meeresgrund) des Nordpolarmeeres und des Europäischen Nordmeeres - Jahresgang der Schnee-/Eisbedeckung des Nordpolarmeeres - Meeresteil Framstraße, Hauptweg für den Eisexport aus dem Nordpolarmeer - Jahresgang der Schnee-/Eisbedeckung des Südpolarmeeres - Eisschilde, Schelfeise und Eisberge in den Polargebieten (Massenhaushalt) - Kalbungsereignisse und Eisberge in den Polargebieten - Zum Eismassenhaushalt der Polargebiete - Brauneis, grünes Eis... Eisalgen

4.4 Eisschild-Bohrungen, Änderungen der Eisverhältnisse im System Erde 651
4.4.01 Eisschild-Bohrungen 651
4.4.02 Langfristige und kurzfristige Änderungen der Eisverhältnisse im System Erde, Analyse- und Datierungsverfahren 655
Periodische Schwankungen der solaren Bestrahlungsintensität - Stabile Isotope, Variationen der Isotopenverhältnisse - Paläotemperaturen des Meeres - Paläotemperaturen eisbedeckter Gebiete
4.4.03 Auffassungen und Hypothesen über das Wachsen und Schwinden großer Eisdecken 674
Meeresspiegelschwankungen in Abhängigkeit vom Wachsen und Schwinden großer Eisdecken - Haben Wachsen und Schwinden

großer Eismassen Einfluß auf die Gestalt des globalen Geoids? - Vereisungen im Pleistozän. Hat eine Vergletscherung Hochasiens auslösende Bedeutung für das Entstehen von „Eiszeiten" im System Erde? - Gletscherschwund in Hochasien?

4.5 Bodeneis, Permafrostgebiete 686

5 **Tundrapotential** 691
Gliederung der Tundra - Globale Flächensumme - Allgemeine phänologische Elemente der Tundra - Wechselwirkungen zwischen Vegetation und Standortbedingungen in der Tundra

6 **Wüstenpotential** 699
Verbreitung der Wüsten - Globale Flächensumme - Wüsten als Mineralstaubquellen - Zur Einteilung und Benennung der Korn-Fraktionen - Mineralpartikel in Eisbohrkernen und Meeresgrundbohrkernen

6.1 Besondere Wüstenkomplexe der Erde 712

7 **Waldpotential** 715
7.1 Land, Meer, Lufthülle und Leben der frühen Erdgeschichte 718
7.1.01 Gesteine, die Urkunden der frühen Erdgeschichte 719
Zur Datierung von Ereignissen der Erdgeschichte, insbesondere die Altersbestimmung von Gesteinen - Isotope Nuklide - Datierungsverfahren, die vorrangig auf radioaktiven Zerfall aufbauen. Halbwertszeit - Datierungsverfahren, die vorrangig auf Isotopenverhältnisse aufbauen - Kosmos, Sonne, Erde (Entstehung und Alter) - Zur Entstehung von Erdkruste und Meer - Generelle Atmosphärenstrukturen der bisherigen Erdgeschichte - Eigenschaften und Ursprung des Lebens ▼ - Wie können die ersten Lebensspuren im System Erde nachgewiesen werden? - Derzeit ältester Nachweis von Leben im System Erde - Zum frühesten Wirken von Cyanobakterien

7.1.02 Sauerstoffanreicherung in der Erdatmosphäre, Photosynthese 753
Strukturen und Funktionen der Organismen - Autotrophe und heterotrophe Organismen - Thermophile und hyperthermophile Organismen - Prokaryotische und eukaryotische Organisation der Zelle, Organismen-Gruppen (Domänen) - ATP-Produktion in Organismen - Was veranlaßte die Sauerstoffanreicherung in der Erdatmosphäre? - Benthisch oder planktisch lebende photoautotrophe Organismen der frühen Erdgeschichte und ihre Sauerstoffproduktion - Kerogen - Photosynthese und Atmung - Oxigene Photosynthese durch Cyanobakterien? - Stratosphärische Ozonschicht in der Atmosphäre? - Nahrungs-Krise? Sauerstoff-Krise? - Nahrungs-Krise (Gärung,

Atmung) - Sauerstoff-Krise? - Photosynthese und Chemosynthese, generelle Übersicht - Anoxigene Photosynthese - Oxigene Photosynthese - Bakterielle Photosynthese - Cyanobakterielle Photosynthese - Photosynthese grüner Pflanzen - Bakterielle Chemosynthese - Bakterielle aerobe Chemosynthese an hydrothermalen Tiefseequellen - Bakterielle anaerobe Chemosynthese an hydrothermalen Tiefseequellen - Ermöglichen Sequenzen der DNS die Klärung von Verwandtschaftsbeziehungen? - Modelle der Entwicklung des Lebens im System Erde - Leben Viren?

7.1.03 Pflanzen besiedeln das Land 790
Marine gebänderte Eisenerze und kontinentale Rotsedimente - Die Pflanzenwelt im Zeitabschnitt von Silur bis Perm - Photomorphogenese der Pflanzen - Die großen Kohlelagerstätten der Erde

7.1.04 Bäume als Zeugen der Klimageschichte des Systems Erde, Dendrochronologie 810
Radiometrische Altersbestimmung mittels Radiocarbonmethode (C14-Methode)

7.2 Definitionen und globale Flächensummen 817
7.3 Allgemeine phänologische Elemente des Waldes 825
Das Kronendach als tätige Oberfläche? - Periodizität des Pflanzenlebens - Wald-Satellitenfernerkundung mittels Mikrowellenstrahlung aktiver Systeme (Radar) ▼ - Waldbrände ▼

7.4 Die boreale Waldzone der Erde (Taiga) 838
7.5 Die Tropenwaldzone der Erde 842
Der tropische Wald und zugehörige Flächengrößen - Der Mangrovewald in der Tropenwaldzone - Zur Einwirkung des tropischen Monsuns auf das Festland, besonders auf Vegetation und Boden - Die Nutzung der Tropenwaldzone durch den Menschen - Wechselbeziehungen zwischen Tropenwald und menschlichen Aktivitäten

7.6 Das globale Kreislaufgeschehen 852
Zur Biomasse der Landpflanzen

7.6.01 Chemische Zusammensetzung von Luft, Erdkruste, Meerwasser und globales Kreislaufgeschehen 855
Zur chemischen Zusammensetzung der gegenwärtigen Erdatmosphäre - Zur chemischen Zusammensetzung der gegenwärtigen Erdkruste - Zur chemischen Zusammensetzung des gegenwärtigen Meerwassers - Erläuterungen zu einigen benutzten Einheiten und Zeichen

7.6.02 Zum globalen Wasserkreislauf im System Erde 872
Mengenangaben zu einigen Wasserreservoiren im System Erde - Mengenangaben zu einigen Wasserflüssen im System Erde

7.6.03 Zum globalen Kohlenstoffkreislauf 879
Mengenangaben zu einigen Kohlenstoffreservoiren - Mengenanga-

ben zu einigen Kohlenstoffflüssen - Durch menschliches Handeln verursachter Kohlenstoffumsatz, Kohlendioxid (CO_2) - Kohlenmonoxid (CO) - Methan (CH_4) - Flüchtige organische Kohlenstoffverbindungen (VOC) - Modelle des globalen Kohlenstoffkreislaufs

7.6.04 Zum globalen Sauerstoffkreislauf 913

7.6.05 Wasserstoff 915
Bodenacidität und Stoffwechsel der Pflanzen (pH-Wert) - Säureemissionen, Säuregehalt der Luft - Staubemissionen, Staubgehalt der Luft - Verlieren Pflanzen bei fortdauerndem sauren Regen eine Hauptnährstoffquelle? - Einstieg in die Wasserstoffwirtschaft? - Wechselwirkungen zwischen dem System Erde und dem interplanetaren Raum. Polarlicht

7.6.06 Zum globalen Stickstoffkreislauf 921
DNS, RNS (DNA, RNA) - Wie verschaffen sich Pflanzen Zugriff auf den Stickstoff der Luft? - Das Kreislaufgeschehen im Boden - Stickstoffdüngung - Modelle des globalen Stickstoffkreislaufs

7.6.07 Zum globalen Schwefelkreislauf 935
Schwefeldioxid (SO_2) - Dimethylsulfid ($CH_3)_2S$ oder DMS - Carbonylsulfid (COS) - Zur Ernährungsweise hyperthermophiler Organismen - Modelle des globalen Schwefelkreislaufs

7.6.08 Zum globalen Phosphorkreislauf 941
Modelle des globalen Phosphorkreislaufs

8 **Graslandpotential** 945
Menschwerdung, Domestizieren von Tieren und Pflanzen, Bodennutzung - Stickstoffdüngung und Erdbevölkerung - Spurenelemente im Boden und im Wasser (Schadstoffbelastung) - Landnutzung - Scotobiologie-Biologie der Dunkelheit

8.1 Satelliten- Erdbeobachtungssysteme (vorrangig zur Landbeobachtung) 958
Geostationäre Satellitensysteme - Satellitensysteme in polnahen Umlaufbahnen - Satelliten mit Sensoren zum Erfassen von Strahlungsreflexion, vorrangig jener, die sich an tätigen Oberflächen des Landes vollzieht ▼ - Satelliten mit Sensoren zum Erfassen von Ultrarot-Strahlungsemission, vorrangig jener, die von tätigen Oberflächen des Landes ausgeht ▼ - Zur Energiebilanz an tätigen Oberflächen

4.3 Meereis

Allgemein wird beim Wasser unterschieden *Süßwasser* und *Salzwasser*. Die Grenze zwischen beiden ist zunächst abhängig vom Schmecken. Ein Mensch mit sehr empfindlichem Geschmack kann schon 250 mg Chlorid/Liter, entsprechend 412 mg Natriumchlorid (Kochsalz)/Liter, feststellen (WILHELM 1987). Die Unterscheidung zwischen Süßwasser und Salzwasser ist erforderlich, weil **Meerwasser** wegen des *mittleren* Salzgehaltes von 0,35% als Trink- oder Bewässerungswasser unmittelbar nicht geeignet ist. Für den Menschen ist Wasser mit einem Salzgehalt bis ca 0,05% zuträglich (BAUMGARTNER/LIEBSCHER 1990). An der gesamten Wassermenge im System Erde (ca 1,64 Milliarden km^3) habe das Meerwasser jedoch den größten Anteil (ca 82,3%) (WILHELM 1987).

Eis, das sich aus Meerwasser gebildet hat, gilt als Meereis. Vielfach wird der Begriff jedoch in einem Sinne verwendet, der auch das Eis nicht sehr salzhaltiger Meere einschließt (GIERLOFF-EMDEN 1982). Eine noch weitergehende Definition versteht unter Meereis *das auf dem Meer schwimmende Eis*, wobei ein großer Teil davon sich auf dem Meer selbst gebildet hat, ein weiterer Teil von den bis ans Meer reichenden Gletschern und Inlandeismassen polarer Gebiete stammt und ein vergleichsweise kleiner Teil das ins Meer geführte Flußeis umfaßt (NEEF 1981). Soweit nichts anderes gesagt ist, wird hier der Begriff **Meereis** in diesem umfassenden Sinne verwendet.

Zur Bedeutung von flächenhafter Ausdehnung und Dynamik des Meereises für das Klima der Erde

Bild 4.105
Klimafaktor Meereis.
Quelle: KREYSCHER (1998),
verändert

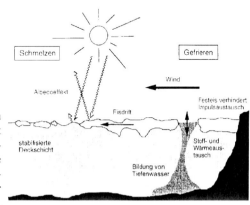

Dem Meereis wird allgemein eine große Bedeutung zuerkannt für die Austauschprozesse zwischen Meer und Atmosphäre und damit für die globalen Zirkulationen im Klimasystem der Erde. Es *modifiziert* die Impuls-, Wärme- und Stoffflüsse zwischen Meer und Atmosphäre *erheblich*.

|Erhöhung der Albedo|
Das Meereis und der auf den Eisschollen akkumulierte Schnee haben für die kurzwellige solare Einstrahlung ein wesentlich höheres Rückstreuvermögen (Albedo) als offene (eisfreie) Wasserflächen. Durch die großflächige Erhöhung der Albedo in den Polargebieten verringert Meereis zusammen mit der Schneebedeckung auf dem Land den kurzwelligen Energieeintrag in das System Erde wesentlich. Es ergibt sich eine zusätzliche Abkühlung in diesen Gebieten, die wiederum zu einer vermehrten Bildung von Meereis und Schnee führt. Die Albedo des eisfreien Meeres beträgt ca 10-15 %. Durch Meereisbedeckung mit Neuschneeauflage kann die Albedo ansteigen bis auf ca 90 %. Die Albedo für trockenen und frischen Schnee kann unter Umständen bis 0,99 ansteigen.

|Herabsetzen des Austausches von Wärme und Feuchtigkeit
zwischen Meer und Atmosphäre|
In den Polargebieten sind die Temperaturdifferenzen zwischen dem eisfreien Meer und der meeresoberflächennahen Luftschicht am größten. Am Nordpol betragen sie im Winter teilweise mehr als 30°C. Diese großen Differenzen führen dazu, daß turbulente Flüsse latenter und sensibler Wärme vom Wasser in die Atmosphäre mehrere hundert Watt pro m^2 betragen können (KREYSCHER 1998). Schon eine dünne Meereisdecke verringert diesen Austausch wesentlich. Das Meereis isoliert zwischen Meer und Atmosphäre sehr effektiv. Der Wärmefluss über eisbedecktes Meer ist etwa um zwei Größenordnungen geringer als über offenem Meer.

|Verringerter Eintrag von marinen Spurenstoffen in die Atmosphäre|
Bei einem eisbedeckten Meer können verschiedene marine Spurenstoffe nicht mehr in die Atmosphäre gelangen wie beispielsweise DMS (Dimethylsulfid) und CH_3I (Methyliodid).

|Eis als Senke von Spurenstoffen|
Als Senke von Spurenstoffen ist nicht mehr das Oberflächenwasser des Meeres, sondern das Meereis von Bedeutung. Die Eigenschaften für die Deposition von Spurenstoffen sind andere. Beispielsweise ist die Depositionsgeschwindigkeit verschiedener Spurenstoffe bei Eis deutlich niedriger als bei Wasser.

|Polinjas|
Es gibt verschiedenen Arten. Entlang der Küste können durch ablandige katabatische Winde solche offenen Wasserstellen entstehen (Küstenpolinjas). Sie sind eine (lokal bedeutsame) Quelle für troposphärische Spurenstoffe mariner Herkunft. Wasserlösliche Spurenstoffe werden außerdem an Oberflächen offener Wasserstellen effektiver abgeschieden als an Oberflächen von Eis, was sich auf die Depositionsrate auswirkt (RIEDEL 2001).

|Salzgehalt und Gefrieren von Meerwasser|
Hierbei ändert sich nicht nur der Aggregatzustand des Wassers, sondern ebenso die Menge der im Meerwasser gelösten Salze. Der durchschnittliche Salzgehalt der großen Meere der Erde von ca 3,3-3,5% (33-35 Promille = 33-35 psu = 33-35 practical salinity unit) verringert sich bei jungem Meereis auf ca 5 psu (KREYSCHER 1998). Meereis

kann daher fast als gefrorenes Süßwasser betrachtet werden; die großen Meereistransporte sind mithin gewaltige Süßwassertransporte. Der mit dem Eisexport durch die Framstraße verbundene Süßwassertransport gilt als der zweitgrößte Süßwasserfluß der Erde (nach dem Amazonas).

|Gefrieren und Schmelzen
im eurasischen Schelfgebiet des Nordpolarmeeres|
In diesem Gebiet wird in der Regel pro Jahr wesentlich mehr Eis gefroren als geschmolzen, wodurch erhebliche Mengen Salz an die ozeanische Deckschicht abgegeben werden (KREYSCHER 1998). In der Gefrierperiode entsteht kaltes und salzreiches Wasser von hoher Dichte, das absinkt und damit einen Beitrag zu Antrieb der dichtegetriebenen (thermohalinen) Zirkulation liefert.

|Meeresteil Grönlandsee|
Große Mengen des im Nordpolarmeer gebildeten Meereises transportiert die Transpolardrift durch den Meeresteil Framstraße in den südlich davon gelegenen Meeresteil Grönlandsee. Die hier auftretenden hohen Schmelzraten von mehreren Metern Eis pro Jahr stabilisieren durch diesen Süßwassereintrag die Deckschicht. Charakteristik und Funktion des Meeresteils Framstraße, der Hauptweg für den Eisexport aus dem Nordpolarmeer, sind im Abschnitt 4.3.01 beschrieben. Die globale Wasserzirkulation im Meer und die ozeanischen Strömungssysteme sowie deren Bedeutung für das Klimasystem der Erde sind im Abschnitt 9.2 dargestellt

|Eismassentransport und Advektion von Meereis|
Mit dem Transport der Eismassen ist zugleich ein Fluß negativer latenter Wärme verbunden, entsprechend der Advektion von Meereis. Zum Schmelzen des Meereises ist ein Betrag von Energie erforderlich, der ca das 70fache jenes Betrages umfaßt, der zur Erwärmung der entsprechenden Wassermenge um 1°C notwendig ist (KREYSCHER 1998, HARDER 1996). Der Eisexport durch den Meeresteil Framstraße enthält mithin eine beträchtliche Menge negativer latenter Wärme, obgleich sein Volumen in der Größenordnung von 0,1 Sv für ozeanische Verhältnisse relativ klein sei. Das im Meeresteil Grönlandsee schmelzende Meereis kühlt (nach WADHAMS 1983) diesen mit einer Leistung von ca 30 Terrawatt, was ca 30% des arktischen Wärmehaushalts entspreche.

|Impulsaustausch Meer/Atmosphäre|
In eisfreien Meeresteilen kann die vom Wind verursachte Schubspannung die Oberflächenströmung des Meeres ungehindert antreiben. Ist die Wasseroberfläche des Meeres von einer kompakten Eisschicht bedeckt, reduziert sich der Impulseintrag in die ozeanische Deckschicht, insbesondere auch dann, wenn Küstenlinien, Inseln oder Meerengen die Bewegung der Eisschicht behindert. Im Extremfall kann der Impulsaustausch vollständig unterbunden werden, etwa wenn in Buchten oder Meerengen sich Festeis bildet, dessen Bewegung durch interne Kräfte im Eis zum Stillstand gezwungen wird. Die über weite Strecken wirkenden internen Kräfte prägen die großräumige Meereisdrift und beeinflussen die Ausdehnung der polaren Meereisbedeckungen (KREYSCHER 1998).

Das Meereis steht jedoch nicht nur in Wechselwirkung mit physikalischen Abläufen in den Polargebieten, sondern steht auch in Wechselwirkung mit biologischen, geochemischen und geologischen Vorgängen in diesen Gebieten. Nachfolgend werden einige Grundlagen und Bausteine für **Meereismodelle** näher betrachtet.

Meereisbildung, Eis-Nomenklatur

Meereis bildet sich vorrangig als Folge von Wechselwirkungen zwischen Meer und Atmosphäre. Das Wachstum einer Eisdecke, das Meereisgefüge, ist dabei abhängig von bestimmten Randbedingungen, wie etwa Lufttemperatur, Windgeschwindigkeit und anderes. Der innere Aufbau einer Meereisdecke gibt mithin Auskunft über seine Vergangenheit und seine Umgebung.

Nach EICKEN (1991) sind vier Phasen am Aufbau des Meereises beteiligt:
(1) das eigentliche Eis, in der freien Wassersäule gebildet oder an eine existierende Eisdecke angewachsen.
(2) Sole, die beim Gefrieren von Meerwasser konzentriert wird und sich in Poren innerhalb des Eises sammelt, sowie untergeordnet
(3) geringe Mengen an Gasen, in das wachsende Eis eingeführt oder aus dem gefrierenden Meerwasser verdrängt, und
(4) geringe Mengen an Salzen, beispielsweise Kalziumkarbonat und Natriumsulfat, die beim Gefrierprozeß ausfallen.

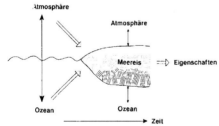

Bild 4.106
Wechselbeziehungen
Ozean/Atmosphäre/Meereis.
Quelle: EICKEN (1991)

Das zeitabhängige Verhältnis dieser Phasen zueinander, ihre jeweilige Ausbildung, wird als *Meereisgefüge* aufgefaßt, das Größe, Form und räumliche Anordnung der Phasen innerhalb des Körpers widerspiegelt. Vom jeweiligen Meereisgefüge sind unter anderem abhängig: seine physikalischen und chemischen Eigenschaften sowie die *biologische Besiedlung* des Eises. Die *Eis-Lebensgemeinschaften* werden behandelt im Abschnitt 9.2.01, ferner für das Nordpolarmeer im Abschnitt 9.4 und für das Südpolarmeer im Abschnitt 9.5. Die *Porosität* von Meereis ist definiert als Verhältnis des sole- und luftgefüllten Porenraumes zum Gesamtvolumen. Da bei der Meereisbildung Salz ausgeschieden wird, hat das Eis geringere Salzgehalte als das Meerwasser, aus dem es gebildet wurde (HAAS 1997). Im allgemeinen beschreibt der Salzgehalt die Entwicklung einer Meereisscholle; er ist besonders von deren Alter und Temperatur abhängig (EICKEN 1991). Größenordnung und vertikale Verteilung des Salzgehaltes bestimmen vor allem auch die Besiedlung einer Meereisscholle durch *Meereisorganismen*; das Ausmaß der *pflanzlichen* Besiedlung kennzeichnet der Gehalt des Photosynthesepigments Chlorophyll a.

Gefrierpunkt des Wassers in °C	0,00	−0,53	−1,33	−1,91	−2,20
Salzgehalt des Wassers in %	0	1	2,47	3,5	4
Temperatur des Dichtemaximums des Wassers °C	+4	+1,9	−1,33	−3,5	−4,5

Bild 4.107
Gefrierpunkt, Salzgehalt und Temperatur des Dichtemaximums des Wassers.

Beispielsweise erfolgt bei kalter Atmosphäre das Abkühlen des Meerwassers nahe der Grenzfläche zwischen Luft und Wasser. Solange die Temperatur des Dichtemaximums des Wassers *über* der Gefrierpunkt-Temperatur liegt, wird es, da seine Dichte größer geworden ist als die seiner Umgebung, absinken und nicht gefrieren. Es besteht somit *Konvektion* in der Wassersäule. Bei einem Salzgehalt des Meerwassers von 2,47% und einer Temperatur von -1,33 °C wird eine solche Konvektion nicht mehr bestehen und das Meerwasser gefriert (GIERLOFF-EMDEN 1982 S.776).

Im Vergleich zum Süßwasser verzögert der Salzgehalt (die Salinität) des Meerwassers die Vorgänge Abkühlung (durch die kältere Atmosphäre) und Eisbildung. Ein funktionaler Zusammenhang zwischen Salzgehalt, Gefrierpunkt und Temperatur des Dichtemaximums des Wassers wird unterstellt entsprechend dem im Bild 4.107 dargelegten Beziehungen (wenn der Einfluß des atmosphärischen Drucks unberücksichtigt bleibt).

Bei Wasser mit 3,5% Salzgehalt liegt der Gefrierpunkt gemäß Bild 4.107 bei -1,91 °C und die Temperatur des Dichtemaximums bei -3,5 °C. Wird die Temperatur des Gefrierpunktes erreicht, dann frieren kleine Süßwasserkristalle aus und bilden (nach *Eisschlamm* und *Eisbrei*) zunächst sogenanntes *Plättcheneis*. Bei weiterer Verfestigung durch Gefrieren entstehen kleine runde Schollen, deren Rand durch gegenseitiges Aneinanderstoßen deformiert ist; sie werden *Pfannkucheneis* genannt. Entsprechend dem Einwirken von Wind, Wellen und Meeresströmung wächst dieses Eis schließlich zu immer größeren *Packeisschollen* zusammen, bis die Meeresregion ganz eisbedeckt ist (GIERLOFF-EMDEN 1982). Eine umfassende **Eis-Nomenklatur** wurde 1956 von der *World Meteorological Organization* (WMO) zusammengestellt. Deutschsprachige Übersichten zur Eis-Nomenklatur enthalten unter anderem die Arbeiten von NUSSER (1958), KOSLOWSKI (1969), OSTHEIDER (1975), GIERLOFF-EMDEN (1982), DECH (1990), BSH (1990), KÖNIG (1992). Weitere Ausführungen hierzu im Unterabschnitt: Meereisalter.

Meereisausdehnung, Polinja, Eisbedeckungsgrad

Eisfeld, Eisscholle, Polinja, Eisberg
Ist die Wasseroberfläche eines Meeresteils mit Eis bedeckt, dann wird diese Bedeckung vielfach als *Eisfeld* (Meereisfeld) bezeichnet. Können einzelne (flache) Meereisstücke unterschieden werden, nennt man diese *Eisschollen* (Meereisschollen). Sie verhalten sich wie einzelne, miteinander wechselwirkende Körper und sind von unterschiedlicher (flächenhafter) Ausdehnung, Dicke, Struktur und in sich inhomogen. Jede Eisscholle ist ein Gemisch aller drei Phasen des Wassers, in dem sich weitere chemische Substanzen und Organismen befinden. Ein größerer, nichteisbedeckter Bereich *innerhalb* eines Eisfeldes wird *Polinja* genannt; bei Lage in Küstennähe spricht man von *Küstenpolinja*. Ein großes Stück im Meer treibendes oder gestrandetes Eis (mehr als 5m über der Meeresoberfläche ragend) bezeichnet man als *Eisberg*. Auf die Unterscheidung von Eisberg (entweder vom Gletscher oder vom Schelfeis stammend) und *Eisinsel* (vom Schelfeis stammend) wird hier verzichtet. Die Eintauchtiefe von schwimmendem Eis variiert mit der Dichte des Meerwassers und mit der Dichte des Eises (GIERLOFF-EMDEN 1982). Da die Dichte von Eis in der Regel etwas unter der des Wassers liegt, ragt ein Eisberg nur mit etwa 1/7 seines Volumens aus dem Meer heraus (Eintauchvolumen = 6/7).

Kleinskalig/großskalig entspricht großmaßstäbig/kleinmaßstäbig
Bei Betrachtung kleinräumiger Meeresteile, insbesondere bei Meereismodellen für solche Meeresteile, wird oftmals die Eisscholle die Ausgangsbasis bilden (man spricht in diesem Zusammenhang daher von "kleinskaligen" Meereismodellen). Bei Betrachtung großräumiger Meeresteile oder globaler Betrachtung, insbesondere bei Meereismodellen für solche Bereiche, ist in der Regel die gemittelte Wirkung einer großen Anzahl von Eisschollen auf die atmosphärischen und ozeanischen Prozesse von Interesse (man spricht in diesem Zusammenhang daher von "großskaligen" Meereismodellen). Im Hinblick auf kartographische Darstellungen sei angemerkt, daß mithin "kleinskalige" Modelle großmaßstäbige und "großskalige" Modelle kleinmaßstäbige kartographische Abbildungen widerspiegeln.

Globales Meereismodell
Da hier ein Meereismodell für großräumige Meeresteile beziehungsweise ein globales Meereismodell gefragt ist, interessieren mithin vor allem die hierzu notwendigen Parameter. Ein solcher Parameter ist der *Eisbedeckungsgrad*, verschiedentlich auch *Flächenbedeckungsgrad* oder *Eiskonzentration* genannt. Der Eisbedeckungsgrad gibt das Verhältnis an von eisbedeckter zu nichteisbedeckter Meeresoberfläche. Als Bezugsfläche (Einheitsfläche) für solche Angaben wird bei einem *globalen* Meereismodell im allgemeinen eine *Gitterfläche* (Gitterzelle) benutzt, wobei (derzeit) als sinnvolle Länge für einen solchen Bereich 100 km gelten. Die Flächengröße beträgt mithin 10 000 km^2. Bei einer ständig mit Eis bedeckten Meeresfläche der Erde von ca 10 000

000 km² (Bild 4.3) sind somit erdweit mehr als tausend Gitterflächen zu betrachten.

Änderung der Meereisausdehnung
Eine Abnahme der Schnee-/Eisbedeckung global oder regional bedeutet eine Verringerung der mittleren Albedo und führt zu einer erhöhten Absorption der Sonneneinstrahlung und damit zu einer steigenden Erwärmung in diesen Bereichen. Oder mit anderen Worten: Weil sich der Energiefluß zwischen der Oberfläche von Meereis und der Atmosphäre stark unterscheidet vom Energiefluß zwischen der Oberfläche des offenen Wassers und der Atmosphäre, ist die Meereisausdehnung (Meereisverbreitung) wesentlich für das globale Klima im System Erde.

Kontinuierliche flächenhafte Beobachtungen der Anteile von ein- beziehungsweise mehrjährigem Eis an der (gesamten) Eisbedeckung erfolgen heute mittels satellitengetragenen passiven Mikrowellensensoren (beispielsweise SSM/I), siehe Unterabschnitt: Meereisalter

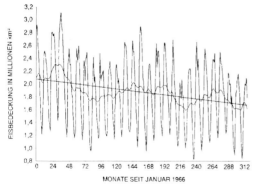

Bild 4.108
Monatliche Meereisbedeckung 1966-1992 im Bereich 50°West - 60°Ost der Nordhalbkugel. Die Gerade gibt den Trend der 12-Monatsmittel-Kurve an. Daten nach M ECKERT 1992. Quelle: Bolle (1993)

Definitionen des Eisbedeckungsgrades
Der Eisbedeckungsgrad A gibt den Flächenanteil der Bezugsfläche (Einheitsfläche) an, der von Eis bedeckt ist.

|Eisbedeckungsgrad und Schifffahrt|
Im Hinblick auf seine Bedeutung für die Schifffahrt wird der Eisbedeckungsgrad für eine Bezugsfläche (Einheitsfläche) vielfach (als dimensionslose Zahl) nach Zehnteln oder Achteln angegeben. Bild 4.109 gibt eine Übersicht.

10/10 oder 8/8	a) Sehr dichtes / zusammenhängendes Treibeis/Packeis; wenig oder gar kein offenes Wasser. b) Zusammengeschobenes und zusammenhängendes Treibeis.
7-9/10 oder 6-7/8	a) Dichtes Treibeis/Packeis, zusammengesetzt aus meist sich berührenden Eisschollen b) Sehr dichtes Treibeis = 9/10; dichtes Treibeis = 7-8/10.
4-6/10 oder 3-5/8	a) Lockeres Treibeis/Packeis. Die Eisschollen berühren sich nur selten; viele Rinnen und Stellen offenen Wassers sind vorhanden. b) Lockeres Treibeis = 4-6/10.
1-3/10 oder 1-2/8	a) Sehr lockeres Treibeis/Packeis; mehr Wasser als Eis. b) Sehr lockeres Treibeis = 1-3/10. Offenes Wasser = 1/10.

Bild 4.109
Definition des Eisbedeckungsgrades im Hinblick auf seine Bedeutung für die Schiffahrt. Quelle: a) Nusser (1958), b) WMO (1970)

In der *World Meteorological Organization* (WMO) wird auch die Benennung "Eiskonzentration" benutzt; die Benennung "Eisdichte" sollte keinesfalls benutzt werden, da sie irreführend sein kann. Der Begriff Eisbedeckungsgrad sagt nichts aus über die Anzahl und die Gößen(klassen) der Eisschollen. Die Begrenzungslinien der Flächen der jeweiligen Eisbedeckungsgrade können *Eisgrenzen* genannt werden.

|Eisbedeckungsgrad und globales Meereismodell|
Anders als zuvor dargelegt, wird der Eisbedeckungsgrad A in *Meereismodellen* oftmals als dimensionslose Zahl zwischen 0 und 1 (beziehungsweise 0% und 100%) angegeben: 0 = eisfreie Bezugsfläche, 1 = vollständig mit Eis bedeckte Bezugsfläche. Als Bezugsfläche (Einheitsfläche) dient dabei die zuvor beschriebene *Gitterfläche* (Gitterzelle). In der Regel wird bei Meereismodellen ein auf diese Bezugsfläche bezogener Mittelwert benutzt.

Meereisvolumen, Meereisdicke

Wird die zuvor beschriebene Gitterfläche zugrundegelegt, dann können Aussagen zum Meereisvolumen ebenfalls auf diese Einheitsfläche bezogen und durch eine Längenangabe h gekennzeichnet werden, die den Mittelwert der vertikalen Eisdicken innerhalb der Gitterfläche charakterisiert. h stellt mithin die Dicke dar, die das Eis hätte, wenn es eine homogene Schicht innerhalb der Gitterfläche wäre. h gibt mithin das Eisvolumen pro Gitterfläche an.

Nach HAAS (1997) wurden zur Bestimmung der Dicke von Meereis bisher im wesentlichen vier Techniken angewandt

◆ Unterwasser-Sonarmessungen des Eistiefganges (etwa U-Boot-gestütztes oder am Meeresgrund verankertes Echolot)
◆ Laseraltimetermessungen des Eisfreibords (Eis- und Schneehöhe über der Wasseroberfläche (von Hubschraubern oder Flugzeugen aus)
◆ Elektromagnetische Induktionsmessungen (von Flugzeugen, Hubschraubern oder anderen Plattformen aus) gehören zu den neueren Techniken in diesem Meßbereich, ebenso die kontinuierliche elektromagnetische Eisdickenmessung vom fahrenden Schiff aus, beispielsweise mit einer Meßeinrichtung am Bug der *Polarstern* (HAAS 1997, 2001)
◆ Bohrungen.

Eine Übersicht zur Messung von Eisdicken enthält auch KREYSCHER (1998). Die vorgenannten Techniken erfordern Arbeiten vor Ort. *Satelliten-Fernerkundungsverfahren* zur Bestimmung der Meereisdicke befinden sich derzeit noch in einer gewissen Entwicklungsphase. Sie basieren meist auf aus dem Weltraum erkundbare Eigenschaften des Meereises wie beispielsweise das Eisalter (einjährig, mehrjährig). Eisdickenmessungen vor Ort sind jedoch eine wichtige Basis der *Kalibrierung* von Meereismodellen. Bild 4.110 veranschaulicht einige Begriffe, wie sie zur Kennzeichnung der Meereisdicke verwendet werden.

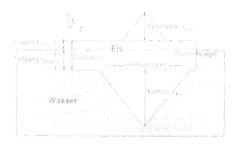

Bild 4.110
Profilschnitt durch eine
Meereisscholle mit einem
Preßeisrücken (Schema).
Quelle: HAAS (1997)

Hinsichtlich der *elastischen* Eigenschaften des Meereises erbrachten Laufzeitbestimmungen von Ultraschallwellen im Meereis folgende Ergebnisse: Bei einer Frequenz von 500 kHz und einer nominellen Ausbreitungsgeschwindigkeit im Meereis von ca 4 km/s (P-Welle) und ca 2 km/s (S-Welle) ergeben sich Wellenlängen von 8 mm beziehungsweise 4 mm (HELLMANN 1990 S.37). Die *Dynamik* des Meereises und diesbezügliche Rheologieansätze sind bei den Ausführungen über Meereisbewegung/Meereisdrift und Eisdriftgeschwindigkeit angesprochen. Es zeigt sich, daß das Meereisvolumen und damit besonders die Meereisdicke starken dekadischen *Schwankungen* unterliegt. Die Ursachen dafür liegen wohl vorrangig in der jeweiligen Luftdruckverteilung und den damit vorherrschenden Windrichtungen. Die Lufttemperatur spielt offensichtlich nur eine untergeordnete Rolle (HAAS 2001). Im Zusammenhang mit den Schwankungen der globalen Luftdruckverteilung wird verschiedentlich von sogenannten *Oszillationen* gesprochen (etwa der AO: Arctic Oscillation, NAO: North Atlantic Oscillation), die zu verschiedenen Eisdriftmustern führen. Diese Muster sind maßgebend dafür, wie stark sich Meereis an den Küsten aufstaut, verdickt und wie alt es werden kann. Die *Eis-Lebensgemeinschaften* sind generell im Abschnitt 9.2.01 behandelt, für das Nordpolarmeer im Abschnitt 9.4 und für das Südpolarmeer im Abschnitt 9.5

Schneebedeckung des Meereises

Meereis ist meist mit Schnee bedeckt. Das diesbezügliche *Schneevolumen* kann (analog zum Eisvolumen) definiert werden als Mittelwert der vertikalen *Schneedicken* innerhalb der Gitterfläche mit einer Längenangabe h_s.

Schnee ist einer der besten *Wärmeisolatoren* aller natürlichen Oberflächen. Bei einer Schneedicke von ca 15 cm soll diese den Wärmefluß der darunter liegenden Eisschicht nahezu vollständig abschirmen. Außerdem erbringen Schneedicken und Schneeakkumulationsraten einen *Süßwassereintrag* ins Meer. In der von JOHNSEN (1998) gegebenen Übersicht über Eigenschaften der Schneebedeckung des Meereises wird sodann darauf verwiesen, daß die Akkumulation von Schnee auf dem Meereis aufgrund der *hohen Albedo* einen *kühlenden* Effekt auf das globale Klima hat. Wird angenommen, daß die Albedo zwischen 0,5 für schneefreies, schmelzendes Eis und 0,85 für schneebedecktes Eis liegt und daß ferner die Albedo des eisfreien Meeres nur ca 0,1 beträgt, dann *senkt* die Meereisdecke somit den direkten Eintrag an kurzwelliger Strahlungsenergie in das polare Meer um das 5-8fache. Aufgrund von Simulationen wird angenommen, daß eine Schneebedeckung auf dem Meereis das *Solevolumen* im Eis um einen Faktor 1,5-2 erhöhen kann, was die Festigkeit des Eises verändert. Schließlich kann sich aufgrund der hohen Emissivität des Schnees im Ultrarot (Infrarot) die Temperatur in einer Atmosphärenschicht 1-2 m oberhalb der Schneeschicht absenken, was die Sublimation von Wasserdampf von der Atmosphäre auf die Schneeoberfläche als *Rauhreif* verstärken dürfte. Der Schnee wirkt bei diesem Vorgang als *Absorber* von atmosphärischer Feuchte, ist mithin ein Faktor, der auf den globalen Feuchtigkeitsaustausch einwirkt.

Im Südpolarmeer
wird gelegentlich ein "Fluten" der Eisschollen beobachtet, das sich dann ergibt, wenn die Schneelast auf einer Eisscholle so groß geworden ist, daß sie die Grenzfläche Schnee/Eis unter die Wasserlinie drückt. Es entsteht ein negatives Freibord (Bild 4.110). Dabei vollzieht sich eine Konversion des Schnees in sogenanntes "meteorisches Eis".

Im Nordpolarmeer
ist ein solcher Flutungseffekt nur selten zu beobachten, da hier das Meereis mehrere Meter dick ist und die Schneeauflage nicht die zum Fluten notwendige Dicke erreicht. Außerdem wird hier der Schnee im Sommer fast vollständig geschmolzen, so daß nur im Zeitabschnitt Winter der Aufbau einer Schneeauflage erfolgen kann (HARDER 1996). Typische morphologische Erscheinungen des arktischen Meereises im Sommer

sind Schmelztümpel. Sie können bis zu 10-50% der Eisoberfläche bedecken (siehe Abschnitt 4.3.01). Im Zeitabschnitt 1974-1991 sind auf russischen Driftstationen im Nordpolarmeer etwa alle 10 Tage die Schneedicke und ihr Flüssigwassergehalt gemessen worden mit dem Ergebnis, daß zwischen beiden Größen eine hohe Korrelation vorliegt (mit Korrelationskoeffizient 0,93). Mit Flüssigwassergehalt F (in mm) und Schneedicke S (in mm) besteht die Beziehung: F = 0,241 · S für den Zeitabschnitt zwischen Januar und Dezember (JOHNSEN 1998).

Hinsichtlich der *Bewölkung* über dem Nordpolarmeer dominiert die Stratusbewölkung, mit einem Wolkenbedeckungsgrad im Sommer ca 80 %, im Winter ca 60 %. Eine Übersicht über die Wolkentypen über dem Nordpolarmeer zeigt Bild 4.111. Aus der Mie-Theorie der Streuung folgt, daß 3-10 % der in die Wolke einfallende solare Strahlung dort absorbiert wird. Im globalen Mittel beträgt die solare Einstrahlung ca 340 W/m^2. Bei einem durchschnittlichen Wolkenbedeckungsgrad von 30 % werden mithin ca 3-10 W/m^2 der solaren Strahlung in Wolken absorbiert. Die gemessenen Werte der Absorption in Wolken liegen vielfach aber höher, weshalb gegenwärtig noch gewisse Mängel bei Modellierungen auftreten (FREESE 1999). Absorption und Streuung sind im Oberbegriff *Extinktion* zusammengefaßt.

Wolkentyp	Wolkenbasishöhe (m)		Wolkendicke (m)	
	Winter	*Sommer*	*Winter*	*Sommer*
Cirrocumulus	5 900	6 600	1 700	2 100
Cirrostratus				
Cirrus				
Altocumulus	1 600	2 500	500	500
Altostratus				
Nimbostratus	500	500	1 500	1 500
Stratocumulus	650	450	400	600
Stratus	350	170	150	400

Bild 4.111 Basishöhen und Dicken von Wolkentypen über dem Nordpolarmeer nach RADIONOV et al. 1997. Der Flüssigwassergehalt liege bei Stratocumuluswolken zwischen 0,01 und 0,55 g/m^3, bei Stratuswolken zwischen 0,01 und 0,30 g/m^3. Quelle: JOHNSEN (1998).

Bei der Namengebung erhalten in der Regel alle Wolken des mittelhohen Niveaus das Präfix "alto-". Die Eiswolken des hohen Niveaus sind die "Cirren". Für die *Polargebiete* wird vielfach angenommen: hohes Niveau (*Wolkenstockwerk*) = 3-8 km, mittleres Niveau = 2-4 km, tiefes Niveau = 0-2 km (WEISCHET 1983). Die *Wolken-Vertikalerstreckung* kann sich über mehrere Wolkenstockwerke hinziehen.

Bezüglich der Wirkung der Wolken auf den Wärmehaushalt der Atmosphäre und des Meereises kann festgestellt werden (FREESE 1999): Einerseits strahlt eine Wolke

Wärme aus, was zu Wechselwirkungen mit dynamischen und mikrophysikalischen Prozessen sowie zu horizontal inhomogenen Verhältnissen führt. Andererseits ermöglicht die hohe Albedo der bodennahen Bewölkung eine verstärkte Absorption solarer Strahlung in der höheren, zeitweise mit Aerosolen belasteten Troposphäre. Wolken können mithin indirekt den Wärmehaushalt der höheren Atmosphäre beeinflussen.

Die meisten Tage mit *Niederschlag* im Nordpolarmeer-Gebiet liegen im September/Oktober (mit einem Maximalwert von 24 mm/Tag) (JOHNSEN 1998).

Meereisbewegung/Meereisdrift, Eisdriftgeschwindigkeit

Die Bewegungen des Meereises in den Polarmeeren steuern verschiedene Kräfte. Luft- und Wasserströmungen sind offensichtlich wichtige Antriebskräfte. Den aerodynamischen Strömungswiderstand des Meereises bestimmen vorrangig der sogenannte Oberflächenwiderstand (bedingt durch die Eisrauigkeit) und der sogenannte Formwiderstand einzelner Schollenkanten, Preßeisrücken oder Eiskiele.

Der *Wind* ist eine wesentliche Antriebskraft der Eisdrift. Oft ist die *Windschubspannung* sogar dominierende Antriebskraft. Bild 4.112 gibt eine Übersicht über die Stärken verschiedener Antriebskräfte.

Stärke	Kraft	
0	Windantrieb	
0	ozeanischer Antrieb	Bild 4.112
0	interne Kräfte	Wesentliche Antriebskräfte der
1	Corioliskraft	Meereisdrift.
1	Oberflächenneigung	0 = stärkste Kräfte
2	Massenträgheit	3 = schwächste Kräfte
3	Advektion von Impuls	Quelle: HARDER (1996)

Beim ozeanischen Antrieb können zwei Anteile ausgewiesen werden: die *Bremsreibung* im Ozean und der eigentliche *Antrieb durch Ozeanströmung* (HARDER 1996). Die *Corioliskraft* ist nach HARDER etwa eine Größenordnung kleiner als die Hauptantriebskräfte; sie erzeugt jedoch eine Drehung: das Eis im Nordpolarmeer driftet generell rund 25° rechts des antreibenden Windes, im Südpolarmeer wurde die umgekehrte Richtungsdifferenz zwischen Wind und Eisdrift beobachtet.

In *Meereismodellen*, wie beispielsweise in dem von HARDER (1996) oder von KREYSCHER (1998), wird die horizontale Eisdriftgeschwindigkeit auf der Wasseroberfläche meist als Vektor angegeben, gegebenenfalls als Vektor der Gitterfläche.

Eisschollenbewegung: Verlagerungsvektor, Trajektorie
Die Bewegung einer Eisscholle kann beschrieben werden als Zusammensetzung von Translations- und Rotationsbewegungen. Geeignete Beschreibungen beziehungsweise Darstellungen der Eisschollenbewegungen sind nach DECH (1990): Verlagerungsvektoren, Trajektorien und überlappende Verlagerungsabfolgen. Auf der Basis von Satellitenbilddaten erfolgten (nach OSTHEIDER 1975) erste Arbeiten hierzu unter anderem durch KAMINSKI 1970, DE RYCKE 1973 und STRÜBING 1974.
Der *Verlagerungsvektor* beschreibt die Verlagerung der Eisscholle zwischen den Zeitpunkten t_0 und t_9. Sollte sich diese innerhalb dieses Zeitintervalls Δt (0-9) jedoch bewegt haben wie im Teil b dargestellt, dann ist die Position der Eisscholle nun nicht nur zu den Zeitpunkten t_0 und t_9, sondern auch zu den dazwischen liegenden Zeitpunkten t_1-t_8 bestimmt. Die Beschreibung der Bewegung einer Eisscholle durch eine *Trajektorie* ist mithin aussagekräftiger.

Bild 4.113
Eisschollenbewegung und ihre Beschreibung
mittels
(a) Verlagerungsvektor oder (b) Trajektorie.
Quelle: DECH (1990) S.113, verändert

Zusammenfassend kann gesagt werden, daß Verlagerungsvektoren und Trajektorien die Kinematik einer Eisscholle nur teilweise beschreiben (es fehlen hinreichende Aussagen über die Rotation und auch die Form der Eisscholle sowie nachfolgende Formveränderungen sind darin nicht erfaßt). Nach DECH (1990) stellen beide Beschreibungsarten jedoch eine Basis dar, auf der Eisbewegungen auf dem Meer (in Bildaufzeichnungen der Satellitenfernerkundung) erkannt und analysiert werden können. Die in einem Eisfeld sich ergebende Vielzahl von Vektoren führt zu einem *Vektorenfeld*. Dies erlaubt (nach Verdichtung durch Interpolation, wie es beispielsweise Bild 4.114 zeigt) sowohl die Ableitung von Linien gleicher Geschwindigkeit (Isotachen), von Divergenzen beziehungsweise Konvergenzen im Eisfeld, von großräumigen Strömungslinien, in begrenztem Umfange auch von Rotationen im Eisfeld, als auch eine statistische Analyse der Eisfeldkinematik, aus der eventuell Rückschlüsse auf die Eisfelddynamik möglich sind.

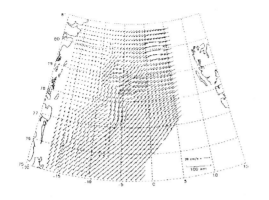

Bild 4.114
Interpoliertes Vektorenfeld der innerhalb von 24 Stunden erfolgten Eisdrift in den Meeresteilen Framstraße und Ostgrönlandsee (18-19. Mai 1988). Die Vektoren geben Richtung und Geschwindigkeit der Eisdrift an (Auswerteergebnisse von NOAA-Satellitenbilddaten). Quelle: DECH (1990), verändert

Eisschollenbewegung: Überlappende Verlagerungsabfolgen

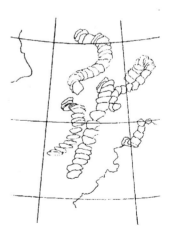

Bild 4.115
Bewegungen und dabei eingetretene Veränderungen der Oberflächenform von fünf verschiedenen Eisschollen in der Ostgrönlandsee im Zeitintervall von *22 Tagen* (Auswerteergebnisse von NOAA-Satellitenbilddaten). Rechts im Bild ist das Verhalten einer Eisscholle an einer stark aufgelösten Packeiskante wiedergegeben. Der massive Schmelzvorgang ist deutlich zu erkennen. Die jeweilige Bewölkungslage zu den Zeitpunkten t_i kann durch unterschiedliche Farbgebung für die zugehörigen Oberflächen beschrieben werden. Quelle: DECH (1990), verändert

Wie zuvor vermerkt, sagt die Beschreibung der Eisschollenbewegung mittels Verlagerungsvektoren beziehungsweise Trajektorien relativ wenig aus über eventuelle Rotationen der driftenden Eisscholle und dabei eintretende Formveränderungen (etwa durch Abschmelzen, Stauchungen...). Die Beschreibung der Eisschollenbewegung mittels "überlappendem Eisschollen-Tracking" (DECH 1990), hier *überlappende Verlagerungsabfolge* genannt, beseitigt diesen Nachteil. Bild 4.115 zeigt ein Beispiel. Für fünf ausgewählte driftende Eisschollen sind hier, außer der Positionsveränderung, nun auch die Rotation sowie die jeweilige Oberflächenform (und damit deren Veränderung) erkennbar und meßbar. Die Beschreibung einer Eisschollenbewegung mittels überlappender Verlagerungsabfolge ist somit aussagekräftiger, als die beiden zuvor angegebenen Beschreibungen.

Meereisrauhigkeit, Albedo

Die Definition der *Rauhigkeit* des Meereises ist offensichtlich abhängig von der Meßgenauigkeit der jeweils eingesetzten Meßverfahren. In Messungen vor Ort kann die Meereisrauhigkeit in der Regel mit hoher *geometrischer Auflösung* bestimmt werden. Mittels Satellitenfernerkundung wird sie nur mit geringerer geometrischer Auflösung bestimmbar sein.

Bei globalen Betrachtungen, insbesondere bei einem *globalen Meereismodell*, ist nicht die geometrische Form etwa eines einzelnen Preßrückens von Bedeutung, sondern das statistische Mittel der vielen kleinen Rauhigkeitselemente bezogen auf eine Bezugsfläche, etwa der zuvor genannten Gitterfläche. Man spricht von *aerodynamischer Rauhigkeit*, wenn der mittlere Effekt der Oberflächeneigenschaft für Prozesse in der Grenzschicht Atmosphäre/Meereis betrachtet wird.

Bei Messungen mit einem satellitengetragenen Radaraltimeter (wie es beispielsweise ERS-1 trägt) kann aus der *Analyse der Rückstreusignale* die Rauhigkeit des Meereises abgeleitet werden. Die Definition der Meereisrauhigkeit beruht dann auf dem Rückstreukoeffizienten des Radarsignals; sie ist mithin nicht unmittelbar vergleichbar mit der vorgenannten aerodynamischen oder geometrischen Rauhigkeit. Der Meßflächenabstand bei satellitengetragenen Radaraltimetern beträgt meist mehrere Kilometer, dies ist hinreichend für die Nutzung in globalen Meereismodellen, da die Einführung mehrerer Eisklassen in der Regel auch den Aufwand bei Modellrechnungen steigert. Bisher wurden in diesem Zusammenhang meist zwei Eisklassen unterschieden: glattes Eis, rauhes Eis. Die in Meereismodellen derzeit meist implementierten Albedo-Werte für unterschiedliche tätige Oberflächen zeigt Bild 4.116.

tätige Oberfläche	\multicolumn{2}{c}{*Albedo* α}	
offenes Wasser	0,1	0,1	
schmelzendes Eis ohne Schneeauflage	0,6	0,68	
gefrorenes Eis ohne Schneeauflage	0,65	0,7	
schmelzender Schnee	0,7	0.77	
gefrorener Schnee	0,8	0,81	

Bild 4.116
Albedo-Werte, wie sie derzeit in Meereismodellen benutzt werden. Quelle: Spalte 1 = HARDER (1996), Spalte 2 = KREYSCHER (1998)

Die *Albedo* beschreibt das Rückstreuvermögen unterschiedlicher tätiger Oberflächen für kurzwellige Strahlung (siehe Abschnitt 4.2.06). Für die *Emissivität* (für die langwellige Abstrahlung) wird in derzeitigen Meeresmodellen meist für *alle* tätigen Oberflächen der Wert $\varepsilon_s = 0,99$ eingesetzt (bezüglich Emissionsgrad-Werte für unterschiedliche tätige Oberflächen siehe Bild 4.76).

Meereisalter
Die typische Lebensdauer von Meereis beträgt einige Monate bis mehrere Jahre. Die *Meereisbildung* war zuvor bereits angesprochen worden. Wesentlich für die Geschichte einer Eisscholle ist der Jahreszyklus des Gefrierens und Schmelzens. Meist wird unterschieden zwischen einjährigem Eis (das noch keinen sommerlichen Schmelzprozeß erlebte) und mehrjährigem Eis (das eine oder mehrere Schmelzperioden überstand).

Nach dem *Bundesamt für Seeschiffahrt und Hydrographie* (Deutschland) (siehe BSH 1990) sind unter anderem folgende Unterscheidungen möglich und nützlich (vor allem in Verbindung mit der Satellitenfernerkundung des Meereisbestandes):
Neueis (New Ice) mit der Untergliederung:
    Eisschlamm (Grease Ice)
    Nilas (Nilas)
    Dunkler Nilas (Dark Nilas)
    Heller Nilas (Ligth Nilas)
    Pfannkucheneis (Pancake Ice)
Junges Eis (Young Ice) mit der Untergliederung:
    Graues Eis (Grey Ice)
    Grauweißes Eis (Grey-Withe Ice)
Erstjähriges Eis (First-Year Ice) mit der Untergliederung:
    Dünnes erstjähriges Eis (Thin First-Year Ice)
    Mitteldickes erstjähriges Eis (Medium First-Year Ice)
    Dickes erstjähriges Eis (Thick First-Year Ice)
Altes Eis (Old Ice) mit der Untergliederung:
    Zweitjähriges Eis (Second-Year Ice)
    Mehrjähriges Eis (Multi-Year Ice)

Erscheinungsformen:
Schneefreies Eis (Bare Ice)
Trümmereis (Brash Ice)
Riß/Spalte (Crack)
Eisscholle (Floe)
Rinne (Lead)
Ebenes Eis (Level Ice)

Offenes Wasser (Open Water)
Pfütze (Puddle)
Übeieinandergeschobenes Eis (Rafted Ice)
Preßeisrücken (Ridge)
Scherbewegung (Shearing)
Schmelzwasserlöcher (Thaw Holes).

Kontinuierliche flächenhafte Beobachtungen der Anteile von ein- beziehungsweise mehrjährigem Eis an der (gesamten) Eisbedeckung erfolgen heute mittels satellitengetragenen passiven Mikrowellensensoren (beispielsweise SSM/I). Die Daten wurden teilweise veröffentlicht im NASA-Atlas von GLOERSEN/CAMPBELL 1993, aktuelle Daten sind in digitaler Form erhältlich vom *National Snow and Ice Data Center* (NSIDC) in Boulder, USA (HARDER 1996, S.107). Gewisse Schwierigkeiten bezüglich der Erkennung dieser Eisarten ergeben sich im Nordpolarmeer im Sommer, da hier zu dieser Zeit große Bereiche des Meereises mit Schmelztümpeln bedeckt sind.

Bezüglich des Eisalters bestehen (nach LEWIS/WEEKS 1970, siehe HELLMANN 1990 S.18) wesentliche Unterschiede zwischen dem Nord- und dem Südpolarmeer. *Mehrjähriges Eis*: Nordpolarmeer ca 70%, Südpolarmeer ca 15% (die Prozentangaben beziehen sich auf die jeweils größte Flächenausdehnung des Meereises in diesen Meeresteilen).

Zum Gefrieren und Schmelzen von Meereis mit Schneeauflage

Die zeitabhängigen Zustände des Meeres und der Atmosphäre bestimmen die Entwicklung des Meereises. Das Gefrieren (Quelle) und Schmelzen (Senke) von Meereis mit Schneeauflage basiert vorrangig auf der Energiebilanz für die Grenzfläche Meer/Atmosphäre. Wird die oberste durchmischte Schicht des Ozeans als *ozeanische Deckschicht* aufgefaßt, dann führt ein positiver Nettoeintrag von Energie in die Deckschicht zum Schmelzen des Eises, ein negativer Nettoeintrag zur Abkühlung der Deckschicht bis zum Gefrierpunkt T(f) von Meerwasser und darüber hinaus zur Bildung von Meereis. Der *atmosphärische Wärmefluss* Q(a) kann dabei wie folgt dargestellt werden (KREYSCHER 1998):

$$Q(a) = Q(s) + Q(l) + R(s)\downarrow + R(s)\uparrow + R(l)\downarrow + R(l)\uparrow$$

mit
Q(s) = sensibler Wärmefluss
Q(l) = latenter Wärmefluss
R(s)↓ = einfallende solare kurzwellige Strahlung
R(s)↑ = reflektierte solare kurzwellige Strahlung

R(l) ↑ = langwellige Abstrahlung
R(l) ↓ = langwellige atmosphärische Gegenstrahlung
Ein Teil der einfallenden kurzwelligen solaren Strahlung wird über die tätigen Schnee/Eis-Oberflächen reflektiert. Es gilt:

$$R(s) \uparrow = - \alpha \, R(s) \downarrow$$

Die in Meereismodellen gebräuchlichen Werte der *Albedo* α sind im Bild 4.116 angegeben. Ausführliche Darlegungen zur Strahlungsreflexion und Strahlungsemission enthält Abschnitt 4.2.06.
Für die langwellige *Emission* (Abstrahlung) an tätigen Oberflächen (im Ultrarotbereich = Infrarotbereich) gilt:

$$R(l) \uparrow = - \varepsilon(s) \cdot \sigma(B) \cdot T^4(s)$$

mit
ε(s) = Emissivität eines grauen Strahlers (siehe Abschnitt 4.2.06)
σ(B) = Stefan-Boltzmann-Konstante (siehe Abschnitt 4.2.06)
T(s) = Oberflächentemperatur

Bild 4.117
Zu den thermodynamischen
Vorgängen bei Meereis mit
Schneeauflage. T(s) =
Oberflächentemperatur
T(b) = Temperatur an der
Eisunterseite
d(s) = Deckschichttiefe
(im Bild zeitlich und räumlich als
konstant angenommen)
Quelle: KREYSCHER (1998),
verändert

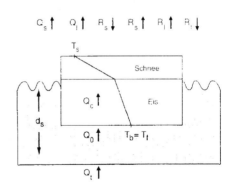

Das lineare Temperaturprofil im
Meereis und im Schnee ist gekennzeichnet durch die (geknickte) Verbindungslinie zwischen T(s) und T(b) (Daten nach dem Nullschichtenmodell von SEMTNER 1976). T(b) = T(f) bedeutet, daß auf der Eisunterseite die Temperatur konstant auf dem Gefrierpunkt des Meerwassers gehalten wird.
Die Oberflächentemperatur T(s) wird aus der Energiebilanz an der Eisoberfläche bestimmt, wobei zu berücksichtigen sind: Q(s) = sensibler Wärmefluss, Q(l) = latenter Wärmefluss, R(s) ↕= kurzwellige Strahlung, R(l) ↕= langwellige Strahlung, Q(c) = konduktiver Wärmefluss durch das Eis und der darüberliegenden Schneeschicht.
Basales Gefrieren oder Schmelzen wird durch die Energiebilanz an der Eisunterseite

veranlaßt. Bei dieser Energiebilanz sind zu berücksichtigen: der konduktive Wärmefluss Q(c) mit umgekehrtem Vorzeichen sowie O(o) = ozeanischer Wärmefluss an der Eisunterseite.

Q(t) kennzeichnet den Wärmefluss vom tiefen Ozean in die Deckschicht.

Laterales Eiswachstum, Meereisrheologie
Die vorstehenden Ausführungen beschreiben die Änderungen des Eisvolumens: das positive und negative Eiswachstum, also das Gefrieren und Schmelzen des Eises. Wenn eine Eisscholle schmilzt, führt dies zu einer Verringerung der Eisschollendicke sowie zu einer Verringerung der Eisschollenoberfläche. Es ist mithin (in Meereismodellen) auch das Verhältnis zwischen *vertikalem* und *lateralem* Eiswachstum zu beachten (KREYSCHER 1998).

Wie im Zusammenhang mit Bild 4.112 bereits erwähnt, kann in eisfreien Meeresteilen die vom Wind verursachte Schubspannung die Oberflächenströmung des Meeres ungehindert antreiben. Ist die Wasseroberfläche des Meeres von einer kompakten Eisschicht bedeckt, reduziert sich der Impulseintrag in die ozeanische Deckschicht; dieser Eintrag reduziert sich aber auch dann, wenn Küstenlinien, Inseln oder Meerengen die Bewegung der Eisschicht behindert. Im Extremfall kann der Impulsaustausch vollständig unterbunden werden, etwa wenn in Buchten oder Meerengen sich Festeis bildet, dessen Bewegung durch interne Kräfte im Eis zum Stillstand gezwungen wird. Die *zeitliche Entwicklung* der mittleren Eisdicke, der mittleren Schneedicke und des Eisbedeckungsgrades kann durch entsprechende Bilanzgleichungen beschrieben werden (siehe beispielsweise KREYSCHER 1998 S.32). In diesen Bilanzgleichungen sind unter anderem enthalten die Parameter: u = horizontale Eisdriftgeschwindigkeit und F = die durch Wechselwirkung der einzelnen Eisschollen erzeugten internen Kräfte. Die horizontale Eisdriftgeschwindigkeit kann mit Hilfe der Impulsbilanz Meer/Atmosphäre bestimmt werden in der unter anderem zu berücksichtigen sind: die Eismasse, die Corioliskraft, die atmosphärische und die ozeanische Schubspannung, die Gravitationsbeschleunigung g, die (dynamische) Höhe der Meeresoberfläche und die internen Kräfte F. Die Bedeutung dieser internen Kräfte im Hinblick auf eine Modellierung der globalen Eisdickenverteilung und Meereistransporte ist offensichtlich nicht vernachlässigbar, wie KREYSCHER (1998) in seinen Untersuchungen zur *Meereisrheologie* und der Eigenschaften der daraus resultierenden internen Kräfte gezeigt hat. Die großräumige *Meereisdrift* werde zwar in erster Ordnung durch das Gleichgewicht zwischen atmosphärischem Windantrieb und ozeanischer Schubspannung bestimmt, doch würden die über weite Strecken wirkenden internen Kräfte die großräumige Meereisdrift und die *geographische Ausdehnung* der polaren Meereisbedeckungen wesentlich mitbestimmen. Bleiben die internen Kräfte unberücksichtigt würde der Einfluß der atmosphärischen Schubspannung überschätzt, besonders da, wo die Meereisdrift durch die Nähe des Landes beeinflußt wird.

Netzpunkt- und Netzflächen-Daten

Die Daten zur Eingabe in Meereismodellen, insbesondere zur Eingabe in ein *globales* Meereismodell, sind, wie zuvor dargelegt, in der Regel auf eine Einheitsfläche bezogen. Durch bestimmte Interpolations- und Berechnungsverfahren werden sie aus den vorliegenden *Meßdaten* als meridionale und zonale Komponenten sowie als Vektoren für einzelne *Netzpunkte* (etwa eines geographischen Koordinatensystems) oder für entsprechende *Netzflächen* abgeleitet. Dies ermöglicht eine unmittelbare Verbindung mit (zeitgleichen) meteorologischen Daten, etwa denen des *Europäischen Zentrums für mittelfristige Wettervorhersagen* (ECMWF, European Center for Medium Range Weather Forecast), die teilweise für einen Netzpunktabstand von $2,5° \cdot 2,5°$ (im geographischen Koordinatensystem) und den zugehörigen vier Druckhöhen in 1000, 850, 700 und 500 hPa dort vorliegen (für Temperatur, Feuchte, horizontale und vertikale Windgeschwindigkeit, Geopotential). Ausführungen hierzu und zum Stand der Rechenleistung sind im Abschnitt 10 enthalten.

Digitaler Atlas Antarktis

An der Universität in Karlsruhe (Deutschland) entstand im Institut für Meteorologie und Klimaforschung unter der Leitung von Prof. Dr. Christoph KOTTMEIER ein digitaler Atlas der Antarktis mit mehr als 3 000 Verteilungskarten für verschiedene Merkmale der Eisbewegung, des Eisbedeckungsgrades, des Luftdrucks, der Temperatur und des Windes (UNIKATH 2/2005). Insgesamt enthält der Atlas Daten aus dem Zeitabschnitt **1979** bis ca **2000**. Die Daten umfassen *Satellitenbilddaten* des Sensors SSM/I (Special Sensor Microwave Imager) und *Bojendaten* der in diesen zwei Jahrzehnten (international) im Südpolarmeer eingesetzten mehr als 100 automatisch arbeitenden Meßbojen. Bei der Nutzung der Satellitenbilddaten besteht ein Wiederholungsabstand von 1-2 Tagen, bei den Bojendaten ein solcher von ca 3 Stunden. Der Atlas informiert anhand von Meßdaten über die Schwankungen der oben genannten Klimafaktoren in diesem Zeitabschnitt. Er liefert darüber hinaus Grundlagendaten für das Erstellen wissenschaftlicher Modelle, die Wettervorhersage (Abschnitt 10) und die Planung der Fahrtrouten der Schiffe im Südpolarmeer.

|„Geoinformationssystem Antarktis"|
Im Institut für Angewandte Geodäsie (IFAG), heute Bundesamt für Kartographie und Geodäsie (BKG) in Frankfurt am Main entstand im Zeitabschnitt 1981-1997 ein „Geoinformationssystem Antarktis" (GIA), in dem vorrangig *topographische* Daten der Antarktis und *Namen* von topographischen Objekten und Landschaften der Antarktis in digitaler Form enthalten sind. Für eine Fläche > 2,5 Millionen km^2 liegen vor: *geokodierte* LANDSAT-MSS und -TM sowie NOAA AVHRR-Bilddaten, ferner *geokodierte* SAR-Daten (Radardaten). Außerdem liegen Metadaten über ca 13 000 Luftbilder vor, die vom IFAG durch photogrammetrische Bildflüge in diesem Zeitabschnitt aufgenommen wurden. Die im Rahmen von Visualisierungen dieser Daten

herausgegebenen *Antarktiskarten* sind in einem Auszug „Antarktiskarten" aus dem (Gesamt-) Kartenverzeichnis des IFAG 1992/1993 vollständig ausgewiesen.

4.3.01 Satelliten-Erdbeobachtungssysteme
(vorrangig zur Beobachtung von Meereis, polaren Eiskappen und Schneedecken)

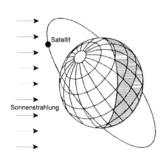

Abkürzungen
H = 35 900 km
äquatoriale Umlaufbahn = geostationärer Satellit

Für die polnah und zwischenständig umlaufenden Satelliten gilt:
H =
Höhe der Satelliten-Umlaufbahn über der Land/Meer-Oberfläche der Erde
sU = sonnensynchrone Umlaufbahn
I = Inklination der Umlaufbahn-Ebene (Winkel zwischen Äquator-Ebene und Umlaufbahn-Ebene)

ÄÜ = Ortszeit des Äquator-Überfluges (auf der Tagseite) bei Nord-Süd-Überflug oder "absteigend" (engl. decending), Süd-Nord-Überflug oder "aufsteigend" (engl. ascending)
AM = ante meridian, lat. vormittags. (AM-Umlaufbahn)
PM = post meridian, lat. zwischen Mittag und Mitternacht. (PM-Umlaufbahn)
gA = geometrische Auflösung (im Nadirbereich)
λ = Wellenlänge
A = Altimeter-Meßgenauigkeit ("innere" Genauigkeit des bestimmten Punktes)
F = Reflexionsfläche, kreisähnlicher Ausschnitt der momentanen Meeresoberfläche, der den Radarimpuls reflektiert (engl. Footprint)

Die von einem Sensor-System abgestrahlten Mikrowellen können horizontal (H) oder vertikal (V) *polarisiert* sein. Beim Empfang kann das Sensor-System wiederum auf horizontale oder vertikale Polarisation eingestellt sein. Dadurch sind vier Kombinationen der Polarisation abgestrahlter und empfangener Mikrowellen möglich: HH, VV, HV, VH.
Bezüglich Abkürzung DORIS und andere siehe Abschnitt 2.1.02.

**Satelliten mit Sensoren
zum Erfassen von Strahlungsreflexion,**
vorrangig jener, die sich an tätigen Oberflächen des Meereises vollzieht

● VIS- und UR-Strahlungsbereich
Die Meereis-Satellitenfernerkundung im VIS- und UR-Strahlungsbereich des elektromagnetischen Wellenspektrums begann um 1968 und erfolgte durch visuelle Interpretation analoger Satellitenbilder. Genannt seien hier die Arbeiten von STRÜBING mit ESSA-Satellitenbildern. Es folgten Auswertungen von Bildaufzeichnungen der Satelliten NIMBUS und LANDSAT. Die Arbeiten bezogen sich vorrangig auf das Erfassen der geographischen Meereisausdehnung und den Eisbedeckungsgrad. OSTHEIDER benutzte erstmals NOAA-AVHRR-Bildaufzeichnungen. Ein kurzer Überblick über die historische Entwicklung der Meereis-Satellitenfernerkundung ist enthalten in KÖNIG (1995).

Start	Name der Satellitenmission und andere Daten
1968	**ESSA-8** (USA) H = 1622-1682 km, I = 101,8°
1969	**NIMBUS-3** (USA) H = 1232-1302 km, I = 101,1°
1972	**LANDSAT-1** (Abschnitt 8.1) Sensor: MSS (Multispektral Scanner)
1972	**NOAA-2** (USA), H = 1451-1458 km, I = 98,6°, Sensor: AVHRR (Advanced Very High Resolutuion Radiometer) *und folgende Missionen*
1991	**NOAA-12** (Abschnitt 8.1) Sensor: AVHRR
1985	**LANDSAT-5** (Abschnitt 8.1) Sensor: TM
1999	**LANDSAT-7** (Abschnitt 8.1) Sensor ETM+

Bild 4.118
Meereis-Erkundung mittels Strahlung im VIS- und UR-Bereich (= IR-Bereich) des elektromagnetischen Wellenspektrums.

● Mikrowellenstrahlung (aktive Systeme, Radar)

Bild 4.119
Generelle Einordnung der Mikrowellenbänder
(Radarbänder) im elektromagnetischen
Wellenspektrum

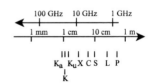

Fernerkundungssysteme, die elektromagnetische Strahlung senden und die reflektierte Strahlung wieder empfangen, werden *aktive Systeme* genannt. Der Wellenlängenbereich |1mm - 1m| innerhalb der *Radiofrequenzstrahlung* heißt *Mikrowellenbereich* (KUCHLING 1986 S.506). Die Meereis-Satellitenfernerkundung mittels *Radar* (radio detection and ranging) benutzt meist die folgenden Frequenzbereiche ($\nu = c / \lambda$):

K_a - Band $\lambda \approx 0{,}7\text{-}1{,}1$ cm $\nu \approx 40\text{-}26$ GHz
K_u - Band $\lambda \approx 1{,}7\text{-}2{,}4$ $\nu \approx 18\text{-}12$
X - Band $\lambda \approx 2{,}4\text{-}3{,}8$ $\nu \approx 12\text{-}8$
C - Band $\lambda \approx 3{,}8\text{-}7{,}5$ $\nu \approx 8\text{-}4$
L - Band $\lambda \approx 15\text{-}30$ $\nu \approx 2\text{-}1$

Die Bandbegrenzungen werden von den einzelnen Autoren unterschiedlich angegeben.

Historische Anmerkung
Bereits 1904 hat der deutsche Ingenieur Christian HÜLSMAYER Patente für Ortungsgeräte basierend auf elektromagnetische Wellen eingereicht (STANNER 1957). Erste Untersuchungen zum Thema begannen mit SLAR-Radarbildaufzeichnungen, etwa mit den Arbeiten von ANDERSON um 1966. SLAR steht dabei für *side looking airborne radar* (Seitwärtsradar). SLAR sind Systeme mit realer Apertur; genannt RAR (*real aperture radar*). Die Untersuchungen erfolgten vorrangig im X-Band. Durch SEASAT standen sodann erstmals SAR-Radarbildaufzeichnungen zur Verfügung (L-Band). SAR steht für *synthetic aperture radar* (System mit synthetischer Apertur). Ab etwa 1980 konzentrierten sich die Arbeiten zunehmend auch auf Daten im C-Band. Insbesondere durch ERS-1 (ESA) verstärkten sich die Arbeiten in diesem Bandbereich. Ein historischer Überblick zur Meereis-Fernerkundung im Radar-Bereich ist enthalten in KÖNIG (1995). Neben diesen *abbildenden Radarsystemen* sind als weitere Radarsysteme in Gebrauch die *Scatterometer* und die *Altimeter*. Die Scatterometer sind nicht-abbildende Sensoren und dienen vorrangig zur Messung der Oberflächenreflexion und -streuung in Abhängigkeit von Wellenlänge, Polarisation und Beleuchtungsgeometrie (Strahlungsgeometrie). Aus den Ergebnissen solcher Messungen (bezogen auf Punktziele beziehungsweise Flächenziele) lassen sich unter anderem Erkenntnisse ableiten zur Rückstreustatistik und zur Herleitung von objektspezifischen Rückstreusignaturen. ULABY/DOBSON (1988) haben im "Handbook of Radar Scattering Statistics for Terrain" einen umfangreichen Katalog von Rückstreusignaturen für zahlreiche Oberflächenkategorien angegeben.

Satellitenaltimetrie über Meereis und polare Eisschilde
Bei diesem Radarverfahren mit aktivem System geht es zunächst um die Bestimmung des *Abstandes* zwischen Satellit und Reflexionsfläche (tätiger Oberfläche). Der jeweilige Wert wird aus der Laufzeit des Radarimpulses ermittelt. Die zurückgestreute Energie des Impulses wird im Satellitensystem aufgezeichnet (Rückkehrsignal) und für die Ableitung weiterer Parameter genutzt. Das grundlegende Formelsystem zur Satellitenaltimetrie ist dargestellt im Abschnitt 9.1.01. Die Analyse der *Form des Rückkehr-*

signals ermöglicht sodann Aussagen zu verschiedenen *Eigenschaften* der bestrahlten Fläche.

Der *Fehlerhaushalt* von Altimetermessungen kann in vier Gruppen gegliedert werden (SCHÖNE 1997):
Instrumentenfehler
Bahnfehler des Satelliten
Einflüsse entlang des Signalweges (durch die Erdatmosphäre...)
Einflüsse der Eigenschaften der Rückstreufläche.

Beim Auftreffen des Altimetersignals auf eine Oberfläche wird das Signal verändert beispielsweise beim Meer durch die augenblickliche Gestalt der Oberfläche (Rauhigkeit bedingt durch Wind, Meeresströmungen, Meeresgezeiten...), beim Meereis durch die unterschiedlichen Reflexionseigenschaften von Eis/Schnee und durch eine gewisse Eindringtiefe des Signals in das Eis sowie ebenfalls durch die Rauhigkeit der Rückstreufläche. Der Fehlerhaushalt beschreibt Abweichungen vom jeweils zugrundegelegten mathematischen Modell. Systematische Abweichungen lassen sich gegebenenfalls durch Kalibrierung beseitigen. Sind die zufälligen Fehler (Meßfehler) hinreichend klein, dann kann aus der Form der Rückkehrsignale auch auf die Eigenschaften der Rückstreuflächen geschlossen werden.

Zur Überwachung der *polaren Eisschilde* mittels Laseraltimetrie sind entsprechende Satellitensysteme geplant (TORGE 2000 S.229). Ausführungen zur Satellitenaltimetrie über dem Meer sind im Abschnitt 9.1.01 enthalten. Eine Übersicht über diesbezügliche Satellitensysteme ist im Abschnitt 9.2.01 gegeben.

Start	Name der Satellitenmission und andere Daten
1978	**SEASAT** (USA) H = 800 km, I = 108,0°, Sensor: SAR 1,275 GHz (L-Band, HH) λ = 23,5 cm, gA = , *erstmals* ein SAR-System in einem Satelliten eingesetzt, Sensor: Radaraltimeter (Abschnitt 9.2.01)
1981	SIR-A (Shuttle Imaging Radar) (USA)
1984	SIR-B (USA) H = 350-225 km, Sensor: 1,282 GHz (L-Band, HH) λ = 23,5 cm
1991	**Almaz-1** (Russland) H = 300-370 km, Sensor: 3,13 GHz (S-Band, HH) λ = 9,5 cm
1991	**ERS-1** (Abschnitt 8.1) Sensor SAR
1992	**JERS-1** (Abschnitt 8.1) Sensor SAR
1994	**SIR-C/X-SAR** (USA, Deutschland, Italien) H = 225 km, Sensor: 1,25/5,3/9,6 GHz (L/C/X-Band, L+C: Quadpol, X: VV) λ = 24,2/5,6/3,2 cm
1995	**ERS-2** (Abschnitt 8.1) Sensor: SAR
1995	**RADARSAT** (Abschnitt 8.1) Sensor: SAR
2002	**LightSAR** (USA) H = 600 km, Sensor: L+C oder X, (Fehlstart?)

2002	**ENVISAT** (Abschnitt 8.1) Sensor: SAR
? 2004	**ICESat** (Ice, Cloud and land Elevation Satellite) (USA, NASA) Sensoren: GLAS (Geoscience Laser Altimeter System) mit zwei Kanälen 532 nm und 1064 nm, Abtastung bis 86°, GPS, H = 600 km, I = 94°, geplante Eis-Altimetrie-Mission 2004-2008
? 2003	**USSAR** (USA?)
? 2004	**CRYOSat** (Europa, ESA) Eis-Topographie, Eis-Dicke, geplant Eis-Altimetrie-Mission 2004-2007
?	**ALOS** (Abschnitt 8.1) Sensor: (L-Band, VV, HH)

Bild 4.120
Meereis-Erkundung mit Systemen zum *Senden* und *Aufzeichnen* von Mikrowellenstrahlung (aktive Systeme, SAR = Synthetic Aperture Radar). Quelle: The Earth Observer (USA, EOS, 2003, 2002) und andere

**Satelliten mit Sensoren
zum Erfassen von Mikrowellen-Strahlungsemisson,**
vorrangig jener, die von tätigen Oberflächen des Meereises ausgeht

Fernerkundungssysteme, die elektromagnetische Strahlung nur empfangen, werden *passive* Systeme genannt. Die Entwicklung der passiven Mikrowellenradiometrie begann in den Jahren nach 1930. Auf Satelliten flogen Mikrowellensensoren erstmals 1962 (auf Mariner 2). Seit 1968 sind mit Cosmos 243 erstmals *erdumlaufende* Satelliten mit passiven Systemen zum Aufzeichnen von Mikrowellenstrahlung (die von tätigen Oberflächen der Erde ausgeht) im Einsatz. Systeme dieser Art sind beispielsweise die *Radiometer* beziehungsweise *Spektralradiometer* ESMR, SMMR und SSM/I. Die täglich gemittelten Daten des SSM/I-Gitter sind verfügbar beim *National Snow and Ice Data Center* (NSIDC), USA.

Sensor	SMMR	SSM/I
Betriebszeit	1978-1987	1987...
Abtastbreite	780 km	1 394 km

Meßfrequenz (GHz)	räumliche Auflösung (km · km)	
6,6	171 · 157	-
10,7	111 · 94	-
18,0	68 · 67	-
19,35	-	69 · 43
21,0	60 · 56	-
22,235	-	60 · 40
37,0	35 · 34	37 · 28
85,5	-	15 · 13

Bild 4.121
Daten zu den satellitengetragenen Mikrowellenradiometern SMMR (Scanning Multichannel Microwave Radiometer) und SSM/I (Special Sensor Microwave/Image).
Quelle: KREYSCHER (1998), JOHNSEN (1998)

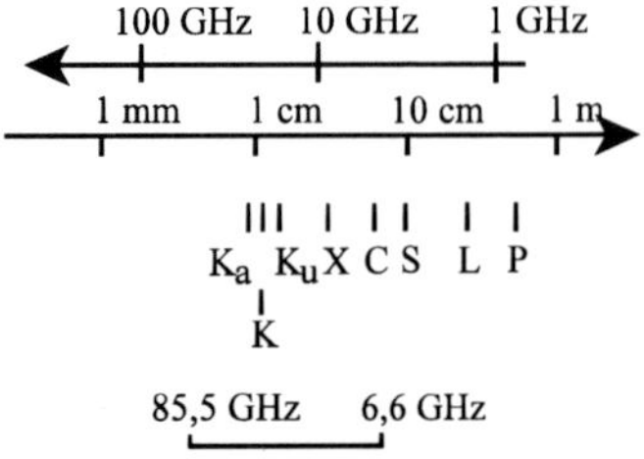

Bild 4.122
Generelle Einordnung der Meßfrequenzen der Mikrowellenradiometer SMMR und SSM/I im elektromagnetischen Wellenspektrum.

Als Vorteil kann gelten, daß mittels dieser Strahlung Bildaufzeichnungen auch während der *Polarnacht* erhalten werden können und daß diese Strahlung Wolken *nahezu* unbehindert durchdringt. Bezüglich der Beeinflussung der am Sensor ankommenden Strahlung durch *Wolken* und *Wasserdampf* in der Erdatmosphäre siehe die folgenden Ausführungen zur Strahlungstransportgleichung. Eine Fehlerquelle sind eventuell vorhandene *Schmelztümpel* auf den Eisschollen. Sie wirken wie offenes Wasser; die darunter liegende Eisscholle wird durch die Mikrowellenstrahlung in der Regel nicht mehr erfaßt, die tatsächliche Eisbedeckung dadurch unterschätzt. Schmelztümpel sind typische morphologische Erscheinungen arktischen Meereises im Sommer. Sie können bis zu 10% gegebenenfalls bis zu 50% der Eisoberfläche bedecken (nach MAYKUT 1986, siehe HAAS 1997 S.92). Siehe auch Abschnitt 4.3.01.

Start	Name der Satellitenmission und andere Daten
1968	**Cosmos-243** (UdSSR) Sensor: Mikrowellenradiometer (passiv)
1970	**Cosmos-384** (UdSSR) desgleichen
1972	**NOAA-2** (siehe zuvor) Sensor: ESMR (Elektronic Scanning Microwave Radiometer, passiv)
1972	**NIMBUS-5** (USA) Sensoren: NEMS, ESMR
1975	**NIMBUS-6** (USA) Sensoren: SCAMS, ESMR
ab 1978	**METEOR-Reihe** (Abschnitt 10.3)
1978	**SEASAT** (USA) (siehe zuvor) Sensor: SMMR
1978	**NIMBUS-7** (Abschnitt 9.2.01) Sensor: SMMR (Scanning Multichannel Microwave Radiometer, passiv)
1987	**MOS-1** (Abschnitt 9.2.01) Sensor: MSR
–	**DMSP** (Abschnitt 10.3) Sensor: SSM/I (Special Sensor Microwave/Image, passiv):
1987	F-8, SSM/I H = 830-880 km,
1990	F-10, SSM/I
1991	F-11, SSM/I
1994	F-12, SSM/I
1995	F-13, SSM/I H = 844-856 km
1998	S-14/F-15, SSM/I
?	ESA-, USA-, Japan-Satelliten? METOP, EOS?
	MIMR (Multi-frequency Imaging Microwave Radiometer, passiv)?

Bild 4.123
Meereis-Erkundung mit Systemen zum *Aufzeichnen* von Mikrowellenstrahlung (passive Systeme). METOP = Meteorological Operational Satellite (Europa), EOS = Earth Observing System (USA).

Strahlungstransportgleichung
Bestimmte Radiometer in erdumlaufenden Satelliten, wie etwa die vorgenannten, messen außerhalb der Erdatmosphäre Signale die (a) von der Meereis/Ozean-Oberfläche, (b) von der Erdatmosphäre und (c) von extraterrestrischen Quellen ausgehen. Während die Mikrowellenstrahlung *aktiver* Systeme nicht (oder kaum) durch Wolken und Wasserdampf beeinflußt werden, ist bei der Mikrowellen-Bildaufzeichnung mittels *passiver* Systeme der Einfluß der Erdatmosphäre auf den Strahlungstransport vom Emitter bis zum aufzeichnenden Radiometer zu berücksichtigen. Für den Mikrowellenbereich |Frequenz 1-300 GHz beziehungsweise Wellenlänge 30cm - 1mm| kann folgende Strahlungstransportgleichung benutzt werden (OELKE 1996):

$$T_{B,\nu\Theta} = \varepsilon_{\nu\Theta} \cdot \gamma_{\nu\Theta} \cdot T_s$$
$$+ T_{\uparrow,\nu\Theta}$$
$$+ (1 - \varepsilon_{\nu\Theta}) \cdot Y_{\nu\Theta} \cdot T_{\downarrow,\nu\Theta}$$
$$+ (1 - \varepsilon_{\nu\Theta}) \cdot Y_{\nu\Theta}^2 \cdot T_{ext}$$

In dieser Strahlungstransportgleichung bedeuten:

ν	=Frequenz
Θ	= Zentriwinkel des Radiometers
$\varepsilon_{\nu\Theta}$	= spektrales Emissionsvermögen der tätigen Oberfläche
T_s	= Temperatur der tätigen Oberfläche
$Y_{\nu\Theta} = e^{-\tau_\nu \cdot \sec\Theta}$	=Transmissivität der Erdatmosphäre

$$\tau_\nu = \int_0^\infty \kappa_\nu \cdot (z') \cdot dz' \qquad \text{=Optische Dicke der Erdatmosphäre}$$

κ_ν = Volumenabsorptionskoeffizient
z = geometrische Höhe

$$T_{\uparrow,\nu\Theta} = \sec\Theta \cdot \int_0^\infty \kappa_\nu(z) \cdot T(z) \cdot e^{-\tau_\nu(z,\infty)\cdot\sec\Theta} \cdot dz$$

: Helligkeitstemperatur der aufwärts emittierten Strahlung

$(1 - \varepsilon_{\nu\Theta}) = r_{\nu\Theta}$ = spektrales Reflexionsvermögen

$$T_{\downarrow,\nu\Theta} = \sec\Theta \cdot \int_0^\infty \kappa_\nu(z) \cdot T(z) \cdot e^{-\tau_\nu(0,z)\cdot\sec\Theta}$$

: Helligkeitstemperatur der abwärts emittierten Strahlung

T_{ext} = Helligkeitstemperatur der extraterrestrischen Strahlung

Term (1) auf der rechten Seite der Strahlungstransportgleichung beschreibt die von der Meereis/Ozean-Oberfläche (von dieser tätigen Oberfläche) ausgehenden Strahlung, die beim Durchlaufen der Erdatmosphäre abgeschwächt wird. Term (2) auf der rechten Seite der Strahlungstransportgleichung beschreibt die (von tätigen Oberflächen) der Erdatmosphäre nach oben emittierte Strahlung. Term (3) auf der rechten Seite der

Strahlungstransportgleichung beschreibt die von der Erdatmosphäre emittierte Strahlung, die nach der Reflexion an der Meereis/Ozean-Oberfläche am Satelliten gemessen wird. Term (4) auf der rechten Seite der Strahlungstransportgleichung beschreibt den Anteil der Strahlung extraterrestrischer Quellen (kosmische Hintergrundstrahlung), der an der Meereis/Ozean-Oberfläche reflektiert und nicht von der Erdatmosphäre absorbiert wird. Bild 4.124 zeigt die entsprechende schematische Darstellung dieser Beschreibung.

Bild 4.124
Schematische Darstellung der Wirkungsweise der einzelnen Terme der Strahlungstransportgleichung.
Quelle: OELKE (1996)

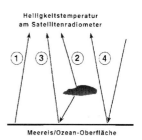

Für die Satellitenfernerkundung von Meereisparametern mittels *passiver* Systeme stehen eine Reihe von *Auswerteverfahren* (einschließlich Meereisalgorithmen NASA, COMISO et al. ...) zur Verfügung, die alle entweder die totale Eiskonzentration oder die Anteile von einjährigem Eis, mehrjährigem Eis und offenem Wasser aus den gewonnenen Radiometer-Meßdaten ableiten. Eine Bewertung der Leistungsfähigkeit einiger dieser Verfahren geben beispielsweise OELKE (1996), KREYSCHER (1998). Wegen der hohen Emissivität von Meereis produziert Term (1) in der vorstehenden Strahlungstransportgleichung den stärksten Anteil des am Satelliten ankommenden Signals. Bei abnehmender Eiskonzentration bis hin zum offenem Wasser bewirkt die niedrigere Emissitivität, daß der Anteil der Strahlung gemäß der Terme (2) und (3) zunehmend Bedeutung gewinnt. Der Anteil von Term (4) an der gesamten Helligkeitstemperatur beträgt ca 1% und wird meist mit konstantem 2,7 K besetzt oder vernachlässigt (OELKE 1996). Bezüglich der spektralen Emission von Wasser und Eis beziehungsweise offenem Wasser, einjährigem und mehrjährigem Eis geben die Bilder 4.125/1und /2 eine Übersicht.

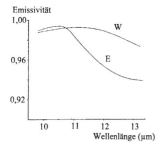

Bild 4.125/1
Spektrale Emission von *Meerwasser* (W) und *Eis* (E) nach WANNAMAKER et al. 1984.
Quelle: KÖNIG (1992), verändert

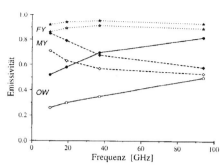

Bild 4.125/2
Spektrale Emission von *offenem Wasser* (OW), *einjährigem Eis* (FY, punktiert) und *mehrjährigem Eis* (MY, gestrichelt), ermittelt aus Messungen in der Arktis und Antarktis nach EPPLER et al. 1992. Gefüllte Symbole kennzeichnen vertikale Polarisation, offene Symbole horizontale Polarisation. Quelle: OELKE (1996), verändert

Wolkenerkennung
Die Wolkenerkennung in dieser Technologie basiert meist auf VIS-Daten und/oder (wegen der Polarnacht) auf UR-Daten (Spektralbereich 8-13 µm, UR-Fenster), wie sie beispielsweise das OLS-Radiometer (Operational Linescan System) des DMSP-Satelliten, das AVHRR (Advanced Very High Resolution Radiometer) der TIROS-/NOAA-Satelliten erbringen. *Wasserwolken*, *Eiswolken* sowie *Regen* haben Einfluß auf den Strahlungstransport (Bild 4.124). Wegen der hohen optischen Dicke der bewölkten Atmosphäre werden im UR-Spektralbereich nur Meßdaten über die oberste Wolkenschicht erhalten. Mit SAR-Daten wäre es möglich, Informationen über die Integralwerte von Wolkenwasser und Wasserdampf der atmosphärischen Säule zu erhalten (OELKE 1996).

4.3.02 Zur Eisbedeckung der Polarmeere

Meereis bedeckt im Wechsel der Jahreszeiten bis zu 12 % der Meeresfläche im System Erde (AWI 1997). Sein Gefrieren und Schmelzen sind markante Signale der jahreszeitlichen Veränderungen.

Die heutige Meereisbedeckung des *Nordpolarmeeres* umfaßt rund 15 Millionen km^2 während des Nord-Wintermaximums. Sie bildet sich im Verlauf des Nord-Sommers zurück, so daß sich die eisbedeckte Fläche im Nord-Herbst auf etwa die Hälfte reduziert. Satellitendaten aus rund 20 Jahren (ab ca 1980) würden jedoch darauf hinweisen, daß die Eisbedeckung des Nordpolarmeeres schrumpft (nach JOHANNESSEN et al. 1999) mit ca 3 % pro Jahrzehnt, wobei für dickes, mehrjähriges Eis ein besonders starker Rückgang erkennbar sei. Darüber hinaus gebe es zahlreiche Datenaufzeichnungen aus den letzten vergangenen Jahrzehnten, die solche Veränderungen belegen würden (PRANGE 2003). Die etwa 10 Jahre umfassenden Ergebnisse von Meereisuntersuchungen des AWI würden darauf hindeuten, daß das Eis in der Arktis dünner geworden sei (HAAS 2002).

Die heutige Meereisbedeckung des *Südpolarmeeres* umfaßt rund 20 Millionen km² während des Süd-Wintermaximums. Sie bildet sich im Verlauf des Süd-Sommers zurück, so daß sich die eisbedeckte Fläche im Süd-Herbst auf etwa 1/5 reduziert. Nach Norden hin wird die Eisbedeckung durch den Antarktischen Zirkumpolarstrom begrenzt, der auch im Süd-Winter Temperaturen über dem Gefrierpunkt aufweist. Sein Verlauf bestimmt die Lage der Meereiskante im Süd-Winter (AWI 1997).

Die weitere Erkundung der Eisbedeckung der Polarmeere umfaßt unter anderem: ISPOL (Ice Station Polarstern), ein Einfrieren des Schiffes Polarstern im Weddellmeer (*Antarktis*) und Driften in einer Eisscholle verbunden mit Erfassen der sich im Eis vollziehenden Veränderungen, einschließlich des Wachsens der im Eis befindlichen Algen; WARPS (Winter Arctic Polynja Study mit Polarstern) zum Erfassen der Wechselwirkungen zwischen Ozean, Eis, Atmosphäre und den Auswirkungen auf biologische Vorgänge in den Lebensräumen Eis und Wasser in der *Arktis* (SCHAUER 2002).

Eisbedeckung des Nordpolarmeeres

Nordwinter (10^6 km²)	*Nordsommer* (10^6 km²)	Quelle
14	7	1979 WALSH/JOHNSON (FRIEDRICH 1997 S.1)
8,3	6,9	1989 MELNIKOV (POLTERMANN 1997 S.3)
16	9	1992 GLOERSEN et al. (HAAS 1997 S.2)

Eisbedeckung des Südpolarmeeres

Südsommer	*Südwinter*	Quelle
3	19	1970 SCHWERDTFEGER (KUHN 1983)
4	20	1983 ZWALLY et al .(WEISSENBERGER 1992 S.7)
4	20	1987 PARKINSON et al. (BARTSCH 1989 S.5)
4	19	1992 GLOERSEN et al. (HAAS 1997 S.2)
4	20	1993 PARKINSON/GLOERSEN

Bild 4.126
Eisbedeckung des Nord- und Südpolarmeeres. Die Begriffe Nordpolarmeer und Südpolarmeer sind definiert im Abschnitt 9.1. Dort sind auch ihre Begrenzungen beschrieben.

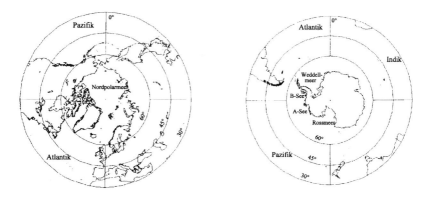

Bild 4.127
Nordpolar- und Südpolarmeer mit angrenzenden Meeresteilen und Landgebieten.

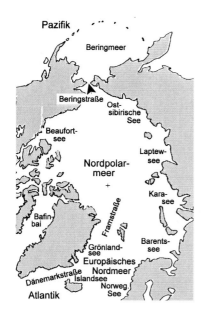

Bild 4.128
Die Grenze des Nordpolarmeeres kann verschiedenartig festgelegt werden (Abschnitt 9.1). Auf der Seite des Pazifik gilt oft die engste Stelle der *Beringstraße* als Grenze. Auf der Seite des Atlantik ist die Begrenzung ebenfalls offen. Die Barentssee gilt meist als zum Nordpolarmeer gehörig, so daß eine Begrenzung durch eine geeignete Linie *Nordgrönland-Spitzbergen-Nordnorwegen* sinnvoll sein könnte. Die zum Nordpolarmeer gehörigen Meeresteile (Schelfmeere): Barentssee, Karasee, Laptewsee, Ostsibirsche See, Tschuktschensee, Beaufortsee sind kaum tiefer als 200 m. Die Meeresbecken dagegen erreichen Tiefen von teilweise 4 000 m (Canada-, Makarow-, Amundsen- und Nansen-Becken). Canada- und Makarow-Becken werden oftmals zum *Canada-Becken* zusammengefaßt (Abschnitt 9.5.01), Amundsen- und Nansen-Becken gelten als *Eurasisches-Becken*.

Untermeerische Geländeoberfläche (Meeresgrund) des Nordpolarmeeres und des Europäischen Nordmeeres

Der Meeresgrund des Nordpolarmeeres umfaßt neben Tiefseebecken breite Schelfe, besonders an der eurasischen Küste. Hier erhält das Nordpolarmeer starke Wasserzuflüsse vom Land, die zu haliner Schichtung des Wasserkörpers führen und das Schelf sowie die angrenzenden Kontinentalhänge und Tiefseebecken reichlich mit Sediment versorgen (Abschnitt 9.5.01).

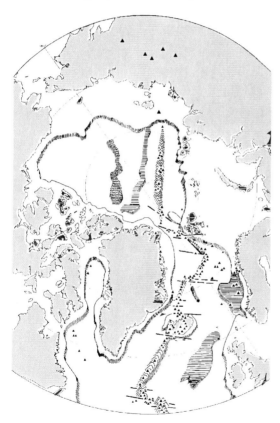

Bild 4.129
Großformen der untermeerischen Geländeoberfläche des Nordpolarmeeres und des Europäischen Nordmeeres in morphographischer Darstellung nach JOHNSON et al. 1979 (siehe auch Bild 9.76).

▲ = untermeerischer beziehungsweise übermeerischer Vulkan
⋀ = ozeanischer Rücken
Quelle: NAD (1991), verändert

Jahresgang der Schnee-/Eisbedeckung des Nordpolarmeeres

Die Dynamik des Nordpolarmeeres wird nach heutiger Auffassung weitgehend durch den Eintrag von Süßwasser geprägt (BAREISS 2003, PRANGE 2003 und andere). Dieser Eintrag habe Einfluß auf die räumliche Lage (Position) der Transpolaren Drift und die Stärke des Ostgrönlandstroms im Bereich der Fram-Straße. Süßwasser begünstige den Wassermassenaustausch zwischen dem Europäischen Nordmeer und dem Nordpolarmeer. Außerdem reguliere die Süßwasserzufuhr den ozeanischen Wärmefluß ins Meereis durch Bildung einer stabilen Dichteschichtung über den Meeresbecken.

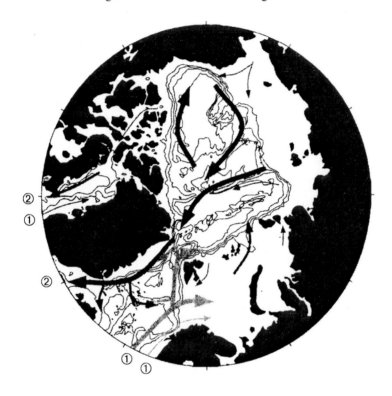

Bild 4.130
Mittlere Oberflächenströmungen im Nordpolarmeer. Quelle: PRANGE (2003), verändert. Tiefenlinien: 500, 1 500, 2 500, 3 500 m
   ① = Relativ warmes, salzreiches Wasser
   ② = Relativ kaltes, salzarmes Wasser

Die Bewegungen der Wassermassen im Nordpolarmeer werden geprägt vom Einstrom atlantischen Wassers durch die Framstraße und die Barents-See, vom Einstrom pazifischen Wassers durch die Bering-Straße und durch Süßwassereinträge, die größtenteils aus den sibirischen Flüssen kommen. Die Bewegungen werden modifiziert durch Meereisbildung und -schmelze sowie durch atmosphärische Wärmeflüsse über den Schelfmeer-Regionen, die im Sommer weitgehend eisfrei sind. Eine deutlich ausgeprägte *Saisonalität* liege großräumig nur in den oberen 100 m vor, wo das sommerliche Schmelzen von Meereis zu einer (saisonalen) Halokline führe in ca 20-40 m Wassertiefe (PRANGE 2003). Der oberflächennahe Salzgehalt verringere sich dabei um ca 0,5-1,5 psu (engl. practical salinity units) im Vergleich zu den Winterwerten. Die „Sommerhalokline" überstehe den folgenden Winter meist nicht. Die Salzanreicherung während der Eisbildung führe dazu, daß die oberflächennahe Schmelzwasserschicht aufgelöst wird. Eine meßtechnische Erfassung des Einflusses der veränderlichen Süßwassereinträge auf die Meereisdecke ist bisher nur teilweise möglich. So kann die Advektion relativ warmen Flußwassers unter die Eisdecke und das Überfluten schmaler Festeisgürtel vor den Mündungsbereichen einiger Flüsse die Eisschmelze im Frühjahr beschleunigen. Durch das Überfluten der Eisdecke wird eine sprunghafte Änderung der Albedo verursacht. Nach BAREISS (2003) schmelze das küstennahe Festeis vorrangig durch starke Absorption kurzwelliger Strahlung an der oberen mit Flußwasser bedeckten Eisfläche und durch Wärmegewinn an der Eisunterseite entsprechend dem Flußwassereintrag. Beim Schmelzen des küstennahen Festeises sollen in der sibirischen Arktis im Mittel ca 53 % der Energie aus der Atmosphäre und 47 % aus dem Flußwasser stammen. Dagegen betrage der atmosphärische Anteil Energie am Schmelzen des küstenfernen Festeises ca 90 % und der Anteil aus dem Flußwasser ca 10 %.

|Festeis und Küstenpolinjen an der sibirischen Küste|
Sogenanntes Festeis entsteht aus Meerwasser oder durch Zusammenfrieren von Treibeis. In flachen Meeresteilen (Wassertiefe < 2 m) kann das Festeis auch mit dem Meeresgrund verbunden sein (engl. bottom-fast ice). Die sibirischen Schelfmeere sind nach BAREISS (2003) in den nördlichen Meeresteilen ganzjährig, die weiter südlich gelegenen bis zu 9 Monate, mit ein- und mehrjährigem *Packeis* bedeckt. Entlang der Küste (und der Inseln) tritt überwiegend ebenes und sehr kompaktes *Festeis* auf. An der seewärtigen Festeiskante kann das Eis übereinandergeschoben oder aufgepreßt sein. Zwischen der Küstenlinie beziehungsweise der küstenwärtigen und der seewärtigen Festeiskante bilden sich im Winter und Frühjahr Meereisöffnungen (Polinjen), deren Breite zwischen 10 und 100 km schwankt. Da starke Küstenströmungen und Gezeiteneinflüsse kaum vorliegen, ist das Festeiswachsen sehr begünstigt. In weiten Teilen überwiege einjähriges Eis.

Die Festeisbedeckung entlang der sibirischen Küste zeige einen stark ausgeprägten Jahresgang. Im Oktober bildet sich von den Küsten, Inseln und Sandbänken ausgehend Festeis, das bis ins nächste Frühjahr hinein große Teile des Schelfmeeres bedeckt. Der Gesamtablauf kann wie folgt unterteilt werden: Phase A beinhaltet das herbstliche Zufrieren der Schelfmeere, das innerhalb weniger Wochen erfolgen kann. Während der

Wintermonate (Phase B) sind die Schelfmeere fast vollständig mit Festeis bedeckt. Ende Mai/Anfang Juni beginnt der Aufbruch des Festeises. Es zeigen sich Oberflächenschmelzwasser und Schmelztümpel auf dem Festeis. Während der Schmelzperiode beginnt der Rückgang der Festeisbedeckung bis zum Erreichen des sommerlichen Minimums (Phase D). Allerdings sind In den Sommermonaten nicht alle Meeresteile eisfrei. In den nördlichen Teilen können Reste vom Festeis auch den Sommer überdauern.
Neben dem *Jahresgang* der Eisbedeckung unterliegt diese offensicht noch *interanualen* Veränderungen. So seien auffällig die Jahre 1982, 1984, 1992 und 1994, in denen das Festeis erst sehr spät oder gar nicht geschmolzen ist. In den Jahren 1980, 1981, 1990 und insbesondere etwa ab 1995 ist das Festeis bereits im Juli geschmolzen (BAREISS 2003).

Bild 4.131/1
Ostsibirische See mit offenem Wasser (dunkel) und Eisbedeckung (hell) nach Satellitendaten NOAA-AVHRR vom 05.05.1990 (Kanal 0,58-0,68 µm). Die Küstenlinie ist vollschwarz dargestellt. Quelle: BAREISS (2003), verändert

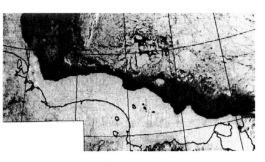

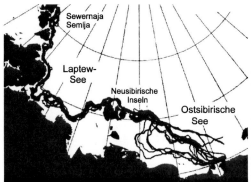

Bild 4.131/2
Ausbreitung des Festeises in der ostsibirischen Arktis im Zeitabschnitt 1982-1994. Die Linien markieren die seewärtigen Festeiskanten jeweils am 15. 05. des Jahres ermittelt aus Satellitendaten NOAA-AVHRR. Quelle: BAREISS (2003), verändert

633

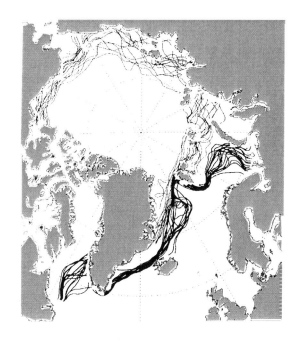

Bild 4.132
Sommerliche und winterliche Ausdehnung des Meereises im Zeitabschnitt **1979-1995**. Quelle: KREYSCHER (1998), verändert

Dünne Linien = die durch SMMR beziehungsweise SSM-1 beobachteten Eiskanten im *September*.
Dicke Linien = Meereisausdehnung im *März*.
Die Eiskanten entsprechen den 15%-Isolinien des Eisbedeckungsgrades.
SMMR = Scanning Multichannel Microwave Radiometer (NIMBUS-7 und SEASAT), SSM/I = Special Sensor Microwave/Image (DMSP).

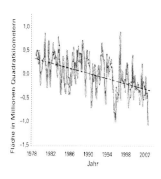

Bild 4.133
Schrumpfen der vom Meereis bedeckten Fläche des arktischen Meeresteils nach Meßdaten im Zeitabschnitt 1978-2002 (Daten: National Snow and Ice Data Center, Boulder, USA, Kurve entnommen aus STURM et al. 2004).

Meeresteil Framstraße, Hauptweg für den Eisexport aus dem Nordpolarmeer

Der Eistransport durch die Framstraße ist nach HOLLAND 1978 der *zweitgrößte Süßwasserfluß* der Erde, dessen Stärke nur durch den Amazonas übertroffen wird (HARDER 1996). Die Charakteristik der Eisdrift im Nordpolarmeer verdeutlichen die nachstehenden Bilder.

Bild 4.134
Eisdrift im Nordpolarmeer.
3-Tage-Geschwindigkeitsfeld
04-06.10.**1994**.
Dünne Vektoren
= abgeleitet aus
SSM/I-Daten nach
MARTIN/AUGSTEIN
1998.
Dicke Vektoren
= Bojengeschwindigkeiten aus dem gleichen Zeitabschnitt.
Driftbojendaten aus dem International Arctic Buoy Programme (IABP).
Quelle: KREYSCHER (1998), verändert

Dieses und das nachfolgende Bild belegen die herausragende Bedeutung der Framstraße für den Eisexport aus dem Nordpolarmeer. Der Meeresteil *Framstraße* (kurz die Framstraße) liegt zwischen dem nordöstlichen Grönland und Spitzbergen. Ihren Namen erhielt die Meeresstraße nach dem Schiff *Fram*, das Fridtjof NANSEN zur Erforschung des Nordpolarmeeres benutzt hatte (Abschnitt 9.4). Die Framstraße ist ca 600 km breit, davon nehmen die Schelfausdehnungen Grönlands und Spitzbergens ca 200 km und 100 km ein. Die Tiefe der Rinne beträgt im Mittel ca 2600 m (siehe morphographische Darstellung und Grundrißdarstellung der Framstraße).

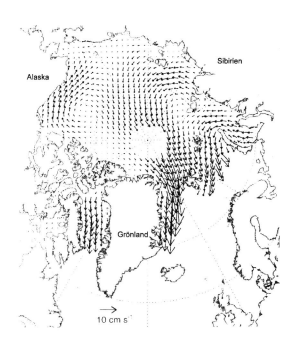

Bild 4.135
Eisdrift
im Nordpolarmeer.
Mittleres
Geschwindigkeitsfeld
aus beiden
Winterhalbjahren
1987/1988
und 1994/1995
(zusammen
12 Monate),
abgeleitet aus
SSM/I-Daten
nach
MARTIN/AUGSTEIN
1998.
Maximale
Geschwindigkeiten
(in dieser Zeit)
von >15 cm/s
wurden festgestellt
in der Framstraße
und in der Barentssee.
Aus den SSM/I-Daten haben MARTIN/AUGSTEIN erstmals hochaufgelöste Driftdaten für das eurasische Schelfgebiet abgeleitet. Von der unmittelbaren Umgebung des geographischen Nordpols (südwärts bis ca 85° N) kann SSM/I keine Daten aufzeichnen. Quelle: KREYSCHER (1998), verändert

Bedeutende *Süßwasserzuflüsse* in das Nordpolarmeer sind die Flußsysteme *Kolyma, Lena, Jenissei und Ob* (Sibirien) sowie das Flußsystem *Mackenzie* (Canada).

Der Eisexport durch die Framstraße bestimmt weitgehend den Massen- und Energiehaushalt der Arktis. Etwa 90% des Wärmeaustausches und 75% des Massentransports zwischen dem Nordpolarmeer und den umgebenden Meeresteilen vollzieht sich (nach AAGAARD/CARMACK 1989) über die Framstraße, wobei nach MARTIN 1996 der winterliche Eisexport etwa 10 mal größer sei als der sommerliche (KREYSCHER 1998). Es besteht sehr wahrscheinlich eine starke Jahresvariabilität und jahreszeitliche Variabilität. Weitere Aussagen zur Charakteristik und Funktion der Framstraße sind nachfolgend stichpunktartig zusammengestellt.

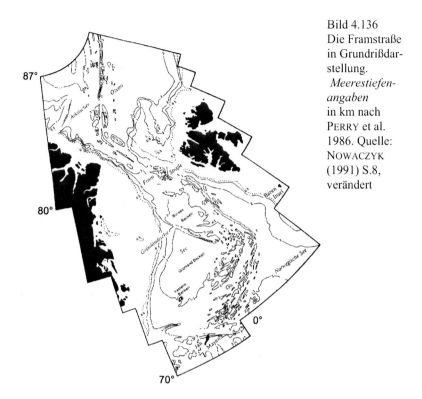

Bild 4.136
Die Framstraße
in Grundrißdarstellung.
Meerestiefenangaben
in km nach
PERRY et al.
1986. Quelle:
NOWACZYK
(1991) S.8,
verändert

- Der Eistransport durch die Framstraße wird nach AAGAARD /CARMACK 1989 größenordnungsmäßig auf 0,1 Sv geschätzt (HARDER 1996). 1 Sv (*Sverdrup*) = 10^6 m³/s = in der Ozeanographie gebräuchliches Maß für Transporte. Abschätzungsergebnisse und Modellergebnisse (Simulationsergebnisse) verschiedener Autoren sind in KREYSCHER (1998) S.29 ausgewiesen. Nach den Untersuchungsergebnissen von KREYSCHER (1998) S.107 betrug der
mittlere Eisexport durch die Framstraße für den Zeitabschnitt **1979-1995** 0,097 Sv mit einer Unsicherheit von ± 0,015 Sv.
Messungen der Meereistransporte durch die Framstraße sind bisher rar. Punkthafte Messungen vor Ort gelten als nicht ausreichend beim vorliegenden zerklüfteten Meeresgrund, relativ starker Eisbewegung und Eisschollendeformation im Ostgrönlandstrom (HARDER 1996). Aus *Satelliten-Fernerkundungsdaten* konnten inzwischen erfolgreich Daten zur Ausdehnung und zur Drift des Eises im Nordpolarmeer abgeleitet werden (siehe zuvor). Die Bestimmung der Eisdicken aus Satelliten-Fernerkun-

dungsdaten ist dagegen noch nicht befriedigend gelöst. Die umfangreichsten Datenmengen über Eisdicken wurden bisher durch am Meeresgrund *verankerte* oder *U-Bootgestützte Echolote* (upward looking sonar, ULS) gewonnen. Eine Übersicht über die zahlreichen bisher gebräuchlichen Verfahren zur Messung der Eisdicke ist enthalten in KREYSCHER (1998).

Bild 4.137
Die Framstraße in morphographischer Darstellung.

 = ozeanischer Rücken

Qelle:
GIERLOFF-EMDEN
(1982), verändert

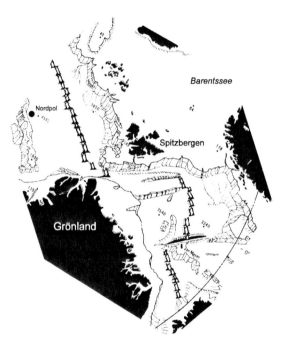

● Eis (als gefrorenes Wasser) enthält im Vergleich zum flüssigen Wasser im Meer erhebliche *negative latente Wärme*. Für den Phasenübergang von Eis in flüssiges Wasser wird das 72fache der Energie benötigt, die zur Erwärmung derselben Wassermenge um 1°C erforderlich ist.

Damit wird deutlich, daß ein Transport von täglich ca 10^{10} Tonnen Meereis durch die Framstraße einen wichtigen Süßwasserfluß im Klimasystem der Erde darstellt, der mit einem horizontalen *Transport* negativer latenter Wärme verbunden ist. Entsprechend der Advektion des Meereises kühlt das Nordpolarmeer die Grönlandsee durch Zufuhr negativer latenter Wärme mit einer Leistung von ca 30 Terrawatt ab (KREYSCHER 1998, HARDER 1996).

Die genannte Leistung ergibt sich, wenn der Transport des Meereises (hier für 0,1 Sv = 10^5 m³/s eingesetzt) mit der latenten Wärme des Meereises ($L_i \approx 3 \cdot 10^8$ J/m³) multipliziert wird. Die so berechnete Leistung von $30 \cdot 10^{12}$ W entspricht nach HARDER der von ca 30 000 Kernkraftwerken.

● Das *Windfeld* beeinflußt den Meereistransport erheblich: (a) Die Eisdicke im Norden der Framstraße (Ausflußgebiet) wird vom Windfeld der gesamten Arktis beeinflußt. Nach HARDER (1996) sind hier Zeitskalen von *mehreren Monaten* oder *Jahren* zu berücksichtigen, da die Eisdickenverteilung sich relativ langsam aufbaut, als integrierte Wirkung der vorwiegend windgetriebenen Eisdrift. (b) Durch die in der Framstraße auftretenden Winde ändert sich die Eisdrift dort innerhalb weniger *Stunden.*

● *Schmelzwassertümpel* sind typische Erscheinungen arktischen Meereises im Sommer (Juni bis September). Aufgrund ihrer Lage auf der Meereisoberfläche sind sie ein kalter Lebensraum, der Witterungseinwirkungen (Wind, Sonnenstrahlung) direkt ausgesetzt ist und eine mittlere Wassertemperatur von ca + 0,2° C aufweist. Im Meeresteil Framstraße/Grönlandsee schwankt der Tümpel-Bedeckungsgrad stark (zwischen 10 bis 70%) und auch die Flächengröße der Tümpel schwankt zwischen kleiner 1 m^2 und ca 21 000 m^2, wobei die Tümpel-Wassertiefe wenige Dezimeter umfaßt. Die teilweise seenhaften Tümpel sind mithin ein Lebensraum für planktisch lebende Organismen. Aussagen zu den in diesem Meeresteil auftretenden Schmelzwassertümpeln, insbesondere zu ihren abiotischen Parametern Temperatur, pH-Wert, Salinität, Sauerstoffgehalt, Nährstoffkonzentration und andere sind in CARSTENS (2002) enthalten. Sie umfassen auch eine Übersicht über die durch andere Autoren bisher gewonnenen Erkenntnisse.

Jahresgang der Schnee-/Eisbedeckung des Südpolarmeeres

Die Eisbedeckung des Südpolarmeeres zeigt einen ausgeprägten Jahresgang. Damit zeigt auch die Strahlungsreflexion einen entsprechenden Verlauf, denn die Albedo von Schnee beträgt ca 0,9 (falls solcher auf dem Meereis liegt), von Meereis ca 0,6 und von Meer zwischen 0,04 und 0,15. Das eisfreie Meer absorbiert also mehr Strahlungsenergie als das von Meereis (mit Schnee) bedeckte Meer. Eine geschlossene Eisdecke verhindert außerdem den Wärme- und Gasaustausch zwischen dem Meer und der darüberliegenden Atmosphäre. Der Salzgehalt von Meerwasser beträgt im Mittel ca 34 psu, der von Meereis nur ca 5 psu (KLATT 2002). Beim Gefrieren wird mithin eine erhebliche Menge Salz an das Meerwasser abgegeben, das dadurch dichter wird und so zum Antrieb der thermohalinen Zirkulation der Wassermassen beiträgt. Dichteänderungen des Meerwassers aufgrund von Temperaturänderungen sind im Südpolarmeer als Antrieb im vorgenannten Sinne weniger wirksam. Die Temperatur des Oberflächenwassers liegt hier fast überall nahe dem Gefrierpunkt (bei ca − 1,9°C) (KLATT 2002).

Bild 4.138
Tagesmittel der Eisbedeckung des Südpolarmeeres am 01.03.1993 (links) und am 01.09.1993 (rechts) nach Daten des NSIDC. Die passiven Mikrowellendaten wurden aufgezeichnet durch die Satelliten Nimbus-7 und der DMSP-Missionen (F8, F11, F13). Die Aufbereitung erfolgte durch das NSIDC (National Snow and Ice Data Center, Boulder USA), das solche Daten kontinuierlich veröffentlicht. Quelle: HOFMANN (2000)

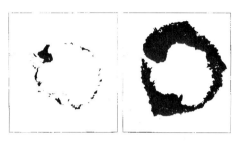

Bild 4.139
Monatsmittel der Eisbedeckung des Südpolarmeeres. Mittelwerte aus Daten des Zeitabschnittes **1973-1993** nach SIMMONDS/JACKA 1995: links für Februar, rechts für Oktober. Quelle: KLATT (2002)

Bild 4.140
Maximale Eisränder des Monats *September* der Jahre 1973, 1974, 1975 und 1976 nach Satellitenbilddaten Nimbus-5. Wie ersichtlich, fallen die genannten Eisränder (Monatsmittelwerte) eng zusammen, teilweise übereinander. Gestrichelt ist eingetragen das "absolute Maximum" der Eisbedeckung. Quelle: Daten der Mittelwerte nach ZWALLY et al. 1983 (siehe PARKINSON/GLOERSEN 1993), Daten des "absoluten Maximums" nach *Central Intelligence Agency* 1978, USA. Wie die Darstellung zeigt, ist das

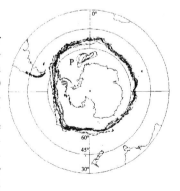

zugehörige *Streuungsband* der maximalen Eisränder des Zeitabschnittes 1973-1976 relativ eng. P kennzeichnet eine *Polinja*, die 1974 auftrat und bis 1976, unter Veränderung ihrer Umringsgrenze, sich etwas südwestwärts verlagerte.

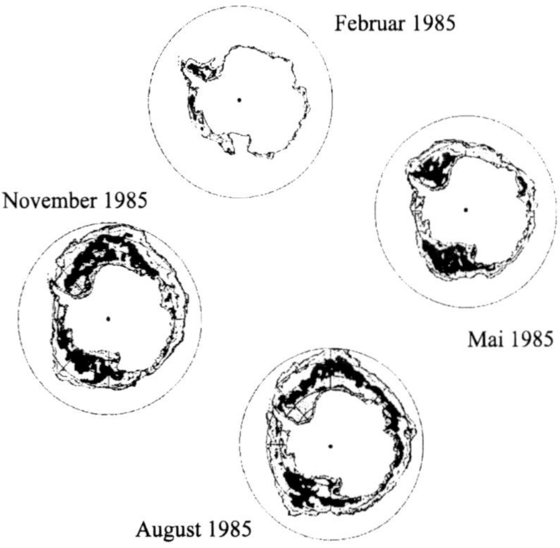

Bild 4.141 Monatsmittel der Eisbedeckung des Südpolarmeeres im Jahre 1985 nach Satellitenbilddaten Nimbus-7, SMMR. Als Umgrenzung ist dargestellt der Breitenkreis 55° S. Es sei typisch, daß im Februar das Minimum liege (mit ca 4 $\cdot 10^6$ km^2) und im September das Maximum (mit ca 20 $\cdot 10^6$ km^2). Quelle: PARKINSON/GLOERSEN (1993), verändert

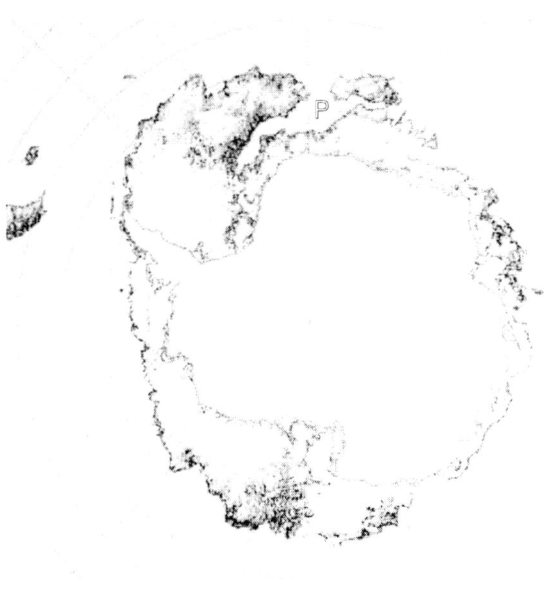

Bild 4.142 Meereisbedeckung in der Antarktis am 10.12.2000 nach Satellitendaten. Quelle: AWI (2003), verändert. Dunkel = niedrige Eiskonzentration (auftauendes Eis). Hell = hohe Eiskonzentration. P = Die Polinja um die Maudkuppe erstreckt sich als Zunge offenen Wassers in das nordöstliche Weddellmeer.

Eisschilde, Schelfeise und Eisberge in den Polargebieten (Massenhaushalt)

Der *Antarktis-Eisschild* und der *Grönland-Eisschild*, die beiden größten Eiskörper im System Erde, sind zugleich die größten "Süßwasserlagerstätten" und gewaltige Wärmesenken in diesem System. Es wird davon ausgegangen, daß sie daher unmittelbaren Einfluß auf das Klima der Erde haben. Die bisherigen Abschätzungen zum Massenhaushalt dieser Eiskörper gelten als nicht hinreichend. Ist die Massenbilanz ausgeglichen? Haben Zutrag und Verlust gleiche Größenordnung?

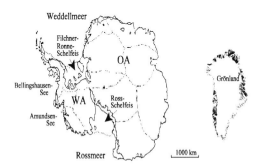

Bild 4.143
Antarktis-Eisschild und Grönland-Eisschild.
WA = Westantarktis,
OA = Ostantarktis

Eisschilde (auch *Eiskappen* genannt)
Die *Eisschilde* der Polargebiete sind zwar nicht Teile der Polarmeere, stehen aber doch in einem unmittelbaren Zusammenhang mit diesen, insbesondere in der Antarktis. Sie werden deshalb hier in die Betrachtungen einbezogen. Die
● größte Inlandeismasse der Südhalbkugel
bedeckt den antarktischen "Kontinent", wobei offen ist, welche Teile der Antarktis über dem mittleren Meeresspiegel liegen (siehe Abschnitt 2.4). Beim Antarktis-Eisschild wird meist unterschieden zwischen "Westantarktis" und "Ostantarktis". Die gestrichelten Linien im Antarktis-Eisschild (Bild 4.143) kennzeichnen die *Haupteisscheiden* des vom höchsten Punkt zur Küste fließenden Eises, nach GIOVINETTO et al. 1990 (MAYER 1996). Da der größte Teil der Westantarktis (ohne Auflast der Eisbedeckung) der Grund eines flachen Meeresbeckens wäre, wird die westantarktische Eismasse auch *mariner Eisschild* genannt. Der tiefliegende Eis-Untergrund der Westantarktis ist wahrscheinlich mit ein Grund für die Bildung großer schwimmender Eisplatten. Von 19 Eisströmen der Westantarktis münden 15 in die beiden großen Schelfeise: *Filchner-Ronne-Schelfeis* und *Ross-Schelfeis* (MAYER 1996). Der Antarktis-Eisschild sei seit dem Höhepunkt der letzten Eiszeit vor 20 000 Jahren deutlich geschrumpft, wobei der Rückzug überwiegend langsam und relativ kontinuierlich erfolgt sei, nur manchmal habe er sich kurzfristig beschleunigt (BINDSCHADLER/BENTLEY 2003). Dies betraf besonders den Westteil des Eisschildes, der wesentlich instabiler sei als der

Ostteil. Der *Westteil* habe sich in den letzten 600 000 Jahren mindestens einmal vollständig aufgelöst, der *Ostteil* sei in den letzten 15 Millionen Jahren stabil gewesen. Der Westteil werde zwar weiterhin *schrumpfen*, aber nur sehr langsam über einen Zeitabschnitt von Jahrtausenden. Die
● größte Inlandeismasse der Nordhalbkugel
bedeckt *Grönland*. Von der Gesamtfläche ca 2,17 Mio. km^2 sind ca 81% mit Inlandeis oder lokalen Eisfeldern bedeckt (ca 19% der Landfläche sind eisfrei). Das Inlandeis erreicht eine maximale Mächtigkeit von ca 3,4 km. Der Gesteinsuntergrund des Eisschildes ist im Süden und Osten Grönlands gebirgig (mit Gipfelhöhen >1000 m); im Zentrum hingegen liegen weite Gebiete unter dem Meeresspiegel. Bedingt durch die Gestalt der Geländeoberfläche liegt die Scheidelinie der Eisflußrichtung weit im Osten, was dort zu einer deutlich geringeren Kalbungsrate als im Westen führt (WEIDICK 1985, siehe MARIENFELD 1991 S.7).

Schelfeise der Antarktis
Die Eismassenbilanz des westlichen Teiles des Antarktis-Eisschildes ist sehr wahrscheinlich nicht nur von *Oberflächenschmelzen* oder unterschiedlichen *Kalbungsraten* der Schelfeise beeinflußt, sondern auch von der ozeanischen Zirkulation unter den Schelfeisen und den damit verbundenen, teilweise erheblichen *Unterflächenschmelzen* (① im Bild 4.144) und *Unterflächenanfrierungen* (② im Bild 4.144) (HELLMER 1989, MAYER 1996).

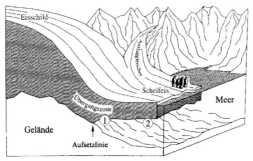

Bild 4.144
Glaziale Landschaft in der Antarktis. Quelle: MAYER (1996), verändert

Können Eisschilde *instabil* werden? Heute wird überwiegend angenommen, daß die großen Schelfeise, in die ein wesentlicher Teil des vom Inland abfließenden Eises transportiert wird, durch ihre Bindung an das seitlich benachbarte Gelände und an ihren Geländeuntergrund (im höheren Teil des flachen Schelfs) einen stabilisierenden Einfluß auf den Eisschild ausüben (MAYER 1996). Bezüglich ihres Eishaushaltes sind die beiden größten Schelfeise der Antarktis (Filchner-Ronne-Schelfeis und Ross-Schelfeis) noch nicht hinreichend durch Messung erfaßt. Für umfassende Modelle fehlen somit ausreichende Kalibrierungsdaten. Wahrscheinlich kommt der Übergangszone zwischen Eisschild und Schelfeis, der Nahtzone zwischen dem auf Gelände aufliegenden Eiskörper und dem schwimmenden Teil des Eiskörpers in solchen Modellen eine zentrale Rolle zu (MAYER 1996). Sie habe herausragende Bedeutung in

der *Massenbilanzdiskussion* und der *Stabilitätsdiskussion*.
Derzeit gibt es Schelfeise nur in der Antarktis. Die Eiszufuhr erfolgt vom mächtigen antarktischen Inlandeis her. Die Wärme der Atmosphäre reicht nicht, das Eis zum Schmelzen zu bringen. Dies bedeutet: Die 0°C-Jahresisotherme liegt tiefer als der Meeresspiegel; es herrscht hochpolares Klima. Das Inlandeis schiebt sich folglich über die Küste hinweg seewärts vor und schwimmt auf. Der Kontakt mit dem Meerwasser ermöglicht einen geringen, aber stetigen Wärmestrom vom Wasser zum Eis und somit ein Abschmelzen von unten her. Die sich unter dem Eis sammelnde Schmelzwasserschicht behindert den weiteren Schmelzvorgang. Die Gezeitenströme fördern das Schmelzwasser zum seewärtigen Eisrand und ersetzen es durch frisches Meerwasser. Der Wärmeaustausch scheint dabei zu einem Ausgleich zu kommen, worauf die auffallend gleichbleibende Mächtigkeit des Schelfeises (180-200 m) hinweist.

An der submarinen Uferlinie (im Bild 4.144 „Aufsetzlinie" genannt), von wo an das Eis aufschwimmt, findet im Zeittakt und im Bereich des kleinen Tidenhub-Höhenunterschieds fortgesetzt *Frostwechsel* statt, wie es ihn in solcher Intensität nirgends sonst im System Erde gibt. Das morphologische Ergebnis dieses in einer horizontalen Ebene aktiven Frostwechsels ist die *Strandflate*, eine Küstenform, die in ihrer schönsten Ausprägung entlang der norwegischen Westküste zu finden ist. Sie ist eine Vorzeitform (Gegensatz: Jetztzeitform), entstanden als im Pleistozän das skandinavische Inlandeis hier das offene nordatlantische Gezeitenmeer erreichte und nicht durch atmosphärische Wärme, sondern -wie heute in der Antarktis- durch das gezeitenbewegte Meerwasser von unten her aufgeschmolzen worden ist. Die norwegische Strandflate ist eine besonders markante Landschaft. Ihre Höhenlage nahe dem heutigen Meeresspiegel verdankt sie dem Zusammenspiel von Isostasie und Eustasie. Sie ist wiederholt beschrieben worden (H. Reusch 1894, E. Richter 1896, F. Nansen 1922). HOLTEDAHL (1929) hat als Erster auf morphologische Ähnlichkeiten mit *antarktischen* Inseln hingewiesen, aber erst TIETZE (1962) hat den *genetischen* Zusammenhang mit dem Schelfeis erkannt und beschrieben.

|Ross-Schelfeis|
Bisherige Messungen hätten gezeigt, daß Eisverlust und neuer Schneefall etwa gleichgroß seien. Die Schwankungen zwischen Schneefall und Eisabfluß scheinen sich im vergangenen Jahrtausend ausgeglichen zu haben (BINDSCHADLER/BENTLEY 2003). Das Ross-Schelfeis ist benannt nach dem britischen Admiral und Polarforscher Sir James Clark ROSS (1800-1862), der es 1841 entdeckte.

Kalbungsereignisse und Eisberge in den Polargebieten

Der *Antarktis-Eisschild* verliert nach heutiger Kenntnis praktisch nur durch das Kalben von Eisbergen und das Schmelzen an der Unterseite von Schelfeisen (Bild 4.144) an Masse. Wegen niedriger Temperaturen kann der Oberflächenabtrag (die Oberflächenablation) in der Massenbilanz unberücksichtigt bleiben, und dies solle auch bei einem eventuellen Temperaturanstieg (um bis ca 5° C) noch gelten. Im Gegensatz dazu ist auf den *Eisschilden der Nordhalbkugel* die Oberflächenablation der Hauptprozess für den Massenverlust eines Eisschildes. Ausführungen zur Kalbungsgeschichte der letzten 200 000 Jahre vor der Gegenwart (insbesondere der antarktischen) sind enthalten in HOFMANN (1999). Häufig werden Abbrüche von Teilen des Antarktis-Eisschildes in Verbindung gebracht mit internen *Instabilitäten* sowohl im Ostteil wie im Westteil des Eisschildes. Nach Hofmann sind hinreichende Nachweise dafür bisher nicht erbracht worden.

|Eisberg-Überwasserformen|

Eisberge haben vielfältige Überwasserformen. Entsprechend diesen Formen können drei Hauptgruppen unterschieden werden:

Tafel-Eisberge

In der Regel junge Eisberge, deren Trennung vom Schelfeis (Kalben) noch nicht lange zurückliegt. Ihre Oberfläche ist meist flach und glatt. Mit zunehmendem Alter werden sie uneben, rund oder/und geraten in Schieflage.

Unebene Eisberge

Sie zeigen Erosionsspuren (vom Wind), vorwiegend eine spitze Oberflächengestalt. Gezackte Berge mit zinnenförmigen Profilen sind in dieser Gruppe häufig.

Gerundete Eisberge

Sie sind durch Wasser gerundet und haben meist konvexe Formen. Die ältesten Eisberge zeigen nur noch wenige spitze Formen. Sie können instabil werden und umkippen. Der konvexe Unterwasserteil ragt dementsprechend nach oben. In dieser Phase trägt der Eisberg nur noch wenig (flüssiges) Wasser und er liegt nicht mehr so tief im Wasser. Das Abschmelzen eines Eisberges dauert meist mehrere Jahre. Zuvor treten oft Risse und Brüche auf, die einen Eisberg in kleinere Stücke teilen.

Bezüglich "grüner Eisberge" siehe folgenden Abschnitt: Brauneis, grünes Eis...

Eisberge der Südhalbkugel

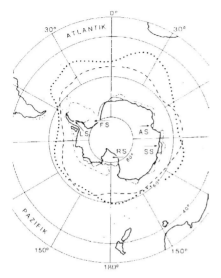

Bild 4.145
Die Schelfeise der Antarktis als Hauptentstehungsgebiete von Eisbergen nach STÄBLEIN (1991).

FS = Filchner-Ronne-Schelfeis ca 450 000 km²
RS = Ross-Schelfeis ca 508 000 km²
LS = Larsen-Schelfeis ca 85 000 km²
AS = Amery-Schelfeis ca 39 000 km²
SS = Shakleton-Schelfeis ca 37 000 km²
- · - · = minimale
------- = maximale Meereisausdehnung
•••••••• = mittlere maximale Eisbergverbreitung

Der Tidenhub für das einige hundert Meter dicke Amery-Schelfeis betrage ca 1,5 m (LEGRESY 2001).

Auf der Südhalbkugel werden die Eisberge nach dem Kalben zunächst von der Ost/West-Strömung, der sogenannten Ostwind-Drift des Südpolarmeeres angetrieben und auf kurvenreichen Wegen langsam nordwärts verfrachtet. Gelangen sie in die West/Ost-Strömung, in die sogenannte Westwind-Drift des Südpolarmeeres, wird ihr Kurs zwar generell umgedreht, doch der Nordwärts-Trend bleibt mehr oder weniger erhalten. Falls sie nicht zuvor in Buchten oder Meeresarmen strandeten und unter Umständen wieder vom Eis eingeschlossen wurden, erreichen einzelne Eisberge die Antarktische Konvergenz. Im allgemeinen ist dies die nördliche Grenze der Eisbergbewegung auf der Südhalbkugel; Ausnahmen ergeben sich, wenn durch Sturm oder Wirbel einzelne Eisberge noch weiter nordwärts getrieben werden (MAY 1988). Nach GIERLOFF-EMDEN (1982, S.895) erreichen Eisberge der Antarktis im Atlantik 35°S, im Indik 50°S und im Pazifik 45°S. Am 30.04.1894 sichtete die Besatzung der *Dochra* einen Eisberg im Atlantik auf der Position 26°30'S, 25°40'W; er gilt bisher als der nördlichste beobachtete Eisberg auf der Südhalbkugel (MAY 1988). Über die *Anzahl* der driftenden Eisberge gibt es unterschiedliche Schätzungen. 1965 wurden auf der Südhalbkugel in einem Meeresgebiet von 4 400 km² zwischen dem 44. und dem 168. Längengrad ca 30 000 Eisberge gezählt (MAY 1988). Eisbergzählungen in Satellitenbildern aus den 80er Jahren hätten jeweils >200 000 Eisberge südlich der Antarktischen Konvergenz ergeben (STÄBLEIN 1991).

Eisberge der Nordhalbkugel

Bild 4.146
Beobachtung von Eisbergen mit extrem südlicher Position seit **1831**.
• = Eisberg
•••••• = mittlere Eisberggrenze
Quelle: STÄBLEIN (1991), nach Central Intelligence Agency (CIA): Polar Regions Atlas, Washington 1978

Das grönländische Inlandeis ist umschlossen von Randgebirgen. Wo diese Wege zum Meer öffnen, schiebt das Inlandeis Gletscherströme zu Tal. Sie führen Erosionsschutt von den Bergen mit, der an der Gletscherzunge (auf dem Land oder im Wasser) als Moräne abgelagert wird. Haben Gletscherströme das Meer erreicht, bricht bei hinreichendem Nachschub von der schwimmenden Gletscherzunge Eis ab. Durch solches Kalben ergeben sich meist hohe Eisberge von unregelmäßig zerrissener Form. Das Kalben erfolgt im Sommer, jedoch auch im Winter. Grönland entläßt pro Jahr ca 15 000 große Eisberge ins Meer (GIERLOFF-EMDEN 1982 S.862, GREGORY et al. 1991 S.51). Die Strömung im Nordatlantik, besonders der Ostgrönland-Strom und der Labrador-Strom treiben (vor allem im Frühsommer) einzelne Eisberge gen Süden an Newfoundland vorbei zu Breiten bis ca 36°N, aber auch bei 32°N wurden nach GREGORY noch Eisberge beobachtet. Die Beobachtung der Eisberg-Situation im Nordatlantik (vorrangig zur Sicherung des Schiffsverkehrs) erfolgt seit 1914 durch den *International Ice Patrol Service* (siehe beispielsweise STRÜBING 1974). Er wird von der us-amerikanischen *Coast Guard* organisiert.

Zum Eismassenhaushalt der Polargebiete
Durch unterschiedlichen Zutrag und Verlust kann der Eismassenhaushalt (die Eismassenbilanz) der beiden größten Eisschilde der Erde schwanken. Eventuelle *Schwankungsperioden* sind noch weitgehend unbekannt. Auch eine *lineare* Änderung der Bilanz kann nicht ausgeschlossen werden.

Antarktis-Eisschild
Der Antarktis-Eisschild mit den zugehörigen Schelfeisen und den direkt ins Meer ausfließenden Eisströmen (Ausflußgletschern) wird von den meisten Wissenschaftlern gegenwärtig als *relativ stabil* und die Eisbilanz (trotz großer Unsicherheiten) langfristig als *etwa ausgeglichen* angenommen.

● Zutrag
Nach MAY (1988) nehme die Mächtigkeit des Inlandeises derzeit durch Schneefälle zu: im zentralen Bereich bis ca 5 cm/Jahr, im anschließenden Umringsbereich bis ca 20 cm/Jahr und im Küstenbereich >20 cm/Jahr. Die zentrale Antarktis ist demnach sowohl Kältewüste als auch Trockenwüste. STÄBLEIN (1991) geht von einem mittleren Niederschlag von 13 cm/Jahr aus, woraus sich für die Inlandeisfläche ein Wasseräquivalent (als Nachschub für die Eisbergbildung) von ca 1 820 km^3 ergebe. Nach REMY/RITZ (2001) umfaßt der Zutrag durch Neuschnee ca 2250 Gigatonnen/Jahr.

● Verlust
Hinreichende Daten hierzu liegen bisher kaum vor. Nach MAY (1988) trat beispielsweise beim Filchner-Ronne-Schelfeis 1986 durch Kalben ein Verlust von ca 13 000 km^2 ein. Völlig unerwartet kam es zu einen etwa ebenso großen Abbruch vom Larsen-Schelfeis. Die Eismassen beider Abbrüche werden zusammen auf ca 6 000 km^3 geschätzt. Dies entspräche der dreifachen Menge des üblichen jährlichen Eisverlustes des Antarktis-Eisschildes. Nach STÄBLEIN (1991) betrage die Verdunstungsrate für das Inlandeis pro Jahr 63 km^3. Für das Abschmelzen an den Unterseiten der Schelfeise (Bild 4.144) seien pro Jahr ca 110 km^3 anzusetzen. Aus Satellitenbildanalysen und Eisbergstatistiken hätten LOVERING/PRESCOTT 1979 für die antarktischen Schelfeise eine Kalbungsrate pro Jahr von ca 1 200 km^3 ermittelt. Nach diesen von STÄBLEIN genannten Zahlen ergibt sich als Bilanz: Zutrag - Verlust = 1 820 - (63 + 110 + 1 200) = + 447 km^3 , was eine leichte Zunahme der Eismächtigkeit bedeuten würde. Allerdings habe ORHEIM 1988 darauf hingewiesen, daß aufgrund der Eisbergzählung der abschätzbare Eisverlust für den Antarktis-Eisschild weit größer sei, als bisher angenommen; die Bilanz könne nicht mehr positiv sein.

Aufgrund der Auswertung von Satellitenbilddaten und der Berechnung von Eis-Fließgeschwindigkeiten mittels radarinterferometrischer Verfahren haben JOUGHIN/TULACZYK festgestellt, daß die Antarktis-Eiskappe *wächst*, zumindest in der "Westantarktis" (Sp 03/2002). Die "Westantarktis" zeige derzeit eine *Eis-Zunahme* um fast 27 ·10^9 Tonnen/Jahr. Nach frühere Schätzungen hätte die Eis-Abnahme, der Eis-Verlust der West-Antarktis, 21 ·10^9 Tonnen/Jahr betragen. Ist das ein Widerspruch zu den vorstehenden Aussagen von BINDSCHADLER/BENTLEY (2003), wonach der Westteil weiter *schrumpfen* werde?

|Topographie des Antarktis-Eisschilds|
Die gesamte Oberfläche des Eisschildes und der eisfreien Flächen wurde mittels Daten des Satelliten ERS-1 aus dem Zeitabschnitt April 1994 bis März 1995 meßtechnisch erfaßt mit einer geometrischen Auflösung horizontal von ca ± 5 km und vertikal von ca ± 1 m (in den zentralen Bereichen) (REMY/RITZ 2001).

Nach TIETZE (2004) gilt für die Eisbilanz in Antarktis: Die 0° C - Jahresisotherme liegt tiefer als der Meeresspiegel, weshalb das Abschmelzen nur im Südsommer stattfinde. Diese Lage der 0° C - Jahresisotherme bewirke, daß das Inlandeis an der Küste Schelfeise bilde. Diese werden fast ausschließlich von unten her durch das tidebewegte Meerwasser abgeschmolzen bis zu einer „Gleichgewichtsfläche" (wo das Schmelzwasser den Wärmefluß vom Meerwasser zum Eis blockiert). Dies erkläre die einheitliche Mächtigkeit der antarktischen Schelfeise und der davon abbrechenden Tafeleisberge, wobei der Abbruch vorwiegend aus statischen Gründen erfolge. Die einheitliche Mächtigkeit (Dicke) der Tafeleisberge erleichtere die Volumenschätzung (im Gegensatz zu den bizarren Eisbergformen der Arktis). Erst in der Sub-Antarktis gehe dieser Vorteil verloren infolge weiteren und nun auch zunehmenden Abschmelzens.

Grönland-Eisschild

Von den meisten Wissenschaftlern wird der Grönland-Eisschild gegenwärtig als *relativ stabil* und die Eisbilanz langfristig als *etwa ausgeglichen* angenommen:
● Zutrag
Nach GREGORY et al. (1991, S.50) nimmt die Mächtigkeit des Inlandeises im zentralen Bereich derzeit durch Schneefälle zu um 3-10 cm/Jahr. Somit werden schätzungsweise 500 km^3/Jahr gefrorenes Wasser aufgenommen. Nach REMY/RITZ (2001) umfaßt der Zutrag durch Neuschnee ca 500 Gigatonnen/Jahr.
● Verlust
Nach GREGORY et al. (1991, S.50) nimmt die Mächtigkeit des Inlandeises in den Randbereichen dagegen um 20-50 cm pro Jahr ab. Das Abschmelzen von Eis erbringe pro Jahr ca 295 km^3 Wasser. Hinzu käme der Verlust durch Abbrechen von Eisbergen, geschätzt auf pro Jahr ca 205 km^3. Die Daten sind als Mittelwert aus mehreren Jahreswerten aufzufassen. Zutrag und Verlust wären nach GREGORY et al. damit etwa ausgeglichen. Nach STÄBLEIN (1991) führen die arktischen Eisberge pro Jahr ca 110 km^3 Wasser dem Meer zu. Aufgrund besonderer Witterungsverhältnisse gibt es in der Arktis "eisbergreiche Jahre", in denen sich die Anzahl der Eisberge auch verzehnfachen könne.

Als Ergänzung der im Bild 4.147 dargestellten Daten sind die folgenden zu nennen (KUHN 1983): *Gebirgsgletscher* umfassen

Südhalbkugel = |0,03 Fläche| |0,01 Volumen| |0,01 Masse|
Nordhalbkugel = |0,20 Fläche| |0,03 Volumen| |0,03 Masse|
Arktischen Inseln umfassen
an Eis ca |0,35 Fläche| |0,20 Volumen| |0,20 Masse|

Die Einheiten der vorstehenden Angaben für Fläche, Volumen, Masse sind identisch mit jenen im Bild 4.147. Nach DREWRY et al. 1982 (HUYBRECHTS 1992) umfaßt die *eisfreie* Überwasser-Geländeoberfläche der Antarktis ca 0,334 ·10^6 km^2. Größere eisfreie Regionen der Antarktis werden verschiedentlich *Oasen* genannt.

Fläche in 10^6 km²	Volumen in 10^6 km³	Masse in 10^{18} kg	Autor, Quelle Anmerkungen (1) (2)...

Grönland-Eisschild

1981	1,7	2,7	2,4	KOTLYAKOV/KRENKE (1) (2)
1991	1,8	2,7		HUPFER et al., S.118
1991	1,7	2,7	2,4	STÄBLEIN (1)
1992	1,676			AWI 1992/1993, S.120

Antarktis-Eisschild + Filchner-Ronne-Schelfeis + Ross-Schelfeis

1982	13,584	30,110		DREWRY/JORDAN/JANKOWSKI
1991	13,6	30,10		HUPFER et al., S.118
1991	13,6	28,2	25,4	STÄBLEIN

Filchner-Ronne-Schelfeis

1982	0,532	0,352	DREWRY/JORDAN/JANKOWSKI
1985	0,433		BARKOV
1994	0,470		AWI 1994/1995, S.64
1994	0,450		FOX/COOPER

Ross-Schelfeis

1982	0,536	0,230	DREWRY/JORDAN/JANKOWSKI
1985	0,525		BARKOV
1994	0,5077		FOX/COOPER

Bild 4.147
Daten zu den genannten Eisschilden und Schelfeisen.
(1) Die Masse wurde hier aus dem Volumen abgeleitet mit der Eisdichte von 0,9 g/cm³. (2) Bezüglich der Angaben von KOTLYAKOV/KRENKE (siehe KUHN 1983), DREWRY/JORDAN/JANKOWSKI (siehe HUYBRECHTS 1992), FOX/COOPER (siehe MAYER 1996 S.16), AWI (siehe die genannten Zweijahresberichte)

Brauneis, grünes Eis... Eisalgen

Wenn ein Schiff die bestehende Eisdecke durchbricht, drehen sich die Eisschollen meist um, die Unterseite kommt nach oben. Es zeigt sich sogenanntes *Brauneis* beziehungsweise *Braunwasser*. Es wird von Algen braun eingefärbt. Die im Eis dominierenden Arten gehören zu den Diatomeen (Kieselalgen). Die grüne Farbe des Chlorophylls wird hier vom braunen Pigment Fucoxanthin überlagert, welches identisch ist mit dem Pigment der Tange (Braunalgen). Das Fahrwasser am Heck des Schiffes erhält seine Farbe durch das Herausspülen der Algen. Weitere Ausführungen zu den Algen und den Photosynthese-Pigmenten im Pflanzenreich sind im Abschnitt 9.3.01 enthalten.

Die soleerfüllten Hohlräume, die bei der Bildung von Meereis zwischen und innerhalb der Eiskristalle entstehen, dienen einer Gemeinschaft von Organismen als Lebensraum. Die Lebensbedingungen in diesen soleerfüllten Hohlräumen (sie werden oftmals auch Solekanälchen oder Salzlakunen genannt) ergeben sich vor allem durch die herrschenden Umweltverhältnisse während der Eisbildung und durch die jeweiligen Materialeigenschaften des Eises. Die Eis-Lebensgemeinschaften setzen sich vorrangig aus Kieselalgen zusammen. Im Gegensatz zu den planktisch lebenden Algen (Planktonalgen) werden alle im und am Eis lebenden Algen als *Eisalgen* bezeichnet, auch wenn sie einen Teil ihres Lebens in der eisfreien Wassersäule verbringen.

Grünes Eis, Meereis in Eisbergen
Das Phänomen des Auftretens von "grünen" Eisbergen im Südpolarmeer ist bisher nicht hinreichend abgeklärt. Verschiedentlich wird angenommen, daß grüne Eisberge (teilweise) aus *marinem* Eis entstehen (nicht aus meteorologischem) (AWI 1990/1991 S.72). Über mehrere hundert Jahre friert an der Unterseite des Schelfeises Meereis in Form von Plättcheneis an. Die Eisplättchen bilden sich in der Wassersäule und treiben gegen das Schelfeis, wo sie sich an der Unterseite langsam verdichten und eine zunehmend dickere Schicht bilden. Vermutlich werden freischwebende und aufgewirbelte Sedimentpartikel von den Eisplättchen mitgerissen und ins Eis eingeschlossen. Nach der Kalbung befindet sich bei diesem Eisstück (Eisberg) die marine Schicht zunächst unterhalb der Wasserlinie. Kentert der Eisberg aus irgend welchen Gründen, kommt die Unterseite nach oben; die Unterfläche wird nunmehr Oberfläche des Eisberges. Ihre *grüne* Farbe soll durch Streuung des Sonnenlichts in dem mit Mineralien angereicherten Eis entstehen.

Mittels dem (nachfolgend angesprochenen) Eisanalyse-Verfahren LA-ICP-MS wurden erstmals die in einem grünen Eisberg eingeschlossenen Sedimente analysiert (REINHARDT 2002). Es ergab sich eine inhomogene Verteilung der Sedimente. Im Vergleich zu den grönländischen Ergebnissen aus Analysen von Eisbohrkernen sind in den grünen Eisbergen relativ hohe Elementkonzentrationen gefunden worden. Hauptbestandteile sind neben Na die Elemente Fe, Al, K und Mg. Im Spurenbereich wurden neben den Elementen V, Pb, Ce, Co und Li auch Seltene Erden (Elemente wie Nd, Th, La und Y) nachgewiesen. Ein Rückschluß auf das vermutete Entstehen des grünen Farbeindrucks sei daraus noch nicht ableitbar.

4.4 Eisschild-Bohrungen, Änderungen der Eisverhältnisse im System Erde

Der Mensch ist dabei, seine Umwelt im globalen Ausmaß zu verändern. Es ist daher von besonderem Interesse, in welchem Umfange Vorgänge endogener, exogener und kosmischer Art das Gesicht der Erde in der *Vergangenheit* geprägt haben. Die *Rekonstruktion* des Klimas früherer geschichtlicher Zeitabschnitte (*Paläoklima*), oder allgemein des "Erdbildes" früherer Zeitabschnitte (*Paläogeographie*), ist zugleich eine wesentliche Grundlage der Entwicklung und Überprüfung von Klimamodellen und anderen Modellen zum Erfassen und Darstellen des ablaufenden globalen Geschehens im System Erde.

4.4.01 Eisschild-Bohrungen

Die mittels *Bohrungen* vorrangig von den Eisdecken und Gletschern der Antarktis und von Grönland zutagegeförderten Eisbohrkerne sind ein inhaltsreiches Archiv für zeitlich hochaufgelöste Paläoklimadaten und Paläoumweltdaten. Solche Klima- und Umweltinformationen werden mit dem jährlichen Niederschlag in das Eis eingebracht und dort konserviert. Hervorzuheben ist, daß bei der Transformation des Schnees zu festem Eis die im Schnee noch zirkulierende Luft in kleinen Bläschen im Eis eingeschlossen bleibt. Die *Analyse* von Eisbohrkernen ermöglicht damit neben den vielfältigen Aussagen zum Paläoklima auch Aussagen über die Paläoatmosphäre. Mit Hilfe physikalischer und chemischer Verfahren können sogenannte Proxiparameter bestimmt werden, aus denen sich das Klima der Vergangenheit rekonstruieren läßt. Voraussetzung dabei ist jedoch, daß die ursprüngliche Ablagerungsfolge in den Eisbohrkernen hinreichend erhalten ist und nicht durch dynamische Prozesse innerhalb des Eisschildes stark verändert wurde.

Verfahren zur Analyse von Eisbohrkernen
Die Analyse von *geschmolzenen* Schnee- und Eisproben (Lösungsanalytik) aus den *oberen* Bereichen der Eisbohrkerne wird hinsichtlich des erreichbaren Auflösungsvermögens meist als zufriedenstellend bezeichnet. In den tiefer liegenden Bereichen der Eisbohrkerne ist die Analyse in der Regel schwieriger, denn hier sind die Jahresschichten wegen des hohen Druckes oftmals nur wenige Millimeter dick oder noch dünner. Die Meßtechnik ist dementsprechend schwierig.
  Zur Spurenstoffanalyse in Eisbohrkernen gibt es verschiedene Meßverfahren (REINHARDT 2002). Vergleichsweise wenige Spurenelemente können durch Analysen mit **CFA** (Continous Flow Analysis, kontinuierliche Fließanalyse) und **IC** (Ionenchromatographie) bestimmt werden. Bekannt sind Arbeiten zur Bestimmung von Schwermetall-Spurenstoffen, beispielsweise von Pb, Cd, Zn, Cu und Hg in Eis- und

Schneeschachtproben aus Grönland sowie der Antarktis und andere. Weitere Verfahren sind das hochauflösende **ICP-MS** (Inductively Coupled Plasma Mass Spectrometry) sowie **AAS** (Atomabsorptionspektrometrie). Bei allen vorgenannten Verfahren ist Bedingung, daß die Eisproben für die Analyse in Lösung (also *aufgeschmolzen*) vorliegen (Lösungsanalytik). Die erreichbare Tiefenauflösung und die Anzahl der bestimmbaren Spurenelemente sind daher ziemlich stark begrenzt. Im AWI wurde in diesem Zusammenhang ein neues Eisanalyse-Verfahren entwikkelt: **LA-ICP-MS** (Laserablation...), mit dem mehrere Elemente gleichzeitig bestimmt und zeitlich hochaufgelöste Informationen über die chemische Zusammensetzung des Eises gewonnen werden können (REINHARDT 2002). Im Gegensatz zur Lösungsanalytik wird hier das Probenmaterial während der Analyse überwiegend nicht zerstört und bleibt damit weiteren Analysen zugänglich, denn die Analyse der *festen* Eisprobe findet in einer auf - 45° C kühlbaren Analysekammer (Kryo-Probekammer) statt (KRIEWS et al. 2001). Außerdem benötigt das Verfahren nur geringste Elementgehalte aus der Probe für die anstehende Analyse. Das Verfahren ermöglichte beispielsweise bei einer Anwendung auf die grönländischen Eisbohrkerne GRIP und NGRIP die hochgenaue Bestimmung von bis zu 62 Isotopen beziehungsweise 40 Analyseelemente aus unterschiedlichen Tiefen (Teufen) beziehungsweise aus unterschiedlichem Alter (REINHARDT 2002). Aus den Konzentrationsverhältnissen verschiedener Elemente lassen sich außerdem Informationen über Herkunft und Menge der im Eis enthaltenen atmosphärischen Aerosole ermitteln.

|Ergebnisse aus Analysen|
Anmerkungen über Eisbohrkerne als Quellen der Klimageschichte des Systems Erde enthält Abschnitt 10.4.01. Dort sind Ergebnisse einer Analyse des Eisbohrkerns Wostok (1995) dargelegt. Die nachfolgenden Anmerkungen über Paleotemperaturen eisbedeckter Gebiete enthalten Ergebnisse einer Analyse der Eisbohrkerne Dome C, Wostok, Komsomolskaja (Bild 4.158) sowie Byrd. Am Bohr-Ort Dome C soll inzwischen die Bohrtiefe (Teufe) von mehr als 3 km erreicht worden sein. Der gezogene Eisbohrkern umfasse einen Zeitabschnitt bis 740 000 Jahre vor der Gegenwart und enthalte gemäß dem Analyseergebnis (Isotopen-Analyse) 8 Eiszeiten (Kaltzeiten) (Sp. 8/2004). Beim Eisbohrkern Wostok sei diese Teufe nicht erreicht worden (er zeige daher nur 4 Eiszeiten). Von besonderem Interesse beim Dome-Eisbohrkern sei die *Warmzeit* des Zeitabschnittes 425000-395000 Jahre vor der Gegenwart, denn die damaligen *Parameter der Erdbahn* seien ähnlich den heutigen gewesen, was bisher nicht nochmals aufgetreten sei. Diese Warmzeit könne mithin als Vergleichsbasis für heutige Verhältnisse fungieren. So decke sich beispielsweise der damalige Wert für den *Kohlendioxidgehalt* (CO_2-Gehalt) der im Eis eingeschlossenen Luftbläschen weitgehend mit jenem Wert, der am Beginn der industriellen Revolution vorlag. Um 1750 habe dieser Wert nach VECSEI (2004) ca 280 ppm betragen.

Antarktis-Eisschild

Bohrjahr	Bohr-Ort	Bohrtiefe (Teufe) (m)	Eis- dicke (m)	Höhe NN (m)	Eis- alter (TJ)
1968	Byrd, USA	2 163	2 163	1 530	70
1978	Dome C, USA	905	3 400	3 240	40
1984	Mizuho, Japan	700			
1993	Law Dome	1 203			
1992	Wostok, Russland	2 546	3 700	3 490	220
1995	Wostok	3 350			420
?	Komsomolskaja, Russland	?			
1996..	Dome C (1)	3 300			500
1996..	Dronning Maud Land (1)	?			
?	Berkner Island	?			

Bild 4.148
Eisschild-Bohrungen.
(1) = Arbeiten im Rahmen
von EPICA (European
Project for Ice Coring in
Antarctica)
NN = Normal Null =
Nullmarke des (regionalen)
Höhensystems
TJ = 1000 Jahre
Dome C =
Dome Concordia
DML =
Dronning Maud Land
Quelle: GÖKTAS (2002), REIN-
HARDT (2002) und andere

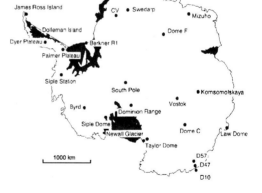

Grönland-Eisschild

Bohrjahr	Bohr-Ort	Bohrtiefe (Teufe) (m)	Eisdicke (m)	Höhe NN (m)	Eisalter (TJ)
1966	Camp Century	1 387	1 387	1 885	120
1981	Dye 3, GISP 1	2 037	2 037	2 480	100
1988	Renland	325	325	2 340	140
1989-92	GRIP	3 029	3 029	3 220	250
1992-93	GISP 2	3 050	3 053	3 220	>200
1993-95	NGT	siehe Text			
1996..	NGRIP	3 080	3 080	3 200	>200

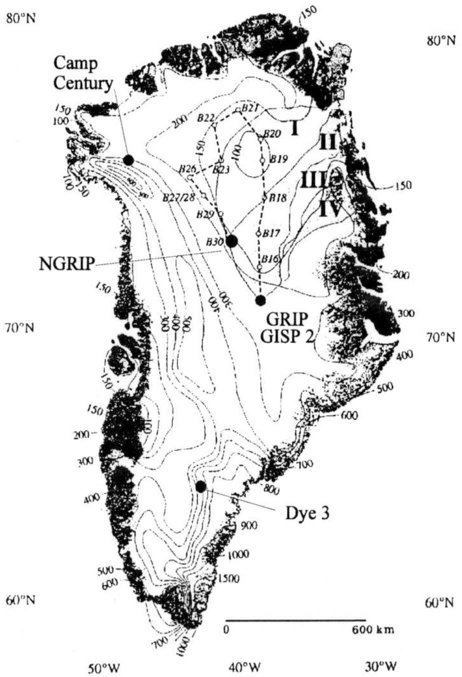

Bild 4.149
Eisschild-Bohrungen.
GRIP = Greenland Ice Core Project, Europa
GISP 2 = Greenland Ice Sheet Project Two, USA
NGT = Nordgrönlandtraverse, Deutschland
NGRIP = North Greenland Ice Core Project
Quelle: REINHARDT (2002) und andere

GRIP und GISP 2 liegen nahe des *Summit*, des höchsten Punktes des grönländischen Inlandeises (72°34' N, 37°37' W, 3 232 m über NN). GRIP umfaßt die Kerne: D47 (dieser reicht zurück bis 7 000 Jahre vor der Gegenwart) und Byrd (dieser umfaßt den ganzen Bohr-Zeitabschnitt bis 45 000 Jahre vor der Gegenwart). Nur für den Zeitabschnitt 9 000 - 45 000 Jahre gibt es gute Meßmöglichkeiten der CH_4-Konzentrationen (DÄLLENBACH et al. 1998). Der Summit

ist außerdem Ausgangspunkt von
NGT
(durchgeführt von 1993-1995, Traversenlänge ca 1 600 km, 13 Eisbohrungen mit Teufen zwischen 70 und 175 m). GRIP und GISP 2 erbrachten die Erkenntnis, daß das Klima der vergangenen ca 110 000 Jahre überwiegend von *starken* und *schnellen* Klimaschwankungen geprägt war, wobei allerdings die vergangenen 8 000 Jahre (bis zur Gegenwart) relativ *stabile* Klimaverhältnisse aufweisen. Ziel von NGT war die Untersuchung der räumlichen und zeitlichen Variationen der Firnparameter Schneeakkumulation, Isotopengehalt ($\delta^{18}O$, δD) sowie der chemischen Spurenstoffe in diesem Raum für die vergangenen 1 000 - 500 Jahre vor der Gegenwart (Holozän). Es ergaben sich äußerst niedrige Akkumulationsraten (180-93 mm Wasseräquivalent/Jahr) sowie die tiefsten grönländischen Firntemperaturen (- 33° C). Weitere Ergebnisse sind enthalten in SCHWAGER (2000), dort ist auch auf weitere diesbezügliche Arbeiten verwiesen.
NGRIP
wurde 1996 begonnen. Die Isolinien kennzeichnen die mittlere jährliche Niederschlags (Schnee)-Akkumulation (in mm Wasseräquivalent). I-IV kennzeichnen die Einzugsgebiete der Auslaßgletscher Nioghalvfjerdsbrae, Zacharias Isstrom, Storstrommen, Bistrup Brae.

|Ergebnisse aus Analysen|
Anmerkungen über Eisbohrkerne als Quellen der Klimageschichte des Systems Erde enthält Abschnitt 10.4.01. Dort sind Ergebnisse einer Analyse des Eisbohrkerne GRIP und GISP 2 dargelegt. Die nachfolgenden Anmerkungen über Paläotemperaturen eisbedeckter Gebiete enthalten Ergebnisse einer Analyse der Eisbohrkerne Camp Century, GISP 2.

4.4.02 Langfristige und kurzfristige Änderungen der Eisverhältnisse im System Erde, Analyse- und Datierungsverfahren

Fast bis zum Ende des 20. Jahrhunderts galt allgemein, daß sich das Klima im System Erde in *langfristigen* Zyklen ändert, etwa in dem 100 000jährigen Eiszeitzyklus, der aus Veränderungen der Erdbahn um die Sonne resultieren könnte. Die inzwischen in Grönland gewonnenen Eisbohrkerne mit großer Teufe zeigen jedoch, daß auch *kurzfristige* Schwankungen des Klimas auftreten, in denen innerhalb weniger Jahre die Temperatur um 8-10° C ansteigt und erst in Jahrhunderten zum Ausgangsniveau zurückkehrt.

Langfristige Änderung der Eisverhältnisse im System Erde
Es gilt als gesichert, daß es in der Erdgeschichte längere Zyklen von *Kaltzeiten* und

Warmzeiten (Glazialen und Interglazialen) gab. Der in der Schweiz geborene Zoologe, Paläontologie und Geologe Louis AGASSIZ (1807-1873) stellte eine Eiszeittheorie auf in der er unter anderem postulierte, daß die Verteilung von *Findlingen* ein Hinweis darauf sei, über welche Gebiete einmal große Gletscher hinwegzogen und diese mit Eis bedeckten. Heute basieren Aussagen zur Eisbedeckung beziehungsweise zur Klimageschichte im System Erde meist auf der Analyse von Sedimentproben, Eisbohrkernen und anderen Klimadatenträgern. In der Geschichte des Systems Erde werden vielfach die im Bild 4.150 genannten Eiszeitabschnitte besonders hervorgehoben.

Millionen Jahre (10^6 Jahre) vor der Gegenwart	Kennzeichnung
ca 2500-ca 2000	Mittelpräkambrisches Eiszeitalter
	Huron-Eiszeit (benannt nach dem Huron-See in Kanada)
ca 750-ca 550	Jungpräkambrisches Eiszeitalter
	Eokambrische Eiszeit
ca 440	Altpaläozoisches/Jungordovizisches Eiszeitalter
	Sahara-Eiszeit
ca 320-ca 225	Jungpaläozoisches/Permokarbonisches Eiszeitalter
	Gondwana-Eiszeit
ca 2	Quartäres Eiszeitalter

Bild 4.150
Herausragende Kaltzeiten (Eiszeiten) in der Erdgeschichte. Quelle: HUPFER et al. (1991) S.312

Allgemein wird angenommen, daß Klimaänderungen wesentlich durch Veränderungen im Wärme- und Wasserhaushalt verursacht werden. Eine Zusammenstellung der zahlreichen möglichen *Ursachen* für Klimaänderungen ist enthalten in HUPFER et al. (1991) S.307. Aus einer Fülle von Analysen und Schlußfolgerungen zahlreicher wissenschaftlicher Disziplinen (Geologie, Geomorphologie, Biologie, Meteorologie, Geophysik ...) formte sich ein ungefähres Bild der Klimageschichte der Erde, dessen Wesenszüge Bild 4.151 vermitteln kann.

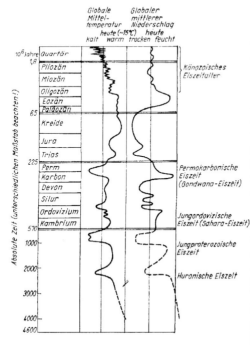

Bild 4.151
Generalisierte Kurven für den Verlauf von Temperatur und Niederschlag in der Erdgeschichte (FRAKES 1979). Die Kurven zeigen die Abweichungen vom *gegenwärtigen globalen Mittelwert* (15°C). Temperatur und Niederschlag sind unbestritten Parameter, die das Klima des Systems Erde wesentlich mitbestimmen. Quelle: HUPFER et al. (1991) S.311

Kurzfristige Änderungen der Eisverhältnisse im System Erde
Alle bisher in *Grönland* gewonnenen *Eisbohrkerne* mit großer Teufe zeigen kurzfristige Schwankungen des Klimas auf der *Nordhalbkugel* an. Diese kurzfristigen Schwankungen werden vielfach als *Dansgaard-Oeschger-Ereignisse* bezeichnet, so benannt nach ihren Entdeckern, dem dänischen Geographen Willi DANSGAARD und dem schweizerischen Meteorologen Hans OESCHGER. Es scheint, daß diese Zyklen nun auch auf der *Südhalbkugel* nachgewiesen werden können (HOFMANN 1999). Die Dansgaard-Oeschger-Zyklen sind nicht nur in Eisbohrkernen, sondern auch in *Sedimentbohrkernen* der Nordhalbkugel dokumentiert, wie etwa in solchen aus dem Nordatlantik, dem äquatorialen Atlantik, dem Nordpazifik und vor der kalifornischen Küste. Sogar im chinesischen Löß, sowie in Seeablagerungen in Frankreich sind sie nachgewiesen worden (HOFMANN 1999). Nicht hinreichend geklärt ist bisher, was die kurzfristigen Schwankungen *verursacht* haben könnte: Eisschildinstabilitäten oder periodische Schwankungen der solaren Bestrahlungsintensität (Milankowitsch-Zyklen) oder Vulkanismus oder anderes?

Vielfach wird heute davon ausgegangen, daß die Erwärmungsphasen in dieser Region in Zusammenhang stehen mit der globalen Wasserzirkulation im Meer (Abschnitt 9.2). Nach Michael SARNTHEIN (Deutschland) ergebe sich aus Analysen des Meeresschlamms im Nordatlantik, daß dort drei unterschiedliche Strömungszustände eintreten können: a) der warme Nordatlantikstrom (der verlängerte Arm des Golfstroms) reicht bis vor die Küsten Skandinaviens, b) die Strömung endet südlich von

Island, c) sie fällt vollständig aus (RAHMSTORF 2001). Bei einem Dansgaard-Oeschger-Ereignis dringt vermutlich, wegen einer Störung des Süßwasserhaushalts im Nordmeer, warmes Wasser an Island vorbei nach Norden, wodurch das dort vorhandene Meereis zu schmelzen beginnt und die Region sich innerhalb von wenigen Jahren erheblich erwärmt, was zugleich Auswirkungen über diese Region hinaus haben und sogar (verzögerte) Reaktionen in der Antarktis hervorrufen kann. Wodurch es zu Störungen im Nordmeer kommt, bedarf noch der Abklärung. Die Analysen der Grönlandeiskerne weisen auf einen Zyklus hin, der ca 1 500 Jahre umfaßt, verschiedentlich auch 3 000 oder 4 500 Jahre (RAHMSTORF 2001). Es scheine, als gäbe es regelmäßige Schwingungen, die allerdings nicht immer einen Temperatursprung auslösten. Ursache sei möglicherweise ein periodischer Vorgang in der Sonne. Auch sei unklar, warum das Klima unserer momentanen Warmzeit (dem Holozän) stabiler sei, als das der letzten Eiszeit, denn seit mehr als 10 000 Jahren hat es keine Dansgaard-Oeschger-Ereignisse mehr gegeben. Die 1 500-Jahr-Schwingung sei aber in schwacher Ausprägung weiterhin erkennbar. Die sogenannte "kleine Eiszeit" vom 16. bis 18. Jahrhundert sei die letzte kalte Phase dieses Zyklus gewesen.

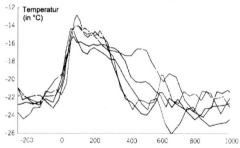

Bild 4.152
Abläufe plötzlicher Erwärmungsphasen (Dansgaard-Oeschger-Ereignisse), wie sie sich in grönländischen Eisbohrkernen zeigen. Quelle: RAHMSTORF (2001)

Nach TIETZE (2005) mag sich eine einfache Erklärung der Dansgaard-Oeschger-Ereignisse während der pleistozänen Eiszeit (und seither nicht mehr) aus der Paläogeographie jener Zeit im nordatlantischen Raum ergeben. Im Westen lag das riesige nordamerikanische (einschließlich grönländische) Inlandeis, im Osten das skandinavisch-britische. Dazwischen war der Atlantik von Meereis bedeckt. Bei hochpolarem Klima haben beide Inlandeise seewärts riesige Schelfeise gegen das Meereis geschoben. Der südliche Eisrand dürfte je nach Stadium und Jahreszeit den Atlantik zwischen 50-55° Nord und 60-65° Nord überspannt haben und bei massenhaft weiter südwärts driftenden Eisbergen, darunter sehr viele langlebige Tafeleisberge von den Schelfeisen. Mitten in diesem Szenarium liegt Island, ein sehr vitaler Vulkankomplex von ca 100 000 km² Grundfläche direkt auf dem atlantischen Rücken. Dieses Island trug selbst eine mächtige Eiskappe und war der Dynamik von Isostasie und Eustasie in einem Maße ausgesetzt, wie keine andere Stelle der Geländeoberfläche.

Diese Tatsachen zwingen zu der Annahme einer entsprechend heftigen vulkanischen und seismischen Aktivität mit gewaltigen Gletscherläufen (Jökulhlaup) und Tsunami. Diesen Tsunami wird die Stabilität der Eisbedeckung über dem gesamten Nordatlantik oft nicht gewachsen gewesen sein. Und folglich sind Strömungs- und Temperaturverhältnisse an der Meeresoberfläche schnellen und weitreichenden Schwankungen unterworfen gewesen. Das dürfte die Ursachenkette der Dansgaard-Oeschger-Ereignisse gewesen sein.

Periodische Schwankungen der solaren Bestrahlungsintensität

Um 1930 kam der kroatische Astronom Milutin MILANKOWITSCH (1879-1958) in seiner *Theorie der Klimaschwankungen* (veröffentlicht 1941) zu der Auffassung, daß die auf den Oberflächen des Systems Erde anzutreffende solare Bestrahlungsintensität rhythmischen Schwankungen unterliegt mit einer
Periode von 100 000 Jahren,
die von Perioden von ca 20 000 und ca 40 000 Jahren
überlagert würde
und daß die Kalt- und Warmzeiten der Erde dazu in Beziehung stehen (ALLEY/BENDER 1998, BACHMANN 1965). Die Theorie berücksichtigt die Veränderungen der Erdbahnparameter. Auf dieser Grundlage berechnete Milankowitsch die Temperaturen für den Zeitabschnitt bis 600 000 Jahre vor der Gegenwart bezogen auf die geographische Breite von 65° Nord, für die gegenwärtig eine mittlere Jahrestempeartur von 0°C angenommen werden kann. Das Ergebnis zeigt die Kurve (3) im Bild 4.153. Zuvor hatte schon der griechische Astronom HIPPARCHOS aus Nicäa (ca 160-125 v.Chr.) die Auffassung vertreten, daß die Stellung der Erdrotationsachse zur Erdbahnebene sich verändere, wodurch zugleich auch Verteilung und Intensität der Sonneneinstrahlung auf die Oberflächen der Erde verändert würden. Folgende Perioden wurden von ihm dafür angenommen (BACHMANN 1965):

    Kreiselbewegung der Erdachse (Präzession):   Periode 26 000 Jahre
    Veränderung der Ekliptikschiefe: Periode 40 000 Jahre
    Veränderung der Exzentrizität der Erdbahn: Periode 92 000 Jahre.
Bezüglich der Rotation der Erde und ihrer Orientierung im Weltraum siehe Abschnitt 3.1.01.

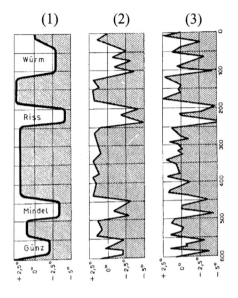

Bild 4.153
Kurven für den Verlauf der Temperatur im Zeitabschnitt bis 600 000 Jahre vor der Gegenwart bezogen auf die *geographische Breite 65° Nord*. Die rechtsseitig stehenden Zahlen geben die Zeit an in Jahrtausenden vor der Gegenwart. Die unten stehenden Zahlen geben die Temperatur an in °C. Es bedeuten ferner: Kurve (1) erstellt nach der geologischen Schichtung (PENK/BRÜCKNER). Kurve (2) erstellt nach dem *Isotopenverhältnis* (UREY). Kurve (3) erstellt nach der *solaren Bestrahlungsintensität* (MILANKOWITSCH). Quelle: BACHMANN (1965) S.279, verändert

Für den Zeitabschnitt bis 600 000 Jahre vor der Gegenwart erbrachten drei unterschiedliche Vorgehensweisen die im Bild 4.153 dargestellten Ergebnisse. Für den langen Zeitabschnitt der Erdgeschichte, der vor einer schriftlichen Überlieferung liegt, hat die Geologie eine Reihe von Verfahren zur zeitlichen Einordnung (Datierung) vorliegender geologischer Tatbestände (beispielsweise Gesteinsschichten) entwickelt. Nach KRÖMMELBEIN/STRAUCH (1991) kann unterschieden werden: (1) Zeitbestimmung auf stratigraphischem Wege, beispielsweise lithostratigraphisch, biostratigraphisch; (2) Zeitbestimmung mittels chronographischer Methoden; (3) Zeitbestimmung auf physikalischer Grundlage. Auf einige dieser Vorgehensweisen wird nachfolgend näher eingegangen.

Stabile Isotope, Variationen der Isotopenverhältnisse

Bestimmte Atomkernarten werden durch die Benennung Nuklid gekennzeichnet. Aufgrund von Ordnungszahl und Massenzahl sind zu unterscheiden: isotope, isobare und isotone Nuklide. Isotope Nuklide (kurz *Isotope*) sind Nuklide, deren Atomkerne die gleiche Ordnungszahl Z, aber ungleiche Massenzahlen A haben. In vereinfachter Schreibweise wird nur die Massenzahl A hochstehend vor dem Symbol des chemischen Elements angegeben (beispielsweise ^{18}O, siehe die diesbezüglichen Erläuterungen im Abschnitt 7.1.02). Einige dieser Isotope sind *stabil*, andere *instabil*. Die instabilen Isotope zerfallen unter Aussendung ionisierender Strahlung (radioaktiver Zerfall). Daher wird auch die Kennzeichnung *nichtradiogen* beziehungsweise *radiogen* benutzt.

1946 führte der us-amerikanische Chemiker und Nobelpreisträger Harold C. UREY (1893-1981) verschiedene Versuche mit Sauerstoff-Isotopen durch, die das Interesse des schweizerischen Mineralogen Paul NIGGLI (1888-1953) erweckten. Niggli stellte die Frage, ob das *Sauerstoff-Isotopenverhältnis* in Karbonatablagerungen von Seetieren Auskunft geben könne, ob diese Tiere im Frischwasser oder im Meerwasser gelebt haben (BACHMANN 1965). Die daraufhin gemeinsam von Urey und dem us-amerikanischen Physiker und Chemiker Willard Frank LIBBY (1908-1980) durchgeführten weiteren Versuche erbrachten unter anderem als Ergebnis, daß das Isotopenverhältnis ^{18}O/^{16}O vor allem temperaturabhängig ist. Da eine Temperaturveränderung von 1°C das Sauerstoff-Isotopenverhältnis jedoch nur geringfügig ändert (im Carbonat nur um 0,02 %), müssen die Meßeigenschaften des Meßgerätes entsprechend hochauflösend sein. Geeignete Geräte (beispielsweise hochauflösende Massenspektrometer) standen erst um 1950 zur Verfügung.

Der prozentuelle Anteil der Atome eines Isotops an der Gesamtanzahl der Atome eines Elements, die *relative Isotopenhäufigkeit*, ist praktisch konstant bis auf einige Ausnahmen. Inzwischen sind bei einigen solchen in der Natur vorkommenden (Ausnahme-) Elementen *nichtradiogene* Schwankungen (Variationen) in ihren Isotopenhäufigkeiten festgestellt worden.
Beispiel Silizium (Si):
^{28}Si = 92,27 % (Häufigkeit des Isotops im natürlichen Mischelement)
^{29}Si = 4,68 %
^{30}Si = 3,05 %
Massenspektrometrische Untersuchungen haben folgende nichtradiogene Häufigkeitsschwankungen aufgezeigt (HOHL et al. 1985 S.62):
^{28}Si 92,14...92,41 %
^{29}Si 4,57...4,73 %
^{30}Si 3,01...3,13 %
Die bei solchen Nachweisen eingesetzten Massenspektrometer können Variationen der Isotopenhäufigkeiten in der Größenordnung von ± 0,01% sauber voneinander trennen (MASON/MOORE 1985 S.182). Das Silizium ist besonders bedeutungsvoll bei Untersuchungen magmatischer Gesteine. Für die Aufhellung der Erdgeschichte sind vor allem die nichtradiogenen Isotopenvariationen der Elemente Wasserstoff (H), Kohlenstoff (C), Sauerstoff (O) und Schwefel (S) von Interesse. Sie können sowohl in flüchtigen als auch in festen Phasen vorliegen.

Variationen in der Häufigkeit stabiler Isotope sind besser erfaßbar, wenn die relativen Massenunterschiede zwischen den Isotopen hinreichend groß sind: wie etwa bei Wasserstoff ^{1}H : ^{2}H (Deuterium, D) = 99,985% : 0,015%. Beim Sauerstoff wird in der

Regel das folgende Isotopenpaar benutzt $^{16}O : ^{18}O = 99{,}759\% : 0{,}204\%$. Das *Sauerstoff-Isotopenverhältnis* kann in *absoluter* Darstellung geschrieben werden:

$$^{18}O/^{16}O = {}^{18}O : {}^{16}O = 0{,}204\% : 99{,}759\% = 1 : 489$$

Zur *relativen* Darstellung der Verhältniszahlen dient bei diesem Isotopenpaar als *Standard* (MASON/MOORE 1985 S.183):
(1) das Standard Mean Ocean Water (SMOW), so wie es 1961 von CRAIG definiert wurde, oder
(2) der PDB-Standard (Peedee-Belemnite), das Karbonat eines 1951 von UREY et al. zuerst untersuchten Kreide-Belemniten. Die Belemniten haben sich als günstige Fossilien für Paläotemperaturbestimmungen erwiesen (HOHL et al. 1985 S.64).

Die relative Abweichung δ (in Promille) ergibt sich aus:

$$\delta = 1000 \cdot \frac{R_{Probe} - R_{Standard}}{R_{Standard}} = 1000 \cdot \left(\frac{R_{Probe}}{R_{Standard}} - 1 \right)$$

R = Verhältnis zweier ausgewählter Isotope in einer Probe oder in einem Standard. Bezogen auf den benutzten Standard als Nullpunkt zeigen positive δ-Werte eine Anreicherung negative δ-Werte eine Abreicherung des *schwereren* Isotops einer Probe an.
In gleicher Form werden die $^2H/^1H$-Variationen auf SMOW und die $^{13}C/^{12}C$-Variationen auf PDB bezogen.
Für $^{34}S/^{32}S$-Variationen dient als *Standard*: CD = Canon-Diablo meteorite, Troilit (FeS)-Phase. Dieser meteorische Troilit hat ein sehr konstantes $^{34}S/^{32}S$-Verhältnis von 22,21 und ist daher als Standard gut geeignet (MASON/MOORE 1985 S.185)).
Für das Isotopenpaar $^{18}O/^{16}O$ und SMOW lautete die vorstehende Formel dann:

$$\delta^{18}O = 1000 \cdot \frac{\left(^{18}O/^{16}O\right)_{Probe} - \left(^{18}O/^{16}O\right)_{SMOW}}{\left(^{18}O/^{16}O\right)_{SMOW}}$$

Die Variationen der Isotopenhäufigkeiten sind bedingt durch die Massenunterschiede zwischen den Isotopen, was geringe Frequenzunterschiede im Schwingungsverhalten der Atome in den Molekülen zur Folge hat (siehe beispielsweise MÖLLER 1986 S.244, MASON/MOORE 1985 S.184).

Es läßt sich eine sogenannte Abtrennungskonstante α bestimmen, die streng temperaturabhängig ist und daher als natürliches Thermometer in geochemischen Stoffsystemen dienen kann.

Beispielsweise ergibt sich für die Verteilung der beiden Isotope $^{18}O/^{16}O$ die Abtrennungskonstante α aus

$$\alpha = \frac{R_A}{R_B} = \frac{\left(^{18}O/^{16}O\right) \text{Phase A}}{\left(^{18}O/^{16}O\right) \text{Phase B}}$$

Als *Fraktionierungskoeffizient* α (auch *Fraktionierungsfaktor* genannt) wird sie mit δ in Beziehung gesetzt durch die Gleichungen

$$\alpha = \frac{1 + \delta_A/1000}{1 + \delta_B/1000}, \quad 1000 \cdot \ln\alpha = \delta_A - \delta_B, \quad \alpha \approx 1 + \frac{\delta_A - \delta_B}{1000}$$

Paläotemperaturen des Meeres

Haben die Temperaturen in den einzelnen Meeresteilen des Systems Erde sich während des erdgeschichtlichen Ablaufs verändert? Zeigen sie periodische oder nichtperiodische Schwankungen? Die Antworten auf diese Fragen stützen sich heute weitgehend auf Analysen der Ablagerungen am (Tiefsee-) Meeresgrund. *Tiefseesedimente* enthalten unter anderem kieselige und kalkige Skelette und Gehäuse von Mikroorganismen, Aschenlagen von Vulkanausbrüchen, Pollen prähistorischer Pflanzen oder Staubeinträge vom Land. Das Vorgehen beruht auf unterschiedliche und teilweise unabhängige Methoden. Diese lassen sich etwa wie folgt gruppieren: Methoden, die die *Artenzusammensetzung* des Sediments am Meeresgrund als Temperatursignal nutzen; Methoden, die die *chemisch-physikalischen* Eigenschaften des Sediments am Meeresgrund als Temperatursignal nutzen. Bild 4.154 gibt eine Übersicht zur Leistungsfähigkeit einiger solcher Methoden.

Wie schon gesagt, stützen sich die Aussagen zu den Paläotemperaturen des Meeres überwiegend auf die Analyse von Ablagerungen in der Tiefsee. Entsprechend der langsamen Sedimentation unter sehr gleichförmigen Verhältnissen können sie eine gedrängte, oft lückenlose Aufzeichnung der Vergangenheit für einen begrenzten Zeitabschnitt überliefern. Die Analyse der jeweils, etwa von einem Schiff aus, gewonnenen *Proben* (Lotproben, Bohrkerne) erfolgt dabei mit Hilfe der vorgenannten Methoden. Die Wassertemperaturen der Vergangenheit werden meist aus dem Häufigkeitsverhältnis der zwei Sauerstoffisotope ^{18}O und ^{16}O im Calciumcarbonat mariner Fossilien abgeleitet. Dieses Verhältnis ist um so höher, je wärmer das Wasser ist/war.

Geeignete marine Fossilien die zur Rekonstruktion des Paläoklimas benutzt werden sind vor allem *Foraminiferen, Radiolaren* (Zooplankton), Diatomeen und Coccolithophoriden (Phytoplankton), also Gruppen mariner Mikroorganismen mit einer Vielzahl von Arten, deren Wärmeansprüche hinreichend bekannt sind (KRÖMMEL-BEIN/STRAUCH 1991; bezüglicher biologischer Systematik siehe Abschnitt 9.4).

Fehler (in °C)	Methode		
±≤2	IKM	IMBRIE/KIPP Methode |A|	1971...
±0,7-2,7	MAT	Modern Analog Technique |A|	1980...
±0,95	SIM-	(Weiterentwicklung von MAT) |A|	1996...
±0,4-1,9	MAX	Revised Analog Method |A|	1998...
±0,7-0,8	RAM	Neuronale Netze |A|	1989...
±1-2	NN	Sauerstoffisotopenverhältnisse	1947...
±1-1,5	$\delta^{18}O$	organische Verbindungen (Ketone)	1987...
±1-1,6	Mg/Ca	Magnesium/Calcium-Verhältn.(Alkenone)	1991...

Bild 4.154
Mittlere Fehler einiger Methoden zur Paläotemperaturrekonstruktion. \|A\| = Statistische Methoden, mittels denen aus *Artenzusammensetzungen* in Tiefseesedimenten Paläotemperaturen rekonstruiert werden. Nicht gesondert gekennzeichnet sind jene Methoden, die aus chemisch-physikalischen Eigenschaften der in Tiefseesedimenten enthaltenen Gehäuse oder Skelette mariner Mikroorganismen Paläotemperaturen rekonstruieren, etwa mittels Verhältnisse von *Sauerstoffisotopen*, von organischen Verbindungen (*Alkenone*), von *chemischen Elementen* (Magnesium zu Calcium). Die Jahreszahlen geben etwa das "Geburtsjahr" der Methode an. Quelle: PORTHUN (2000)

Datierung der Proben
Sie kann mittels *radiometrischer* Verfahren erfolgen, beispielsweise ^{14}C, ^{234}U, ^{238}U-Verfahren (Halbwertszeit-Verfahren). Grundsätzliches hierzu ist im Abschnitt 7.1.01 gesagt. Langlebige Isotope (wie etwa U, Rb, ^{40}K) sind noch im natürlichen Vorrat der Erde vorhanden, kurzlebige Isotope (wie etwa ^{14}C) sind nur natürlich vorhanden, weil sie dauernd neu gebildet werden. Aus dem Mengenverhältnis Mutter-/Tochter-Isotop und der Zerfallsgeschwindigkeit läßt sich dann bekanntlich das *radiometrische* Alter der Minerale bestimmen, daß, wenn bestimmte geologische Voraussetzungen erfüllt waren, als *reales* Alter gelten kann. Für die genannten radioaktiven Ausgangsglieder gelten die im Bild 4.155 aufgezeigten Zusammenhänge.

radioaktives Ausgangsglied	Art des Zerfalls, Halbwertszeit T	inaktives Endglied
^{14}C	β, $T = 5{,}7 \cdot 10^3$ a	^{14}N
^{234}U	α, $T = 2{,}5 \cdot 10^5$ a	^{230}Th
^{238}U (Zerfallsreihe)	$T = 4{,}51 \cdot 10^9$ a	^{206}Pb

Bild 4.155
Geeignete Zerfallsreihen zur Datierung von (Tiefsee-) Proben. C = Kohlenstoff, U = Uran, N = Stickstoff, Th = Thorium, Pb = Blei, K = Kalium. α-, β-Strahlung: beim Zerfall instabiler Atomkerne ausgesandte ionisierende Strahlung. Quelle: KRÖMMELBEIN/STRAUCH (1991) S.10 und 314

Die Datierung der Proben kann auch nach *magnetischen Polaritäts-Wechseln* erfolgen.

Rekonstruktion der Paläotemperatur
Sie erfolgt heute oftmals im Rahmen der Analyse von Isotopenverhältnissen und deren Variationen. Grundsätzliches dazu ist zuvor bereits gesagt worden. Aus der Temperaturabhängigkeit des Fraktionierungskoeffizienten α im System CO_2-H_2O läßt sich für Carbonate ein Verfahren zur Bestimmung der Paläotemperaturen der Meeresteile ableiten. Dabei werden jedoch eine Reihe von Annahmen gemacht (MÖLLER 1986 S.294):
(1) Die Isotopenzusammensetzung des Meeresteils auf den sich die Messung bezieht entsprach immer der gegenwärtigen; auch die Salinität blieb unverändert in jenem Zeitabschnitt, für den die Aussage gelten soll.
(2) Die Organismen haben ihre Calcit- oder Aragonit-Skelette im temperaturbedingten Isotopengleichgewicht mit dem Meerwasser angelegt. Dies ist nach HOEFS 1980 nicht für alle Arten gegeben.
(3) Die Sauerstoffisotopenzusammensetzung des Aragonits und Calcits blieb über geologische Zeitabschnitte unverändert. Diagenetisch verändertes Material ist für Paläotemperaturbestimmungen ungeeignet.
Der ^{18}O-Wert nimmt zu, wenn der Salzgehalt des Meerwassers zunimmt. Auch der Zufluß von Brackwasser kann einen Einfluß auf diesen Wert haben. Da viele Einflüsse nicht hinreichend bekannt sind, ist die Temperaturbestimmung mit diesem Verfahren derzeit bestenfalls mit einer Zuverlässigkeit von ± 1 °C möglich (HOHL et al. 1985 S.64). Bezüglich *natürlicher* Wässer wurden die im Bild 4.156 ausgewiesenen Wertebereiche ermittelt.

Element mit verwendetem Isotopenstandard	gemessenes Isotopenpaar	Isotopenvariation (in Promille) als δ des *schwereren* Isotops
Sauerstoff (SMOW)	$^{18}O/^{16}O$	- 50 bis +15
Wasserstoff (SMOW)	$^{2}H/^{1}H$	- 410 bis + 50

Bild 4.156
Wertebereiche nichtradiogener Isotopenvariationen in natürlichen Wässern. Bezogen auf den benutzten Standard als Nullpunkt zeigen positive δ-Werte eine Anreicherung negative δ-Werte eine Abreicherung des *schwereren* Isotops einer Probe an. Quelle: MASON/MOORE (1985) S.183 und 192, MÖLLER (1986) S.246.

Die gemessenen Isotopenvariationen sind eine Funktion des Fraktionierungsvorganges und der Isotopenzusammensetzung des Ausgangsmaterials. Mit steigender Temperatur nimmt die Bereitschaft der stabilen Isotope zur Auftrennung (Fraktionierung) ab. Die Fraktionierung ist somit auch von der *geographischen Breite* abhängig. In Niederschlägen (siehe nachfolgende Ausführungen) zeigt sich, daß mit zunehmender geographischer Breite sowohl die $δ^{18}O$-Werte als auch die $δ^{2}H$-Werte in negativer Richtung weiter zunehmen. In polaren Gebieten werden erreicht: bei den $δ^{18}O$-Werten ca - 50, bei den $δ^{2}H$-Werten ca - 410 (Bild 4.156).

Sauerstoffisotope:
In der Literatur werden meist folgende $δ^{18}O$-Werte beziehungsweise Wertebereiche (in Promille) genannt für
  Süßwasser: - 50...+ 15
  Meerwasser: pendelt um + 10
  Schnee an den Polen: - 50...- 45
  Sedimente: ca +20...ca + 45
In natürlichen Wässern bewirkt ein Ansteigen der Temperatur eine Zunahme der $δ^{18}O$-Werte in der positiven Richtung.

Wasserstoffisotope:
In der Literatur werden meist folgende $δ^{2}H$-Werte (δD-Werte) beziehungsweise Wertebereiche (in Promille) genannt für
  Regenwasser: ca - 350...+ 50
  Meerwasser: pendelt um 0
  Schnee an den Polen: < - 300
  Sedimente: ca - 150...ca - 40
Da Wasserstoff an Sauerstoff gebunden ist, meist in Form von Wasser, sind beide Fraktionierungen eng miteinander verknüpft. Eine aus den Untersuchungen an stabilen Isotopen gewonnene grundlegende Erkenntnis ist, daß das irdische Wasser überwie-

gend durch die Entgasung der frühen Erde entstanden ist. Im Baustoff der Urerde soll bereits flüssiges Wasser in Form von Gesteinswasser gebunden gewesen sein (HOHL et al. 1985 S.66, BAUMGARTNER/LIEBSCHER 1990).

Globale Rekonstruktionen von Paläotemperaturen des Oberflächenwassers
Umfassende Arbeiten zu diesem Thema sind im CLIMAP-Projekt (Climate Long-Range Investication Mapping and Prediction) zusammengeschlossen. Sie konzentrieren sich vorrangig auf das "Letzte Glaziale Maximum" (LGM, ca 18 000 Jahre vor der Gegenwart) und die letzte Zwischeneiszeit (ca 122 000 Jahre vor der Gegenwart), wobei sowohl Aussagen zur Sommertemperatur (Nordhalbkugel = August, Südhalbkugel = Februar) als auch zur Wintertemperatur (N = Februar, S = August) des Oberflächenwassers gemacht werden. Ein beachtenswertes Ergebnis dieses Projekts ist die Aussage,
● daß vor ca 18 000 Jahren große Meeresteile des tropischen und subtropischen Atlantik und Pazifik im *Sommer* nahezu gleiche oder sogar etwas wärmere Oberflächenwassertemperaturen aufwiesen, als sie in der Gegenwart dort vorliegen. Für andere Meeresteile ergab die Rekonstruktion im Vergleich zur Gegenwart Temperaturdifferenzen zwischen – 6°C und – 10°C (PORTHUN 2000). Das Oberflächenwasser in solchen Meeresteilen war damals also kälter als heute.
Die im Rahmen des CLIMAP-Projekts auf dem **Land** durchgeführten Untersuchungen erbrachten als Rekonstruktionsergebnisse für die Temperatur nahe der Landoberfläche Temperaturdifferenzen von mehr als – 5°C im Vergleich zur Gegenwart. Nahe der Landoberfläche war es ca 18 000 Jahre vor der Gegenwart also ebenfalls kälter als heute. Die vorgenannten Rekonstruktionen für Land basieren auf Edelgasanalysen in ^{14}C-datiertem Grundwasser, Pollenanalysen und Ermittlungen von Baumgrenzen in den äquatorialen Anden (PORTHUN 2000). Die vorgenannten Ergebnisse der Temperaturrekonstruktionen werfen die Fragen auf:
● Warum waren in der Zeit ca 18 000 Jahre vor der Gegenwart die Temperaturen des *Oberflächenwassers* in tropischen und außertropischen Meeresteilen *ungleich*? Warum waren (im Gegensatz dazu) die Temperaturen nahe der *Landoberfläche* in tropischen und außertropischen Gebieten *gleich*?
Inzwischen gibt es zahlreiche Arbeiten, die sich mit diesen Fragen befassen und die versuchen Antworten zu geben (eine Übersicht ist in PORTHUN 2000 enthalten).

Globale aktuelle Daten zur Temperatur
und zu Chlorophyllkonzentrationen des Oberflächenwassers
Es stehen inzwischen umfangreiche Sammlungen hydrographischer Meßdaten zur Verfügung wie beispielsweise *World Ocean Atlas* 1994 (WOA94) oder *World Ocean Database* 1998 (WOD98). Der Satellit NIMBUS 7 (Costal Zone Color Scanner), mit

dem im Zeitabschnitt 1978-1986 erstmals flächenhaft und global *Chlorophyllkonzentrationen* im Oberflächenwasser gemessen wurden, erbrachte eine weitere Datenbasis, die Aussagen über jahreszeitliche Variationen biologischer Prozesse im Oberflächenwasser ermöglicht. Ihre räumliche Auflösung ist |1° x 1°|, ihre zeitliche Auflösung ist durch |monatliche Mittelwerte| gekennzeichnet. Bezüglich des Begriffes "Oberflächenwasser" siehe Abschnitt 9.2. Ausführungen zum Chlorophyll und zu marinen Primärproduzenten (insbesondere Phytoplankton) sind in den Abschnitten 9.3.01 und 9.3.02 enthalten.

Paläotemperaturen eisbedeckter Gebiete

Haben sich im Laufe der Erdgeschichte die Temperaturen in den einzelnen eisbedeckten Gebieten des Systems Erde verändert? Zeigen sie periodische oder nichtperiodische Schwankungen? Die Beantwortung dieser Fragen stützt sich heute meist auf *Analysen von Eisbohrkernen*, insbesondere von *Isotopenverhältnissen* und deren Variationen.

Isotopengehalt des Niederschlags

Wie zuvor dargelegt, sind Isotopenvariationen (Variationen *stabiler* Isotope) eine Funktion des Fraktionierungsvorganges und der Isotopenzusammensetzung des Ausgangsmaterials. Entsprechend den unterschiedlichen Dampfdrücken der einzelnen isotopischen Komponenten kommt es bei Phasenübergängen (Verdampfung, Kondensation, kinetische Effekte) zu Fraktionierungsprozessen, die zu Veränderungen der Isotopenverhältnisse des Wassers führen. Kühlt beispielsweise ein Luftpaket ab, dann kondensiert die im Luftpaket enthaltene Feuchtigkeit, das Luftpaket verliert den Wasserdampf in Form von Niederschlag (etwa als Regen oder Schnee). Der verbleibende Restwasserdampf erfährt dadurch eine Abreicherung der schweren Isotope. Wie ebenfalls zuvor dargestellt, kennzeichnen negative δ-Werte ein Wasser, das isotopisch leichter ist als das Standardwasser und positive δ-Werte ein Wasser, das isotopisch schwerer ist als das Standardwasser. Der Grad der Änderung der Isotopenhäufigkeit kann von verschiedenen Parametern bestimmt sein, wie etwa Temperatur, Luftfeuchte und anderes. Mit steigender Temperatur nimmt die Bereitschaft der stabilen Isotope zur Auftrennung (Fraktionierung) ab. Bezüglich der Fraktionierung besteht bei Niederschlagen mithin eine Abhängigkeit von der *geographischen Breite* und der *Jahreszeit*. Mit zunehmender geographischer Breite nehmen auch die δ^{18}O-Werte in *negativer* Richtung weiter zu. In polaren Gebieten werden etwa erreicht: δ^{18}O = ca – 50 Promille. Je niedriger die Temperaturen sind, um so stärker wirken sich kinetische Effekte bei der Verdunstung und der anschließenden Kondensation aus. Bei hohen Temperaturen (beiderseits des Äquator) ist ihr Einfluß gering. Die Atmosphäre wirkt in diesem Zusammenhang offenbar wie ein riesiger Kondensor (MASON/MOORE

1985). Die meridionale Tempearturverteilung zwischen Sommer und Winter (die Jahreszeit) hat dem entsprechenden Einfluß. Werden in bestimmten geographischen Breiten Eisbohrkerne gezogen, so kann aufgrund dieser Temperaturabhängigkeit durch δ^{18}O-Bestimmungen mithin unterschieden werden zwischen Sommer- und Winterschichten, ebenso sind Rückschlüsse auf die Akkumulationsraten möglich. Schließlich kann (entsprechend der zeitlichen Reichweite der Bohrkerne) der langfristige Klimaverlauf rekonstruiert werden. Prinzipiell führen Bestimmungen der Isotopenverhältnisse mit Hilfe von Massenspektrometermessungen zu relativen Temperaturaussagen. Über geeignete Eichungen (Datierungen) können sie in absolute Aussagen überführt werden.

Ausgehend von der jahreszeitabhängigen (saisonalen) Isotopen-Temperatur ist ein linearer Zusammenhang zwischen dem mittleren Isotopengehalt ^{18}O des Niederschlags und der mittleren Jahrestemperatur erkannt worden. Nach JOHNSEN/DANSGAARD/WHITE 1989 gilt für das *grönländische* Inlandeis

$$\delta^{18}O = (0{,}67 \pm 0{,}02) \cdot T - (13{,}7 \pm 0{,}5) \text{ (in Promille)}$$

T = mittlere Jahrestemperatur in °C

SCHWAGER (2000) sieht diese Beziehung weitgehend bestätigt in seinen Ergebnissen aus der Analyse von Eisbohrkernen der Nordgrönlandtraverse (NGT) die zugleich zeigen, daß sich nördlicher und südlicher Teil des grönländischen Inlandeises wesentlich unterscheiden. Der nördliche Teil (nördlich des Summit) ist trockener und kälter als der südliche Teil (südlich des Summit). Der nördliche Teil ist gegenwärtig charakterisiert durch Akkumulationsraten von 93-180 mm Wasseräquivalent pro Jahr und Firntemperaturen um - 33 °C. Der südliche Teil ist gegenwärtig charakterisiert durch Akkumulationsraten von weit über 200 mm und mittleren Jahrestemperaturen zwischen -20 und -30 °C und wird größtenteils von den aus südlichen und südwestlichen Richtungen auf das Eisschild anströmende Luftmassen beeinflußt.

Kontinentaleffekt, Höheneffekt
Bei beiden Effekten nehmen die Werte $\delta^{18}O$ und δ^2H in der negativen Richtung weiter zu.

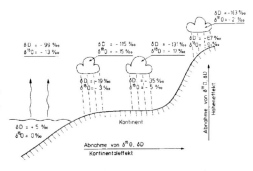

Bild 4.157
Zur Fraktionierung von Niederschlägen in *mittleren* geographischen Breiten (Schema). Dargestellt sind charakteristische δD-Werte und $\delta^{18}O$-Werte bei der Verdampfung von Meerwasser sowie bei küstennahen (Kontinentaleffekt) und küstenfernen Niederschlägen einschließlich in Gebirgen (Höheneffekt). Quelle: MÖLLER (1986) S.246

Zur Rekonstruktion der Paläotemperaturen in der Antarktis
Es wird angenommen, daß der Antarktis-Eisschild entstanden ist etwa 30-40 Millionen Jahre vor der Gegenwart und daß er in den vergangenen letzten 14 Millionen Jahren in seiner Größe relativ stabil geblieben ist. Die durchgeführten und geplanten Eisschild-Bohrungen (Teufe >500 m) zeigt Bild 4.148.

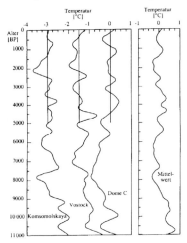

Bild 4.158
Rekonstruktion des Temperaturverlaufs im Bereich der Eisbohrkerne Dome C, Wostok und Komsomolskaja nach CIAIS et al. 1992 und KULBE 1997. BP = Jahre vor 1950 (nicht Jahre vor der "Gegenwart", vor "heute"). Die Kurven zeigen die Temperaturdifferenz gegen die heutige mittlere Oberflächentemperatur (Wostok um – 1,5°C, Komsomolskaja um – 3°C versetzt dargestellt). Für die letzten 5000 Jahre sind außerdem die Mittelwerte angegeben. Rechts im Bild ist der Mittelwert aus den drei genannten Kurven dargestellt. Die Zuordnung der Temperaturdaten zum Alter kann maximal um ± 1000 Jahre streuen. Quelle: SCHWAB (1998), verändert

Vergleich der Paläotemperaturen von Grönland und der Antarktis

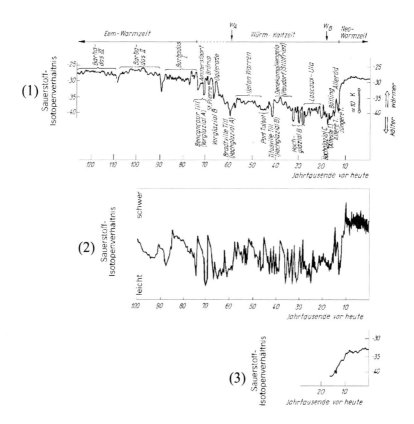

Bild 4.159
Rekonstruktion des Temperaturverlaufs im Zeitabschnitt (teilweise) bis 120 000 Jahre vor der Gegenwart, abgeschätzt nach dem Sauerstoffisotopenverhältnis.
(1) Eisbohrkern/1966, Camp Century, Insel Grönland, Arktis. Daten nach JOHNSEN, DANSGAARD et al. 1972, verändert und ergänzt von SCHÖNWIESE 1979.
(2) Eisbohrkern/1993, GISP 2, Insel Grönland, Arktis. Daten aus Bild 4.253 nach ALLEY/BENDER 1998.
(3) Eisbohrkern/1968, Station Byrd, Antarktis. Daten nach JOHNSEN, DANSGAARD et al. 1972, verändert und ergänzt von SCHÖNWIESE 1979.
Quelle: HUPFER et al. (1991), ALLEY/BENDER (1998).

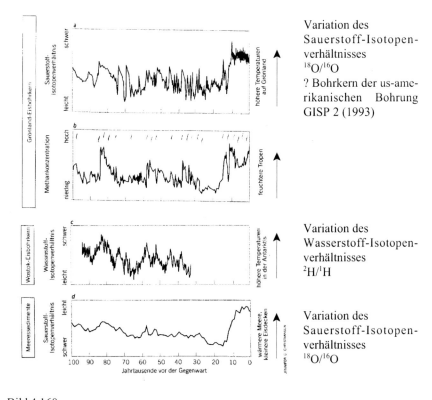

Variation des
Sauerstoff-Isotopen-
verhältnisses
$^{18}O/^{16}O$
? Bohrkern der us-amerikanischen Bohrung GISP 2 (1993)

Variation des
Wasserstoff-Isotopen-
verhältnisses
$^{2}H/^{1}H$

Variation des
Sauerstoff-Isotopen-
verhältnisses
$^{18}O/^{16}O$

Bild 4.160
Rekonstruktion des Temperaturverlaufs im Bereich von Eisbohrkernen in Grönland und in der Antarktis sowie von Sedimenten am Meeresgrund.
a Temperaturverlauf auf der Insel Grönland
b Methangehalt der Atmosphäre (über Grönland)
c Temperaturverlauf Antarktisstation Wostok und Umgebung
d Sedimente am Meeresgrund
Quelle: ALLEY/BENDER (1998), verändert. Von den Autoren wurde (in der Quelle) nicht angegeben auf welchen Bohrkern sich die Aussagen zu a beziehen. Vermutlich auf GISP 2 (1993) (Bild 4.149).

Aus den im Bild 4.160 dargestellten Kurven und weiteren Erkenntnisse aus den bisherigen Eisbohrungen in Grönland und der Antarktis lassen sich nach AL-LEY/BENDER etwa folgende Aussagen ableiten:

◇ Die Analyse der Bohrkerne ergab, daß die längerfristigen Perioden von Kalt- und Warmzeiten (*Glazialen* und *Interglazialen*) mehrfach von *plötzlichen* Umschwüngen, sogenannten *Interstadialen*, unterbrochen wurden, wobei sich die Temperatur in den höheren nördlichen und südlichen Breiten für einige hundert bis tausend Jahre um mehrere °C erhöhte beziehungsweise erniedrigte. Solche Klima-Umschwünge seien aus jüngerer Zeit nicht bekannt. Wie die Grönland-Bohrkerne zeigten, traten um die Zeitpunkte 100 000 und 20 000 Jahre vor der Gegenwart ca 25 solche Interstadiale auf, wobei sich Grönland rasch erwärmte und dann zunächst langsam und schließlich rapide wieder abkühlte. Innerhalb einiger 10 Jahre oder auch nur einiger Jahre änderte sich die Durchschnittstemperatur um 5° C bis (teilweise) mehr als 10° C; die gefallene Schneemenge um 100%/Jahr und die Staubfracht in der Luft um bis zu einem Faktor 10.

◇ Bezüglich der Altersbestimmung hat sich gezeigt, daß in Gebieten, wo es häufig schneit, das Eis *Jahreslagen* bildet ähnlich den Baumringen. Sie ergeben sich, weil aus Sommerschnee größere Eiskristalle entstehen als aus Winterschnee. Sie konnten entweder visuell abgezählt oder auch anhand ihres Säuregehaltes identifiziert werden. Überprüfungen an bekannten Zeitreihen bestätigten, daß an Eisbohrkernen das Abzählen der Jahreslagen zu zuverlässigen Ergebnissen führt. Für das gesamte Holozän, die Wärmeperiode für den Zeitabschnitt bis 11 500 Jahre vor der Gegenwart, sei der mittlere Fehler < 1%. Für einen Zeitabschnitt bis 50 000 Jahre vor der Gegenwart ergebe sich zwar ein größerer mittlerer Fehler, doch sei dieser wohl nicht größer als bei anderen Datierungsmethoden. Ab einem Zeitpunkt von 100 000 Jahren vor der Gegenwart war (in Grönland) das Verfahren des Abzählens nicht mehr brauchbar, da die Abfolge durch Kriechen des Eises und anderes zu stark gestört war.

● Die Analyse der im Eis eingeschlossenen Luftbläschen ergab, daß beim Übergang von einer Kalt- zu einer Warmzeit der *Kohlendioxid- und der Methangehalt* in der Atmosphäre um ca 50% beziehungsweise 75% anstieg.

◇ Gaseinschlüsse im Eis ermöglichen Aussagen zu beiden Polarregionen, da die Atmosphäre durch Wettervorgänge im allgemeinen gut durchmischt werde.

◇ Bezüglich der langfristigen Perioden hätten die Analysen in der *Arktis* und in der *Antarktis* übereinstimmende Hinweise ergeben auf *wärmere* Temperaturen zu den Zeitpunkten 103 000, 82 000, 60 000, 35 000 und 10 000 Jahre vor der Gegenwart, was ungefähr der 20 000-Jahre-Periode (MILANKOWITSCH, siehe zuvor) entspreche.

◇ Die Frage, ob es eine Art *Klimaschaukel* bezüglich Arktis und Antarktis gibt, läßt sich noch nicht hinreichend sicher beantworten. Thomas F. STOCKER und Thomas J. GROWLEY postulierten 1992 unabhängig voneinander, daß plötzliche Klimaänderungen in Grönland und in der Antarktis aufgrund vorliegender Meeresströmungen und globaler Temperaturverteilung entgegengesetzt verlaufen müßten. Eine erneute Durchsicht vorhandener Klimadaten für den Übergang von der letzten Kaltzeit zur heutigen Warmzeit während des Zeitabschnittes 20 000-10 000 Jahre vor der Gegenwart durch Wallace S. BROEKER erbrachte als Ergebnis, daß der Temperaturanstieg in der Antarktis sich immer dann verlangsamte, wenn Grönland sich rasch erwärmte und umgekehrt. Wegen Unsicherheiten in der Datierung der Eisbohrkerne läßt sich die Frage, ob eine Abkühlung in der einen Polarregion mit einer Erwärmung in der anderen einhergeht, aber noch nicht hinreichend sicher beantworten.

4.4.03 Auffassungen und Hypothesen über das Wachsen und Schwinden großer Eisdecken

Das Wachsen und Schwinden großer Eisdecken auf der Land/Meer-Oberfläche der Erde beruht vermutlich auf das Zusammenwirken mehrerer endogener, exogener und kosmischer Faktoren. Die Frage: wie entstehen Eiszeiten im System Erde ist bis heute nicht hinreichend beantwortet. Bisher vermochte keine Eiszeit-Hypothese allgemein zu überzeugen. Auch die an den Schwankungen der Erdbahnparameter (MILANKOWITSCH 1941) orientierte Hypothese über den Wechsel von Kalt- und Warmzeiten vermag die Frage nach der Ursache von Eiszeiten nicht zu klären, weil diese Schwankungen wahrscheinlich über mehr als 200 Millionen Jahre auftraten, ohne daß regelmäßig eine Eiszeit entstanden ist. Sind Eiszeiten vielleicht eine Folge der Hebung eines subtropischen Hochlandes über die Schneegrenze? Erfordert das Entstehen von Eiszeiten eine Eiszeitbereitschaft des Systems Erde, wie vielleicht gegeben durch die seit ca 50-20 Millionen Jahre bestehende Pol-Lage des antarktischen "Kontinents"? Nach KUHLE (1996) treten Eiszeitalter in der Erdgeschichte regellos und unzyklisch auf.

**Meeresspiegelschwankungen
in Abhängigkeit vom Wachsen und Schwinden großer Eisdecken**

Meeresspiegelschwankungen können verschiedene Ursachen haben. *Naturkatastrophen*, wie Erdbeben, Orkane oder Vulkaneruptionen, verändern zwar (oft in wenigen Minuten) das Gesicht einer Landschaft und haben meist verheerende Auswirkungen auf das Leben der dort ansässigen Menschen. Da ihre unmittelbare Wirkung auf das System Erde lokal oder regional begrenzt ist, werden diese Ereignisse meist auch als solche angesehen, obwohl sie mittelbar (wenn auch nicht immer meßbar) stets auch globale Wirkung haben. *Veränderungen der großen Eismassen* dagegen verändern das Gesicht des ganzen Planeten, vor allem seine Gestalt und seine Rotation. Die Zeitabschnitte, in denen diese Veränderungen meßbar oder sichtbar werden, mögen im Vergleich zu einem Menschenalter sehr lang erscheinen, in geologischer Sicht sind sie extrem kurz. Die Bestimmung der Zeitpunkte *früherer* Vereisungen, ihrer Mächtigkeiten und ihrer geographischen Ausdehnungen ist durch den heutigem Wissensstand wohl noch nicht hinreichend gelöst, insbesondere gilt dies für die *globale* Erfassung.

Aussagen über den globalen Temperaturverlauf an der Land/Meer-Oberfläche des Systems Erde
Wie zuvor dargelegt, hat der kroatische Astronom Milutin MILANKOWITSCH (1879-1958) mit seiner Theorie der Klimaschwankungen (1920, 1930, 1941) eine Möglichkeit zur Bestimmung des globalen Temperaturverlaufs aufgezeigt, wobei er aus den periodischen Änderungen der Neigung der Erdrotationsachse sowie der Bahnelemente der Erdbahn eine Strahlungskurve berechnete und eine graphisch dargestellte Kurve veröffentlichte über die Intensität der Sonneneinstrahlung in das System Erde während der letzten 600 000 Jahre (später erweitert auf 1 000 000 Jahre). Milankowitsch ging davon aus, daß diese Änderungen das Klima im System Erde beeinflussen. Er sah darin eine Ursache für das Entstehen von Eiszeiten. Die Theorie ist nicht allgemein anerkannt.

Im Rahmen der Analyse von *Eisbohrkernen* und von Proben aus *Meeressedimenten* erfolgten Bestimmungen des Temperaturverlaufs auf der Grundlage ermittelter *Isotopenverhältnisse*. Die Bilder 4.158, 4.159, 4.160 zeigen Kurven für den Verlauf der Temperatur in vergangener Zeit, ebenso auch das Bild 4.153.

Aussagen über den globalen Verlauf von Meeresspiegeländerungen im System Erde
Unmittelbare Auswirkungen von Meeresspiegeländerungen zeigen sich vor allem an den Küsten. Zur Bestimmung der (Höhen-) Änderungen des Meeresspiegels in der Vergangenheit wurde deshalb vielfach von Untersuchungen *alter Strandterrassen* ausgegangen, die heute teils über, teils unter dem Meeresspiegel liegen (KRÖMMELBEIN/STRAUCH 1991 S.313, GIERLOFF-EMDEN 1980 S.911). Dabei wird unterstellt, daß beim Aufbau einer kontinentalen Eisdecke unter anderem dem Meer Wasser entzogen, beim Abschmelzen wieder zugeführt wird. Die Vorgehensweise über Strandterrassen hat jedoch Schwächen: beispielsweise sind nur wenige alte Strandterrassen morphologisch so gut erhalten, daß eine eindeutige Datierung möglich ist; die Zuordnung weit getrennt liegender Terrassen ist schwierig und anderes mehr. Schließlich besteht Mehrdeutigkeit, denn die Ursachen für das Entstehen der betreffenden Strandterrassenstruktur können sein: lokale isostatische Veränderungen, lokale tektonische Veränderungen, Änderungen der Stellung der Rotationsachse der Erde und andere. Methodische Weiterentwicklungen bezüglich der Analyse von Sedimentschichten und Fossilien früherer Küstenbereiche zum Rekonstruieren des bisherigen Verlaufs von Meeresspiegelschwankungen sind dargestellt im Abschnitt 9.1.01.

|Extrapolation, von lokalen zu globalen Aussagen|
Fehlertheoretisch ist es in der Regel unzulässig, wenn von lokal oder regional gewonnenen Untersuchungsergebnissen erheblich extrapoliert wird und sogar globale Schlüsse daraus gezogen werden. Solche Vorgehensweisen und Schlüsse führen dann auch zu der irrigen Annahme, daß beispielsweise beim Abschmelzen des Antarktis-Eisschildes der Meeresspiegel global und gleichmäßig um 65 m ansteigen würde.

Theoretische Betrachtungen zum Abschmelzen großer Eisdecken
Beim Untersuchen des Abschmelzens einer kontinentalen Eisdecke sind nach BRETTERBAUER (1982, 1975) drei Effekte und deren Überlagerungen zu beachten: (1) die durch die Massenverlagerung bedingte Deformation der Niveauflächen, (2) die Verschiebung des Geozentrums, (3) die Hebung des Meeresspiegels durch den Wasserzuwachs. Von wesentlichem Einfluß dabei sei die geographische Lage der abschmelzenden Eismasse und die Verteilung der Kontinente. Selbst wenn vor dem Abschmelzen des Eises die Erdfigur Symmetrie zum Äquator gehabt hätte, würde sie nach dem Abschmelzen Unsymmetrie annehmen, weil auf der Nordhalbkugel wesentlich mehr Land ist, als auf der Südhalbkugel.

Bei der Abschätzung und der näherungsweisen (nämlich ohne Berücksichtigung der Isostasie) durchgeführten Berechnung der Folgen des *fiktiven* Abschmelzens des gegenwärtig vorhandenen Eises der Antarktis und Grönlands kommt Bretterbauer (1982) zu nachstehend zusammengefaßten Ergebnissen beziehungsweise Aussagen:

◆ Aus Untersuchungen von Sedimenten geht hervor, daß das Abschmelzen einer Eismasse schneller erfolgt, als ihr Aufbau. Das Abschmelzen erfolgt in nur ca 3000 Jahren. Der isostatische Ausgleich dürfte erst nach ca 15 000 - 20 000 Jahren abgeschlossen sein, wie aus noch andauernden Landhebungen (Fennoscandia, Umgebung Hudson-Bay) geschlossen werden kann.

◆ Bei dem angenommenen Ereignis würden Massen der Größenordnung $26 \cdot 10^{18}$ kg aus der Antarktis und $2,5 \cdot 10^{18}$ kg aus Grönland entfernt und in die einzelnen Meeresteile des Systems Erde überführt. Die Berechnung ergab:

  * Antarktisküste: *Sinken* des Meeresspiegels (Veränderung im Bereich des Ross-Schelfeises um einen Betrag von - 23 m).
  * Südpol: - 154 m (die Niveaufläche in Höhe der ursprünglichen Meeresoberfläche würde dort also eine erhebliche Depression erleiden).
  * Südspitze Afrikas: + 58 m (*Anstieg* des Meeresspiegels)
  * Küsten Europas: zwischen + 98 m bis + 104 m.
  * Westküste Nordamerikas: zwischen + 102 m bis + 114 m.
  * Nordpol: + 108 m.
  Bild 4.161 gibt eine globale Übersicht.

Beim Aufbau einer großen Eismasse treten nach Bretterbauer entgegengesetzte Kräfte auf. Beispielsweise würde die Gravitationswirkung der Eismasse ein Sinken des angrenzenden Meeresspiegels verhindern. Zu ähnlichen Ergebnissen unter Berücksichtigung der Rheologie (dem mechanischen Verhalten nahezu fester bis zähflüssiger Körper) seien auch FARRELL/CLARK (1976) gelangt.

Bild 4.161
Darstellung
der Linien
gleicher
Meeres-
spiegel-
änderungen
(10m-
Intervall)
nach
fiktivem
Abschmelzen
der Eismassen
der Antarktis und Grönlands. Die dunkel dargestellten Gebiete würden überschwemmt.
Quelle: BRETTERBAUER (1982, 1985), verändert

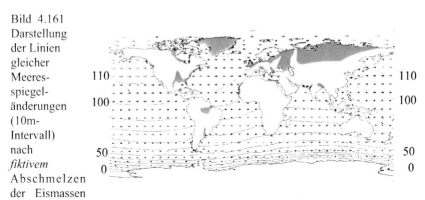

Aufbau und Abschmelzen großer Eisdecke (Eisschilde, Gletscher) sind nur ein Ursachenbereich für Meeresspiegelschwankungen. Hinsichtlich weiterer Ursachenbereiche siehe Abschnitt 9.1.01.

Haben Wachsen und Schwinden großer Eismassen Einfluß auf die Gestalt des globalen Geoids ?

Die derzeitige Gestalt der Erde zeigt eine *Unsymmetrie* zur Äquatorebene. Das globale Geoid ist gegen das mittlere Erdellipsoid (Niveausphäroid) im Südpolbereich und in den mittleren nördlichen Breiten verflacht, in den hohen nördlichen Breiten und in den mittleren südlichen Breiten dagegen aufgewölbt. Es wird angenommen, daß Massendefizite beziehungsweise Massenüberschüsse in diesen Gebieten bestehen. John O'KEEFE (1959) hat diese Geoidgestalt (nicht ganz zutreffend) "Birnenform" genannt.

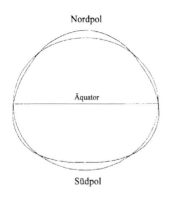

Bild 4.162
Globales Geoid und mittleres Erdellipsoid (Vertikalschnitt). Quelle: BRETTERBAUER (1982, 1985), verändert

Zur Deutung dieser derzeitigen Gestalt des globalen Geoids sind von BRETTERBAUER (1982, 1985) die folgenden Gedankengänge dargelegt worden: Wird davon ausgegangen, daß vor der letzten Eiszeit (vor ca 70 000 Jahren vor der Gegenwart) die Meeresteile und die Landteile des Systems Erde im isostatischen Gleichgewicht gewesen seien, dann zeigt diesen Zustand stark schematisiert Bildteil (a) im Bild 4.163. Wenn nun in Nordamerika, Nordeuropa, Sibirien und in der Antarktis große Eisdecken aufgebaut wurden, dann erfuhren die vom Eis bedeckten genannten Landgebiete eine erhebliche Belastung, die Meeresteile eine Entlastung. Mit gewisser zeitlicher Verzögerung setzte sodann der isostatische Ausgleich ein: subkrustales Material begann unter die Gebiete mit Massendefizit zu fließen, vorrangig unter das Arktische Meer und unter das Südpolarmeer. Bildteil (b) im Bild 4.163 zeigt stark schematisiert diese Sachlage.

Wurde nach längerer Zeit wieder nahezu isostatisches Gleichgewicht erreicht (die letzte Eiszeit/Kaltzeit dauerte mindestens 50 000 Jahre), dann setzte (aus bislang unbekannter Ursache) rasches Abschmelzen ein und der Prozeß begann sich umzukehren. Nunmehr herrschte in den ehemals vereisten Gebieten ein Massendefizit, in den Meeresteilen aber ein Massenüberschuß, besonders im Arktischen Meer und im Südpolarmeer. Da wegen der verhältnismäßig kurzen bisher vergangenen Zeit das isostatische Gleichgewicht noch nicht wieder hergestellt ist, zeigt das globale Geoid in Nordamerika, Nordeuropa, Sibirien und in der Antarktis eine Depression, im Arktischen Meer, im Südatlantik, Südpazifik und im Indischen Meer dagegen eine Aufwölbung (Bildteil (c) im Bild 4.163).

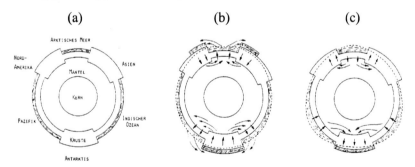

Bild 4.163
Zur Entstehung der heutigen Gestalt des globalen Geoids. Die Bildteile (a), (b), (c) sind stark schematisierte Schnitte durch den Meridian ± 90 Grad. (a) Agenommener Zustand des Erdkörpers vor der letzten Eiszeit (vollständiges isostatisches Gleichgewicht). Als *letzte* Eiszeit/Kaltzeit gilt hier diejenige, die in Nordamerika *Wisconsin*-, in Europa *Würmeiszeit* genannt wird. Sie begann vor ca 70 000 Jahren und erreichte ca 20 000 Jahre vor der Gegenwart ihren Höhepunkt (siehe Bild 4.153 Bildteil 1). (b) Wachsen der Eiskappen, isostatischer Massenausgleich setzt ein (c) Gegenwärtiger

Zustand, isostatisches Gleichgewicht noch nicht erreicht. Quelle: BRETTERBAUER (1982, 1985), verändert

Nach Bretterbauer führen die soeben skizzierten Gedankengänge zu einer Geoidgestalt, die mit der im Bild 4.162 dargestellten völlig übereinstimmt. Die beobachteten Abweichungen des globalen Geoids vom mittleren Erdellipsoid betragen gegenwärtig nur einige Meter (am Nordpol ca 19 m, am Südpol ca 26 m), weil der isostatische Massenausgleich ja schon einigermaßen fortgeschritten sei. Werden andere Ereignisse ausgeschlossen, dann wird nach Bretterbauer die "Birnenform" somit in einigen tausend Jahren verschwunden sein.

Kurt BRETTERBAUER (Institut für Geodäsie und Geophysik der Technischen Universität in Wien) hat zu den Themen Eisdecken, Erdfigur, Paläogeodäsie weitere Betrachtungen angestellt und Veröffentlichungen vorgelegt, wie beispielsweise (2003) zur Frage: Steigt der Meeresspiegel? Am vorgenannten Institut entstand auch eine Diplomarbeit von H. POCK (1995) zum Thema: Eustatische Meeresspiegelschwankungen und Erdfigur.

Vereisungen im Pleistozän.
Hat eine Vergletscherung Hochasiens
auslösende Bedeutung für das Entstehen von "Eiszeiten" im System Erde?

Benennung und Begriff "Eiszeit" prägte 1837 der deutsche Botaniker Karl Friedrich SCHIMPER (1803-1867). Die Benennung diente zunächst zur Kennzeichnung des erdgeschichtlichen Zeitabschnittes *Quartär*, der ca 1,8 Million Jahre vor der Gegenwart begann. Er wurde damals das "Eiszeitalter" genannt. Der deutsche Geograph Albrecht PENCK (1858-1945), vielfach als Altmeister der Eiszeitforschung bezeichnet, und der deutsche Geologe Konrad KEILHACK (1858-1944) stellten um 1880 fest, daß beim Aufbau eines Inlandeises ein wiederholtes Vorrücken und Abschmelzen der Gletscher erfolge, also ein mehrfacher Wechsel von Eiszeiten (Glazialzeiten) und Zwischeneiszeiten (Interglazialzeiten) oder, allgemeiner gesagt, von *Kaltzeiten* und *Warmzeiten*. Heute werden teilweise noch kürzere Schwankungen (Stadien und Interstatialen) unterschieden. PENCK gliederte das Quartär (als Eiszeitalter) in vier Eiszeiten. Für die Benennung dieser wählte er die Namen von Flüssen des deutschen Alpenvorlandes: *Würmeiszeit* (und die vorhergehenden) *Riß-, Mindel- und Günzeiszeit*. Gliederung und Benennungen werden erdweit verwendet. Inzwischen wird auch das Quartär untergliedert in die erdgeschichtlichen Zeitabschnitte *Pleistozän* (früher Diluvium, Beginn ca 1,8 Millionen Jahre vor der Gegenwart) und *Holozän* (früher Alluvium, Beginn 10 000 Jahre vor der Gegenwart und noch andauernd) (KRÖMMEL-

BEIN/STRAUCH 1991). Den Kenntnisstand um 1929 über ehemalige Inlandeise im System Erde hat der deutsche Geologe Paul WOLDSTEDT (1888-1973) zusammengestellt (in seinem Buch "Das Eiszeitalter").

Globale Übersicht über Vereisungen im Pleistozän
Die Gletschervorstöße und das Wachsen der Inlandeise erfolgten regional unterschiedlich wie beispielsweise WOLLSTEDT in zahlreichen Veröffentlichungen (besonders 1958 und 1965) aufgezeigt hat (HEMPEL 1974). Dennoch ist eine ungefähre zeitliche Parallelisierung aller dieser Vorgänge im Pleistozän von Interesse. STRAKA hat eine solche Übersicht nach den Daten verschiedener Autoren zusammengestellt. Sie ist hier im Bild 4.164 wiedergegeben, wobei eine Gliederung des Pleistozän in Jungpleistozän, Mittelpleistozän und Altpleistozän nach Wollstedt 1966 zugrunde liegt (HEMPEL 1974).

Jungpleistozän

Alpen	Nordwestl. Europa	England	Polen	Osteuropa	Nordamerika
Postglazial					
Würm-K.	Weichsel-K.	New Drift Gl.	Varsovien II	Waldai-K.	Wisconsin Gl.
Riß-Würm-W.	Eem-W.	Ipswich IGl.	Masovien II	Mikulino-W.	Sangamon IGl.
Riß-K.	Saale-K.	Gipping Gl.	Varsovien I	Dnjepr-K.	Illinois Gl.

Mittelpleistozän

Alpen	Nordwestl. Europa	England	Polen	Osteuropa	Nordamerika
Mindel-Riß-W.	Holstein-W.	Hoxne IGl.	Masovien I	Lichwin-W.	Yarmouth IGl.
Mindel-K.	Elster-K.	Lowestoft Gl.	Cracovien	Oka-K.	Kansas Gl.
Günz-Mindel-W.	Cromer-W.	Cromer IGl.	Sandomirin (?)		Aftonian IGl.
Günz-K.	Menap-K.	Baventian Gl.	Jaroslavien		Nebraskan Gl.

Altpleistozän

Alpen	Nordwestl. Europa	England	Polen	Osteuropa	Nordamerika
Donau-Günz-W.	Waal-W.	Antian IGl.	Oberes Mizerna		Vornebraskan-Zeit
Donau-K.	Eburon-K.	Thurnian Gl.			
Biber-Donau-W.	Tegelen-W.	Ludhamian IGl.	Mittl. und Unt. Mizerna		
Biber-K.	Brüggen-K.				

Bild 4.164
Übersicht über einige in der Literatur benannte erdgeschichtliche Zeitabschnitte und deren ungefähre zeitliche Parallelität *innerhalb* des Zeitabschnittes Pleistozän nach STRAKA. K = Kaltzeit, W = Warmzeit, Gl. = Glazial, IGl. = Interglazial.

„Letztes Glaziales Maximum" (LGM)

Der Höhepunkt der letzten größeren Vereisungen vor ca 20 000 Jahren wird meist LGM genannt. Auch das nördliche Europa und Teile von Sibirien waren dabei mit einer bis zu 3,5 km dicken Eiskappe bedeckt. Im Verlauf des LGM bildete sich auf dem Schelf der Barentssee eine große, im Meer auf Grund liegende Eisdecke, die zuletzt von den britischen Inseln über Norddeutschland und Skandinavien weit nach Osten, etwa bis zur Karasee reichte. Seine größte Verbreitung erlangte das Eis vor ca 20 000 Jahren (Bild 4.165).

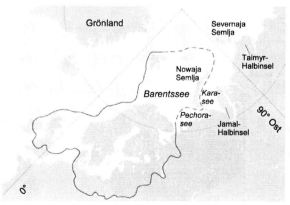

Bild 4.165
Maximale Verbreitung der Eisdecke in Nordeuropa und Sibirien vor ca 20 000 Jahren nach SIEGERT et al. (2005). Es bedeuten: Gestrichelte Begrenzung der Eisdecke = unsicher, Weiß = Schelfmeer, Hellgrau = Tiefsee.

Bild 4.166
Maximale Ausdehnung der eisbedeckten Fläche während der letzten Eiszeit (LGM, Letztes Glaziales Maximum, engl. Last Glacial Maximum) nach KUHLE (1982-1999), basierend auf BROEKKER/DENTON (1990). Flächentreue Darstellung. Landeis ist durch dunkle, Meereis durch helle Punktierung wiedergegeben

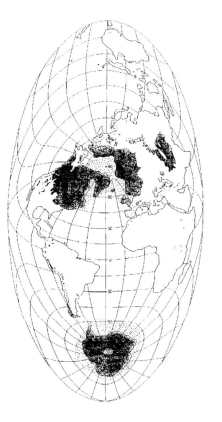

Heute wird unter *Eiszeit* (beziehungsweise *Kaltzeit*) in der Regel ein erdgeschichtlicher Zeitabschnitt verstanden, in dem flächenmäßig überdurchschnittlich ausgedehnte Inlandeisbedeckungen sowie Schelfeis- und Treibeisbereiche vorlagen beziehungsweise ein erdgeschichtlicher Zeitabschnitt, der in weiter Verbreitung *Vereisungsspuren* hervorgebracht hat, so daß auf eine entsprechende Vereisung geschlossen werden kann. Verschiedentlich wird vermutet, daß *eisfreie* Polargebiete der "Normalzustand" im System Erde sei (KEN 1975) und wir uns demnach noch in einem abklingenden Eiszeitabschnitt befinden.

Während der *pleistozänen* Vereisung sind nach heutiger Kenntnis große Flächenbereiche in Nordeuropa, Nord- und Zentralasien, Grönland, Canada, dem südlichen Südamerika und in der Antarktis eisbedeckt gewesen. Die Flächensumme dieser eisbedeckten *Landflächen* zur Zeit ihrer größten Ausdehnung wurde geschätzt

1973   auf über **30** Millionen km^2 (MEL 1973), was etwa das 2fache der gegenwärtig eisbedeckten Landfläche ist

1996   auf **44** Millionen km^2, was 26,3 Millionen km^2 mehr sei, als die gegenwärtig eisbedeckte Landfläche (die hier mit 17,7 km^2 angenommen wird) (KUHLE 1996 S.158)

Weitere Daten über die *gegenwärtig* schnee-/eisbedeckten Flächen des Landes (und des Meeres sowie der Erde) sind im Bild 4.3 zusammengestellt.

Hat eine Vergletscherung Hochasiens auslösende Bedeutung für das Entstehen von "Eiszeiten" im System Erde?

Das höchste und kälteste Hochland der Erde sowie die höchsten Berge der Erde befinden sich in Tibet (Hochasien). Das Hochland hat eine flächenmäßige Ausdehnung von mehr als 2,6 Millionen km², eine durchschnittliche Höhe von 4 000 m über dem Meeresspiegel und wird im Norden vom Kulun Shan begrenzt (höchster Berg: Ulugh Muz tagh oder Wu-lu-k'o-mu-shi mit 7 732 m über dem Meerespiegel). Im Süden und Westen erstrecken sich die höchsten Gebirge der Erde, der Himalaja (höchster Berg: Mt. Everest mit ca 8 850 m über dem Meeresspiegel) und weiter nordwestwärts das Karakorum. Das Himalaja-Karakorum-Gebirgssystem umfaßt 96 der 100 höchsten Berge der Erde (GREGORY 1991). Nördlich des Hochlandes von Tibet befindet sich das tiefste und heißeste Gebiet in China: die Turfan-Senke im Norden des Tarim-Beckens mit der Wüste Takla-Makan. Das Gebiet liegt 154 m *unter* dem Meeresspiegel und kann im Sommer Temperaturen von über 47° C aufweisen.

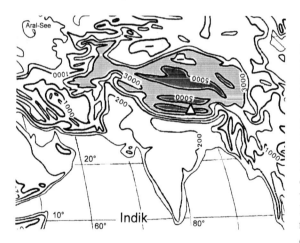

Bild 4.167 Geländeoberfläche Hochasien, dargestellt mittels Höhenlinien (nach LOUIS 1979). Die Höhenstufenflächen >3 000 m und >5 000 m über Meeresspiegel sind durch Punktierung hervorgehoben (je höher, desto dunkler). Flächentreue Darstellung nach HAMMER. ∆ = Mt. Everest. Höhe des Eis-/Schnee-Oberflächenpunktes ca 8 850 m über dem Meeresspiegel (Abschnitt 3.2.01).

Einen Überblick über die älteren Ergebnisse von Forschungsarbeiten vor Ort und damit verbundenen theoretischen Betrachtungen zur Gletscherbedeckung Tibets ermöglicht die zusammenfassende Darstellung von v. WISSMANN (1960), der allerdings in Tibet keine eigenen Forschungen vor Ort durchgeführt hat. Seine Auffassung spiegelt sich teilweise in der nachfolgenden Literatur wider, vorrangig in der chinesischen. Danach habe im Pleistozän eine Eisbedeckung der Gebirgs- und Hochflächen in Tibet von ca 10% bestanden, höchstens 20% von der Gesamtfläche von ca 2,6 Millionen km² (siehe zuvor). Einige Forscher hatten aufgrund ihrer Arbeitsergebnisse vor Ort (etwa ab 1914) jedoch größere pleistozäne Gletscherflächen rekonstruieren können.

Seit **1973** hat KUHLE (Geographisches Institut der Universität in Göttingen) mehr als 20 Forschungsexpeditionen ins Hochland von Tibet und in seine einrahmenden Gebirgssysteme durchgeführt zur Rekonstruktion kaltzeitlicher Gletscherausbreitungen in vergangener Zeit. Seine vor Ort mittels geologischer und geomorphologischer Methoden gewonnenen und ausgezeichnet belegten Ergebnisse sind in seinen zahlreichen Veröffentlichungen dargelegt (KUHLE 2003, 2001 und weitere). Im Gegensatz zu der vorgenannten geringen Eisbedeckungsfläche (von 10-20 %) stellte er fest, daß das *letzteiszeitliche* tibetische Inlandeis drei Vereisungszentren aufwies, mit seinen Auslaßgletscher-Zungen die einfassenden Gebirgsketten durchfloß und eine Fläche von **2,4** Millionen km² bedeckte (ohne die Vergletscherung des Tian Shan). Gemäß der rekonstruierten Eis/Schneegrenze überragten nur über 6 000 m hohe Berggipfel die Eisoberfläche. Die Bedeutung eines solchen großen Inlandeises für die pleistozäne Klimageschichte und Landschaftsgeschichte Zentralasiens (einschließlich der Abflußsysteme zum Gelben Meer, Ostchinesischen Meer, Golf von Bengalen, Arabischen Meer) ist bisher wohl noch nicht hinreichend abgeschätzt worden (Hinweis von TIETZE 2003).

|Hypothese von KUHLE 1981...
zu Entstehung und Verlauf von Eiszeiten im System Erde|

Der zuvor skizzierte Nachweis einer hocheiszeitlichen Inlandvereisung Tibets erfordert nach Kuhle eine grundlegende Veränderung unserer Vorstellung über die Vereisung auf der Nordhalbkugel. Entsprechend ihrer subtropischen Lage, einer Flächenbedeckung von ca 2,4 Millionen km² und einer Höhe von ca 6 000 m über dem Meeresspiegel habe die Inlandvereisung Tibets einen großen *albedobedingten* Wärmeverlust der Erdatmosphäre sowie einen Zusammenbruch der Sommermonsunzirkulation bewirkt. Da die Hebung Tibets und das Erreichen von spezifischen Schwellenwerten der Plateauhöhe zeitlich korreliert ist mit dem Beginn der Eiszeitära ab ca 2,75 Millionen Jahre B.P. (vor 1950) und ihre Intensivierung ab ca 1 Millionen Jahre B.P. vermutet Kuhle einen ursächlichen Zusammenhang. Diese Vorgänge könnten mit Schwankungen der Erdbahnparameter nicht erklärt werden. Solche Schwankungen seien nicht die primäre Ursache der Eiszeiten, besäßen lediglich eine modulierende Wirkung. Auch die Schließung der Meerenge von Panama erfolgte zu früh um als Ursache hierfür gelten zu können. Aus bisherigen Erkenntnissen abgeleitete Regeln (Gesetze) der Eiszeitentstehung sind übersichtlich zusammengestellt in KUHLE (1987, 1988, 1989, 1996, 1998). Ein auf drei Stadien reduziertes Schema zum Verlauf eines solchen *reliefspezifischen Eiszeit-Zyklus* ist dort ebenfalls skizziert und wird hier fast unverändert wiedergegeben:

(1) Ein subtropisches Plateau wird zunehmend bis an die Schneegrenze gehoben.
(2) Das Hochplateau vergletschert, was wegen der Rückstrahlung der subtropischen Sonnenenergie zur globalen Absenkung der Schneegrenze führt.
(3) Die zu den Polen hin abtauchende Schneegrenze führt durch die Schneegrenzabsenkung zur Ausbildung großer Gletscherflächen in den Vorländern von Gebirgen

höherer geographischer Breiten, bis hin zu den großen Inlandeisen in den Tiefländern. Damit hat eine Eiszeit ihr Reifestadium erreicht.

Die Erwärmung der Erdatmosphäre um ca 2-3,5° C durch periodische Schwankungen der Erdbahn führt zu den zyklischen Warmzeiten (Zwischeneiszeiten), in dem der umgekehrte Ablauf von (3) über (2) nach (1) erfolgt.

(3) nach (2): Jene Erwärmung führt zur Schneegrenzanhebung um ca 500 m und somit zu extremer Gletscherflächen-Reduktion in den flachen Tiefländern, während die vom Hochplateau herabhängenden Gletscherzungen zwar um den gleichen Höhenbetrag zurückschmelzen, aber dabei aufgrund ihrer Steilheit nicht flächenwirksam werden können.

(2) nach (1): Wegen der einhergehenden Verringerung der Rückstrahlung in den Flachländern hebt sich die Schneegrenze bis auf das heutige Niveau weiter an. Dabei schmilzt schlußendlich auch das Inlandeis auf dem subtropischen Hochplateau. Dieser Abschmelzprozeß kann deshalb bis zum Zentrum des Plateaus hinein erfolgen, weil die eiszeitliche Gletscherauflast das Hochland um einige hundert Meter in wärmere Regionen hinabgedrückt hat.

(1): Nun ist die Warmzeit ausgebildet und das Hochplateau hebt sich erneut bis an und dann über die Schneegrenze, womit ein weiterer Eiszyklus beginnt.

Diese reliefspezifische Eiszeit-Hypothese basiert auf der Globalstrahlungs-Geometrie, erklärt die Kaltzeiten aber nicht aus einer Temperatur-Veränderung, sondern aus einer tektonischen Veränderung im System Erde, wobei eine zufällige Konstellations-Verschiebung Grundlage der dann gesetzmäßig einsetzenden, rhythmischen Klima-Zyklen ist.

Gletscherschwund in Hochasien?

Die letzte Kaltzeit („Kleine Eiszeit") mit Gletschervorstößen umfaßt etwa den Zeitabschnitt vom 15.-19. Jahrhundert. Seitdem ist ein Gletscherrückzug erkennbar, der eine (zusätzliche) Beschleunigung erfahre durch Verstärkung des Treibhauseffekts aufgrund anthropogener Aktivitäten. Bei Hochasien komme hinzu, daß die Temperatur im Hochgebirge stärker ansteige, als im Flach- und Hügelland. Nach Angaben des Departement of Hydrologie and Meteorology in Nepal sei es im Hohen Hymalaja um jährlich 0,12° C wärmer geworden, im tropischen Tiefland an der Grenze zu Indien dagegen nur um 0,06° C (JAUK 2003). Vom Gletscherschwund in Hochasien seien vor allem die östlichen und zentralen Bereiche betroffen, die sich in der Monsunzone befinden, wo sich die Niederschläge auf den Sommer beschränken und vermehrt als Regen niedergehen.

Nach Auszählung in Satellitenbildern gebe es In Bhutan derzeit 677, in Nepal 3 252 Gletscher. Die Eiszungen reichen vielfach unter die Schneegrenze herab und würden mehr und mehr zurückweichen und das Gletscherwasser staue sich in diesem Zusammenhang hinter der Endmoräne des Gletschers. Bricht diese, kann es zu schweren Überflutungen kommen. Nach bisherigen Abschätzungen seien in Nepal ca 20 und in Bhutan ca 24 Gletscherseen wegen eines möglichen Ausbruchs und der damit verbundenen Flutwelle (engl. „Glof", glacier lake outburst flood) als potentiell gefährlich anzusehen (JAUK 2003). Eine besonders dramatische Entwicklung an den ca 6 500 Himalaja-Gletschern sei am ca 25 km langen Gangotri-Gletscher (der als Quelle des Ganges gilt) zu erkennen. Nach den Untersuchungsergebnissen aus dem Zeitabschnitt 1996-1999 (des indischen Geologen NAITHANI) zog sich die Gletscherzunge (genannt Gaumukh) in diesem Zeitabschnitt um 76 m zurück. Sie sei seit 1850 um fast 2 km zurückgegangen. Bleibt noch anzumerken, daß die 7 wichtigsten Ströme dieser Region: Indus, Ganges, Brahmaputra, Salween, Mekong, Yangtse und Gelber Fluß in Gletschern entspringen und daß allein im Gangesbecken ca 500 Millionen Menschen leben, die vom (regulären) Flutwasser abhängig sind. Während des Monsuns (im Sommer) strömt es reichlich, in der Trockenzeit wird der Ganges größtenteils vom Schmelzwasser der Gletscher gespeist. Wie lange reicht das Eisvolumen der Gletscher noch aus, um diese Ausgleichsfunktion zu erfüllen zu können? Seit mehr als 1 300 Jahren kommen im übrigen alle 12 Jahre Pilger nach Allahabad, um sich während der Khumb Mela durch ein Bad im Ganges von ihren Sünden zu reinigen. Im Januar 2001 waren es schätzungsweise 30 Millionen Menschen!

4.5 Bodeneis, Permafrostgebiete

Beim Gefrieren des im Boden enthaltenen Wassers bildet sich *Bodeneis*; fossiles Bodeneis, das sich aus der Zeit der pleistozänen Vergletscherung bis heute erhalten hat, wird *Steineis* genannt (NEEF et al.1981). Entsprechend unterschiedlicher Frosteinwirkung in Bodennähe und im Boden (Bodenfrost), kann ein Teil des Bodens ständig gefroren sein, wenn die Jahresmitteltemperatur der darüber liegenden Luft etwa - 1 °C bis - 2 °C beträgt. Liegt diese Temperatur unter - 7 °C, ist das Gebiet in der Regel mit geschlossenem Dauerfrostboden bedeckt. Dauerfrostböden sind überwiegend in Nordamerika und Nordasien gegeben und reichen dort in Tiefen bis 600 m beziehungsweise 1 500 m (HUPFER et al.1991). Die Struktur des Übergangsbereichs vom Boden zum geschlossenen Dauerfrostboden verdeutlicht Bild 4.168.

Gebiete mit Dauerfrostboden werden vielfach *Permafrostgebiete* genannt, dementsprechend benutzt man auch Benennungen wie Permafrost, Permafrostboden. Permafrostgebiete tauen im Sommer nur in Oberflächennähe auf, in sommerkühlen Gebieten nur wenige Dezimeter, in sommerwärmeren Gebieten bis zu mehreren Metern, so daß darauf nicht nur Tundrenvegetation, sondern auch hochstämmiger Wald wachsen kann. Der Auftauboden (Mollisol) ist stark wasserdurchdrängt, schon bei geringer Hangneigung kann es zum Bodenfließen (Solifluktion) kommen (NEFF et al.1981).

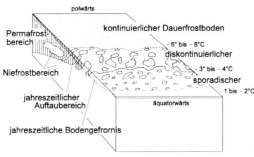

Bild 4.168
Schema des Übergangsbereichs vom Boden zum flächenhaft geschlossenen Dauerfrostboden nach KARTE 1979. Die angegebenen Temperaturwerte sind Jahresmittelwerte. Quelle: SCHULTZ (1988), verändert

Permafrostverbreitung
Die Permafrostgebiete der Erde liegen vorrangig auf der Nordhalbkugel. Auf der Südhalbkugel treten Permafrostgebiete vor allem in der Antarktis, auf den Falklandinseln und in den Hochanden auf (SCHEFFER/SCHACHTSCHABEL 1989 S.456).

Fläche	Quelle
25	EK (1991) S.283
32	HUPFER et al. (1991) S.127
29	HUPFER et al. (1991) S.118 (permanent = 8, temporär = 21)

Bild 4.169
Permafrostfläche der Erde (in 10^6 km²).

Bild 4.170/1
Permafrostverbreitung auf der Nordhalbkugel nach LARSEN 1980, VAN CLEVE et al. 1986.
Punktierte Fläche = *kontinuierlicher* Permafrost. Äquatorwärts schließt an (bis zur gestrichelten Linie) *diskontinuierlicher* Permafrost. Quelle: TRETER (1990), verändert

Bild 4.170/2
Permafrostverbreitung auf der Nordhalbkugel nach HARE/RICHIE 1972, KARTE 1979. Punktierte Fläche = *kontinuierlicher* Permafrost. Äquatorwärts schließen an: *diskontinuierlicher* Permafrost und *sporadischer* Permafrost. Punkte = Vereinzelte *Permafrostinseln* außerhalb des sporadischen Permafrostes. - - - - - =*Polare Baumgrenze* (zwischen dieser Grenze und der Verbreitung des Permafrostes bestehe keine Korrelation). Quelle: SCHULTZ (1988) S.82, verändert

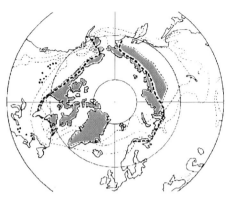

Bild 4.170/3
Permafrostverbreitung auf der Nordhalbkugel nach BLACK, SCHUMGIN, PETROWSKI. Punktierte Fläche = *kontinuierlicher* Permafrost. Äquatorwärts schließen an: *lückige* Verbreitung des Permafrostes und der Bereich, in dem *Permafrostinseln* auftreten. Quelle: RICHTER (1985) S.151, verändert

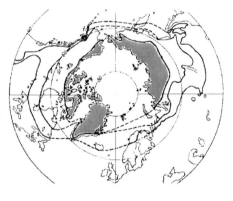

In Canada und Alaska sei der Permafrost nach PFEIFFER nur noch fleckenhaft anzutreffen (LANGE/KÖRKEL 2003).

Schneebedeckungsgrad
Gelegentlich wird der *Schneebedeckungsgrad* einer Bezugsfläche (Einheitsfläche) benutzt, angegeben als dimensionslose Zahl zwischen 0 und 1 gemäß Bild 4.171. Die entsprechenden Begrenzungslinien können *Schneegrenzen* genannt werden. Wie eingangs dargelegt, wird die Bedeckung einer Oberfläche mit einer Schneehöhe h_s von mindestens 1cm als *Schneedecke* bezeichnet. Der Begriff schließt auch sekundäre Ablagerungen mit ein: Driftschnee (Treibschnee), andere feste Niederschlagspartikel von nichtschneeiger Konsistenz, Oberflächenreif, flüssiges Niederschlags- und Schmelzwasser, Luft und Verunreinigungen.

1,0	geschlossene Schneedecke	Bild 4.171
0,5-1,0	durchbrochene Schneedecke	Schneebedeckungsgrad.nach
0,1-0,5	Schneeflecken	BAUMGARTNER/LIEBSCHER
<0,1	Schneereste	(1990)

Methanfreisetzung in Permafrostgebieten und Methankreislauf
Einfachste organischen Verbindungen bestehen nur aus Kohlenstoff und Wasserstoff. Das farb- und geruchlose *Methan* (CH_4) ist ein solcher "Kohlenwasserstoff" und gehört zur Gruppe der gesättigten Kohlenwasserstoffe, die auch als "Paraffine" oder "Alkane" bezeichnet werden. Diese Gruppe der Paraffinkohlenwasserstoffe ist die einzige Gruppe dieser organischen Verbindungen, die *mineralisch* in der Natur vorliegen (Erdöl, Erdwachs, Asphalt, Erdgas). In der *lebenden* Natur sind sie selten. Methan stellt den Hauptanteil der an verschiedenen Stellen der Erde gewonnenen Erdgase (CHRISTEN 1974). Methan entsteht auch bei Fäulnisprozessen am Grund von Teichen und Sümpfen (Sumpfgas) sowie bei der Cellulosegärung (Wiederkäuer). In Steinkohlengruben kann es als Grubengas "schlagende Wetter" verursachen. Im Zusammenhang mit den Ausführungen zum globalen Kohlenstoffkreislauf (Abschnitt 7.6.03) sind die "natürlichen" und anthropogenen Quellen des troposphärischen CH_4 genannt. Reisfelder (Naßreis) und Feuchtgebiete (Moore, Sümpfe, Tundra) sind danach, global betrachtet, starke Methan-Quellen. In globaler Sicht umfassen die Permafrostgebiete ca 1/4 der Landfläche der Erde (also ca 30 Millionen km^2, siehe zuvor).

Bild 4.172
Eispolygon-Tundra in Sibirien (Lena-Delta). Quelle: WAGNER et al. (2001). Die allgemeinen phänologischen Elemente der Tundra sind im Abschnitt 5 erläutert.

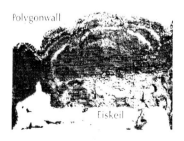

Bild 4.173
Polygonwall einer Polygonform mit Eiskeil.
Vertikalschnitt nach WAGNER et al. (2001).

Eine erdweit beachtenswerte Methan-Quelle sind offensichtlich auch die feuchten Niederungen der *sibirischen* Permafrostgebiete. Im arktischen Sommer tauen sie oberflächennah kurz auf (daher auch nur eine kurze Vegetationsperiode). In diesem Zeitabschnitt wird in den sauerstofffreien Zonen verstärkt Methan gebildet und freigesetzt mit Mengen von ca **80 mg Methan pro Tag und m²** (WAGNER et al. 2001). Entgegen früheren Annahmen werde Methan in diesen Gebieten nicht nur während der Vegetationsperiode gebildet, sondern auch in der kalten Übergangszeit. Sowohl an der Methanbildung als auch am Methanabbau (Oxidation) seien hoch spezialisierte Mikroorganismen beteiligt, etwa die methanbildenden Urbakterien (methanogene Archaeen), die nur in sauerstofffreien Zonen existieren können. Sie wandeln in den sauerstofffreien Zonen der Böden einfache Verbindungen (wie Essigsäure, Methanol) zu Methan um, wobei die meisten Arten ohne organische Substanzen (nur mit Wasserstoff und Kohlendioxid) leben (WAGNER et al. 2001). Im Gegensatz dazu bauen die Methan oxidierenden Bakterien bis zu 70 % des gebildeten Methans in Gegenwart von Sauerstoff zu Kohlendioxid ab, womit sich ein gewisser Kreislauf schließt.

Die Menge an freigesetztem Methan sei vorrangig abhängig von der Temperatur. Im Lena-Delta (Sibirien) habe sich die bodennahe Luft von 1999-2002 kontinuierlich von 11,2 auf 12,1° C erhöht, ein Trend, der auch in den Permafrostgebieten in Canada, Alaska und Tibet beobachtet worden sei (LANGE/KÖRKEL 2003). Entsprechend nahm auch die jährliche Methanemission im Lena-Delta zu: von 37 auf 49 mg/m².

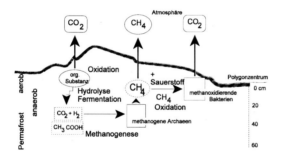

Bild 4.174
Teil des Methankreislaufs in der Eiskeilpolygon-Tundra in Sibirien (Vertikalschnitt) nach WAGNER et al. (2001). Beim sauerstofffreien Abbau der organischen Substanz entstehen chemische Verbindungen wie Kohlendioxid (CO_2), Wasserstoff (H_2) und Essigsäure (Ethansäure) (CH_3COOH). Methanogene Archaeen (wie Methanosarcina spec.) wandeln diese Verbindungen sodann zu Methan (CH_4) um. Ein Teil dieses Methans wird schließlich in den sauerstoffhaltigen Bodenbereichen durch methanoxidierende Bakterien (wie Methylocistis spec.) zu Kohlendioxid umgewandelt.

5 Tundrapotential

Globale Flächensumme
ca 9 000 000 km²
?

Mit der Benennung *Tundra* (russ. tundra, fin. tunturi) wird hier die Gesamtheit aller Landgebiete bezeichnet, die polwärts der nördlichen *offenen* Waldgrenze liegen. Sie ist mithin waldfrei, aber nicht vegetationsfrei. Die Tundra ist zirkumpolar (um den Nordpol) angeordnet. Auf der Südhalbkugel gibt es keine vergleichbaren Gebiete. Die Baumgrenze reicht dort beispielsweise bis zur Südspitze Patagoniens.

Wegen extremer Lebensbedingungen, etwa der kurzen, kühlen Sommer (der kurzen, kühlen Vegetationsperiode) sowie der langen, sehr kalten Winter, besteht die Vegetation fast nur aus artenarmen Pflanzengesellschaften, in denen die Zwergbirken, Zwergweiden, Sauergräser, Wollgräser, Moose oder Flechten vorherrschen. Nach IVES/BARRY 1974 kann entsprechend dem Grad der Bedeckung durch *Vegetation* gegliedert werden in:

Eiswüste,
Kältewüste (Vegetationsbedeckung <10%),
Hocharktische Tundra (Vegetationsbedeckung 10-80%),
Niederarktische Tundra (Vegetation >80%) (SCHULTZ 1988).

Bezüglich Eiswüste und Kältewüste bestehen Verflechtungen zum Eis-/Schneepotential (Abschnitt 4) und zum Wüstenpotential (Abschnitt 6). Werden die Wüsten definiert als Gebiete, die durch Pflanzenarmut oder Pflanzenleere gekennzeichnet sind, dann läßt sich unterscheiden: Trockenwüsten (Pflanzenarmut oder Pflanzenleere bedingt vor allem durch Wassermangel), Kältewüsten der subpolarengebiete und der Hochgebirge (... bedingt vor allem durch Wärmemangel), Eiswüsten (... bedingt durch die Bedeckung des Landes mit Eis und Schnee). Weitere Ausführungen hierzu im Abschnitt 6. In der Tundra sind Niederschlag und Verdunstung gering; die im Winter sich bildende Schneedecke erreicht kaum mehr als 20-30 cm Mächtigkeit (SCHULTZ 1988).

Gliederung der Tundra

Bild 5.1
Ausdehnung und Gliederung der Tundra unter Berücksichtigung der Vegetation nach IVES/BARRY 1974. Quelle: SCHULTZ (1988) S.111, verändert

Äquatorwärts schließt an die Tundra die zirkumpolare boreale Waldzone (Taiga) an (Abschnitt 7.5). Die Grenze zwischen Tundra und Taiga ist bisher nicht hinreichend definiert und bestimmt (Bild 5.2, siehe auch Bild 7.77).

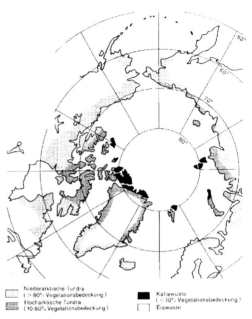

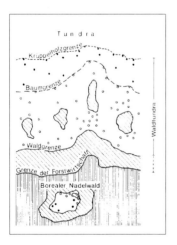

Bild 5.2
Wald- und Baumgrenze im Übergangsbereich Tundra ↔ Taiga (borealer Wald) nach HUSTICH 1953. Quelle: SCHULTZ (1988) S.150

Globale Flächensumme

Fläche	Quelle
8,3	1980 PFAFFEN (SCHULTZ 1988 S.15) und andere Autoren (1)
9,5	1990 WMO/UNEP (EK 1991 S.287,I)

Bild 5.3
Tundrafläche der Erde (in 10^6 km²).
(1) Gemäß eingangs gegebener Definition sind darin eingeschlossen: Niederarktische Tundra + Hocharktische Tundra + Kältewüsten + Eiswüsten. Die Flächensumme setzt sich wie folgt zusammen:
ca 1,76 = Eiswüste (Inlandeis Grönland) (Abschnitt 4.3.01)
ca 0,35 = Eiswüste (arktische Inseln) (Abschnitt 4.3.01)
ca 5,80 = Tundra (einschließlich Frostschuttzone) (nach PFAFFEN 1980, siehe SCHULTZ 1988 S.15)
ca 0,41 = eisfreie Gebiete Grönlands (Abschnitt 4.3.01)

Allgemeine phänologische Elemente der Tundra

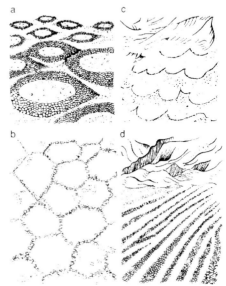

Bild 5.4
Formen der Geländeoberfläche in Frostgebieten (Frostmusterformen).
In der Ebene:
a = Steinringformen, hervorgerufen durch Frosthub.
b = Steinnetzformen (Steinpolygonformen)
An Hängen:
c = Steinellipsenformen (Girlandenformen)
d = Steinstreifenformen
Quelle: SCHÄFER (1959)

Die Beweglichkeit eines durchfeuchteten Bodens wird gesteigert, wenn er abwechselnd gefriert und auftaut (Regelation). Es bildet sich ein auffälliger Formenschatz, dessen Erscheinungen und Vorgänge unter dem Begriff *Solifluktion* (eine Form des Bodensfließens) zusammengefaßt werden (SCHÄFER 1959). Bodeneis und Permafrostgebiete wurden bereits im Abschnitt 4.5 behandelt. Sie tangieren sowohl das Tundrapotential als auch das Waldpotential, vor allem die boreale Waldzone (Taiga). Bild 5.4 gibt eine Übersicht über einige markante Geländeoberflächenstrukturen in Frostgebieten

Den Grenzverlauf des kontinuierlichen und des diskontinuierlichen Permafrostes auf der Nordhalbkugel zeigt Bild 4.167.

Frosthub
Im allgemeinen beginnt Frosthub, wenn eisig kalte Luft das Gelände abkühlt und Wasser nahe unter der Geländeoberfläche gefrieren läßt.

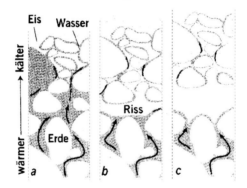

Bild 5.5
Frosthub-Vorgang.
(a)
Wenn Feuchtigkeit im Gelände friert, steigt wärmeres Wasser entlang den dünnen Wasserschichten auf, die das Eis umhüllen (entsprechend dem Oberflächenschmelzen, Abschnitt 4.2.06).
(b)
Übersteigt der Wasserdruck zwischen Eis und Geländepartikeln den des einströmenden Wassers, bricht das Gelände auf (Riss).
(c)
Wasser fließt erneut nach und gefriert, wodurch sich das Gelände hebt.
Quelle: WETTLAUFER/DASH (2000), verändert

Bild 5.6
Windorientierte Seen nach CARSON/HUSSEY 1962. Die Längsachsen der Seen liegen in der Hauptwindrichtung. Offenbar werden die Seengrundrisse durch Windeinwirkung (Wellenschlag, Drift von Eisschollen) wesentlich mitbestimmt.
Quelle: SCHULTZ (1988)

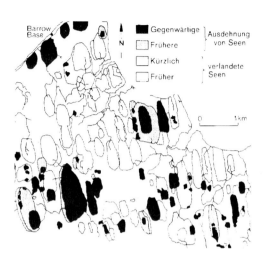

Wechselwirkungen zwischen Vegetation und Standortbedingungen in der Tundra

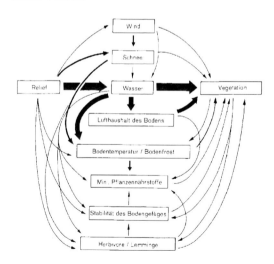

Bild 5.7
Wechselwirkungen zwischen Vegetation und Standortbedingungen in der Tundra nach WEBER 1974.
Quelle: SCHULTZ (1988)

Vor allem die Formen der Geländeoberfläche beeinflussen die winterliche Schneeverteilung sowie den sommerlichen Schmelzwasserfluß und bestimmen somit weitgehend die Umverteilung des Niederschlagswassers. Es entstehen trockene, feuchte oder nasse Standorte, die sich außerdem in ihren Luft- und Wärmehaushalten unterscheiden. Diese bestimmen aber weitgehend das Wachstum der Vegetation (SCHULTZ 1988).

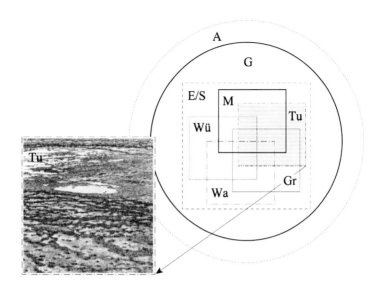

Bild 5.8
Das Tundrapotential (Tu) und die Verknüpfungen (im Sinne der Mengentheorie) zwischen dem Tundrapotential und den anderen Hauptpotentialen des Systems Erde.

Boden-Moos-System und CO_2-Fluß in die Atmosphäre
Moose bilden in der Tundra über weite Flächen die Grenzschicht zwischen Boden und Atmosphäre. Über ihre Photosynthese nehmen sie eine gewisse Filterfunktion wahr beim CO_2-Fluß vom Boden zur Atmosphäre (Bodenatmung). Messungen an 7 Kleinstandorten in Nordsibirien (Taimyr-Halbinsel) währen der Monate Juli und August 1995 und 1996 (SOMMERKORN 1998) ergaben etwa folgende Ergebnisse:
Alle Boden-Moos-Systeme zeigten im Tagesgang eine Nettofreisetzung von CO_2 an die Atmosphäre. Daß durch die Bodenatmung freigesetzte CO_2 wurde durch die Moosphotosynthese in der Moosschicht refixiert im Tagesgang mit maximal bis zu 99% und minimal 35%. Die absoluten *Nettoausträge* in die Atmosphäre lagen dementsprechend zwischen 0,07 und 4,65 g CO_2 pro m² und Tag. Nach SOMMERKORN ließen weder die Reduktion der CO_2-Freisetzung (durch Refixierung) noch der absolute Nettofluß in die Atmosphäre ein standortübergreifendes Muster erkennen. Sie waren abhängig vom Standort und dessen Mikroklima. Außerdem ergab sich, daß der Bodenwasserstand über einen weiten Bereich der Lichtverhältnisse den Netto-CO_2-Fluß des

Boden-Moos-Systems kontrolliert. Der Bodenwasserstand sei bestimmender Parameter für die Kohlenstoffbilanz nasser Tundraformen.

Bezüglich der *Bodenatmung im Monat Juli* haben SOMMERKORN 1998 und OBERBAUER et al. 1991, 1992, 1996 Werte für verschiedene Tundrasysteme mitgeteilt: sie liegen zwischen maximal 10,9 und minimal 2,6 g CO_2 pro m^2 pro Tag (SOMMERKORN 1998 S.145).

6 Wüstenpotential

Globale Flächensumme
ca 50 000 000 km²
?

Eine allgemein akzeptierte Definition des Begriffes *Wüste* gibt es bisher nicht (NEEF et al.1981). Das Wort "wüst" beinhaltet soviel wie öde, unbebaut, sehr unordentlich, wirr..., unter "Wüstung" wird etwa eine verlassene Lagerstätte verstanden (WAHRIG 1986). In der Topographie bedeutet Wüstung soviel wie von Bewohnern verlassene Ortschaft. Auch in verschiedenen anderen Sprachen drücken die entsprechenden Worte (frz. desert, span. desierto) Ähnliches aus. Es erscheint zweckmäßig, die Wüsten zu definieren als Gebiete, die durch *Pflanzenarmut* oder *Pflanzenleere* gekennzeichnet sind. Vielleicht kann man im übertragene Sinne davon sprechen, daß die Wüsten von Pflanzen "verlassen" sind/wurden. Nach JÄTZOLD (1986) beginnt die

Halbwüste

gegenüber feuchteren Gebieten dort, wo weniger als die Hälfte des Bodens von Dauervegetation bedeckt ist, wobei die Vegetation noch gleichmäßig verteilt ist; die

Wüste

dort, wo Gebiete vorliegen, die keine Dauervegetation mehr haben. Je nachdem, ob diese Gebiete nur Teile, das meiste oder das ganze Gebiet umfassen, kann man unterscheiden:

Randwüste, Kernwüste und extreme Kernwüste (kurz *Extremwüste*).

Der Begriff Halbwüste steht in enger Beziehung zum Begriff Steppe, insbesondere zum Begriff *Wüstensteppe*. Gelegentlich werden die Benennungen Halbwüste und Wüstensteppe als Synonyme aufgefaßt (NEEF et al. 1981). JÄTZOLD (1984) weist in seiner Übersicht über die Steppengebiete der Erde darauf hin, daß die Benennung Steppe (russ. stepf) ebenes *Grasland* bedeutet (Abschnitt 8). Erläuterungen zu weiteren Wüstentypen gibt Bild 6.2. In der vorgenannten extremen Kernwüste besteht wegen fehlendem Wasser keine Dauervegetation. Kommt es nach mehreren Jahren wieder einmal zu einem Niederschlag, dann keimen hier die Samen annueller Pflanzen und die Keimlinge wachsen schnell heran zu einem blühenden Pflanzenteppich. Ansonsten gibt es in der extremen Kernwüste nur **Oasen**, entstanden und erhalten durch Fremdwasser (Fremdflüsse, artesisches Wasser). Nach JÄTZOLD (1986) können folgende *Oasen-Typen* unterschieden werden: Grundwasseroasen (mit der Sonderform: Foggara-Oasen, arab. Foggara, Tunnelkanäle), Quellenoasen, Artesische Brunnen-Oasen, Flußoasen.

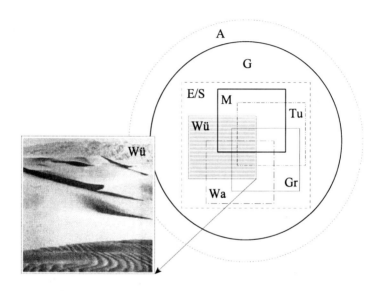

Bild 6.1
Das Wüstenpotential (Wü) und die Verknüpfungen (im Sinne der Mengentheorie) zwischen dem Wüstenpotential und den anderen Hauptpotentialen des Systems Erde.

Halbwüsten und Wüsten, deren Pflanzenarmut und Struktur in besonderer Weise vom *Klima* beeinflußt ist:
Passatwüsten
Sie liegen in der Wurzelzone eines Passats. Globale Flächensumme: 17,3 Mio. km^2.
Küstenwüsten
Sie werden vorrangig von kalten Meeresströmungen beeinflußt (Südamerika, Südwestafrika). Globale Flächensumme: 0,25 Mio. km^2.
Leewüsten
Sie werden zwar auch vom kalten Auftriebswasser (beispielsweise Kalifornienstrom) beeinflußt, vorrangig auf ihre Struktur wirkt aber ihre Binnenlandlage beziehungsweise Regenschattenlage (nordamerikanische Wüsten, teilweise auch innerasiatische Wüsten). Globale Flächensumme: 3 Mio. km^2.
Kältewüsten
Primär von Kälte beeinflußt.

Halbwüsten und Wüsten, deren Pflanzenarmut und Struktur in besonderer Weise vom *Boden* und von den Formen der *Geländeoberfläche* beeinflußt ist:
Sandwüsten (arab. Erg, berb. Edeien)
Ergebnis von Auswehungen aus benachbarten Gebieten. Entgegen vielfacher Vorstellung kein vorherrschender Wüstentyp. Globale Flächensumme: ca 2,5 Mio. km^2.
Steinwüsten (arab. Hammada, totes Gestein, Gesteinsbank)
Vom physikalisch verwittertem Gestein wird das Feinmaterial (Staub, Sand) ausgeweht, zurück bleiben gröberer Schutt und Gesteinsbrocken.
Kieswüsten (arab. seghir oder serir, die "Kleine", kleine Wüste)
Sie besteht aus gerundeten Kieseln verschiedener Größe, die auf Antransport durch Wasser deuten. Kaum vorhandener Wüstenlack läßt wiederholte Umschichtung vermuten
Ton-, Salzton-, Salzwüsten
Ablagerungen am Ende der Schichtfluten.
Gebirgs- oder Felswüsten

Halbwüsten, deren Struktur in besonderer Weise durch die Vegetation geprägt ist:
Dornstrauch-Halbwüste, Hartlaubstrauch-Halbwüste, Rutenstrauch-Halbwüste, Schopfbaum-Halbwüste, Kateen-Halbwüste, Zwergstrauch-Halbwüste, Horstgras-Halbwüste, Nebel-Halbwüste, Salz-Halbwüste, Anthropogene-Halbwüste.

Bild 6.2 Übersicht über einige Typen von Wüsten und Halbwüsten. Nach Daten von JÄTZOLD (1986), SCHÜTZ (1987)

Verbreitung der Wüsten

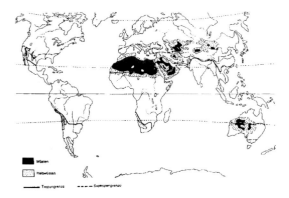

Bild 6.3/1
Wüsten und Halbwüsten. Quelle: JÄTZOLD (1986), verändert

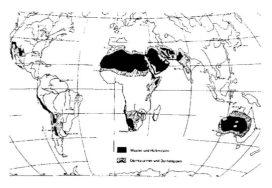

Bild 6.3/2
Wüsten und Halbwüsten sowie Dornsavannen und Dornsteppen. Quelle: SCHULTZ (1988) S.282, verändert

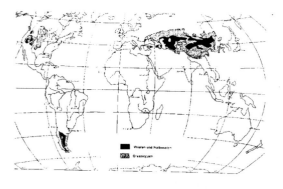

Bild 6.3/3
Wüsten und Halbwüsten sowie Grassteppen. Quelle: SCHULTZ (1988) S.234, verändert

Globale Flächensumme

	1985	1986	1988	1991	1991
Extremwüste	8,9				9,0
Kernwüste	3,0	20	22,1	16	21,0
Randwüste					
Halbwüste	19,2				
Steppe (Wüstensteppe)					12,5
Kältewüste (Tundra)					9,5
Land-Eiswüste (ohne Antarktis)	3,0				2,5

Bild 6.4
Wüstenfläche der Erde (in 10^6 km²) zu verschiedenen Zeitpunkten und nach verschiedenen Autoren. Die von den Autoren benutzten Benennungen für die betreffenden Gebiete wurden weitgehend beibehalten.
Quelle:
1985 MYERS S.46,143   1988 SCHULTZ S.15 (nach PFAFFEN 1980)
1986 JÄTZOLD   1991 GREGORY et al. S.182
                       1991 EK S.287,1 (nach WMO/UNEP 1990)

Wüsten als Mineralstaubquellen

Mineralstaub ist mehr oder weniger überall in der Erdatmosphäre vorhanden. Hauptquellen sind die Wüsten der Erde. Sie geben an die *Atmosphäre* ab
   nach SCHÜTZ (1987):   ca 2 000 $\cdot 10^6$ Tonnen/Jahr
Davon gehen in den atmosphärischen *Ferntransport*
   nach SCHÜTZ (1987):   ca 400 $\cdot 10^6$ Tonnen/Jahr
   nach WEAVER 1989:   ca 6 000 $\cdot 10^6$ Tonnen/Jahr (HOFMANN 1999)
Die atmosphärische Zirkulation leistet mithin einen beachtlichen Beitrag zur Sedimentation auf Land- oder Meeresgebiete.

Zum Eintrag von Mineralstaub in die Atmosphäre

Der Vorgang kann wie folgt charakterisiert werden (SCHÜTZ 1987): Starke Sonneneinstrahlung erzeugt starke Luftturbulenzen nahe der Wüstenoberfläche, dadurch Mineralstaubeintrag in die oberflächennahen Luftschichten, Weiterführung dieses Eintrags durch Konvektion bis in Höhen von 6 km, dort somit ständig Anwesenheit von Mineralstaub, mithin verfügbar für atmosphärischen Ferntransport. Es sind demnach *keine Stürme* erforderlich, um in diesen Bereich der Atmosphäre eine Grundmenge von Mineralstaub einzubringen beziehungsweise dort zu erhalten.

Kontinuierlicher und saisonaler Staubstrom

Wüsten, die im Entstehungsbereich der Passatwinde liegen, kann man als Passatwüsten bezeichnen. Der Staubstrom aus der Passatwüste Sahara ist wegen der Ankopplung an der Passatzirkulation ein kontinuierliches Phänomen; gleiches gilt sehr wahrscheinlich auch für die Wüste Australiens. Bei den restlichen Wüsten in Afrika, Asien und Amerika gilt der Staubstrom als ein saisonales Phänomen (SCHÜTZ 1987).

Wüstenart und Ferntransport

Werden unterschieden: Fels-, Geröll-, Kies- und Sandwüsten, dann sind die Sandwüsten (globale Flächensumme ca $2,5 \cdot 10^6$ km²) praktisch keine Mineralstaubquelle für den Ferntransport, da dieser in der Regel nur Teilchen mit Radien r $\leq$ 10 µm ($\leq$ 5 µm) umfaßt, die aus den Dünen der Sandwüsten vielfach bereits ausgeblasen sind. Die Massenfraktion dieser Partikel beträgt bei Sandwüsten nur noch etwa 100 ppm; in Felswüsten, Wadis und Gebieten mit starker Verwitterung beträgt der ferntransportable Anteil dagegen oftmals 10 000 ppm und mehr (SCHÜTZ 1987, d'ALMEIDA 1979).

Teilchengrößen und Ferntransportrichtungen

Der atmosphärische Ferntransport umfaßt Transportwege die für alle Wüsten der Erde in der Regel bis zu 2 000 km lang sind. Ausnahmen bilden die Sahara mit den westwärts gerichteten Transportwegen von ca 4 000 km Länge (Karibik oder Amazonasgebiet) und die Wüsten Takla-Makan und Gobi mit einem extremen Transportweg zu 10 000 km Länge in Richtung Pazifik/Arktis. Die Teilchengrößen (Partikelgrößen) des atmosphärischen Mineralstaubs umfassen Radien von 0,02 µm bis zu mehr als 500 µm, wobei die Hauptmengen im Radienbereich zwischen 0,5 µm bis 50 µm liegen (SCHÜTZ 1987). Neben dem Seesalz ist der Mineralstaub eine mengenmäßig wichtige Aerosolkomponente. Der atmosphärische Spurenstoff Mineralstaub ist somit bei Betrachtungen zum Strahlungshaushalt der Erde nicht vernachlässigbar. Dies gilt auch bei Untersuchungen physikalisch-chemischer Vorgänge im Zusammenhang mit der Wolken- und Niederschlagsbildung. Weitere Ausführungen über Aerosolteilchen, atmosphärische Zirkulation und Windgeschwindigkeiten enthält Abschnitt 10.

Bild 6.5
Hauptrichtungen des atmosphärischen Ferntransports von Mineralstaub nach COUDE-GAUSSEN 1984.
Quelle: HOFMANN (1999), verändert

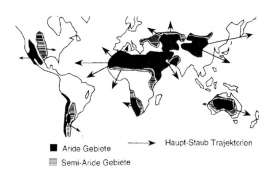

■ Aride Gebiete → Haupt-Staub Trajektorien
▦ Semi-Aride Gebiete

Quellstärken und Ferntransportrichtungen
Nach SCHÜTZ (1987) gilt für die
● Sahara
  500 ·10^6 Tonnen/Jahr
in Richtung Süden, Golf von Guinea. Dort wird das Material im Regen der ITCZ ausgewaschen, die darin enthaltenen Nitrate und anderes tragen zur Düngung der Urwald- und Steppengebiete bei.
  300 ·10^6 Tonnen/Jahr
verlassen Westafrika in Richtung Karibik, wo sie unter anderem ca 50% der Sedimentakkumulation des südlichen Atlantik bewirken.
  20 ·10^6 Tonnen/Jahr
in Richtung Norden, Europa.
  80 ·10^6 Tonnen/Jahr
in Richtung Naher Osten.
Innerhalb der ersten 1 500 km werden ca 80 % der Teilchenmenge ausgefällt (Staubfallgebiete); die restlichen 20 % gehen in den Ferntransport und tragen zum atmosphärischen ("Hintergrund")Aerosol bei.
Die Sahara gibt mithin ca 900 ·10^6 Tonnen/Jahr an Mineralstaub an die Atmosphäre ab.
● Global
(also durch alle Wüsten des Systems Erde) dürften gegenwärtig ca 2 000 ·10^6 Tonnen/Jahr in die Atmosphäre eingebracht werden. Die Abschätzungen für den Mineralstaub entsprechen mengenmäßig damit den Abschätzungen der *Seesalzproduktion*.

Bild 6.6 verdeutlicht, daß die *Wüsten* bei gleicher Windgeschwindigkeit eine deutlich höhere Produktion haben als die *Meeresteile*. Der Anteil der *tätigen Vulkane* am Mineralstaubhaushalt der Erde ist nach SCHÜTZ (1987) kleiner als 1 % der Mineralstaubproduktion der Wüsten.

Bild 6.6
Massenkonzentration in Abhängigkeit von der Windgeschwindigkeit für Mineral- und Seesalzaerosol nach JAENICKE. Quelle: SCHÜTZ (1987)

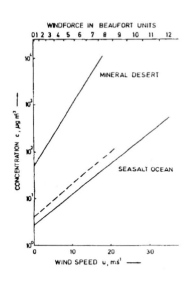

Mineralstaubsedimentation auf Meeresgebiete

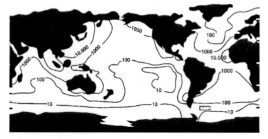

Bild 6.7
Globaler Eintrag von mineralischen Aerosolen ins Meer (in mg /m² Jahr) nach DUCE et al. 1991. Quelle: HOFMANN (1999), verändert

Transportieren Staubwolken Krankheitserreger?
Immer mehr Beobachtungsergebnisse und Befunde sprechen dafür, daß Staubwolken in der Atmosphäre Krankheitserreger über weite Strecken hinweg transportieren können (POHL 2003). Beispielsweise erzeugen Sandstürme in der Saharawüste solche Staubwolken (teilweise bis zur Flächenausdehnung Spaniens und darüber), die über den Atlantik ziehen bis hin nach Amerika. In diesbezüglichen Staubanalysen wurden Krankheitserreger nachgewiesen. NASA registriert und verfolgt solche Staubwolken anhand von Satellitendaten.

Zur Einteilung und Benennung der Korn-Fraktionen

Hauptkorngrößenfraktionen sind das Bodenskelett oder der Grobboden (>2 mm Korndurchmesser) und der Feinboden (<2 mm Korndurchmesser). Eine gebräuchliche Einteilung und Benennung zeigt Bild 6.8.

Korndurchmesser		Benennung der Korn-Fraktion		
mm	µm			
>200		Blöcke und Geschiebe		
		gerundet:		*|eckig-kantig:*
200-63		Gerölle		|Grobsteine
63-20		Grobkies	⎤	|Mittelsteine
20-6,3		Mittelkies	**Kies**	|Feinsteine
6,3-2		Feinkies	⎦	|Grus
2-0,63	2000-630	Grobsand	⎤	
0,63-0,2	630-200	Mittelsand	**Sand**	
0,2-0,063	200-63	Feinsand	⎦	
0,063-0,020	63-20	Grobschluff (-silt)	⎤	
0,020-0,006	20-6,3	Mittelschluff (-silt)	**Schluff (Silt)**	
0,006-0,002	6,3-2,0	Feinschluff (-silt)	⎦	
⎡	2,0-0,63	Grobton	⎤	
<0,002	0,63-0,2	Mittelton	**Ton**	
⎣	<0,2	Feinton	⎦	

Bild 6.8
Gebräuchliche Einteilung und Benennung der Korn-Fraktionen. Gesteins- und Mineralpartikel sind nur selten kugelförmig. Der Korndurchmesser kennzeichnet jene Kugel, die im Wasser so schnell absinkt wie das nichtkugelförmige Teilchen. Der Korndurchmesser gilt daher als äquivalenter Durchmesser. Quelle: SCHROEDER (1984), SCHACHTSCHABEL et al. (1989), ZEIL (1990), DIN 4022

⌀ μm	Korn-Fraktionen		Sedimentations-Material	
	⌉ Kies ⌋		Transport vorrangig durch Meereis und *Eisberge* (IRD)	
2000-630 630-200 200-63	⌉ Sand ⌋	‖‖‖‖‖‖‖‖‖‖‖	⇑ **Grobfraktion** (>63 μm)	
63-20 20-6,3 6,3-2,0	⌉ Schluff (Silt) ⌋	-------------------- *atmosphärischer* **Mineralstaub** (Ferntransport)	⇓ Feinfraktion (<63 μm) **Siltfraktion** Transport vorrangig durch: *Meereis*	
2,0-0,63 0,63-0,2 <0,2	⌉ Ton ⌋	-------------------- ‖‖‖‖‖‖‖‖‖‖‖	**Tonfraktion** *ozeanische Strömungen*	

Bild 6.9
Einordnung von Sedimentations-Material in die Korn-Fraktion-Einteilung.

Mineralpartikel in Eisbohrkernen und Meeresgrundbohrkernen

Eisbohrkerne und *Meeresgrundbohrkerne* enthalten in der Regel *Sediment*, in Schichten abgelagerte Verwitterungsreste der Primärgesteine beziehungsweise Verwitterungsprodukte. In diesem Sediment sind meist auch Mineralpartikel beziehungsweise Mineralstaub anzutreffen. Zur Datierung des *Alters* der Sedimentschichten in solchen Bohrkernen sind zahlreiche Verfahren gebräuchlich. Häufig wird die (Sauerstoff-) *Isotopenstratigraphie* benutzt, die sich auf die in kalkigen Foraminiferenschalen gespeicherten δ^{18}O- und δ^{13}O-Signale bezieht, sowie die *Biofluktionsstratigraphie*, die auf der Häufigkeitsverteilung spezieller Diatomeen- und Radiolarenarten basiert. Ferner sind zu nennen die *Lithostratigraphie*, die auf der Korrelation einer Vielzahl von Sedimentparametern (vor allem Opal- und Carbonatgehalt) beruht und die *Magnetostratigraphie*. Bei der Magnetostratigraphie werden durch Entmagnetisierungsschritte sekundäre Magnetisierungskomponenten im Sediment schrittweise eliminiert, um die stabilste Komponente zu isolieren, die als charakteristische remanente Magnetiserung (ChRM) bezeichnet wird. Sie gilt als Richtung des Erdmagnetfeldes zum Zeitpunkt des primären Remanenzerwerbs. Nach Korrelation der ChRM-Inklination mit einer (anderweitig aufgestellten) *geomagnetischen Polaritätszeitskala* des Systems

Erde (etwa der nach CANDE/KENT 1992) kann auf das Alter der Sedimente geschlossen werden. Weitere Anmerkungen zur Datierung des Alters von Sedimentschichten sowie zur Bestimmung von Paläotemperaturen des Meeres und eisbedeckter Gebiete sind im Abschnitt 4.4 enthalten. Die Altersbestimmung von Gesteinen ist im Abschnitt 7.1.01 dargestellt.

Bei der Datierung des Alters von Sedimentschichten ist schließlich noch zu bedenken, daß es im Laufe der Zeit eine Veränderung des Sediments durch *diagenetische* Prozesse gegeben haben könnte. Da dies quantitative kaum nachweisbar ist wird vielfach davon ausgegangen, daß die Sedimentzusammensetzung dedritischer Herkunft und nur geringfügig diagenetisch überprägt ist.

Zur *Korrelation* der Daten mehrerer Bohrkerne sowie von Eisbohrkernen und Meeresbohrkernen scheint die *magnetische Suszeptibilität* besonders geeignet zu sein. Die Bestimmung der im Material vorliegenden magnetischen Suszeptibilität (MS), des Verhältnisses der Magnetisierung zur magnetischen Feldstärke, erfolgt mittels berührungslos (und damit zerstörungsfrei) arbeitenden Meßverfahren. Je mehr magnetisierbare Partikel pro Volumeneinheit im Sediment vorhanden sind, um so stärker ist das Meßsignal. Im wesentlichen wird die magnetische Suszeptibiliät durch die Anwesenheit magnetischer Minerale im Sediment verursacht, wie etwa Magnetit (Fe_3O_4) beziehungsweise Titanomagnetit ($Ti_xFe_{3-x}O_4$). HOFMANN (1999) hat Korrelationen der vorgenannten Art durchgeführt, deren Ergebnisse unter anderem auch Aussagen darüber ermöglichen, ob und wie bestimmte Ereignisse auf der Nord- und der Südhalbkugel miteinander verknüpft sind.

Bild 6.10
Geographische Lage der *Eisbohrkernpunkte* (GRIP, Vostok) und der *Meeresgrundbohrkernpunkte*, die mittels magnetischer Suszeptibilität (MS) unterschiedlich miteinander korreliert wurden. Quelle: HOFMANN (1999), verändert

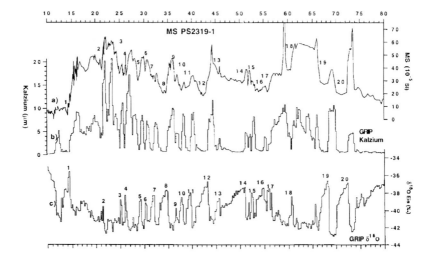

Bild 6.11
Korrelation von Daten eines Meeresgrundbohrkerns im Südpolarmeer (Südhalbkugel) mit Daten eines Eisbohrkerns in Grönland (Nordhalbkugel).
a = MS-Kurve des Meeresgrundbohrkerns PS2319-1
b = Kalzium-Kurve des Eisbohrkerns GRIP in Grönland
c = δ^{18}O-Kurve des Eisbohrkerns GRIP in Grönland
Die Kalzium-Kurve ist zur δ^{18}O-Kurve invers korreliert. Die horizontale Skala gibt das Alter an (10 000-80 000 Jahre vor der Gegenwart). Die Dansgaard-Oeschger-Zyklen (Nummer 1-20) sind in der MS-Kurve klar erkennbar. Die geographische Lage der beiden Bohrpunkte ist im Bild 6.10 dargestellt. Quelle: HOFMANN (1999), verändert

Nach Hofmann zeigt die Korrelation des MS-Signals (des Meeresgrundbohrkerns) mit dem Mineralstaub-Signal (des Eisbohrkerns in Grönland), daß es auch auf der Südhalbkugel *kurzfristige* Klimaschwankungen gab, die möglicherweise den Dansgaard-Oeschger-Zyklen auf der Nordhalbkugel entsprechen (siehe hierzu auch Abschnitt 4.4). Offenbar verlaufen die Klimaschwankungen auf beiden Halbkugeln weitgehend synchron; auch Meeresgrundbohrkerne aus tropischen Bereichen würden dies nahelegen. Als Antriebsmechanismus könnte deshalb ein *globaler* atmosphärischer Mechanismus wirksam sein. Diese Auffassung vertreten neben Hofmann auch einige andere Autoren. Dagegen erscheine die Annahme, daß zwischen Ereignissen im Nordpolargebiet und im Südpolargebiet eine zeitliche Verzögerung bestehe um 1000-2000 Jahre (wie beispielsweise bezüglich mariner Nährstoffindikatoren diskutiert werde), wenig

überzeugend, da bei atmosphärischen Vorgängen eine solche zeitliche Verzögerung im allgemeinen nicht auftritt. Die bisherigen Meßergebnisse sind nach Hofmann Belege dafür,
● daß in den hohen geographischen Breiten der Nord- und Südhalbkugel die Klimageschichte weitgehend *synchron* verlief.

Allerdings gibt es nach wie vor auch Meßergebnisse, die der vorstehenden Aussage widersprechen, beispielsweise jene von HILLENBRAND (2000). Diese beziehen sich auf Meeresgrundbohrkerne im Bellingshausenmeer und Amundsenmeer (Südpolarmeer) und verhalten sich asynchron zum *globalen* Klimaverlauf. In diesem Zusammenhang ist jedoch auch beachtenswert, daß (nach STEIG et al. 1998, siehe HILLENBRAND 2000) zumindest in der Antarktis bedeutende Klimaänderungen sogar *regional* (um bis zu 3000 Jahre) zeitversetzt auftreten können.

MS-Signal als stratigraphischer Marker
Bisherige Untersuchungsergebnisse an Sedimenten in *Eisbohrkernen* lassen vermuten, daß die MS den atmosphärischen Eintrag (Mineralstaubeintrag) widerspiegelt und damit zugleich die atmosphärische Zirkulation beschreibt. Die MS dürfte mithin auch als stratigraphischer Marker geeignet sein. PETIT et al. 1990 (siehe HOFMANN 1999) haben darüber hinaus einen Zusammenhang zwischen den Variationen im Staubeintrag und den Variationen der Umlaufbahnparameter der Erde um die Sonne aufgezeigt. Nach HOFMANN sind hochfrequente Schwankungen der *magnetischen Suszeptibilität* (MS) vorrangig bedingt durch hochfrequente Schwankungen des äolischen Eintrags beziehungsweise der atmosphärischen Zirkulation. In *kalten* Zeitabschnitten sei der äolische Eintrag stark: als Folge höherer Aridität im Liefergebiet, geringerer Vegetationsbedeckung, stärkerer Frostverwitterung, höherer Sturmhäufigkeit und damit einer allgemein stärkeren atmosphärischen Zirkulation.

Im Gegensatz zu den vorstehenden Ergebnissen ist es nach HOFMANN (1999) bei *Meeresgrundbohrkernen* bisher nicht möglich die Größe jener Anteile anzugeben, die der Eintrag mittels *atmosphärischer Zirkulation* (beziehungsweise der *äolische* Eintrag) und der *eistransportierte* Eintrag sowie der Eintrag mittels *ozeanischer Strömung* zum dortigen Gesamtsediment erbringen. Allerdings zeige sich auch in diesen Bohrkernen, zumindest im Südpolarmeer, daß bei kälteren Klimaperioden hohe MS-Werte und bei wärmeren Perioden relativ dazu niedrigere MS-Werte auftreten.

Anmerkung zum eistransportierten Material
Der Oberbegriff *eistransportiertes Material* schließt die Begriffe *meereistransportiertes Material* und *eisbergtransportiertes Material* ein. Das "Material" umfaßt dabei alle Partikelgrößen beziehungsweise Korngrößen der *Verwitterungsprodukte des Landes* und des *Detritus*. Das genannte Material wird in diesem Zusammenhang (etwas ungenau) auch als "terrigenes Material" oder "terrigenes Sediment" bezeichnet. Der Begriff "Detritus" ist in den Geowissenschaften unterschiedlich definiert. Er kann benutzt werden im Sinne von: kleine Teilchen (Partikel) anorganischer Substanzen und

zerfallender Tier- und Pflanzenreste (siehe auch Abschnitt 9.3.03). Die englischsprachige Benennungen "Ice Rafted Debris" oder "Ice Rafted Detritus" (IRD) kennzeichnet "eistransportiertes Material". Anstelle der IRD-Konzentration kann auch der |IRD-Fluß = Sedimentationsrate · IRD-Konzentration| benutzt werden (HOFMANN 1999 S.33). Als *Indikator* für eistransportiertes Material (IRD) dient meist nur der *Kiesanteil* im Material (HILLENBRAND 2000 S.101, WINKLER 1999 S.70).

6.1 Besondere Wüstenkomplexe der Erde

Hinsichtlich Flächengröße und/oder Geschlossenheit sind hervorhebenswert die nachfolgend genannten Komplexe (Flächendaten nach GREGORY et al. 1991):

Wüstenstreifen Sahara bis Gobi
Die Gesamtfläche von 12,190 ·10^6 km^2 umfaßt
    8,600 = Sahara (Nordafrika)
    0,650 = Rub al-Khali (Arabische Halbinsel)
    0,260 = Syrische Wüste
    0,260 = Dasht-e-Kavir (Iran)
    0,350 = Karakum
    0,300 = Kysylkum
    0,270 = Takala Makan (Taklimakan)
    1,300 = Gobi
    0,200 = Thar

Wüstenkomplex Südafrika
Die Gesamtfläche von 0,395 ·10^6 km^2 umfaßt
    0,260 = Kalahari
    0,135 = Namib

Wüstenkomplex Australien
Die Gesamtfläche von 1,192 ·10^6 km^2 umfaßt
    0,400 = Große-Sand-Wüste
    0,647 = Große-Viktoria-Wüste
    0,145 = Simpson-Wüste

Wüstenkomplex Nordamerika
Die Gesamtfläche von $1{,}317 \cdot 10^6$ km² umfaßt
0,492 = Großes Becken
0,065 = Mojave-Wüste
0,310 = Gila-Wüste
0,450 = Nordmexiko

Patagonien
Die Gesamtfläche umfaßt $0{,}673 \cdot 10^6$ km².

Atacama (Anden-Küste, trockenste Wüste der Erde)
Die Gesamtfläche umfaßt $0{,}140 \cdot 10^6$ km².

Die vorgenannten Wüsten werden auch *Heißwüsten* genannt. Sie sind gekennzeichnet durch spärliche Vegetation und geringem Niederschlag (GREGORY et al, 1991 S.182). Insgesamt nehmen sie eine Flächen ein von $16 \cdot 10^6$ km². *Kältewüsten* liegen vor in der Antarktis, in Nordamerika und Zentralasien.

716

7 Waldpotential

Globale Flächensumme
ca 40 000 000 km²
?

Pflanzen sind lebende Organismen, die ihre organische Substanz überwiegend mit Lichtenergie seltener mit chemischer Energie aufbauen. Tiere und Menschen sind im Gegensatz dazu von organischen Verbindungen abhängig, also von den Pflanzen, denen sie die zur Erhaltung ihres Lebens notwendige Energie entnehmen. Pflanzen leben mithin autotroph, Tiere und Menschen heterotroph (Abschnitt 7.1.02). Unter *Vegetation* wird vielfach das geordnete, ökologisch kontrollierte Zusammenleben verschiedener Pflanzensippen am *Wuchsort* verstanden (SCHROEDER 1998). Die Unterschiede in den Umweltbedingungen ebenso wie die in den Pflanzensippen bewirken eine große Vielfalt in der Struktur der Pflanzendecke. Ihre fachkundige Beschreibung und meßtechnische Erfassung erfordert im allgemeinen ein Aufgliedern der Pflanzendecke in sinnvolle Einheiten, in *Vegetationstypen* (Vegetationseinheiten), beispielsweise in "Pflanzenformationen" oder "Pflanzengesellschaften". Die hierzu dienenden Grundbegriffe (wie etwa Wald, Heide, Wüste) entstammen allerdings überwiegend dem allgemeinen Sprachgebrauch (der Umgangssprache, Abschnitt 1.3). Dies gilt auch für den Begriff "Leben". Wir sprechen von Leben und Tod, vom Lebenden und Abgestorbenen, von lebenden und abgestorbenen Organismen, vom Organischen und Anorganischen, von biotischen und abiotischen Einflüssen. Ja wir sagen sogar: dieser Gedanke lebt... Was aber ist Leben? Obwohl wir die vorgenannten Worte und Ausdrucksweisen fast täglich gebrauchen ist ihre eindeutige Definition offenkundig nicht einfach. Was sind lebende Organismen? - zu denen ja auch die Pflanzen gehören. Die Biologie versucht, hierauf eine Antwort zu geben, denn sie befaßt sich mit den Strukturen und Funktionen der Organismen. Als wesentliche kennzeichnende Merkmale lebender Organismen werden meist genannt: ihr Stoff- und Energiewechsel, Wachstum, Fortpflanzungsvermögen, Reizbarkeit und (gegebenenfalls) aktive Bewegung. Seit der chemische Aufbau lebender Organismen hinreichend gut bekannt ist, können sie nunmehr beschrieben werden als ein wohlgeordnetes Gefüge zahlreicher, einfacher bis hochkomplizierter organischer Moleküle (*Biomoleküle*) (CZIHAK et al. 1992). Es lasse sich eine scharfe Grenze ziehen zur unbelebten Natur, die auch

durch die *Viren* nur scheinbar verwischt worden sei, denn diese können sich nur in Verbindung mit einer lebenden Zelle autokatalytisch vermehren (sie hätten somit nur "geborgtes" Leben). Anders verhält es sich mit der Grenze zwischen Pflanze und Tier im Bereich bestimmter Einzellergruppen. Hier *kann* sie gleitend sein (Abschnitt 9.3). Die Lebenserscheinungen seien nach Czihak et al. letztlich regulierte Reaktionen der Biomoleküle. Entsprechend den Ergebnissen der Molekularbiologie lasse sich heute die folgende Definition von Lebewesen geben:
● *Lebewesen* sind diejenigen Naturkörper,
    die Nucleinsäuren und Proteine besitzen und imstande sind,
    solche Moleküle selbst zu synthetisieren
Wann und in welcher Form Leben beziehungsweise Lebewesen (und somit auch Pflanzen) *im System Erde* erstmals irgendwie in Erscheinung traten und wirksam wurden, läßt sich bisher mehr oder weniger nur hypothetisch beantworten. Kann das Leben "auf der Erde" so alt sein wie die ältesten bisher aufgefundenen *Gesteine*?

Bevor das Pflanzenkleid des Systems Erde, insbesondere der "Wald" (*Waldpotential*) und die "Nichtwald-Vegetation" (*Graslandpotential*) als sprachlich abstrahierbare große Komplexe der Wirklichkeit näher betrachtet werden, sollen zunächst einige Anmerkungen zur *frühen* Erdgeschichte, insbesondere zur Entwicklung der *Erdkruste*, der *Erdatmosphäre* und des *Lebens* "auf der Erde" in dieser Zeit vorangestellt werden, denn Pflanzen haben ja mit Organischem (Pflanzenarten, Tierarten und anderem) und mit Anorganischem (Standort, Boden, Klima und anderem) zu tun. Seit seinem Wirksamwerden *im* System Erde habe beispielsweise das Leben besonders das chemische Regime dieses Systems (vor allem in Bereichen nahe der Land- und Meeresoberfläche) in entscheidender Weise mitgestaltet (SCHIDLOWSKI 1985).

Die Geschichte der Pflanzenwelt kann in zwei große Zeitabschnitte gegliedert werden. Der *erste* große Abschnitt begann vor mehr als 3 Milliarden Jahren. Bereits sehr früh in der Erdgeschichte führt die Entwicklung der Pflanzenwelt, der sich durch *Photosynthese* erhaltenden Organismen, zur Bildung vielfältiger *Algenformen*. Ob die ersten Organismen zur Energiegewinnung die Photosynthese anwandten oder sich zunächst der weniger aufwendigen *photochemischen Dissoziation* von Schwefelstoff bedienten, ist wohl noch ungeklärt. Doch vermutlich schon sehr bald gelang es ihnen, mit Hilfe der Lichtenergie die starken Bindungen zwischen Sauerstoff einerseits und Wasserstoff/Kohlenstoff andererseits aufzulösen. Bakterien, vermutlich *Cyanobakterien* (die wegen ihrer blaugrünen Farbe früher Blaualgen genannt wurden) schafften diese Leistung wohl als erste. Sie wären damit die Vorgänger aller heute existierenden grünen Pflanzen (LOVELOCK 1991). Vermutlich hatte die Bildung einer Sauerstoff-Atmosphäre über einzelne Stadien ein bestimmtes Stadium erreicht, dessen Sauerstoff-Kohlendioxid-Gleichgewicht die in *marinen* Bereichen lebenden Algengemeinschaften aufrechtzuerhalten versuchten (DABER 1985 S.427). Die ersten Photosynthese betreibenden Bakterien und (nachfolgenden?) Einzeller-Pflanzen haben durch ihre Produktion von atmosphärischem Sauerstoff somit selbst dafür gesorgt, daß sich eine *Ozon-*

schicht in der Atmosphäre bilden konnte, die sie vor schädigender solarer UV-Strahlung schützte. Gleichgewichtsstadien der vorgenannten Art (oder mit anderen Worten gesagt: Stadien, in denen sich Sauerstoffproduktion und -verbrauch im Gleichgewicht befinden) waren im Ablauf der Erdgeschichte sehr wahrscheinlich zyklischen Schwankungen unterworfen, wobei *Transgressionsphasen* allein durch die größer werdenden Flachmeerflächen zu einer verstärkten Kohlendioxidaufnahme und das Ausbreiten mariner Algengemeinschaften zu einem verstärkten Sauerstoffangebot führten. *Regressionsphasen* drängten die zuvor geschaffenen Meeresteile wieder zurück und ein vielleicht vorhandener Überschuß an Kohlendioxid in der Atmosphäre wurde durch verstärkte Pflanzenproduktion gebunden.

Der *zweite* große Zeitabschnitt der Pflanzengeschichte beginnt mit dem Auftreten der ersten **Landpflanzen** ca 400 Millionen Jahren vor der Gegenwart (an der Grenze zwischen Silur und Devon) - oder sogar früher?. Etwa zu dieser Zeit soll auch der *Sauerstoffgehalt* der Atmosphäre den heutigen Stand erreicht haben. An die *Ur-Landpflanzen* schließen sich im unteren und mittleren Devon sodann Formen an, die, wegen des Fehlens der heute für Landpflanzen so charakteristischen Blätter, *Psilophyten* genannt werden. Im oberen Devon taucht erstmals eine *baumförmige* Sporenpflanze auf: Archaecopteris (DABER 1999). Sie kann hunderte von Jahren alt werden. Von der gleichnamigen Gattung entstanden in dieser Zeit zahlreiche Arten. Die Landpflanzenentwicklung hatte nach Daber damit einen Stand erreicht, der diese Pflanzen voll zur Landbesiedlung befähigte. Die geologisch definierten Zeitabschnitte |Silur+Devon+Karbon+Perm| ergeben zusammen den botanisch definierten Zeitabschnitt *Paläophytikum*, dem in Richtung Gegenwart die Zeitabschnitte *Mesophytikum* und (noch andauernd) *Neophytikum* folgen. Im Vergleich zur Weiterentwicklung der Landflora sei die *marine* Flora generell auf der Entwicklungsstufe des Silur stehengeblieben. Sie habe sich bis heute nicht grundsätzlich gewandelt (Kurd v. BÜLOW, Rudolf HOHL, 1985). Mit der Besiedlung der (damaligen) Landflächen beeinflußten die Pflanzen zunehmend auch den *Klimaverlauf* im System Erde, denn sie speicherten Wasser in ihren Körpern und in den entstehenden Torfmooren (DABER 1999). Dieser Einfluß auf das Klima habe sich noch verstärkt mit der Bildung riesiger *Wälder* im Karbon. Der "Landgang" der Pflanzen könne als eine biogene Revolution der Natur angesehen werden.

Mit der Besiedlung des Landes durch Pflanzen verlagerte sich deren Hauptproduktion vom Meer auf das Land, was sich beispielsweise auch am Zurücktreten der "Schwarzschiefer" zeige. Haben Schiefer einen hohen Anteil an organischer Substanz (Bitumen), werden sie Schwarzschiefer genannt. *Humide* (feuchte) Zeitabschnitte sind die Domäne der Vegetation und in der Regel durch eine *erhöhte* Pflanzenproduktion gekennzeichnet. In solchen Zeitabschnitten ist das Verhältnis zwischen Pflanze und Tier unausgeglichen, was unter anderem das Entstehen von bituminösen Schiefer im Altpaläozoikum und von großen Kohlelagerstätten im Karbon bewirkte. Die pflanzlichen Überschußgebiete des Altpaläozoikums lagen im *Meer*. Im jüngeren Paläozoikum verlagerten sie sich in die *Küstenbereiche*. Der überwiegende Teil der Steinkohlenlagerstätte ist paralisch, der restliche Teil limnisch. Vom Meer abgetrennte *Gelände-Becken* vor Gebirgsrändern (Außensenken) und in Gebirgen (Innensenken) werden als *limnische* Gelände-Becken bezeichnet. Liegen solche Becken in Küstennähe und werden sie vom Meer wiederholt überflutet, heißen sie *paralische* Becken.

Um ein besseres Verständnis über die offensichtlich bestehenden Wechselwirkungen zu erlangen ist es sicherlich sinnvoll, die verschiedenartigen Gesteinskomplexe (mit den darin eingeschlossenen *Körper-* und *Spurenfossilien*) und die entsprechenden Gebirgsbildungen sowie den Zustand der Erdatmosphäre in den einzelnen geschichtlichen Zeitabschnitten zum jeweiligen Entwicklungsstand der Lebewesen (insbesondere der Pflanzen) in Beziehung zu setzen. Nachfolgend werden deshalb zunächst (teilweise nur skizzenhaft) betrachtet die ältesten bisher aufgefundenen Gesteine im System Erde (als Urkunden der frühen Erdgeschichte) einschließlich der Vorgehensweisen zu deren Datierung beziehungsweise Altersbestimmung (Abschnitt 7.1.01), die Sauerstoffanreicherung in der Erdatmosphäre (auf den heutigen Stand) sowie die Photosynthese (Abschnitt 7.1.02), das Besiedeln des Landes durch Pflanzen einschließlich des Entstehens von marinen gebänderten Eisenerzen und kontinentalen Rotsedimenten sowie von Lagerstätten (Abschnitt 7.1.03) und schließlich die Bäume als Zeugen der Klimageschichte des Systems Erde (Abschnitt 7.1.04).

7.1 Land, Meer, Lufthülle und Leben der frühen Erdgeschichte

Zwischen Land, Meer, Lufthülle und Leben bestehen offensichtlich vielfältige Wechselbeziehungen. Ein Blick in die geschichtliche Entwicklung dieser Subsysteme des Systems Erde ist für eine Bewertung der Gegenwart und eine annähernd verläßliche Vorhersage ihrer Weiterentwicklung sicher nützlich. Wir werden unsere derzeitige Umwelt, die für den *heutigen* Menschen lebensfreundliche Umwelt, nur dann hinreichend erhalten können, wenn wir unser Denken und Handeln auf dieses Ziel, auf die Erhaltung dieser Umwelt, ausrichten. Und unser Wald und die übrige Vegetation sind ein wesentlicher Bestandteil dieser Umwelt!

7.1.01 Gesteine, die Urkunden der frühen Erdgeschichte

Gesteinsalter	Erdregion (geologische Formation)
ca 4	Nordwest-Canada, Acasta-Gneis
3,9	Antarktis, Enderby-Land (Meteorit vom Mars, ALH84001)
3,83	Grönland, vorgelagerte Insel Akilia
3,77	Grönland, Isua (Isua-Formation)
3,56	Australien (Warrawoona-Formation)
3,54	Afrika, Südafrika (Onverwacht-Formation)
3,465	Westaustralien, 1 200 km nördlich von Perth, Region Pilbara, "Chinamann's Creek" oder "Apex chert"
3,3	Osteuropa, Odessa
3,1	Afrika, Südafrika (Fig Tree-Formation)
2,92	Westeuropa, Schottland (Lewisian-Komplex)
2,64	Afrika, Zimbabwe (Bulawayan-Formation)
und weitere	

Bild 7.1
Älteste bisher aufgefundene Gesteine im System Erde. Altersangaben in Milliarden Jahre (10^9 Jahre) vor der Gegenwart. Quelle: SIMPSON (2004), TAYLOR/MCLENNAN (1996), STRAUCH (1991), HELMS (1985), O'NIONS et al. (1980), MOORBATH (1977) und andere. Gegenwärtig seien für die Zeit vor 2,5 Milliarden Jahre vor der Gegenwart weniger als 30 mikrofossile Arten bekannt aus 5 Gesteinsformationen (ENGELN 2002).

Aussagekräftige Urkunden über das Geschehen im System Erde in der Frühzeit seiner Geschichte sind die Gesteine. Ihre *Altersbestimmung* erfolgt heute vor allem mittels vergleichsweise hochgenauer physikalischer Meßverfahren (Isotopenverfahren); aber auch die seit langem benutzten stratigraphischen Arbeitsweisen der Geologie und der Biologie haben nach wie vor Bedeutung für die zeitliche und inhaltliche Gliederung des erdgeschichtlichen Ablaufs. Eingeschlossen in diese Arbeitsweisen ist auch die paläomagnetische Altersbestimmung, die, aufgrund ihres Zusammenhanges mit dem plattentektonischen Geschehen, hier besonders hervorgehoben sei. Die in Sedimentgesteine eingebetteten fossilisationsfähigen Teile von Organismen (Körper-Fossilien) und/oder hinterlassenen Lebensspuren (Spuren-Fossilien) sind weitere wichtige Informationsquellen über die Frühzeit der Erdgeschichte, insbesondere über das Leben im System Erde.

Außer den vorgenannten Gesteinen wurden noch ältere Mineralkörner entdeckt: Körner des Minerals *Zirkon(ium)* (Zr), gefunden in metamorphosierten Sedimenten in Westaustralien. Das in Zirkon-Kristallen in Spuren enthaltene Lutetium-Isotop der Masse 176 zerfällt mit einer Halbwertszeit von ca 37 (oder 33 ?) Milliarden Jahren zu

Hafnium-176. Die ältesten Zirkone seien daher 4,4 Milliarden Jahre alt (Sp. 10/2001, S.24), nach früheren Angaben 4,3 Milliarden Jahre (MPG 1987). Weitere Ausführungen über gebräuchliche Verfahren der radiometrischen Datierung siehe dort.

Bild 7.2
Derzeit gebräuchliche Gliederung und Benennung von Zeitabschnitten der frühen Erdgeschichte. Zeitangaben in Millionen Jahre (10^6 Jahre) vor der Gegenwart. Die Zeitangaben kennzeichnen jeweils den *Beginn* des betreffenden Abschnitts und können sich entsprechend dem Stand der Forschung ändern.

	Paläophytikum		
		Silur	430
Paläozoikum		Ordovizium	Ober- Unter- 500
	Eophytikum	Kambrium	Ober- Mittel-
(Tiere)	(Pflanzen)		Unter- 570
		Proterozoikum	Ober- Mittel- Unter- 2 500
Präkambrium		Archaikum	Ober- Mittel- Unter- 4 000
			≥ 4 000

Die geographische Lage der geologischen Formationen, in denen die ältesten Gesteine gefunden wurden und einiger anderer erhaltener Teile der alten kontinentalen Kruste zeigen die Bilder 7.3 und 7.4.

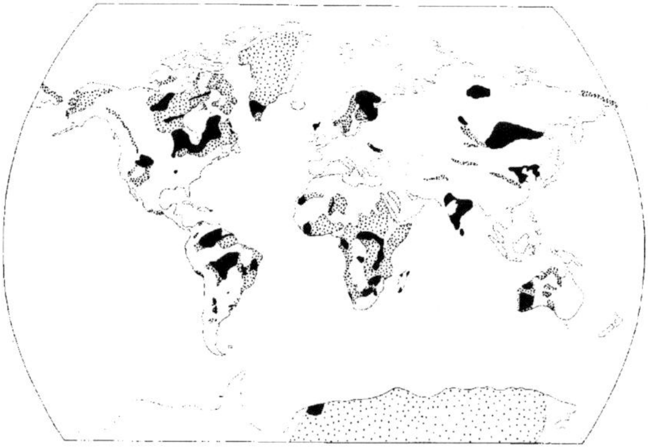

Bild 7.3
Verbreitung des Präkambriums auf den *heutigen* Kontinenten nach CONDI 1982.
Schwarze Flächen kennzeichnen den Zeitabschnitt von > 3,5 bis 2,5 Milliarden Jahre (10^9 Jahre) vor der Gegenwart.
Punktierte Flächen kennzeichnen den Zeitabschnitt von 2,5 bis 0,6 Milliarden Jahre vor der Gegenwart. Quelle: ZEIL (1990), verändert

Mit der Benennung (geologische) *Formation* wird heute meist gekennzeichnet: die während eines Zeitabschnittes der Erdgeschichte durch Ablagerung entstandene Schichtenfolge, von der darunter- und der darüberfolgenden deutlich unterschieden und aus einer oder mehreren Gesteinsarten zusammengesetzt, mit einem geographischen Namen und eventuell der Gesteinsbezeichnung versehen (HOHL et al. 1985). Da die damalige geographische Lage der Kontinente mit der heutigen nicht identisch ist, zeigt Bild 7.4 die *vermutete* Lage um 0,3 Milliarden Jahre vor der Gegenwart.

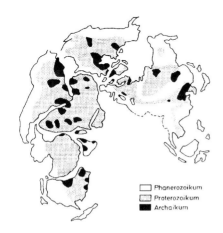

Bild 7.4 Rekonstruierte geographischen Lage der (heutigen) Kontinente für die Zeit um 0,3 Milliarden Jahre vor der Gegenwart mit den Vorkommen archaischer und proterozoischer Gesteine nach WINDLEY 1984. Quelle: ZEIL (1990)

Zur Datierung von Ereignissen der Erdgeschichte, insbesondere die Altersbestimmung von Gesteinen

Vorrangig für den langen Zeitabschnitt der Erdgeschichte, der vor dem Beginn aller geschriebenen Mitteilungen liegt, sind Methoden und Verfahren gefragt, die die zeitliche Einordnung erdgeschichtlicher Ereignisse ermöglichen. Zur Datierung beziehungsweise Altersbestimmung solcher Ereignisse haben sich verschiedene Vorgehensweisen herausgebildet.

|Stratigraphische Vorgehensweisen|
Um 1669 hatte der dänische Arzt Nikolaus STENO (Niels Stensen) (1638-1687) erkannt, daß bei der Bildung von Sedimentgesteinen sich nacheinander Schicht auf Schicht stabelt und daß bei einem ungestörten Schichtverband das räumliche Aufeinander zugleich auch ein zeitliches Nacheinander sei. Diese Erkenntnis bildet die Grundlage der *lithostratigraphischen* Vorgehensweisen bei Datierungen erdgeschichtlicher Ereignisse. Es läßt sich nur eine **relative** zeitliche Einordnung der Ereignisse erreichen.

Um 1800 erkannte der englische Vermessungsingenieur William SMITH (1761-1839), daß Fossilien nicht regellos in den vorgenannten Schichten verstreut, sondern in bestimmter Folge im Schichtprofil eingebettet sind. Er begründet damit die *biostratigraphischen* Vorgehensweisen. Die relative zeitliche Datierung von Ereignissen der Erdgeschichte erhielt dadurch eine höhere Qualität.

|Chronographische Vorgehensweisen|
Die Vorstellung, das periodische Abläufe beziehungsweise Schwankungen (wie etwa das Jahr, Sommer und Winter, Schwankungen der Sonneneinstrahlung und anderes) sich in Zuwachszonen von Organismen wiederspiegeln, wie etwa die *Jahrringe* der Bäume (Dendrochronologie) oder die *Wachstumsringe* von Skeletten fossiler und rezenter Korallen, führten zu *chronographischen* Vorgehensweisen (Benennung nach KRÖMMELBEIN/STRAUCH 1991).

|Physikalisch-chemische Vorgehensweisen|
Schließlich gibt es inzwischen eine größere Anzahl von *physikalisch-chemischen* Vorgehensweisen, deren Grundlagen weitgehend unabhängig vom geologischen Geschehen sind. In diesem Bereich der Vorgehensweisen haben für die **absolute** Altersbestimmung von Ereignissen der Erdgeschichte vor allem die *Isotopenverfahren* sowie die *magnetischen Verfahren* herausragende Bedeutung erlangt.

● *Magnetische Verfahren*
Die magnetischen Verfahren zur Datierung nutzen das Phänomen, daß sich das Magnetfeld der Erde in unregelmäßigen zeitlichen Abständen in seiner Richtung umpolt, also Nord- und Südrichtung vertauscht. Die heutige Feldrichtung (= N) wird "normal", die entgegengesetzte Feldrichtung (= S) "invers" oder "revers" genannt. Es werden Epochen unterschieden gemäß der jeweils *vorrangigen* Feldrichtung: die gegenwärtige Epoche heißt *Brunhes-Epoche* (normal orientiert), Vorgänger sind die *Matuyama-Epoche* (invers), *Gauss-Epoche* (normal), *Gilbert-Epoche* (invers) (STROBACH 1991).

● *Isotopenverfahren*
Atomarten von gleicher Ordnungszahl, also solche, die dem gleichen chemischen Element angehören jedoch verschiedene Masse haben, werden *Isotope* genannt (Benennung nach SODDY um 1910). Die *Isotopie* (der Tatbestand, daß ein chemisches Element aus verschiedenen Isotopen bestehen kann) wurde 1886 von dem englischen Chemiker und Physiker William CROOKES (1832-1919) vorausgesagt, 1909 von dem englischen Chemiker Frederik SODDY (1877-1956) beim radioaktiven Zerfall des Urans entdeckt und 1913 von den englischen Physikern Joseph John THOMSON (1856-1940) und Francis William ASTON (1877-1945) für *stabile* Isotope nachgewiesen (ML 1970).

Isotope Nuklide (kurz **Isotope**)
Durch chemische Vorgänge nicht mehr spaltbare Stoffe nennt man bekanntlich chemische Elemente. Gegenwärtig sind 109 solcher Elemente bekannt. Sie werden durch Symbole gekennzeichnet. Beispiel: C = Kohlenstoff, N = Stickstoff, O = Sauerstoff, U = Uran. Den *atomaren* Aufbau eines chemischen Elements kann man

durch Hinzufügen von Massenzahl und Ordnungszahl aufzeigen. Zur Kennzeichnung *eines* Atoms (eines bestimmten chemischen Elements) ist folgende Schreibweise eingeführt:

$$\begin{array}{l}A\\Z\end{array}$$ Symbol des chemischen Elementes (Beispiel: $^{238}_{92}U$)

links oben: A = *Massenzahl* (auf ganze Zahlen gerundete Atommassen)
= Anzahl der Nukleonen (Kernbausteine)
= Z + N = Anzahl der Protonen + Anzahl der Neutronen
links unten: Z = *Ordnungszahl* = Kernladungszahl
= Anzahl der Protonen im Atomkern
= Anzahl der Elektronen in der Atomhülle

Vielfach wird die Ordnungszahl weggelassen und eine kürze Schreibweise benutzt in der Form:

$$A$$ Symbol des chemischen Elements (Beispiel: ^{238}U)

oder

Symbol des chemischen Elements A (Beispiel: U 238).

Die Atome eines bestimmten chemischen Elements sind in vielen Fällen nicht gleichartig; sie können beispielsweise unterschiedliche Kerne haben. Für bestimmte *Atomkernarten* wird die Benennung *Nuklid* benutzt. Aufgrund von Ordnungszahl und Massenzahl lassen sich unterscheiden *isotope, isobare und isotone* Nuklide (KUCHLING 1986).

Isotope Nuklide (kurz **Isotope**) haben *ungleiche* Massenzahl A und
gleiche Ordnungszahl Z

Isotope Nuklide eines bestimmten chemischen Elements zeigen weitgehend die gleichen *chemischen* Eigenschaften wie dieses Element. Die Gesamtheit der isotopen Nuklide eines chemischen Elements wird auch *Plejade* genannt (BÖRGER 2001). Die meisten chemischen Elemente bestehen aus einem Gemisch von isotopen Nukliden (*Isotopengemisch*). Beispielsweise setzt sich bei Uran das *natürliche* Isotopengemisch aus den nachstehend genannten Häufigkeiten zusammen (KUCHLING 1986):

Atom	Protonen	Neutronen	Elektronen	*Häufigkeit*
$^{234}_{92}U$	92	142	92	0,0057 %
$^{235}_{92}U$	92	143	92	0,72 %
$^{238}_{92}U$	92	146	92	99,27 %

> Insgesamt sind von den eingangs genannten 109 chemischen Elementen etwa 2 500 isotope Nuklide bekannt. Nur 249 von ihnen sind *stabil*, während alle anderen *instabil* sind und nach Wahrscheinlichkeitskriterien spontan zerfallen können (BfS 1992).

Die Eigenschaft instabiler radioaktiver Atomkerne, sich ohne äußere Einwirkung in andere Kerne umzuwandeln und dabei ionisierende Strahlung auszusenden, wird *Radioaktivität* genannt, der Vorgang ist der *radioaktive Zerfall*. Im Zusammenhang mit den in der Natur vorkommenden Atomkernumwandlungen spricht man von "natürlicher" Radioaktivität, bei künstlicher Kernumwandlung von "künstlicher" Radioaktivität.

|instabile Isotope|

Im Januar 1896 war in einer Veröffentlichung die Entdeckung der Röntgenstrahlen mitgeteilt worden. Im Februar 1896 entdeckte der französische Physiker Henri BECQUEREL (1852-1908), daß Uranmineralien eine äußerst durchdringende Strahlung aussenden. 1898 konnte das französchische Ehepaar CURIE (die Chemikerin Marya Curie 1867-1934 und der Physiker Pierre Curie 1859-1906) zwei stark strahlende Elemente von dem Mineral abtrennen, die sie Radium (Ra) und Polonium (Po) nannten. Vom Ehepaar Curie stammt die Benennung *Radioaktivität*. Heute sind ca 40 verschiedene Stoffe bekannt, die die Eigenschaft der "natürlichen" Radioaktivität besitzen (im Gegensatz zur "künstlichen", also technisch erzeugten Radioaktivität) (WESTPHAL 1947). Der Grund für die Aussendung der Strahlung war zunächst unbekannt. Nach Vorarbeiten anderer Wissenschaftler erklärte um 1903 der englische Physiker Ernest RUTHERFORD (1871-1937), gemeinsam mit SODDY, daß die Radioaktivität auf einem spontanen explosionsartigen Zerfall der Atome der radioaktiven Stoffe beruhe. Die Atome solcher radioaktiven Elemente gelten als *instabil* und neigen zu einem *radioaktiven Zerfall*, der bei verschiedenen Elementen unterschiedlich schnell verläuft und von außen nicht beeinflußbar ist. Ein Maß für seine Geschwindigkeit ist die *Halbwertszeit*, jener Zeitabschnitt, in der die Hälfte einer gewissen Menge eines radioaktiven Elements zerfallen ist. Die Halbwertszeiten haben für jede radioaktive Atomart eine charakteristische Größe, die zwischen Milliarden von Jahren und Bruchteilen von Sekunden liegt. Datierungsverfahren, die auf den Zerfall *instabiler* radioaktiver Atome (*instabiler* radioaktive Isotope) aufbauen, werden auch *radiometrische Datierungen* genannt.

|stabile Isotope|

Neben den vorgenannten sind inzwischen auch Verfahren entwickelt worden, die von der isotopischen Zusammensetzung **eines** chemischen Elements ausgehen. Die meisten chemischen Elemente kommen in der Natur als *Isotopengemisch* vor. Der Anteil der Atome eines stabilen Isotops an der Gesamtanzahl der Atome eines chemischen Elements, die *Isotopenhäufigkeit*, ist zwar bei den meisten Elementen konstant, doch gibt es Ausnahmen. Bei diesen Ausnahmen zeigen sich *nichtradiogene* Variationen der Isotopenhäufigkeiten. 1946 führte der us-amerikanische Chemiker Harold Clayton

725

UREY (1893-1981) verschiedene Versuche mit Sauerstoff-Isotopen durch, die das Interesse des schweizerischen Mineralogen und Geologen Paul NIGGLI (1888-1953) erweckten. NIGGLI stellte die Frage, ob das *Sauerstoff-Isotopenverhältnis* in Carbonatablagerungen von Seetieren Auskunft geben könne, ob diese Tiere im Frischwasser oder im Meerwasser gelebt haben (BACHMANN 1965). Die daraufhin gemeinsam von UREY und dem us-amerikanischen Physiker und Chemiker Willard Frank LIBBY (1908-1980) durchgeführten weiteren Versuche erbrachten unter anderem als Ergebnis, daß das Isotopenverhältnis $^{18}O/^{16}O$ vor allem temperaturabhängig ist. Da eine Temperaturveränderung von 1°C das Sauerstoff-Isotopenverhältnis jedoch nur geringfügig ändert (im Carbonat nur um 0,02 %), müssen die Meßeigenschaften des Meßgerätes entsprechend hochauflösend sein. Geeignete Geräte (beispielsweise hochauflösende Massenspektrometer) standen erst ab ca **1950** zur Verfügung.

Datierungsverfahren, die vorrangig auf radioaktivem Zerfall aufbauen

Unterschiedliche Kernbindungsenergie von Isotopen hat oft zur Folge, daß einige der Isotope *radioaktiv* sind und unter Aussendung von Strahlung sich umwandeln. Es sind verschiedene Arten dieses *radioaktiven Zerfalls* und der dabei ausgesandten *ionisierenden Strahlung* unterscheidbar:

α-Strahlung, β⁻-Strahlung, γ-Strahlung

und bei künstlicher Kernumwandlung

β⁺-Strahlung.

Eine Strahlung wird ionisierend genannt, wenn sie Materie in einen elektrisch geladenen Zustand versetzt. Das *Zerfallsgesetz* läßt sich wie folgt beschreiben: In einem bestimmten Zeitabschnitt dt zerfallen dN Kerne, wobei dN proportional ist der noch vorhandenen zerfallsfähigen Kerne ($- N \cdot dt$). Mit dem Porportionalitätsfaktor, der *Zerfallskonstante* λ gilt dann: $dN/N = - \lambda \cdot dt$. Die Integration der Differentialgleichung ergibt (KUCHLING 1986):

$$N = N_0 \cdot e^{-\lambda \cdot t}$$

N_0 = Anzahl der zu Beginn des Zeitabschnittes t vorhandenen Kerne
N = Anzahl der nach Ablauf der Zeit t noch nicht zerfallenen Kerne
t = Dauer des Zerfallsvorganges
λ = Zerfallskonstante
e = 2,718281828... = transzendente Zahl, die als Grenzwert der Folge $(1+1/n)^n$ für $n \to \infty$ oder der Reihe $\sum 1/n!$ (mit n = 0 bis ∞) dargestellt werden kann. Sie ist die Basis der "natürlichen" Logarithmen (Funktionszeichen ln) und der Exponentialfunktion (Funktionszeichen exp im Sinne von exp $(x) = e^x$).

Wird die Zerfallskonstante λ ersetzt durch die *Halbwertszeit* $T_{1/2}$, also jener Zeit, in der die Hälfte der jeweils vorhandenen zerfallsfähigen Kerne zerfällt, dann geht die vorstehende Gleichung über in (KUCHLING 1986):

$$N = N_0 \cdot e^{-t \cdot \ln 2 / T_{1/2}} \quad \text{oder vereinfacht} \quad N = \frac{N_0}{2^{t/T_{1/2}}}$$

Neben der *Halbwertszeit*

$$T_{1/2} = \frac{\ln 2}{\lambda} = \frac{0{,}693}{\lambda}$$

wird auch benutzt die stets kleinere *mittlere Lebensdauer*

$$\tau = \frac{1}{\lambda} = \frac{T_{1/2}}{\ln 2} = \frac{T_{1/2}}{0{,}693}$$

Das zuvor beschriebene Zerfallsgesetz gibt an, wieviel Atome von einer gegebenen Anzahl sogenannter *Mutternukliden* nach der Zerfallszeit t noch vorhanden sind. Aus den zerfallenen Mutternukliden bilden sich, oft über mehrere Zerfälle (der *Zerfallsreihe*), *stabile* Endprodukte, die sogenannten *Tochternuklide*. Bild 7.5 zeigt eine solche Zerfallsreihe.

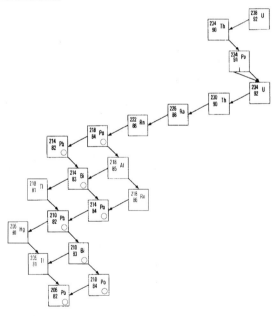

Bild 7.5 Beispiel für eine *Zerfallsreihe* mit Verzweigungen (HEINRICH/HERGT 1990). Solche Zerfallsreihen entstehen, wenn die Zerfallsprodukte wieder radioaktive Nuklide sind. Die hier dargestellte *Uranreihe* hat als radioaktives Anfangsglied $^{238}_{92}$U und als inaktives Endglied $^{206}_{82}$Pb. Dem Anfangsglied folgen instabile (radioaktive) Kerne bis ein stabiler Kern entsteht, bis das stabile (inaktive) Endglied erreicht ist. Im Verzweigungsbereich ist die Hauptzerfallsreihe durch ○ gekennzeichnet. Ferner bedeuten ↙ α-Strahlung und ↖ β-Strahlung. Der radioaktive Zerfall der instabilen Mutterisotope bewirkt also, daß stabile Tochterisotope selektiv aufgebaut werden.

Die **Halbwertszeit** ist nach der 1912 von dem deutschen Physiker Hans GEIGER (1881-1945) und John Mitchel NUTTALL (1890-1958) angegebenen Regel bei den α-Strahlen mit der Energie und somit auch mit deren Reichweite verknüpft. Diese Reichweite ermöglicht die Bestimmung der einzelnen Zerfallskonstanten beziehungsweise Halbwertszeiten der alphastrahlenden Stoffe (WESTPHAL 1947). Die Angaben in der Literatur zu den Halbwertszeiten sind oftmals etwas abweichend. Es können unterschieden werden

|physikalische Halbwertszeit|
Sie gibt an, nach welcher Zeit eine vorgegebene Anzahl von Kernen eines instabilen isotopen Nuklids durch die spontan ablaufenden radioaktiven Kernumwandlungen auf die Hälfte abgenommen hat (siehe zuvor).

|biologische Halbwertszeit|
Sie gibt an, nach welcher Zeit eine vorgegebene Menge einer inkorporierten Substanz auf natürlichem Weg zur Hälfte aus einem Organismus ausgeschieden worden ist (Eliminationshalbwertszeitzeit) (PSCHYREMBEL 1990).

|effektive Halbwertszeit|
Die in der Physiologie gebräuchliche effektive Halbwertszeit gibt an, nach welcher Zeit die Aktivität einer radioaktiven Substanz in einem Organismus auf die Hälfte abgenommen hat. Dabei tragen physikalische und biologische Halbwertszeit zur dieser Abnahme bei (PSCHYREMBEL 1990).

|pharmakologische Halbwertszeit|
Sie gibt an, nach welcher Zeit die Plasmakonzentration eines Arzneimittels auf die Hälfte des anfänglichen Maximalwertes abgefallen ist (PSCHYREMBEL 1990).

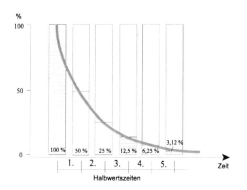

Bild 7.6
Verlauf des Zerfalls radioaktiver Atomkerne. Die Ziffern 1.,2. ... kennzeichnen die Halbwertszeiten $T_{1/2}$. Innerhalb einer Halbwertszeit zerfällt immer die Hälfte aller Nuklide, die zu Beginn dieser Halbwertszeit noch vorhanden waren. Demnach sind von der *Ausgangskonzentration* $[N(t_0)]$ = 100 % noch vorhanden:

nach 1 · $T_{1/2}$ = $1/2^1$ [N(t_0)] = 1/2 [N(t_0)] = 50 % von [N(t_0)]
nach 5 · $T_{1/2}$ = 1/2 · 1/2 · 1/2 · 1/2 · 1/2 · [N(t_0)]
            = $1/2^5$ · [N(t_0)] = 1/32 [N(t_0)] = 3,12 % von [N(t_0)]
nach 9 · $T_{1/2}$ = $1/2^9$ [N(t_0)] = 1/512 [N(t_0)] = 0,2 % von [N(t_0)]
nach 10 · $T_{1/2}$ = $1/2^{10}$ [N(t_0)] = 1/1024 [N(t_0)] = 0,1 % von [N(t_0)]
nach 11 · $T_{1/2}$ = $1/2^{11}$ [N(t_0)] = 1/2048 [N(t_0)] = 0,05 % von [N(t_0)]
nach 12 · $T_{1/2}$ = $1/2^{12}$ [N(t_0)] = 1/4096 [N(t_0)] = 0,02 % von [N(t_0)]
nach 13 · $T_{1/2}$ = $1/2^{13}$ [N(t_0)] = 1/8192 [N(t_0)] = 0,01 % von [N(t_0)]

Nach der 10. Halbwertszeit ist die Ausgangskonzentration somit abgesunken auf 0,1 %. Nach der 13. Halbwertszeit ist sie abgesunken auf 0,01 %. Die Ausgangskonzentration [N(t_0)] = 100 % wird durch Summieren von gegenwärtiger Mutterkonzentration (100 % - x %) und Tochterkonzentration (0 % + x %) erhalten.

Beziehungen zwischen Mutter- und Tochternukliden
Seit der Entstehung der chemischen Elemente (Kernsynthese) nimmt, wie zuvor dargelegt, der Gehalt an radioaktiven "Mutternukliden" ständig ab, wobei die Abnahme verbunden ist mit dem selektiven Aufbau von "Tochternukliden". Da in einer bestimmten Materialmenge (etwa einer Gesteinsprobe) stets eine hinreichend große Anzahl von Atomen enthalten ist und der Zerfall der Kerne nach statistischen Gesetzen erfolgt, kann das zuvor beschriebene Zerfallsgesetz zur Altersbestimmung angewendet werden. Darin wird unterstellt, daß die Zerfallsrate unabhängig ist von der Zeit, dem chemischen Zustand des Materials, der Temperatur, dem Druck und anderen Umweltfaktoren. Durch eine solche *Annahme*, die sich stützt auf die 1905 von dem österreichischen Physiker Egon v. SCHWEIDLER (1873-1948) gegebenen (empirisch begründeten) Deutung, wird dieses Zerfallsgesetz brauchbar für Datierungen von Ereignissen im System *Erde* und im *Kosmos*. Voraussetzungen für eine solche Datierung sind (MÖLLER 1986)
- Die Halbwertszeit $T_{1/2}$ muß sehr genau bekannt sein.
- Zum Zeitpunkt der Bildung der Probe (beispielsweise Gesteinsbildung, Absterben eines Organismus) müssen Mutter- und Tochternuklide quantitativ möglichst getrennt sein.
- Es dürfen nach der Bildung der Probe weder Verluste noch Gewinne an Mutterbeziehungsweise Tochternukliden durch andere Prozesse (als den radioaktiven Zerfall des Mutterelements) vorgekommen sein.
Die für geologische Ereignisse brauchbaren radiometrischen Datierungsmethoden stützen sich meist auf primordiale Nuklide (Bild 7.8). Stets gilt jedoch, daß sich die Anzahl der Mutternuklide zum Zeitpunkt der Probenbildung M(t) aus der Summe der heute noch vorhandenen Mutternuklide M(h) und der bis heute gebildeten Tochternuklide D(h) zusammensetzt: M(t) = M(h) + D(h). Gemäß dem Zerfallsgesetz gilt damit

$$M(h) = (M(h) + D(h))\exp\left\{-\frac{\ln 2}{T_{1/2}} \cdot t\right\}$$

Für den Zeitpunkt t der Kristallisation (der Probenbildung, der "Schließung" des Systems) folgt damit

$$t = \frac{T_{1/2}}{\ln 2} \cdot \ln\left\{1 + \left(\frac{D}{M}\right)_h\right\}$$

Dabei ist zu beachten, daß die Anzahl der Tochternuklide D(h) nur jene Nuklide umfassen darf, die *radiogen* gebildet wurden. In jeder Probe werden jedoch auch solche Nuklide vorhanden sein, die bereits bei der Bildung der Probe vorhanden waren und während der Kristallisation in das Kristallisationsgitter mit aufgenommen wurden. Um diesen Anteil ist das in der Probe ermittelte $(D/M)_h$ -Verhältnis zu korrigieren.

Bild 7.7
Abnahme der Mutternuklide (M) und Aufbau der Tochternuklide (D) nach MÖLLER (1986). Schema in logarithmischer Skala.

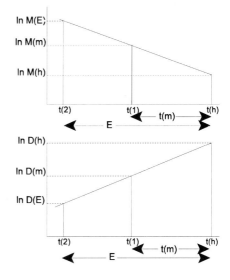

t(h)   = Zeitpunkt des Messens
t(1)   = Zeitpunkt der "Schließung" des zu datierenden Systems
t(E)   = Entstehungszeitpunkt des Systems Erde

t(m)   = Mineralalter oder Metamorphosealter
E   = Erdalter

Allgemein wird gesetzt: t(h) = 0

Die Bestimmung der *Massenwerte* in einem Isotopengemisch kann mit einem *Massenspektrographen* erfolgen, die Bestimmung von *Massenhäufigkeiten* mit einem *Massenspektrometer*. Die *Massenspektroskopie* begann um **1910**, nachdem SODDY die Isotope entdeckt und Joseph John THOMSON erstmals einen Massenspektrographen gebaut hatte. Ab 1919 entwickelt Francis William ASTON (1877-1945) wesentlich empfindlichere Massenspektrometer. Um 1947 lag bei den leichteren Elementen die erreichbare *relative* Meßgenauigkeit bei ca ± 0,001 % (WESTPHAL 1947). Um 1985 wird für Isotopenhäufigkeiten eine mittlere

Bestimmungsgenauigkeit von ± 0,01 % angegeben (MASON/MOORE 1985). Um 1987 lagen die erreichbaren Meßgenauigkeiten für Neodym bei ca ± 10^{-5} für Blei bei ca ± 10^{-3} (MPG 1987). Da bei massenspektrometrischen Messungen nur Isotopen*verhältnisse* mit hoher Genauigkeit bestimmbar sind, werden diese meist bezogen auf ein *nichtradiogenes* Isotop des Tochterelements (D). Die Grundgleichungen für die Geochronologie lassen sich außerdem vereinfachen, wenn das Mineralalter vernachlässigbar klein ist gegenüber dem Erdalter. Die diesbezüglichen Grundgleichungen sind umfassend dargelegt beispielsweise in MÖLLER (1986). Hochauflösende Massenspektrometer standen erst ab ca 1950 zur Verfügung.

Gebräuchliche Verfahren zur geochemischen Analyse und zur radiometrischen Datierung sind unter anderen:

RFA (Röntgenfluoroszenzanalyse) gestattet bis zu 98 Elemente in Konzentrationen von % bis ppt zu messen, außer Elemente mit Ordnungszahlen <5 (beispielsweise Natrium).

INAA (Neutronen-Aktivierungs-Analyse). Ein veranlaßter Neutronenfluß regt die Bildung von neuen, kurzlebigen, radioaktiven Isotopen an, die durch Abstrahlung von Gamma-Strahlen zerfallen. Nach der Neutronenbestrahlung wird mindestens eine Woche lang das emittierte Spektrum gemessen und so die verschiedenen Halbwertszeiten der Isotope ermittelt. Die Intensität der Gamma-Quanten ist proportional zu den in der Probe vorhandenen Isotopen. Das Verfahren ist geeignet zur Messung der Gehalte von Seltenerdeelementen (SEE oder engl. REE, rare earth elements), Platingruppen-Elementen und (engl.) high field strength elements.

ICP (inductively coupled plasma) mit ICP-AES (Atom-Emissions-Spektrometrie). Höhere Auflösung im Nachweis läßt sich erreichen durch ICP-MS (inductively coupled plasma emission mass spectrometry)

MS (Massenspektrometer), erstes Modell 1940 von Alfred Otto Carl NIER (1911-1994) vorgestellt, sind inzwischen hinsichtlich Auflösung, Messung und Datenspeicherung erheblich weiterentwickelt worden. Hochauflösende Massenspektrometer standen ab ca 1950 zur Verfügung.

Hinweise zu den genannten und weiteren Verfahren sowie zur diesbezüglichen Literatur sind enthalten in VEIT (2002), MÖLLER (1986), MASON/MOORE (1985).

Entsprechend ihrem Vorkommen, gelten ^{238}U (Uran), ^{232}Th (Thorium) und ^{40}K (Kalium) als die Hauptträger der irdischen Radioaktivität. Vorrangig sind ^{238}U und ^{232}Th zwar in uran- und thoriumhaltigen Mineralen und Gesteinen (wie Graniten und Gneisen) anzutreffen, in kleinen Konzentrationen sind sie jedoch in jedem Gesteins- und Bodenmaterial enthalten. Vielfach stützen sich die für geologische Ereignisse wichtigsten radiometrischen Datierungsmethoden auf *primordiale* (uranfängliche) Nuklide wie ^{40}K, ^{87}Rb, ^{235}U, ^{238}U, ^{232}Th ... (MÖLLER 1986). Seit Entstehung der Elemente (Kernsynthese) vor ca 6 Milliarden Jahren (Erdalter ca 4,5 Milliarden Jahre) nimmt der Gehalt an radioaktiven Mutterisotopen durch Bildung stabiler Tochterisotope ständig ab (MEL 1971). Von den primordialen instabilen Kernen sind heute nur noch diejenigen in irdischer Materie vorhanden, die Halbwertszeiten >10^7 (> 10 Millionen Jahre) haben. Bei kürzeren Halbwerts-zeiten sind sie zwar gemäß dem Verlauf der Zerfallskurve theoretisch vorhanden, meßtechnisch in der Regel aber nicht mehr erfaßbar. Mit den zur Bestimmung von Isotopenhäufigkeiten eingesetzten Massenspektrometern können Variationen der Häufigkeiten mit einer Genauigkeit von ca 0,01% voneinander getrennt werden (MASON/MOORE 1985). Gemäß Bild 7.6 entspricht dies der 13. Halbwertszeit.

Zerfallsreihe	Mutter- nuklid instabil	Tochter- nuklid stabil	Halbwertszeit $T_{1/2}$ (in 10^9 Jahren)	Geeigneter Datierbereich (Jahre)
Samarium-Neodym	^{147}Sm	^{143}Nd	106	10^9
Rubidium-Strontium	^{87}Rb	^{87}Sr	48,8	$10^7 - 10^9$
Rhenium-Osmium	^{187}Re	^{187}Os	46	
Lutetium-Hafnium	^{176}Lu	^{176}Hf	33	
Thorium-Blei	^{232}Th	^{208}Pb	13,9	$10^7 - 10^9$
Uran (UI)-Blei	^{238}U	^{206}Pb	4,47	$10^7 - 10^9$
Kalium-Argon	^{40}K	^{40}Ar	1,31	$10^4 - 10^9$
Kalium-Calcium	^{40}K	^{40}Ca	1,3	
Uran (AcU)-Blei	^{235}U	^{207}Pb	0,71	$10^7 - 10^9$
Kohlenstoff-Stickstoff	^{14}C	^{14}N	siehe unten	

Bild 7.8
Isotopen-Zerfallsreihen, die zu radiometrischen Datierungen benutzt werden. Die Halbwertszeiten sind in Milliarden Jahre angegeben. UI = Uran I. AcU = Actinium-Uran. In der Kohlenstoff-Stickstoff- (Carboneum-Nitrogenium-) Zerfallsreihe beträgt für das kurzlebige Isotop ^{14}C die Halbwertszeit $T_{1/2}$ = 5 730 Jahre. Quelle: MASON/MOORE (1985), ZEIL (1990), MPG (1987) und andere (Die Halbwertszeiten sind in der Literatur teilweise unterschiedlich angegeben).

Im Vergleich zum Erdalter (ca 4,5 Milliarden Jahre) wird hinsichtlich der Zerfallsgeschwindigkeit der Mutterisotope vielfach unterschieden: eine *langlebige* und eine *kurzlebige* Gruppe. Wenn die Halbwertszeit der zur Datierung benutzten Isotope etwa dem Alter der Erde entspricht, steht noch ausreichend Material für eine sichere Messung zur Verfügung. Ist die Halbwertszeit im Vergleich zum Alter der Erde zu lang, ist die Menge an gebildeten Tochterprodukten zu gering für eine sichere Messung. Außerdem muß das Isotopsystem "abgeschlossen" gewesen sein, so daß keine zu- oder Abwanderungen von Mutter- oder Tochtersubstanzen möglich waren (MASON/MOORE 1985, MÖLLER 1986). Während bei der langlebigen Gruppe heute noch ein Teil der bei der Kernsynthese gebildeten Mutterisotope vorhanden ist, müssen die kurzlebigen Mutterisotopen erst in jüngerer Zeit gebildet worden sein. Die kurzlebigen Isotope

^{231}Pa ($T_{1/2}$ = 3 200 Jahre), ^{238}U ($T_{1/2}$ = 4,47 Milliarden Jahre) und ^{230}Th ($T_{1/2}$ = 7 500 Jahre) werden beispielsweise aus den Uranzerfallsreihen ständig durch den Zerfall der langlebigen Uranisotope nachgebildet. Das kurzlebige Isotop ^{14}C ($T_{1/2}$ = 5 730 Jahre) wird ständig in der Erdatmosphäre durch Kernreaktionen von Höhenstahlneutronen mit Stickstoffkernen gebildet (MEL 1971).

Nutzung der "spezifischen Aktivität" bei Datierungen
Unter der *Aktivität* einer radioaktiven Substanz wird die Anzahl der Zerfallsakte je Sekunde verstanden. Es gilt (KUCHLING 1986)

$$A = \lambda \cdot N = \frac{0{,}693 \cdot N}{T_{1/2}}$$

A = Aktivität
λ = Zerfallskonstante
N = Anzahl der zerfallsfähigen Kerne in der Substanz. Sie wird mit Hilfe der *Avogadro-Konstanten* bestimmt die besagt, daß die Stoffmenge 1 Mol bei allen Stoffen die gleiche Anzahl Moleküle beziehungsweise Atome enthält. Amedeo AVOGADRO (1776-1856), italienischer Physiker und Chemiker. Er führte den Begriff "Molekül" ein.
$T_{1/2}$ = Halbwertszeit
beziehungsweise

$$A = A_0 \cdot e^{-\lambda \cdot t} = \frac{A_0}{2^{t/T_{1/2}}}$$

A_0 = Aktivität zu Beginn
A = Aktivität nach der Zeit t
Wird die Aktivität einer Substanz auf ihre Masse bezogen, dann folgt die

spezifische Aktivität a = Aktivität A / Masse m

Bei den in der Atmosphäre induzierten Nukliden wie ^{3}H, ^{14}C, ^{26}Al ... wird bei Datierungen wegen der relativ kurzen Halbwertszeit dieser Nuklide nicht mehr vom Verhältnis der Mutter- und Tochternuklide ausgegangen, sondern von der zeitlichen Änderung der spezifischen Aktivität der Mutternuklide in der Probe. Viele radioaktive Proben bestehen nicht nur aus den chemischen Verbindungen der betreffenden Radionuklide, sondern liegen in Verdünnungen mit inaktiven Stoffen vor. Es ist daher vielfach zweckmäßiger, die spezifische Aktivität zu benutzen. Datierungsmethoden der vorgenannten Art werden eingesetzt in der Hydrologie (^{3}H, ^{14}C), in der Sedimentologie (^{14}C, ^{26}Al), in der Archäologie (^{14}C) ... Das instabile Wasserstoffisotop mit der Massenzahl 3 ist das Triterium (Symbol ^{3}H oder auch ^{3}T). Ob dem instabilen Aluminiumisotop ^{26}Al mit der relativ kurzen Halbwertszeit von 700 000 Jahren auch primordiale

Existenz zukommt (wegen der Al-reichen Einschüsse im ältesten festen Material des Sonnensystems) läßt sich wohl nur aufzeigen, wenn seine Zerfallsprodukte nachgewiesen werden können (MPG 1987).
Bezüglich ^{14}C sei ferner auf die Radiocarbonmethode (C14-Methode) im Abschnitt 7.1.04 verwiesen.

Datierungsverfahren, die vorrangig auf Isotopenverhältnisse aufbauen

Die meisten chemischen Elemente kommen in der Natur als Isotopengemisch vor. Falls dieses Gemisch nicht künstlich (technisch) verändert wurde, wird es *natürliches Isotopengemisch* genannt. Der prozentuale Anteil der Atome eines Isotops an der Gesamtanzahl der Atome eines Elements, die *relative Isotopenhäufigkeit*, ist zwar bei den meisten chemischen Elementen konstant, doch gibt es Ausnahmen. In magmatischen Gesteinen spielt beispielsweise das Silizium (Si) eine wesentliche Rolle. Sehr genaue massenspektrometrische Untersuchungen erbrachten, daß die *isotope* Zusammensetzung des Elements folgende Häufigkeitsschwankungen zeigt (HOHL 1985):

^{28}Si   92,14...92,41 %
^{29}Si   4,57...4,73 %
^{30}Si   3,01...3,11 %

Die relativen Häufigkeiten der *nichtradiogenen stabilen* Isotope dieses chemischen Elements sind mithin nicht konstant, sondern schwanken innerhalb der angegebenen Bereiche. Neben dieser *Schwankung* ist im Zusammenhang mit Datierungsaufgaben vor allem das *Verhältnis* von zwei bestimmten relativen Isotopenhäufigkeiten **eines** chemischen Elements von Interesse, also beispielsweise das Verhältnis der relativen Häufigkeiten der nichtradiogenen stabilen Isotope im Element Silizium

^{30}Si / ^{28}Si

Die Bestimmung (Messung) dieser beiden Isotopenhäufigkeiten erfolgt mit einem Massenspektrometer. Die zuvor genannten Variationen in den relativen Häufigkeiten der nichtradiogenen stabilen Isotope eines chemischen Elements können verschiedene Ursachen haben. Vorrangig sind es die Unterschiede in den Isotopenmassen, die im Verlauf von chemischen Reaktionen Isotopieeffekte bewirken (MÖLLER 1986). Es können thermodynamische und kinetische Isotopieeffekte Einfluß nehmen und anderes. Deutlich sind die Variationen besonders bei den leichten chemischen Elementen Wasserstoff (H), Kohlenstoff (C), Sauerstoff (O), Silizium (Si) und Schwefel (S). Bild 7.9 gibt eine Übersicht. Variationen in der Häufigkeit stabiler Isotope sind besser erfaßbar, wenn die relativen *Massenunterschiede* zwischen den Isotopen hinreichend groß sind: wie beispielsweise beim Wasserstoff-Isotopenpaar

^{1}H = 99,985 %
^{2}H = 0,015 %   (auch Deuterium, D = schwerer Wasserstoff)

Beim Sauerstoff wird in der Regel das folgende Isotopenpaar benutzt

^{16}O = 99,759 %
^{18}O = 0,204 %

Beispielsweise kann die damals herrschende Lufttemperatur abgeleitet werden aus dem in Eisbohrkernen in einer Schicht vorliegendem Verhältnis der Sauerstoffisotope. Wasser, dessen Sauerstoff-Atom aus dem Isotop der Masse 16 (^{16}O) besteht, verdunstet leichter aus dem Meer als solches mit dem schweren Isotop ^{18}O. Der bestehende Unterschied verstärkt sich mit sinkender Lufttemperatur. So enthält Schnee, der sich letztlich aus verdunstetem Meerwasser bildet, in kalten Zeitabschnitten mehr ^{16}O.

In *absoluter* Darstellung kann ein Isotopenverhältnis geschrieben werden (hier Sauerstoff als Beispiel)

$$^{18}O/^{16}O = 0{,}204\% / 99{,}759\% = 1 / 489$$

Gebräuchlicher ist die *relative* Darstellung eines Isotopenverhältnisses, die auf eine *Standardsubstanz* bezogen wird. Es gilt dann

$$\delta(o/oo) = \left(\frac{R\ (\text{Probe})}{R\ (\text{Standard})} - 1\right) \cdot 1000$$

δ wird *Isotopenfraktionierung* genannt (MÖLLER 1986). Bezogen auf den benutzten Standard als Nullpunkt zeigen positive δ-Werte eine Anreicherung negative δ-Werte eine Abreicherung des *schwereren* Isotops einer Probe an beziehungsweise besagt ein positiver δ-Wert, daß das betrachtete Isotopenverhältnis in der Probe erhöht ist im Vergleich zum Standard, bei negativem δ-Wert ist es geringer als im Standard.

R ist das Verhältnis zweier (ausgewählter) Isotopenhäufigkeiten in einer *Probe* oder in einem *Standard* (beispielsweise SMOW). Ein Beispiel kann das Gesagte verdeutlichen: für das Isotopenpaar $^{18}O/^{16}O$ und dem Standard SMOW lautet die vorstehende Formel

$$\delta^{18}O\ (o/oo) = \left\{\frac{\left(^{18}O/^{16}O\right)_{\text{Probe}}}{\left(^{18}O/^{16}O\right)_{\text{SMOW}}} - 1\right\} \cdot 1000$$

Als Beispiel für *thermodynamische* Isotopieeffekte sei hier noch hingewiesen auf die temperaturabhängige Sauerstoffisotopenfraktionierung zwischen einem Mineral und einer *fluiden Phase* oder zwischen zwei Mineralen, die über eine gemeinsame fluide Phase in Verbindung stehen. Für die Verteilung der beiden Isotope $^{18}O/^{16}O$ kann eine Größe α berechnet werden aus

$$\alpha = \frac{R_A}{R_B} = \frac{\left(^{18}O/^{16}O\right)\ \text{Phase A}}{\left(^{18}O/^{16}O\right)\ \text{Phase B}}$$

Diese Größe α (auch Abtrennungskonstante genannt) ist streng temperaturabhängig und daher vorzüglich geeignet als natürliches Thermometer in geochemischen Stoffsystemen (MASON/MOORE 1985). Als Fraktionierungskoeffizient α kann sie zu δ in Beziehung gesetzt werden. Da die δ-Werte in der Regel massenspektrometrisch bestimmt werden, ergibt sich der Wert α für das Mineralpaar A und B auch aus (MÖLLER 1986)

$$\alpha_{A-B} = \frac{\delta_A + 1000}{\delta_B + 1000}$$

chemisches Element	gemessenes Isotopenpaar
Wasserstoff	$^2H / {}^1H$
Kohlenstoff	$^{13}C/^{12}C$
Sauerstoff	$^{18}O/^{16}O$
Silizium	$^{30}Si/^{28}Si$
Schwefel	$^{34}S/^{32}S$

Bild 7.9
Zur Bestimmung von Isotopenfraktionierungen δ meist benutzte Verhältnisse von Isotopenhäufigkeiten *nichtradiogener* Isotope (Isotopenpaare).

Hierbei häufig verwendete internationale *Standards* sind (MÖLLER 1986):
SMOW = Standard Mean Ocean Water für H, O
PDB = Peedee-Belemnite für C, O
CD = Canon-Diablo meteorite (Troilit-Phase) für S

SMOW wurde 1961 von H. CRAIG definiert. PDB bezieht sich auf das Carbonat eines 1951 von UREY et al. untersuchten Kreide-Belemniten. Die Belemniten haben sich vielfach als günstige Fossilien für Paläotemperaturbestimmungen erwiesen. CD bezieht sich auf die Troilit(FeS)-Phase des meteorischen Troilit, die ein sehr konstantes $^{34}S/^{32}S$-Verhältnis von 22,21 habe und daher als Standard gut geeignet sei (MASON/MOORE 1985).

Zur Isotopie einiger chemischer Elemente
|Sr, Isotopie des *Strontiums*|
Die vier in der Natur vorkommenden Strontium-Isotope sind ^{88}Sr, ^{87}Sr, ^{86}Sr und ^{84}Sr. ^{87}Sr entsteht teilweise durch radioaktiven Zerfall von ^{87}Rb (Rubidium-Strontium-Zerfallsreihe, siehe zuvor). Bei der Alteration des Meeresgrundes tauscht Basalt mit Meerwasser aus. Bei der Verwitterung an Land bilden sich Tonminerale. In beiden Fällen verändert sich der Wert des Verhältnisses $^{87}Sr/^{88}Sr$ bereits bei mehr als 1% H_2O-Einbau im Basalt. Die während der Schmelzbildung und Messung auftretenden Massenfraktionierung erfordert eine Fraktionierungs-Korrektur auf ein Standard-Verhältnis $^{88}Sr/^{87}Sr$ von 8,37521 (VEITH 2002).
|Pb, Isotopie des *Bleis*|
Von den vier in der Natur vorkommenden Blei-Isotopen ^{208}Pb, ^{207}Pb, ^{206}Pb und ^{204}Pb haben drei (208, 207, 206) radiogenen Anteil und entstehen während des radioaktiven

Zerfalls von Uran und Thorium (siehe zuvor). Meist werden in der Geochemie nicht die Gehalte sondern die Isotopen-Verhältnisse genutzt: ^{206}Pb/^{204}Pb, ^{207}Pb/^{204}Pb und ^{208}Pb/^{204}Pb. Alle vulkanischen Gesteine enthalten Blei in unterschiedlicher Konzentration.

|Nd, Isotopie des *Neodyms*|
Von den sieben in der Natur vorkommenden Neodym-Isotopen ^{142}Nd, ^{143}Nd, ^{144}Nd, ^{145}Nd, ^{146}Nd, ^{148}Nd und ^{150}Nd haben zwei (142 und 143) radiogenen Anteil und entstehen während des radioaktiven Zerfalls von Samarium (^{146}Sm und ^{147}Sm) (siehe zuvor). Das chemische Element Neodym (Nd) gehört den leichten SEE an. Das ^{144}Nd ist ein *stabiles* Isotop und kann daher als Normalisierungs-Isotop genutzt werden. Das Isotopenverhältnis ^{143}Nd/^{144}Nd ist ein guter Indikator bei Betrachtungen zur Petrogenese von Basalten (VEITH 2002).

Kosmos, Sonne, Erde (Entstehung und Alter)

Die Frage nach dem Ursprung des *Kosmos,* wie er entstanden ist und wie er sich im Zeitablauf entwickelt hat, stellt sich der Mensch seit langem. Frühzeitig bildete er sich Vorstellungen darüber, doch auch die heutigen Modelle des Kosmos, selbst wenn sie mit den vorliegenden Beobachtungs- und Meßergebnissen verträglich sind, geben noch keine hinreichend endgültige Antwort auf die eingangs gestellte Frage. Die meisten dieser Modelle haben die Eigenschaft, daß bei Annäherung an einen bestimmten Zeitpunkt der Vergangenheit die Massendichte über alle Grenzen wächst und die Abstände irgend zweier Substratteilchen Null werden. Diese Eigenschaft des mathematischen Modells besagt, daß bei der Rekonstruktion der Vergangenheit bereits *vor* Erreichen dieser Singularität die zugrundegelegte Theorie aufhört anwendbar zu sein und an ihre Stelle eine andere (noch unbekannte) Theorie zu treten hat (EHLERS 1993).

Die physikalische Schlußfolgerung daraus ist bekannt. Vielfach wird von einer "Urexplosion" gesprochen (auch "Urknall" genannt) und angenommen, daß diese, also die **Geburt unseres Kosmos,**
im Zeitabschnitt
15-20 Milliarden Jahre vor der Gegenwart
stattfand (KIPPENHAHN 1993, EHLERS 1993, FRITZSCH 1993 und andere). Neuerdings wird vielfach ein Alter unseres Kosmos von **13,6 Milliarden Jahre vor der Gegenwart** angenommen (Abschnitt 4.2.02).

Bild 7.10   Zum Alter des Kosmos (in 10^9 Jahre)

737

Bisher kann keine hinreichenden Erklärungen dafür gegeben werden, warum es zu der vermuteten Urexplosion kam. Auch ist ungeklärt, ob der uns sichtbare Kosmos nur Subsystem in einem größeren System ist. Als *absolute* Grenze unserer Beobachtungs- und Meßmöglichkeiten markiert das Licht, das sich ja nach heutiger Erkenntnis mit endlicher Geschwindigkeit bewegt. Wir registrieren auf der Erde nur Ereignisse, die vor einer Zeit stattgefunden haben, aus der das Licht (beziehungsweise auch andere elektromagnetische Strahlung) uns heute erreicht (KIPPENHAHN 1993). Im Gegensatz dazu können wir die Grenzen unseres heutigen Wissenshorizontes (unseres heutigen Verstehens der Dinge) durchaus noch weiter in bisher unbekannte Bereiche hinausschieben...

Hinsichtlich der Entstehung unserer *Sonne* wird von der Annahme ausgegangen, daß alle Sterne (also auch die Sonne) dadurch entstanden sind, daß eine interstellare Gas- und Staubwolke von $\geq 10^3$ Sonnenmassen sich zusamenballte und dann in Sterne aufteilte (LINDNER 1993, UNSÖLD/BASCHEK 1991, HERRMANN 1985 und andere). Das Entstehen unseres *Planetensystems* ist sehr wahrscheinlich ebenfalls kein einmaliges, zufälliges Ereignis. Es ist anzunehmen, daß zahlreiche Sterne im Kosmos von Planeten umkreist werden (UNSÖLD/BASCHEK 1991). Über den Entstehungsvorgang im einzelnen gibt es derzeit noch keine allgemein anerkannte Theorie, insbesondere nicht darüber, wie die erdartigen Planeten (Merkur, Venus, Erde, Mars) und die Planetoiden (Asteroiden), sowie die jupiterartigen Planeten, die Meteorite und das Erde-Mond-System entstanden. Die erdartigen Planeten bestehen (wie die Erde) weitgehend aus Metallen und Gesteinen, die jupiterartigen weitgehend aus kaum veränderter Solarmaterie (Wasserstoff, Helium, Hydride). Allgemein wird angenommen, daß das gesamte Sonnensystem innerhalb eines verhältnismäßig kurzen Zeitabschnittes um 4,5 Milliarden Jahre vor der Gegenwart entstanden ist.

Aus den Altersbestimmungen mittels Isotopenverfahren ist zu schließen, daß die
  Erde, der Erdmond
  sowie die (ältesten) Meteorite und damit
  die **Sonne** und das Planetensystem
insgesamt innerhalb eines verhältnismäßig kurzen Zeitabschnittes um
  4,53 (±0,02) Milliarden Jahre vor der Gegenwart
entstanden sind (UNSÖLD/BASCHEK 1991 S.46 und andere).

Bild 7.11
Das Alter von Sonne und Erde (in 10^9 Jahre). Nach der zuvor genannten Datierung für den Kosmos war dieser zu diesem Zeitpunkt somit bereits rund 13 (beziehungsweise rund 9) Milliarden Jahre alt.

Weitere Ausführungen über physikalische Raumstrukturen, insbesondere kosmische Raumstrukturen, sowie über Grundbegriffe und Grundannahmen in kosmischen Modellen sind im Abschnitt 4.2.01 enthalten.

Zur Entstehung von Erdkruste und Meer

Allgemein wird heute angenommen, daß der Planet Erde durch Zusammenballung von festen Teilchen entstand. Diese Vorstellung läßt sich etwa wie folgt skizzieren: Durch ihre intensive Aktivität vertrieb die Sonne fast jegliches Gas aus dem Sphärenbereich, in dem die Erdumlaufbahn liegt. Es verblieben feste Partikel, die sich teilweise zu Körnern zusammenballten. Die größeren Brocken sind vermutlich durch Anlagerung von Staub und kleineren Partikeln zu sogenannten *Planetesimalen* gewachsen. Durch Kollision verschmolzen diese schließlich zu einem Planeten.

Als Zeitabschnitt für diesen Vorgang des Entstehens des Planeten Erde, für seine *Akkretion* aus Planetesimalen,
werden genannt
ca $100 \cdot 10^6$ Jahre (NEUKUM 1987)
ca 25 (STROBACH 1991)
ca 50-100 (TAYLOR/MCLENNAN 1996)

Die Frage, ob der *Erd-Mond* vom Planeten Erde eingefangen oder abgespalten wurde oder gemeinsam mit dem Planeten Erde entstand (als Doppelplanet), ist bisher nicht hinreichend sicher beantwortbar. Der Radius des *Mondkerns* liegt nach gravimetrischen Messungen zwischen 220 und 450 km, nach magnetischen Messungen zwischen 300 und 425 km (Analyse von Daten der NASA-Mondsonde Lunar Prospector, siehe Spektrum der Wissenschaft Heft 5, 1999, S.33). Diese Daten würden die Theorie stützen, daß Materie beim Aufprall eines etwa marsgroßen Körpers aus der Erde herausgerissen wurde und später den Mond bildete.

Wie entstand die Erdkruste?
Es wird angenommen, daß bei der Akkretion (auch Accretion geschrieben) des Systems Erde Material unterschiedlicher Komponenten zusammengeführt wurde. RINGWOOD 1979 und WÄNKE/DREIBUS 1986 (siehe STROBACH 1991) unterscheiden zwei solcher Komponenten. Nach MPG (1987) ist die *Komponente A* bezüglich der chemischen Verbindungen beziehungsweise Elementen hoch reduziert und frei von flüchtigen und mittelflüchtigen Elementen, die *Komponente B* bezüglich der chemischen Verbindungen vollständig oxidiert und umfassend alle mittelflüchtigen, vermutlich sogar alle flüchtigen Elemente. Der Planet Erde befindet sich im Gebiet, das durch die Komponente A dominiert war. Vermutlich war die Komponente A innerhalb der heutigen Marsbahn vorherrschend. Die Akkretion begann zunächst aus

Material der näheren Umgebung. Gegen Ende der Akkretion wurde dann Material der Komponente B dem entstehenden System Erde zugeführt (aus Zonen außerhalb der heutigen Marsbahn). *Anfangs* vollzog sich die Akkretion unter *niedrigen* Temperaturen. Gegen *Ende* der Akkretion sei jedoch ein Aufschmelzen der Akkretionsmasse erfolgt. Es habe sich ein *Magmaozean* gebildet (STROBACH 1991). Durch auftreffende größere Planetesimale (oder eines sehr großen Planetesimals) sei dem Planeten Erde erheblich Energie zugeführt und diese sofort in Wärme umgesetzt worden. Als das Auftreffen solcher Planetesimale nachließ und die Erde sich dementsprechend wieder abkühlte, entstand als Erstarrungshaut vermutlich die erste Kruste der Erde. Die Hauptmasse aller magmatischen Gesteine stellen Basalt und Granit. Nach TAYLOR/MCLENNAN (1996) war die erste Kruste der Erde *basaltisch*, nicht granitisch, wie verschiedentlich angenommen. Wäre sie mit nennenswerten granitischen Anteilen ausgestattet gewesen, müßten Körner des Minerals *Zirkon* übrig sein, welches sich im Granit bildet. Zirkone sind zwar gefunden worden (die annähernd aus dieser Zeit stammen), doch seien diese Funde extrem rar (siehe Hinweis nach Bild 7.1). Bei Krusten können nach TAYLOR/MCLENNAN (1996) drei Arten unterschieden werden:

primäre Krusten

sie entwickeln sich schon während des Abkühlens eines Magmaozeans, da einige Mineraltypen bereits bei relativ hohen Temperaturen auskristallisieren und sich vom Magmakörper trennen;

sekundäre Krusten

sie bilden sich, wenn die beim Zerfall von radioaktiven Elementen freiwerdende Wärme den Planeten im Innern allmählich aufheizt, wodurch dort ein Teil des Gesteins schmilzt und in Form basaltischer Laven austritt;

tertiäre Krusten

entstehen, wenn unter der Geländeoberfläche liegende Schichten eines geologisch aktiven Planeten in dessen Mantel abtauchen und durch Vulkanismus Magmen erzeugt werden, deren Zusammensetzung von der des magmatischen Gesteins *Basalt* abweicht und eher des magmatischen Gesteins *Granit* entspricht. Der dargelegte Ablauf ist nur bei einem Planeten mit Plattentektonik möglich; nur die Plattentektonik ermöglicht das Entstehen dieser Krustenart, die auch kontinentale Kruste genannt wird.

Vermutlich bilden sich die verschiedenen Krustenarten auch unterschiedlich schnell. In diesem Zusammenhang sei noch angemerkt, daß es ungenau ist, wenn *Magma* als geschmolzenes Gesteinsmaterial bezeichnet wird. Es fehlt die Berücksichtigung der *flüchtigen Bestandteile*, die zwar bei der Erstarrung entweichen, andererseits aber den Verlauf der Kristallisation bestimmen (MASON/MOORE 1985 S.90).

Die erste Kruste des Planeten Erde (eine primäre Kruste im Sinne vorstehender Definition) ist vermutlich zerstört worden, denn aus den ersten 400-500 $\cdot 10^6$ Jahren nach dem Geburtsdatum des Planeten Erde sind bisher keine geologischen Belege gefunden worden. Die geologisch dokumentierte Geschichte beginnt mit dem Auftauchen des ersten granitischen Krustenmaterials (etwa um $4 \cdot 10^9$ Jahre vor der Gegenwart, siehe Bild 7.12). Viele Fragen der frühen Krustenbildung sind bisher nicht hinreichend beantwortet. Diese Anmerkung von ZEIL (1990) dürfte auch noch heute gelten.

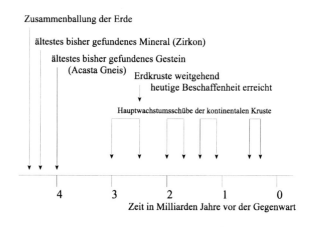

Bild 7.12
Zur Entwicklung der Erdkruste.

Ozeanische Kruste
Die Gesteinsunterlage der großen Ozeanbecken (Meeresbecken) der Erde besteht praktisch nur aus Basalten, sogenannten ozeanischen Basalten (MASON/MOORE 1985 S.91). Im Sinne der vorstehenden Krustenarten ist die ozeanische Kruste eine sekundäre Kruste. Sie unterscheidet sich grundsätzlich von der kontinentalen Kruste. Generell kann gesagt werden: die Erdkruste besteht aus zwei Komponenten: *Basalt* am Meeresgrund und *granitisches Gestein* in den herausgehobenen Kontinentalplattformen (TAYLOR/MCLENNAN 1996). Das Granitgestein hat eine geringe Dichte, im Vergleich dazu besteht die ozeanische Kruste aus dichtem Basalt und einer dünnen Sedimentdecke. Bis um 1950 war diese grundverschiedene Zusammensetzung der Gesteine am Meeresgrund und an Land nicht bemerkt worden. Der Meeresgrund galt schlicht als tiefliegender oder abgesunkener, mit Wasser gefüllter Kontinentalbereich.

Kontinentale Kruste
Durch plattentektonische Aktivität wird ozeanische Kruste mitsamt den darauf abgelagerten wasserhaltigen Sedimenten in den Erd(kern)mantel hinabgezogen (TAYLOR/MCLENNAN 1996 und andere). In einer Tiefe von ca 80 km vertreiben die dort bestehenden hohen Temperaturen das Wasser aus den Sedimenten, es steigt auf und läßt das Gestein über der abtauchenden Platte schmelzen. Das entstehende Magma drängt nach oben und erstarrt an der Geländeoberfläche zu neuer kontinentaler Kruste. Schließlich kann Wärme aus dem radioaktiven Zerfall oder aus pilzförmig von weit aus dem Erdinnern aufsteigenden basaltischem Magma (den sogenannten Plumes) einen Schmelzprozeß in geringen Tiefen auslösen, wobei sich eine obere Krustenschicht bildet, die größtenteils aus Granit besteht (Bild 7.13). Die kontinentale Kruste hat während der bisherigen Erdgeschichte zwar immer zugenommen, ist aber nicht

gleichmäßig gewachsen. Hauptwachstumsschübe fanden nach TAYLOR/MCLENNAN statt in den Zeitabschnitten:
ca 3 bis 2,5 $\cdot 10^9$ Jahre vor der Gegenwart
ca 2 bis 1,7
ca vor 1,3 bis 1,1
ca vor 0,5 bis 0,3.
Offensichtlich bestehen Korrelationen zu plattentektonischen Zyklen (Vereinigung und Trennung riesiger Landmassen, Kontinente). Vulkane kennzeichnen jene Bereiche, in denen sich über einer abtauchenden ozeanischen Platte neue kontinentale Kruste bildet. Diese jungen, geologisch aktiven Randregionen werden nach längerer Zeit schließlich feste, stabile Bestandteile der Kontinentalplatten. Nach TAYLOR/MCLENNAN
hatte die Erdkruste mit Beginn des Proterozoikums
(um ca 2,5 $\cdot 10^9$ Jahre vor der Gegenwart)
schon weitgehend ihre heutige Beschaffenheit erreicht und
die plattentektonischen Zyklen setzten nunmehr ein (die sich vermutlich in Intervallen von ca 600 $\cdot 10^6$ Jahren vollziehen).

Die *untere Begrenzung der kontinentalen und der ozeanischen Kruste* ist durch die Moho-Diskontinuität gekennzeichnet. Sie ist benannt nach dem Seismologen Andrija MOHOROVICIC (1857-1936). In diesem Bereich vollzieht sich ein radikaler Wechsel hin zu einem extrem dichten Gestein, welches reich an dem Mineral Olivin ist. Diese Schicht umspannt nach seismischen Meßergebnissen den ganzen Erdball. Nach diesen Ergebnissen ist ferner anzunehmen, daß der Erd(kern)mantel unter den Kontinenten im oberen Bereich durchgehend fest sein dürfte. Diese bis zu 400 km mächtigen, relativ kühlen subkrustalen Kiele scheinen auch die plattentektonischen Wanderungen der Kontinente mitzumachen (TAYLOR/MCLENNAN 1996).

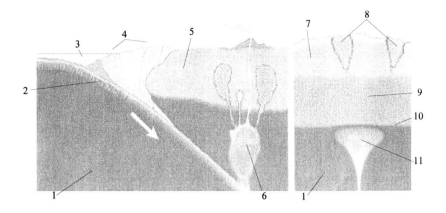

Bild 7.13
Vorgänge der Plattentektonik und das Wachsen der kontinentalen Kruste.

1	= Erd(kern)mantel	7	= kontinentale Oberkruste
2	= ozeanische Kruste	8	= Granit
3	= Meer (Ozean)	9	= kontinentale Unterkruste
4	= angeschweißte Sedimente	10	= Moho
5	= kontinentale Kruste		= Mohorovicic-Diskontinuität
6	= Schmelzzone	11	= Plume (basaltisches Magma)

Gegenwärtig wird ozeanische Kruste durch basaltische Lava gebildet, die an den ozeanischen Rücken austritt (Abschnitt 3.2.01). Dabei werden pro Jahr mehr als 18 km³ Gesteine produziert. Bis zum Zeitpunkt ca 2,5 $\cdot 10^9$ Jahre vor der Gegenwart sei die ozeanische Kruste wesentlich schneller wieder in den Erd(kern)mantel zurückgeführt worden, da noch mehr relativ kurzlebige radioaktive Elemente vorhanden waren, deren Zerfall den Erd(kern)mantel stärker aufheizte und eine intensivere Wärmeausstrahlung bewirkte als heute. Die plattentektonische Aktivität sei daher stärker gewesen als heute. Auch dürfte es damals mehr als 100 Platten gegeben haben (heutiger Stand siehe Bilder 3.39 und 3.40). Quelle: TAYLOR/McLENNAN (1996), verändert

Zur Herkunft des Wassers im System Erde, Entstehung des Meeres
Es ist bisher ungeklärt, woher das Wasser im System Erde stammt und wie das Meer beziehungsweise die Meeresteile in diesem System entstanden. Die unterschiedlichen Vorstellungen dazu bedürfen weiterer Abklärung. Allgemein anerkannt ist jedoch, daß die ältesten bisher aufgefundenen Sedimentgesteine, also solche, die sich am Grund von Gewässern aus erodiertem Material ablagerten, ca 4 $\cdot 10^9$ Jahre alt sind (Bild 7.1). Solche Ablagerungen gelten als Indiz dafür,

● daß es bereits ca 4 Milliarden Jahre vor der Gegenwart
im System Erde fließendes Wasser und mithin Meeresteile gab
(siehe beispielsweise KASTING 1998, TAYLOR/MCLENNAN 1996, MOORBATH 1977 und andere). In den heutigen Meteoriten ist tropfbares Wasser enthalten. Auch viele Kometen bestehen aus einem Gefüge von Eis oder Schnee, vermischt mit Staubteilchen. Wassermoleküle wurden ferner in außergalaktischen Spiralnebeln nachgewiesen. Die Entstehung des Wassermoleküls ist mithin nicht spezifisch erdgebunden (BAUMGARTNER/LIEBSCHER 1990).

Oft wird nachstehendes Szenario akzeptiert (KASTING 1998). Die Erde war schon in der Bildungsphase heftigen Einschlägen unterschiedlich großer Weltraumkörper ausgesetzt und auch in den folgenden Jahrmillionen seien kleinere Gesteinsbrocken und Kometen auf die Erde niedergestürzt, die teilweise aus Wassereis bestanden. Als Quelle dieser Körper werden vermutet der Asteroidengürtel (Planetoidengürtel) zwischen den Umlaufbahnen von Mars und Jupiter, der Kuiper-Gürtel oder die Oortsche Wolke. Das Kometen-Wassereis erfüllte die Atmosphäre der Erde mit riesigen Mengen Dampf, der teilweise sogleich wieder in den Weltraum entwich. Zahlreiche H_2O-Moleküle wurden sodann durch die ultraviolette Strahlung der Sonne in Wasserstoff (H) und Sauerstoff (O) aufgespalten. Während das (leichte) Wasserstoffgas größtenteils in die obere Atmosphäre diffundierte und von dort ebenfalls in den Weltraum entwich, wurde der (schwere) Sauerstoff an der Geländeoberfläche in Mineralien eingebunden. Trotz dieser Vorgänge verblieb genügend dampfförmiges Wasser, das nach dem Abkühlen der Erde zu Tröpfchen kondensierte, abregnete und sich in den Basaltbecken sammelte. Im Vergleich zum tiefen Erdinnern hatten sich an der kühleren Geländeoberfläche zwei unterschiedliche Gesteine ausdifferenziert: relativ schwerer Basalt (der den Grund der ozeanischen Becken bildet) und relativ leichterer Granit (aus dem die Kontinentalplatten bestehen).

Zweifel an diesem Szenario ergaben sich aus Messungsergebnisse an den Kometen Halley, Hyakutake und Hale-Bopp bezüglich des Anteils des Wasserstoffisotops *Deuterium*. Danach enthält das Kometeneis doppelt soviel Deuterium wie das Wasser des Meeres (KASTING 1998). Werden die genannten drei Kometen als repräsentativ angenommen für die Klasse der damals auf die Erde gestürzten Meteoriten, dann müßte der größere Teil des Wassers im System Erde woanders hergekommen sein. Nach KASTING sind es mehrere Faktoren, die auf Entstehung und Erhalt des Meeres im System Erde wesentlichen Einfluß haben: die Charakteristik der Umlaufbahn der Erde um die Sonne, die Bildung ozeanischer Becken infolge der Plattentektonik, der Vulkanismus zum Antreiben des Carbonat-Silicat-Zyklus und eine Atmosphäre, die durch ihre Schichtung den Verlust von Wasserstoff verhindert. Der Carbonat-Silicat-Zyklus wirkt dabei wie ein Regelkreis, der die Temperatur des Systems Erde in einem Bereich hält, in dem Wasser im flüssigen Zustand vorkommen kann. Bild 7.14 gibt eine Übersicht über das Vorkommen von Wasser im System Erde. Der globale Wasserkreislauf im System Erde ist im Abschnitt 7.6.02 dargestellt.

"Wasser" kann in allen drei Zustandsphasen der Materie vorkommen: fest als Eis, flüssig als Wasser, gasförmig als Wasserdampf. Wasserdampf ist ein unsichtbares Gas. Das, was man beim Ausströmen etwa aus Schornsteinen oder beim Ausatmen in kalter Luft sieht und in der Gemeinsprache "Dampf" nennt, sind *Schwaden,* die außer dem tatsächlichen Wasserdampf auch seine Kondensationsprodukte in Form von kleinsten Wassertröpfen enthalten. Sie sind vergleichbar mit *Nebel* oder *Wolken.* Die gleichzeitige Existenz in den vorgenannten Zustandsstufen ermöglicht das Vorkommen von "Wasser" in der Hydrosphäre, Lithosphäre, Atmosphäre, Biosphäre und in anderen Sphären. Das Meer und die Seen auf dem Land bestehen aus flüssigem Wasser, Boden-, Grund- oder Tiefenwasser durchsetzt die Erdkruste, als Wolkenwasser finden wir es in der Lufthülle der Erde. Die Eisschilde der Polargebiete, die Gletscher der Gebirge, die Eisdecken des Meeres, der Seen und Flüsse sowie die Schneedecken zeigen Wasser in fester Form. Auch in der Atmosphäre kann es in dieser Form vorkommen, ebenso im Boden, wie etwa in den Permafrostböden. Als Wasserdampf ist es in der Atmosphäre und in der Lithosphäre enthalten.

Bild 7.14
Zum Vorkommen von Wasser im System Erde. Quelle: BAUMGARTNER/LIEBSCHER (1990), WEISCHET (1983)

Generelle Atmosphärenstrukturen der bisherigen Erdgeschichte

Wird davon ausgegangen, daß die Akkretion der Erde nahezu nur mit Material der Komponente A begonnen hat, dann muß es wegen der großen kinetischen Energie der aufschlagenden Körper noch während des Aufbaus der Erde zu einer starken Erwärmung gekommen sein, die zu einem Aufschmelzen weiter Bereiche der Erde führte. Nach Erreichen von ca 60 % der heutigen Erdmasse nahm dann offensichtlich der Anteil aus der Komponente B zu und dominierte gegen Ende der Akkretionsphase. Die Komponente B gilt als vollständig oxidiert und enthält alle mittelflüchtigen, vermutlich sogar alle flüchtigen Elemente, und unter anderem auch H_2O in Form von Hydratwasser (MPG 1987). Jene Gase, die während der Akkretion des System Erde eingefangen wurden, und jene aus der Entgasung des Erdinnern bildeten nach heutiger

Auffassung die anfängliche Atmosphärenstruktur des Systems Erde, die *Uratmosphäre*.

|1|

Wasserstoff-Helium-Atmosphäre (Uratmosphäre)
Diese "erste" Atmosphärenstruktur des Systems Erde soll nach STROBACH (1991) vorrangig bestanden haben aus den volatilen Elementen Wasserstoff (H_2), Helium (He), Argon (Ar), Neon (Ne) und Ammoniak (NH_3). Sie kann somit charakterisiert werden durch die Benennung Wasserstoff-Helium-Atmosphäre. Diese erste Atmosphärenstruktur habe sich jedoch bald verflüchtigt, da die Erdanziehung zum Festhalten nicht ausreichte. Offensichtlich wurden auch viele der Elemente vom in den Weltraum entweichenden Wasserstoff mitgerissen. Ferner dürfte der zu dieser Zeit sehr kräftige Sonnenwind an der Beseitigung mitgewirkt haben (STROBACH 1991). Aus diesem Szenario wird deutlich, daß die spätere Erdatmosphäre *sekundären* Ursprungs ist, entstanden durch Entgasung des Erdinnern *nach* der Akkretionsphase des Systems Erde (MPG 1987).

|2|

Wasserdampf-Kohlendioxid-Atmosphäre
Sie kann als die "zweite" Atmosphärenstruktur des Systems Erde gelten (STROBACH 1991) und wird gelegentlich (aber fälschlich) auch als "Uratmosphäre" bezeichnet. Wie zuvor ausgeführt, kam es wegen der großen kinetischen Energie der aufschlagenden Körper noch währendes des Aufbaus der Erde zu einer starken Erwärmung, die zu einem Aufschmelzen weiter Bereiche der Erde führte. Aufgrund dieser so erzeugten hohen Temperaturen, entgaste und exhalatierte die Erdkruste Wasserdampf (H_2O) und Kohlendioxid (CO_2) (BAUMGARTNER/LIEBSCHER 1990). Diese Gase bildeten eine *neue* Atmosphärenstruktur, die durch die Benennung Wasserdampf-Kohlendioxid-Atmosphäre charakterisiert werden kann. Die Annahme, daß die zweite Atmosphärenstruktur eine stark reduzierende Methan-Atmosphäre gewesen sei, ist nach heutiger Auffassung nicht zutreffend. Nach QUENZEL (1987) habe die zweite Atmosphärenstruktur bestanden aus Wasserdampf (H_2O), Kohlendioxid (CO_2), Stickstoff (N_2) und den Spurengasen Schwefelwasserstoff (H_2S), Schwefeldioxid (SO_2), Chlorwasserstoff (HCl), Flourwasserstoff (HF), Wasserstoff (H_2), Kohlenmonoxid (CO), Methan (CH_4), Ammoniak (NH_3), Argon (Ar). Nach UNSÖLD/BASCHEK (1991) habe sie vorwiegend aus Wasserdampf (H_2O) und Kohlendioxid (CO_2) bestanden, allenfalls noch aus Spuren von Methan (CH_4) und Ammoniak (NH_3). Die Bildung dieser zweiten Atmosphäre der Erde könnte vor ca 4 Milliarden Jahre vor der Gegenwart begonnen haben (Bild 7.19). Etwa gleichzeitig ließ das heftige Bombardement durch Planetesimalen beziehungsweise Meteoriten nach. Es folgte eine verhältnismäßig rasche *Abkühlung* der Erdkruste, der freigesetzte Wasserdampf kondensierte und es bildeten sich Wolken, Niederschläge und schließlich Meeresteile (BAUMGARTNER/LIEBSCHER 1990). Mit dieser Abkühlung ging zwar die Entgasung zuende, doch auch heute wird durch

vulkanische Tätigkeit der Erdatmosphäre Wasserdampf aus dem Erdinnern zugeführt. Mit der Bildung von flüssigem Wasser im System Erde (über die Wasserstoff-Sauerstoffbindung) wurde Kohlendioxid (CO_2) aus der Atmosphäre weitgehend entfernt und in Gesteinen sowie im Meerwasser gebunden (BAUMGARTNER/LIEBSCHER 1990). Wie zuvor dargelegt, gab es flüssiges Wasser im System Erde bereits ab ca 4 Milliarden Jahre vor der Gegenwart. Die Wasserdampf-Kohlendioxid-Atmosphäre war zunächst weitgehend *sauerstofffrei*, obwohl Sauerstoff mit ca 46,6 Gewichts% das häufigste Element der Lithosphäre ist (MÖLLER 1986), allerdings gebunden in den gesteinsbildenden Mineralien (wie beispielsweise in den Silikaten). Durch die *Photosynthese* von Kohlehydraten aus Kohlendioxid (CO_2) und Wasser (H_2O) wurde zwar Sauerstoff (O_2) freigesetzt, doch die geringe Menge an freiem Sauerstoff, die die frühen Prokaryoten produzierten, verblieb in der Hydrosphäre und wurde größtenteils durch Umwandlung von Eisen-II-oxide in Eisen-III-oxide verbraucht. Es bildeten sich (marine) *gebänderte Eisenerze*. Wird unterstellt, daß *atmende* Organismen erst ab 1 % Sauerstoff in der Atmosphäre existieren können (SCHIDLOWSKI 1981, QUENZEL 1987), dann war diese Bedingung für die Sauerstoffanreicherung in der Erdatmosphäre um ca 2 Milliarden Jahre vor der Gegenwart vermutlich weitgehend erfüllt (Abschnitt 7.1.02). Die %-Angabe bezieht sich auf den Sauerstoffgehalt der heutigen Erdatmosphäre, der gleich 100 % gesetzt wurde.

|3|
Stickstoff-Sauerstoff-Atmosphäre
Sie kann als "dritte" Atmosphärenstruktur des Systems Erde bezeichnet werden (STROBACH 1991). Unsere *heutige* Atmosphärenstruktur besteht vor allem aus Stickstoff (N_2), Sauerstoff (O_2), Argon (Ar), Kohlendioxid (CO_2) sowie aus einer Vielzahl von Spurengasen. Stickstoff und Sauerstoff umfassen zusammen ca 99 Volumen% der "trockenen" Luft, der sodann der Wasserdampf (H_2O) zuzuordnen ist, der zeitlich und örtlich stark schwanken kann. Die heutige Atmosphärenstruktur kann charakterisiert durch die Benennung Stickstoff-Sauerstoff-Atmosphäre. Ihre Bildung könnte nach den vorstehenden Ausführungen ca 2 Milliarden Jahre vor der Gegenwart begonnen haben. Bezüglich des Austausches von Kohlendioxid gegen Sauerstoff ist sie ein Ergebnis biologischer Prozesse. Auch der hohe Stickstoffgehalt dieser Atmosphärenstruktur beruht möglicherweise auf biologischen Einwirkungen. Er wird dem Einfluß von Bakterien zugeschrieben, die aus Stickoxiden Stickstoffgas freisetzen (STROBACH 1991). Weitere Ausführungen zur Erdatmosphäre sind in den Abschnitten 7.1.02 und 7.6.01 sowie 10 gegeben.

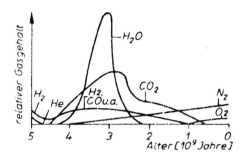

Bild 7.15
Übersicht über den relativen Gehalt verschiedener Gase in der Erdatmosphäre im Zeitablauf nach SOKOLOW 1971. Quelle: LANGE (1985)

Eigenschaften und Ursprung des Lebens

Grundlegende *Eigenschaften* lebender Systeme sind nach SCHIDLOWSKI (1985)
(1) ihr Aufbau aus einer begrenzten Anzahl chemischer Elemente, überwiegend aus
C = Kohlenstoff   O = Sauerstoff   H = Wasserstoff
N = Stickstoff   S = Schwefel   P = Phosphor
(2) ihre Existenz in Form eines Fließgleichgewichts oder "dynamischen Zustands", der vom thermodynamischen Gleichgewicht zu einem merklich niedrigeren Entropie-Niveau verschoben ist
(3) ihre auffällige strukturelle Differenzierung ("Kompartimentierung")
(4) die Fähigkeit zur identischen Reproduktion.
Zum Entropie-Niveau ist in diesem Zusammenhang anzumerken, daß die Entropie (als Maß der Unordnung) hier also *abnimmt* und damit eine Entwicklung zu höher geordneten, komplexeren Strukturen möglich wird. Über den *Ursprung* des Lebens gibt es unterschiedliche Auffassungen, ebenso auch darüber, ob es *im* System Erde entstand oder ob es, aus dem *Weltraum* kommend, das System Erde besiedelte. Seit etwa **1960** zeigen die von der Radioastronomie vorgelegten Nachweise, daß im Weltraum (vor allem in den dichten interstellaren Wolken), neben einfachen molekularen Bausteinen für die Synthese organischer Substanzen, auch komplizierterer organische Moleküle existieren (SCHIDLOWSKI 1985). Es könne daher als sicher gelten, daß "Leben" in einem bestimmten Stadium der kosmischen Evolution als eine qualitativ neue Existenzform von Materie entstanden ist.

Kosmisches Eis, Medium für das Entstehen von Organismen?
Dunkle Gas- und Staubwolken in Nebeln (wie beispielsweise im Sternbild Orion) sind zugleich große Eiskammern im Kosmos. Von einigen Wissenschaftlern wird heute davon ausgegangen, daß im interstellaren Eis biologisch wichtige Elemente sich zu

organischen Verbindungen zusammenschließen können. Normales Eis (wie es auf der Erde vorkommt) bietet mit seinem starren inneren Aufbau keinen Platz für organische Moleküle. Demgegenüber hat jenes Eis, das im interstellaren Raum verbreitet ist, eine flexible Struktur, ähnlich der von flüssigem Wasser. Dieses sogenannte *amorphe Eis* (entdeckt 1935) zeigt verschiedene Eigenschaften. Es kann beispielsweise die Bildung von organischen Verbindungen fördern oder sogar den Anstoß (?) für den Zusammenschluß von Kohlenstoff, Stickstoff und weiteren biologisch erforderlichen Elementen zu ersten organischen Verbindungen geben. Bild 7.16 verdeutlicht die flexible Struktur von Eis bei verschiedenen Temperaturen.

Temperatur	Eisstruktur	Eigenschaften
10-65 K	amorphes Eis hoher Dichte	UV-Strahlung (im Kosmos allgegenwärtig) läßt dieses Eis wie Wasser fließen, so daß sich in seinem Innern organische Moleküle bilden können.
65-125 K	amorphes Eis geringer Dichte	Beim Erwärmen bildet sich eine lose Struktur. Das Umordnen fördert die Entstehung komplexerer organischer Verbindungen.
135-200 K	kubisches Eis	Bei der Kometenbildung kristallisiert rund 1/3 des Eises in kubischer Form. Der Rest bleibt amorph und kann weiterhin organische Stoffe speichern.
200-273 K	hexagonales Eis	Oberhalb von 200 K (= − 73° C) ordnen sich alle Wassermoleküle in einem starren wabenartigen Gitter an, das organische Verbindungen ausschließt
273-373 K	flüssiges Wasser	Wasserstoffbrückenbindungen wechseln rasch. Mit seiner flexiblen Struktur kann Wasser (ähnlich wie amorphes Eis) organische Moleküle beherbergen.

Bild 7.16
Eisstrukturen und ihre Eigenschaften nach BLAKE/JENNISKENS (2001). K = Kelvin (siehe Temperaturskalen, Abschnitt 4.2.06)

Zur Entwicklung des Lebens im System Erde
Wenn im Weltraum neben einfachen molekularen Bausteinen für die Synthese organischer Substanzen auch komplizierterer organische Moleküle existieren, dann ist zumindest nicht auszuschließen, daß diese organischen Substanzen auch zur Erde gelangten (gelangen?). Viele Wissenschaftler vertreten inzwischen eine solche Auf-

fassung und sind meist der Meinung, daß geeignete Transporter dafür *Kometen* waren (sind?).

Bezüglich des Systems Erde wird davon ausgegangen, daß in der Frühzeit unseres Planeten reichlich Kometen auf diesen aufschlugen, wobei nach heutiger Erkenntnis ca 0,1 % des Materials den Bremsvorgang überstanden und in Form von Bruchstücken etwa in der Größe von Millimetern oder Metern in das bereits bestehende Ur-Meer gelangten und dort ihre biochemische Ladung einbringen konnten. Lebendes konnte mithin mehrfach und an verschiedenen Orten in diesem Ur-Meer sich entwickeln. Durch eine solche Annahme wird der Idee, daß das heutige Leben im System Erde von einer einzigen Urzelle seinen Ausgang nahm, damit die Grundlage entzogen. Kometen sind sowohl Tiefkühltransporter als auch Staubtransporter, können mithin Eis und Staub zur Erde transportieren, denn einige Wissenschaftler sind der Auffassung, daß auch Biomoleküle aus interstellaren Staub zur Entwicklung des Lebens im System Erde beigetragen haben könnten. Es zeige sich, daß kosmische Staubteilchen Vorläufermoleküle aller Stoffklassen enthalten, die für die Biochemie von Lebewesen Bedeutung haben (KISSEL/KRÜGER 2000, BERNSTEIN et al. 1999).

|Wasser, UV-Strahlung|
Allgemein wird das Vorhandensein von *Wasser* als eine wesentliche Voraussetzung für die Entwicklung von Leben im System Erde angesehen. Hinweise zur Herkunft des Wassers im System Erde und zur Entstehung des Meeres beziehungsweise von Meeresteilen wurden zuvor gegeben. Nach der von den deutschen Astrophysikern Jochen KISSEL und Franz KRÜGER entwickelten Theorie können *beim Kontakt mit flüssigem Wasser* die in kosmischen Staubteilchen enthaltene Moleküle *die vier wichtigsten Substanzklassen des Lebens erzeugen*, nämlich Aminosäuren, Zucker, Nucleobasen und Fettsäuren. Der diesbezügliche Ablauf läßt sich etwa wie folgt skizzieren (KISSEL/KRÜGER 2000): Zunächst zerfällt das Staubkorn in seine Mineralkerne, die von Fettsäuren mit einer membranartigen Hülle umgeben werden. Es bilden sich sogenannte Micellen. Die größeren organischen Moleküle bleiben in dieser Membran eingeschlossen, wie die Proteine, zu denen sich die Aminosäuren verknüpft haben, und Ribonucleinsäuren, die aus Nucleobasen, dem Zucker Ribose und mineralischem Phosphat entstanden sind. Im Gegensatz dazu können kleinere Nährstoffmoleküle und Abfallprodukte des Stoffwechsels hinein- und herausdiffundieren. Nach dieser Theorie laufen die Entwicklungen (die gekoppelten Reaktionszyklen, wie sie für das Leben charakteristisch sind) hier von Anfang an auf der Ebene von *Systemen* ab, womit für das Problem der "Kompartimentierung" eine plausiblen Lösung gegeben ist. Ausführungen zur Gliederung von "Organismen" entsprechend ihrer Größe sind im Abschnitt 9.3 enthalten. In diesem Zusammenhang spielt auch die solare *ultraviolette Strahlung* (UV-Strahlung), die damals wegen der andersartigen Zusammensetzung der Erdatmosphäre ungehindert bis zur Land/Meer-Oberfläche gelangen konnte, eine entscheidende Rolle. Sie hatte in dieser Zeit keine schädliche Wirkung, wie bisher meist unterstellt wird, sondern eine Funktion, die den ersten Organismen das Überle-

ben ermöglichte (also lebenserhaltend war). Diese konnten sich ja lediglich von den vorhandenen Nährstoffen (autotroph) ernähren. Mithin war eine chemische Wiederaufbereitung beziehungsweise eine Umwandlung ihrer "Abfall"-Produkte in energiereiche Substrate erforderlich, und dies besorgte die UV-Strahlung. Nach diesem Biogenese-Modell von KISSEL und KRÜGER erfolgte die "Urzeugung" von Leben im System Erde sobald Kometenstaub an der Land/Meer-Oberfläche mit flüssigem Wasser in Berührung kam, also quasi zwangsläufig. Die derzeit bekannten ältesten Urkunden der frühen Erdgeschichte nennt Bild 7.1.

|Gravitationsbiologie, Strahlenbiologie|

Im Rahmen vorgegebener Programme steuern äußere Faktoren wie Licht, Temperatur, Magnetfelder, chemische Signale und die *Erdschwerkraft*, welche Wege Organismen zur weiteren Entwicklung oder im Verhalten beschreiten (RUYTERS 2002). Bisher wurde kaum bedacht, daß alle Organismen im System Erde, von einfachsten Molekülen über Einzeller bis zu den Menschen, seit Beginn der Entwicklung (Evolution), seit über 4 Milliarden Jahren vor der Gegenwart unter Schwerkrafteinfluß stehen. Wie wirkt dieser Einfluß auf das Wachstum, die Entwicklung, die Reproduktion, die Bewegung und Orientierung von Organismen? Fragen dieses Komplexes werden oftmals unter dem Begriff *Gravitationsbiologie* zusammengefaßt.

In Deutschland begannen Forschungen dieser Art etwa ab 1972 mit dem Einsatz der Meßeinrichtung BIOSTACK auf Apollo 16. Seither sind rund 380 Flugexperimente zum Erforschung der Wirkung von Gravitation und Mikrogravitation auf Organismen durchgeführt worden (RUYTERS 2002, GERZER 1999). Sie reichen vom Fallturm (Bremen, 4,5 Sekunden Mikrogravitation) über Flugzeugparabelflüge (ca 20 Sekunden Mikrogravitation, wiederholbar) bis zu Höhenforschungsraketen (Mini-TEXUS, TEXUS, MAXUS, Mikrogravitation 3-15 Minuten). Im internationalen Bereich kamen schließlich Wiedereintrittssatelliten zum diesbezüglichen Einsatz wie etwa Shuttle/Spacelab sowie die Raumstationen Salut und MIR. Nunmehr dient die Internationale Raumstation ISS als Forschungsplattform der Bereiche Gravitationsbiologie und *Strahlenbiologie*, denn auch der Einfluß der Weltraumstrahlung und ihre Auswirkung auf lebende Zellen ist hier vorrangiges Forschungsziel. Ausführungen über die Abschirmung und biologische Wirkung der von der Sonne ausgehenden UV-Strahlung sowie zur Gliederung der UV-Strahlung sind im Abschnitt 10.4 enthalten.

Im internationalen Bereich obliegt die Koordinierung dieser Aktivitäten der "International Space Life Sciences Working Group" (IS-LSWG).

Start	Name der Mission und andere Daten
1971	**Salut-1** (UdSSR), bemannte Raumstation, Umlaufbahn-Höhe 200-220 km, Folgestationen bis Salut-7 (Start 1981)
1972	**Apollo 16** (USA), 5. bemannte Mondlandung, Meßeinrichtung (DLR-

?	Entwicklung) BIOSTACK an Bord **TEXUS** (Technologische Experimente unter Schwerelosigkeit) (Deutschland), Höhenforschungsraketen-Versuchseinrichtung des DLR in Kiruna/Finnland (1-2 Starts pro Jahr möglich), Mini-TEXUS: Gipfelhöhe 150 km, TEXUS: Gipfelhöhe 250 km, MAXUS: Gipfelhöhe 850 km, erste Starts: ?
1986	**MIR** (UdSSR, Russland), bemannte Raumstation, Umlaufbahn-Höhe 375-400 km, Inklination = 51,6°, Missionsende 2001
(2000)	**ISS** (USA, Russland, Europa, Japan, Canada), bemannte Internationale Raumstation (im Auf- und Ausbau)

Bild 7.17
Vorgenannte und einige weitere Missionen, die Beiträge zur Gravitationsbiologie und Strahlenbiologie erbrachten. Quelle: RUYTERS (2002) und andere

Wie können die ersten Lebensspuren im System Erde nachgewiesen werden?

Zuvor ist aufgezeigt worden, daß es bereits ca 4 Milliarden Jahre vor der Gegenwart im System Erde fließendes Wasser und offenbar auch einzelne Meeresteile gab. Die ältesten Spuren von Lebewesen, die sogenannten *Biosignaturen*, sind oftmals jedoch kaum noch erkennbar und teilweise mehrdeutig, da sie unter Umständen auch das Ergebnis von chemischen Reaktionen abiotischer Art sein können, die unter hohen Temperaturen und Drücken ablaufen, wie sie Gesteine in der Tiefe häufig ausgesetzt sind. Als Biosignaturen werden derzeit häufig genutzt (SIMPSON 2004):

► *Leichter Kohlenstoff*
also Kohlenstoff mit erhöhtem Anteil des Isotops der Masse 12 im Vergleich zu dem der Masse 13. Lebewesen bevorzugen beim Aufbau ihres organischen Materials aus Kohlendioxid den leichten Kohlenstoff.

►*Stromatolithen*
also geschichtete, kuppelförmige Gebilde, die von Mikroben-Kolonien geschaffen wurden.

► *Mikrofossilien*
also versteinerte Überreste von sehr kleinen Zellen.

► *Leichter Schwefel*
also Schwefel mit einem erhöhten Anteil des Isotops der Masse 32 im Vergleich zu dem der Masse 34, denn Mikroorganismen, die Schwefelverbindungen als Energiequelle nutzen, können diese Anreicherung bewirken.

► *Molekulare Fossilien*
also komplexe organische Moleküle, die denen heutiger Zellen ähnlich sind.

► *Biominerale*

also mineralische Körnchen, die von lebenden Zellen produziert wurden.

|Derzeit ältester Nachweis von Leben im System Erde|
Allgemein unstrittig ist, daß der Kohlenstoff in den Isua-Sedimenten (Grönland), die sich vor mehr als 3,7 Milliarden Jahren ablagerten, das älteste bisher entdeckte Relikt von Leben im System Erde ist (KISSEL/KRÜGER 2000, SIMPSON 2004). Die Bedeutung der winzigen Flecken von Graphit in den mehr als 3,8 Milliarden alten Gesteinen (Formationen) der Grönland vorgelagerten Insel Akilia dagegen gilt als ungeklärt (SIMPSON 2004).

|Zum frühesten Wirken von Cyanobakterien|
Allgemein unstrittig ist, daß die fossilisierten Höcker im Westen Australiens, die vor mehr als 3,5 Milliarden Jahren entstanden, derzeit die frühesten Zeugen für das Leben von Organismen (nämlich von Cyanobakterien) im System Erde sind. Die meisten anderen Stromatolithen aus dieser Zeit sind als Biosignaturen umstritten (SIMPSON 2004).

Bild 7.18
Stromatolithen sind turmartige Strukturen aus verkalkten Matten von Cyanobakterien. Sie entstehen auch heute noch an Orten wie der Haifischbucht in Westaustralien.
Quelle: SIMPSON (2004)

Cyanobakterien sind, wie ihr (heutiger) Name besagt, Bakterien. Früher wurden sie Blaualgen oder blau-grüne Algen genannt. In der biologischen Systematik sind die Prokaryota in der Gruppe Schizobionta (Spaltpflanzen) als eigenständige Abteilung Cyanophyta ausgewiesen (Abschnitt 9.3). Die Cyanobakterielle Photosynthese ist nachfolgend dargestellt (Abschnitt 7.1.02), in den Formen anaerobe Lebensweise (keine Sauerstoffbildung) und aerobe Lebensweise (Sauerstoffbildung
Cyanobakterien bilden in den Uferbereichen von Seen und Meeren zusammen mit anderen Mikroorganismen sogenannte Biofilme, die unter bestimmten Umständen verkalken und meterhohe feinschichtige Riffe aufbauen können. Solche Kalkriffe, auch *Stromatolithen* genannt, entstanden bereits in der frühen Erdgeschichte und zählen zu den ältesten Fossilien der Erde. Hinsichtlich der *fossilen* Cyanobakterien habe sich gezeigt, daß nicht alle (die in den Kalkriffen lebten) eine Kalkhülle hatten (ARP/BÖKER 2001). An mikroskopischen Aufnahmen heutiger mineralierter Cyano-

bakterien läßt sich zeigen, daß die Kalkkristalle meist regellos im Schleim der Biofilme entstehen und nur in Ausnahmefällen an die Cyanobakterien gebunden seien. Vermutlich wird (nach Forschungsergebnissen von Arp, Reimer und Reitner) in diesen Ausnahmefällen eine Kalkfällung nur dann bewirkt, wenn im Wasser *gleichzeitig* hohe Konzentrationen an Kalzium und niedrige Konzentrationen an organischem Kohlenstoff gelöst sind. Wird davon ausgegangen, daß die atmosphärische Kohlendioxid-Konzentration der Luft anhand der Spaltöffnungsdichte auf Ginkgo-Blättern geschätzt werden kann, dann läßt sich ebenfalls schätzen, wie hoch die Kalzium-Konzentration in den Meeresteilen der frühen Erdgeschichte (mindestens) gewesen sein muß. Nach dieser Vorgehensweise und bisheriger Erkenntnis schwankte die Kalzium-Konzentration in den Meeresteilen mehrfach zwischen dem heutigen Wert und einem dreimal höheren Wert (ARP/BÖKER 2001). Da für den Stoffwechsel der Lebewesen Kalzium bedeutsam ist, würden genauere Kenntnisse über zeitabhängigen Änderungen der Kalzium-Konzentrationen in den Meeresteilen beispielsweise Aussagen über die Evolution von Schalentieren und die Skelette von Wirbeltieren ermöglichen.

7.1.02 Sauerstoffanreicherung in der Erdatmosphäre, Photosynthese

Während der Entstehung der Erde waren offenbar weder eine Atmosphäre noch eine Hydrosphäre in nennenswertem Umfang vorhanden. Andererseits liegen marine Sedimente vor, die älter als 3,5 Milliarden Jahre sind (Abschnitt 7.1.01). Zumindest ab dieser Zeit ist somit das Vorhandensein einer Atmosphäre und einer Hydrosphäre im System Erde wahrscheinlich, denn ohne diese Sphären hätten keine solchen Sedimente entstehen können. Wie ebenfalls zuvor dargelegt, war die *erste* Atmosphärenstruktur des Systems Erde nahezu sauerstofffrei. Gleiches gilt weitgehend auch für den Anfang der *zweiten* Atmosphärenstruktur des Systems Erde. Wird angenommen, daß **atmende Organismen** erst dann existieren können, wenn der Sauerstoffgehalt in der Atmosphäre 1% des jetzigen Betrages überschreitet (SCHIDLOWSKI 1981, QUENZEL 1987), dann könnte diese Bedingung für die Erdatmosphäre vermutlich um ca 2 Milliarden Jahre vor der Gegenwart (oder erst später?) erfüllt gewesen sein.

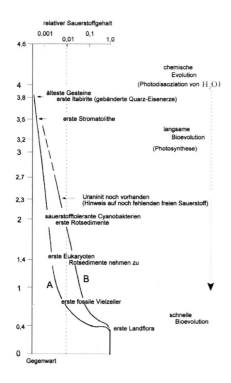

Bild 7.19
Vermuteter Verlauf der Sauerstoffanreicherung in der Erdatmosphäre. Kurve A nach SCHIDLOWSKI 1971, Kurve B nach CLOUD 1983 (siehe MÖLLER 1986). Im Abschnitt 10.5 sind weitere Kurven angegeben über die Kohlendioxid-, Methan- und Sauerstoff-Konzentrationen in der Atmosphäre während des erdgeschichtlichen Ablaufs.

Strukturen und Funktionen der Organismen

Vielfach wird heute davon ausgegangen, daß nicht anorganisch-photochemische Prozesse (abiotische) Prozesse, sondern vorrangig organisch-chemische Prozesse (biotische Prozesse) die Sauerstoffanreicherung in der Erdatmosphäre bewirkt haben. Nachfolgend werden daher zunächst einige Strukturen und Funktionen der Organismen beziehungsweise der Zellen (im biologischen Sinne) kurz behandelt.

Autotrophe und heterotrophe Organismen

Zu den elementaren Bausteinen biologischer Systeme (Organismen) gehören unter anderem Kohlenstoff (C), Stickstoff (N) und Schwefel (S). Je nach der Herkunft von C, N und S unterscheidet man autotrophe und heterotrophe Organismen (CZIHAK et al. 1992, S.87). Sie werden dort wie folgt beschrieben:

Autotrophe Organismen
vermögen die drei Elemente in oxidierter anorganischer Form als Kohlendioxid, Nitrat- und Sulfation aufzunehmen und zu assimilieren.
Heterotrophe Organismen
können die drei Elemente nur als reduzierte organische Verbindungen für Synthesen verwerten. Daraus gewinnen sie auch den notwendigen Treibstoff als chemische Energie.
Zwischen beiden Ernährungstypen gäbe es Übergänge. Im pflanzlichen wie im tierischen Organismus haben Stoffumsetzungen im allgemeinen zweierlei Funktion: sie *liefern Energie,* sie dienen zum Ersatz *verbrauchter Strukturen* und erzeugen *neue Strukturen* (Wachstum). Die Bilder 7.20 und 7.21 geben eine ausführliche Übersicht über die energieliefernden Reaktionen bei verschiedenen Ernährungsweisen der Organismen. Danach kann unterschieden werden:

Autotrophie |Kohlendioxid (CO_2) als Kohlenstoffquelle|
Photoautotrophie (autotrophes Leben mit Licht)
(1) anoxigene Photosynthese (ohne O_2-Bildung)
(2) oxigene Photosynthese (mit O_2-Bildung)
Chemoautotrophie (autotrophes Leben ohne Licht)
(1) anaerob (ohne O_2)
(2) aerob (mit O_2)
Autotrophe Organismen speichern mithin durch die Vorgänge der *Photosynthese* oder der *Chemosynthese* die lebensnotwendige Energie in Form von komplexen chemischen Verbindungen,

Heterotrophie |Organische Substanzen als Kohlenstoff- und Energiequelle|
(1) Gärung
(2) Schwefelatmung
(3) Sauerstoffatmung

Thermophile und hyperthermophile Organismen

Mesophile Lebensformen sind an Umgebungstemperaturen von ca 15-45° C angepaßt. *Thermophile* (Hitze liebende) Lebensformen wie etwa Bakterien wachsen optimal bei Umgebungstemperaturen von 45-70° C. *Hyperthermophile* Lebensformen wachsen am schnellsten bei Umgebungstemperaturen von ca 80° C und mehr bis zu einer Obergrenze von 113° C (STETTER 2003). Hyperthermophile Mikroorganismen leben vorrangig in wasserhaltigen Vulkangebieten. Auf dem Land sind dies vorrangig die Solfatarengebiete, in denen aus Magmakammern Wasserdampf und heiße Gase (Kohlendioxid, Wasserstoff, Schwefeldioxid) entweichen und die Geländeoberfläche bis zum Siedepunkt von Wasser erhitzen. Diese Gebiete sind in der Regel stark sauer (pH = 6,0-0,5), wobei die Gesteine ausgelaugt werden und sich zersetzen, so daß Schlammlöcher entstehen. Nach Stetter sind bisher insgesamt ca 80 Arten von hyperthermophilen Bakterien und Archaeen bekannt. Weitere Hinweise zu hyperthermophilen Archaeen und Bakterien sind in den Abschnitten 7.6.07 (Schwefelkreislauf) und 9.3.03 enthalten.

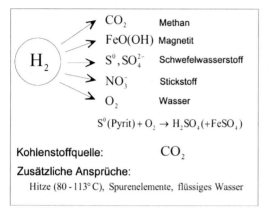

Bild 7.20
Energieliefernde Stoffwechselreaktionen *chemolithoautotropher Hyperthermophiler* nach STETTER (2003).

I. Gewinnung energiereicher Pyrophosphatbindungen

1) Photophosphorylierung $\quad$ ADP + Phosphat $\xrightarrow{\text{Licht}}$ ATP

2) Elektronentransportketten-phosphorylierung $\quad$ ADP + Phosphat $\xrightarrow{\text{Elektronentransport}\atop (z.B. H_2\cdot S \rightarrow H_2S)}$ ATP

II. Leben mit CO_2 als Kohlenstoffquelle (Autotrophie)

A) Autotrophes Leben mit Lichtenergie (Photoautotrophie)

1) Anoxigene Photosynthese:
   ([H]-Übertragung ohne O_2-Bildung) $\quad 6\,CO_2 + 12\,H_2S \xrightarrow{\text{Licht}} C_6H_{12}O_6 + 12\,S + 6\,H_2O$
   (Glucose)

2) Oxigene Photosynthese:
   (O_2-Bildung durch Wasserspaltung) $\quad 6\,CO_2 + 6\,H_2O \xrightarrow{\text{Licht}} C_6H_{12}O_6 + 6\,O_2$
   (Glucose)

B) Autotrophes Leben ohne Licht (Chemoautotrophie)

1) Anaerob (ohne O_2)
   a) Schwefelreduktion: $\quad 4\,S^\circ + 4\,H_2 \rightarrow 4\,H_2S \quad \Delta G'_o = -31{,}2$ kcal ($-130{,}5$ kJ)
   b) Methanbildung: $\quad CO_2 + 4\,H_2 \rightarrow CH_4 + 2\,H_2O \quad \Delta G'_o = -32{,}4$ kcal ($-136{,}6$ kJ)

2) Aaerob (mit O_2)
   a) Knallgasreaktion: $\quad 1/2\,O_2 + H_2 \rightarrow H_2O \quad \Delta G'_o = -56{,}7$ kcal ($-237{,}2$ kJ)
   b) Schwefeloxidation: $\quad 2\,O_2 + H_2S \rightarrow H_2SO_4 \quad \Delta G'_o = -189{,}9$ kcal ($-794{,}5$ kJ)

III. Leben mit organischen Substanzen als Kohlenstoff- und Energiequelle (Heterotrophie)

1) Gärung: $\quad$ org. Substanz $\rightarrow$ oxidiertes + reduziertes Bruchstück + Energie
   (Glucose) $\rightarrow$ (2 CO_2 + 2 Alkohol) $\Delta G'_o = -57$ kcal (-238 kJ)

2) Schwefelatmung: $\quad$ org. Substanz + $S^\circ \rightarrow H_2S + CO_2$ + Energie
   (Alkohol + 2 H_2O + 4S°) $\rightarrow$ (2 CO_2 + 4 H_2S) $\quad \Delta G'_o = -5{,}7$ kcal ($-23{,}8$ kJ)

3) Sauerstoffatmung: $\quad$ org. Substanz + $O_2 \rightarrow H_2O + CO_2$ + Energie
   (Glucose + 6O_2) $\rightarrow$ (6 H_2O + CO_2) $\quad \Delta G'_o = -686$ kcal (-864 kJ)

[a] $\Delta G'_o$ = Differenz an freier, arbeitsfähiger Energie; S° = elementarer Schwefel
ADP = Adenosindiphosphat; ATP = Adenosintriphosphat

Bild 7.21
Energieliefernde Stoffwechselreaktionen bei verschiedenen Ernährungsweisen der Organismen. Quelle: KANDLER (1987)

Prokaryotische und eukaryotische Organisation der Zelle, Organismen-Gruppen (Domänen)

Die *Zelle* gilt in der Biologie als kleinste Einheit der Struktur, der Vermehrung und der Funktion; sie gilt als *Grundform* der biologischen Organisation (CZIHAK et al. 1992). *Viren*, die weder einen eigenen Stoffwechsel aufweisen noch selbst wachsen oder erregbar sind, gelten nicht als Zellen, höchstens als Zellbestandteile. Für ihren Lebenszyklus benötigen sie eine intakte Zelle. Die Zelle gilt zugleich als kleinstes *offenes System* der Biologie. Bezüglich offene Systeme siehe Abschnitt 1.04. Heute tritt die zelluläre Phase in zwei Organisationsstufen auf (KANDLER 1987). Es werden unterschieden: *prokaryotische Zelle*
eukaryotische Zelle
Entsprechend den beiden vorgenannten Organisationsstufen ist folgende Gruppierung der Organismen üblich:

Prokaryoten (früher Prokaryonten)

Organismen, deren Zellen *keinen Zellkern*, also kein abgegrenztes Teil für die Erbsubstanz, aufweisen. Die Benennung Prokaryoten (wörtlich: Vorkerner) leitet sich ab aus dem lat. pro in der Bedeutung zeitlich vor und aus dem gr. karyon für Kern, Stein, Nuß.

Eukaryoten (früher Eukaryonten)

Organismen, deren Zellen einen abgegrenzten *Zellkern* (in dem fast die gesamte Erbsubstanz eingeschlossen ist) und Zellorgane (Organelle), wie etwa Peroxisomen, Mitochondrien, Plastiden... aufweisen. Die *Organellen* nehmen bestimmte Aufgaben wahr: die *Peroxisomen* sind beispielsweise für den Fettstoffwechsel bedeutsam, die *Mitochondrien* dienen vor allem der ATP-Produktion (siehe diesen Abschnitt), in den pflanzlichen Zellen sind die *Plastiden* vorrangig Ort der Photosynthese. Die Plastiden können Stärke bilden; sie treten in folgenden Formen auf (CZIHAK et al. 1992 S.12): als *Proplastiden* in jungen Zellen; als ebenfalls farblose *Leukoplasten* in unterirdischen Organen; als chlorophyllhaltige *Cloroplasten* in Laubblättern und Sprossen, wo sie als Organelle der Photosynthese wirken; als gelb- bis rotgefärbte *Chromoplasten* in Blüten- und Fruchtblättern sowie als ebenfalls gelbe *Gerondoplasten* im Herbstlaub. Alle Pflanzen, Tiere und Pilze sind Eukaryoten.

In *fossiler* Form sind die

Prokaryoten seit mindestens 3,5 Milliarden Jahren vor der Gegenwart, die
Eukaryoten erst seit 1,4 Milliarden Jahren vor der Gegenwart dokumentiert.

Vielfach wird angenommen, daß deshalb die Eukaryoten aus den Prokaryoten hervorgegangen sind. Andererseits sind beide grundlegend verschieden organisiert. Es trennt beide eine tiefe stammesgeschichtliche Kluft, die sich nach derzeitiger Auffassung nicht plausibel überbrücken läßt, weder unter heute lebenden noch unter fossilen Formen (MARTIN/MÜLLER 1998). Heute wird meistens die folgenden Organismen-Gruppen unterschieden (WOESE 2002, STETTER 2003, THAUER 2003):

a) **Archaea** (füher *Archaebakterien* genannt)
b) **Bacteria** (früher *Eubakterien* genannt) sie gelten als "echte" Bakterien.
c) **Eucaria** (füher *Eukaryoten*, auch *Eukaryonten* genannt)

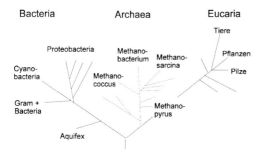

Bild 7.22
Phylogenetische Beziehungen zwischen Bacteria, Archaea und Eucaria, ermittelt aus ribosomalen RNA-Sequenzvergleichen nach THAUER (2003). *Methane* Archaea sind durch punktierte Linien dargestellt. Eine umfassendere Darstellung der phylogenetischen Beziehungen ist in STETTER (2003) enthalten. Die Untergruppen von Bacteria, Archaea und Eucaria werden auch als „Phylum" bezeichnet (früher „Reich").

Die *Phylogenese* (auch Phylogenie) befaßt sich mit der Entwicklung von Lebewesen und kann aufgefaßt werden als der *Prozeß* der Entstehung geschlossener Abstammungsgemeinschaften der Natur durch Spaltung jeweils nur ihnen zugehöriger Stammarten (AX 1988). Folgt man dieser Definition, dann besteht die Aufgabe biologischer Systematik darin, die Verwandtschaftsbeziehungen zwischen Arten und Abstammungsgemeinschaften, welche in der Phylogenese festgeschrieben wurden, aufzuzeigen als objektivierbare Bezugsgröße für eine Gliederung des Lebendigen; dementsprechend kann es (im System Erde!) nur ein einziges phylogenetisches System der Organismen geben (AX 1989). Eine umfangreiche Darstellung der phylogenetischen Systematik mit Stand 1980 gibt HENNIG (1982).

ATP-Produktion in Organismen

Zellen beziehungsweise Organismen sind, wie zuvor schon dargelegt, *offene Systeme*. Struktur und Lebensfunktionen können sie nur durch ständige Energiezuführung aus ihrer Umwelt aufrechterhalten. Als Energiequellen dienen: bei photoautotrophen Organismen die elektromagnetische Energie der *Sonnenstrahlung*; bei chemoautotrophen (oder chemolitotrophen) Organismen die chemische Energie *anorganischer* Verbindungen; bei heterotrophen Organismen die chemische Energie *organischer* Verbindungen (CZIHAK et al. 1992 S.77). Aus der zugeführten Energie, den zugeführten *Nährstoffen*, wird bei fast allen Organismengruppen schließlich ein zellulärer Energieträger gewonnen: das *Adenosintriphosphat* (**ATP**). Das ATP-Molekül (in Zellen) besteht aus der organischen Base Adenin (Purinbase), dem Zucker Ribose und drei Phosphatgruppen. Als Träger der Energie kann das Molekül diese innerhalb der

Zelle dorthin transportieren, wo sie benötigt wird. Gleich, ob es um den Aufbau neuer Zellstrukturen, das Aufrechterhalten von Stoffwechselvorgängen oder etwa von Muskelbewegungen geht, fast immer liefert die Abspaltung der dritten Phosphatgruppe von ATP die Energie dazu (FRITSCHE 1997). Bezüglich der Strukturformel von ATP siehe PSCHYREMBEL (1990).

Das ATP gilt als eine Art universelle "Energiewährung" der Zellen. Um ATP aus den Vorstufen Adenosindiphosphat (ADP) und Phosphat (P_i) zusammenzusetzen, benutzen fast alle Organismen das Enzym ATP-Synthase. *Enzyme* sind Proteine, die im Zellstoffwechsel biochemische Reaktionen beschleunigen. Erst ihre Tätigkeit ermöglicht einen geordneten Stoffwechsel.

Das Enzym **ATP-Synthase**
ist fast im gesamten Organismenreich zu finden und in Einzellern bis hin zu Vielzellern, in einfachsten Bakterien über Pilze und grüne Pflanzen bis hin zu Tieren und Menschen, *gleichartig* aufgebaut. Demnach könnte es schon in der *frühen Erdgeschichte* existent gewesen sein (FRITSCHE 1996).

Das Enzym besteht aus zwei großen Einheiten: dem F_0-*Komplex*, der die Membran der *Thylakoide* wie ein Tunnel durchspannt, und dem F_1-*Teil* außerhalb der Membran. Thylakoiden sind membranumschlossene Hohlräume des Organismus. F_0 ist unter anderem aus 9-12 c-Proteinen aufgebaut. Angetrieben durch das Konzentrationsgefälle und die elektrische Spannung zwischen Innen- und Außenseite der Thylakoidmembran durchströmen Protonen, positiv geladenen Wasserstoff-Ionen (H^+), den F_0-Komplex und versetzen ihn dabei in Rotation Der F_1-Teil umfaßt mehrere Komponenten. Durch die Struktur und der rotierenden Bewegung einer dieser Komponenten wird die Bindungsfähigkeit für ADP und ATP zyklisch variiert, was letztlich die Synthese von ATP aus ADP und anorganischem Phosphat bewirkt (FRITSCHE 1996, 1997). Während Einzeller nur einen einzigen Reaktionsraum aufweisen (ihr Zellinneres), sind Vielzeller mit *Organellen* (Zellkomponenten) ausgestattet, an deren Membransystemen die wesentlichen Schritte zur ATP-Produktion ablaufen. Bei Tieren sind das die *Mitochondrien*, bei Pflanzen stehen dafür zusätzlich etwa *Chloroplasten* zur Verfügung.

Was veranlaßte die Sauerstoffanreicherung in der Erdatmosphäre?

Wie zuvor dargelegt, zeigen die bisher unterscheidbaren Atmosphärenstrukturen, daß in der Frühzeit der Erdgeschichte (zurückreichend bis etwa 4 Milliarden Jahre vor der Gegenwart) die Atmosphäre weitgehend sauerstofffrei und reduzierend war. Dies bezeugen unter anderem die dieser Zeit zuzuordnenden Pyrit- und Uraninit-Flußgerölle sowie die „gebänderte Eisenerze" (Itabirite), die nur unter weitgehend anaeroben Bedingungen gebildet werden können. Um ca 2 Milliarden Jahre vor der Gegenwart mehren sich dann die Hinweise auf eine zunehmende oxidierende Atmosphäre, da die Pyrit- und Uraninit-Gerölle verschwinden ebenso wie die Itabirite. Es erscheinen erstmals kontinentale Rotsedimente. Zu den bisher aufgetretenen prokaryotischen Lebewesen gesellen sich nun erstmals eukaryotische und makrophytische Algen, für die **Atmung** angenommen werden kann (MOSBRUGGER 2003).

Die *Erdkruste* (das Erdinnere) enthält reichlich Sauerstoff. Mit 47 Gewichtsprozent ist Sauerstoff (O) hier sogar das häufigste Element, gefolgt von Silicium (Si) mit 28 Gewichtsprozent. In der Erdkruste liegt der Sauerstoff allerdings gebunden vor, etwa in Silikaten als Siliciumdioxid (SiO_2). Es gilt als weitgehend gesichert, daß der freie Sauerstoff in der heutigen Erdatmosphäre *nicht* aus dem Erdinnern stammt, denn beispielsweise zeigen Konglomerate aus der Zeit um 2 Milliarden Jahre vor der Gegenwart Eisen in zweiwertiger Form als Pyrit (FeS_2). Wäre genügend freier Sauerstoff im Erdinnern vorhanden gewesen, wäre das Eisen oxidiert und läge in dreiwertiger Form als FeO_3 vor (QUENZEL 1987). Aus den Gesteinen wird mithin praktisch kein Sauerstoff in die Atmosphäre entlassen.

Woher aber stammt der freie Sauerstoff in unserer heutigen (der *dritten*) Atmosphärenstruktur? Ist er aus chemischen Verbindungen in der Atmosphäre selbst (und in der Hydrosphäre), also aus gasförmigem oder flüssigem Wasser (H_2O) entstanden, etwa mittels der *Photolyse von Wassermolekülen* gemäß (QUENZEL 1987):

$$H_2O \xrightarrow[\text{über Zwischenstufen}]{h \cdot \nu} \triangleright H_2 + O$$

$h \cdot \nu$ = solare elektromagnetische Strahlung (Photonenenergie)
h = Planck-Konstante (siehe Abschnitt 4.2)
ν = Frequenz

Der geringe Sauerstoffgehalt der erdgeschichtlich frühen Atmosphärenstrukturen ermöglichte der *solaren UV-Strahlung* ein Vordringen bis zur Land- beziehungsweise Meeresoberfläche. Die Produktion von Sauerstoff durch die Zerlegung von Wassermolekülen mittels UV-Strahlung hat zum heutigen Sauerstoffgehalt der Atmosphäre nach allgemeiner Auffassung jedoch keinen nennenswerten Beitrag geleistet (siehe beispielsweise SCHIDLOWSKI 1987, QUENZEL 1987, MASON/MOORE 1985). Bei dieser chemischen Reaktion wird das Wassermolekül mittels *Photodissoziation* aufgespalten in OH- und H-Radikale. Zahlreiche Radikale vereinigen sich wieder zu Wasser, während ein Teil des Wasserstoffs (H_2) in den Weltraum diffundiert, was eine relative Zunahme des Sauerstoffs (O_2) nach sich zieht (MASON/MOORE 1985 S.220). Nach BROCKHAUS (1999) sind dies derzeit ca $2 \cdot 10^8$ kg Sauerstoff pro Jahr, während durch Photosynthese ca $3,44 \cdot 10^{14}$ kg Sauerstoff pro Jahr freigesetzt würden.

Heute wird allgemein davon ausgegangen, daß nicht anorganisch-photochemische Prozesse (abiotische Prozesse), sondern vorrangig organisch-photochemische Prozesse (biotische Prozesse) die Sauerstoffanreicherung in der Erdatmosphäre bewirkt haben. Offensichtlich war nur die *Photosynthese* von Mikroorganismen und Pflanzen in der Lage, den niedrigen Sauerstoffpegel der frühen Atmosphärenstrukturen im Laufe der Erdgeschichte auf das heutige Niveau zu heben. Generell wird bei der *sauerstoff-*

produzierenden Photosynthese Kohlendioxid (CO_2) und Wasser (H_2O) in Pflanzenmasse umgesetzt, und Sauerstoff (O_2) wird freigesetzt. Der so entstandene Sauerstoff kann als ein Stoffwechselprodukt, beziehungsweise als ein Abfallprodukt des Stoffwechsels von Pflanzen (und Mikroorganismen) angesehen werden. Der biologisch freigesetzte Sauerstoff stammt mithin aus der Reduktion von Kohlendioxid zur Kohlehydratstufe mit Hilfe von Wasser, wie sie bei der Photosynthese gemäß der nachstehenden **Bruttogleichung** erfolgt (SCHIDLOWSKI 1987). Die Gleichung stellt die *allgemeinste Photosynthesegleichung für die Kohlehydratbildung* dar. Gemäß der Schreibweise nach CZIHAK et al. (1992) S.130 steht A für Schwefel, organische Säuren und anderes (phototrophe Bakterien) oder für Sauerstoff (Cyanobakterien und alle eukaryotischen grünen Pflanzen).

$$CO_2 + 2 \cdot H_2 \cdot A \xrightarrow{h \cdot \nu} \triangleright (CH_2O) + H_2O + 2 \cdot A$$

CH_2O = Grundbaustein der Kohlenhydrate
Nach SCHIDLOWSKI ist dies der einzige irdische Prozeß, der erhebliche Mengen von Sauerstoff in die Erdatmosphäre eingebracht hat.

● Das *geologische Alter* der photosynthetischen Kohlenstofffixierung liefert danach eine Zeitmarke für den *Beginn* der Sauerstoffzunahme in unserer Atmosphäre. Nach SCHIDLOWSKI ist das Auftreten von *Kerogenbestandteilen* in Sedimenten ein Nachweis für biologische Kohlenstofffixierung, da bisher kein *anorganischer* Prozeß bekannt beziehungsweise bewiesen ist, der größere Mengen reduziertem Kohlenstoff in Sedimente einspeist.

**Benthisch oder planktisch lebende
photoautrophe Organismen der frühen Erdgeschichte
und ihre Sauerstoffproduktion**
Mehrere unabhängige Beobachtungen und Befunde bezeugen, daß photoautotrophe Organismen die Erde schon sehr früh bevölkerten. Mikrobielle Ökosysteme des stromatolithischen Typs konnten in Sedimentgesteinen bereits für die Zeit um etwa 3,5 Milliarden Jahre vor der Gegenwart sicher nachgewiesen werden. Obwohl stromatolithische Strukturen als solche noch nicht die Anwesenheit von Cyanobakterien bezeugen, wird angenommen, daß diese Art von benthisch lebenden Prokaryoten schon zu jener Zeit auf phototaktische Impulse reagiert haben und zur *Photosynthese* fähig waren (SCHIDLOWSKI 1987). Es besteht eine gewisse Wahrscheinlichkeit dafür, daß die gleiche Aussage auch für die aufgefundenen noch älteren grönländischen Sedimente zutrifft. Im Abschnitt 7.1.03 war auf diese Zeugen bereits hingewiesen worden.

|Kerogen|
Auch das Auftreten von *Kerogenbestandteilen* in diesen ältesten Sedimenten ist ein Nachweis für biologische Kohlenstofffixierung, da bisher kein anorganischer Prozeß

763

bekannt beziehungsweise bewiesen ist, der größere Mengen von reduziertem Kohlenstoff in Sedimente einspeist (SCHIDLOWSKI 1987). *Kerogen* ist das Endprodukt der diagenetischen Umwandlung von organischer Substanz in Sediment. Außerdem kann nach SCHIDLOWSKI die *Form der Kohlenstoffisotopen-Alterskurve* als Stütze der vorstehenden Ausführungen gelten. Man kann mithin davon ausgehen, daß das System Erde bereits zu der genannten Zeit von hochproduktiven prokaryotischen Ökosystemen (sowohl des *benthischen* als auch des *planktischen* Typs) besiedelt war und daß die *autotrophe* Kohlenstofffixierung sowie speziell die *Photosynthese* als ihre quantitativ wichtigste Variante fast mit Sicherheit schon 3,8 Milliarden Jahre vor der Gegenwart als biochemische Prozesse im System Erde etabliert waren; seit diesem Zeitpunkt hat die Photosynthese auch als *exogener* Faktor das geochemische Geschehen in diesem System entscheidend mitgeprägt (SCHIDLOWSKI 1987). Darauf wird später eingegangen werden. Das Vorkommen von reduzierten (organischen) Kohlenstoffverbindungen in den Sedimenten der Zeit um 3,5 Milliarden Jahre vor der Gegenwart ist ein Indikator für den Redox-Zustand der frühen Umwelt der Organismen, da diese Kerogenbestandteile (und ihre metamorphen Derivate in Form von Graphit) letztlich anzeigen, daß bei der Bildung des organischen (Ausgangs-)Materials Oxidationsäquivalente freigesetzt worden sind entsprechend der Stöchiometrie der Photosynthese-Gleichung gemäß Form (4) in Bild 7.26. Die *Stöchiometrie* befaßt sich mit der Zusammensetzung der Stoffmengen-, Massen-, Volumen- und Ladungsverhältnissen bei chemischen Reaktionen. Ob die freigesetzten Oxidationsäquivalente molekularer Sauerstoff (wie bei der *oxigenen* bakteriellen Photosynthese) oder andere oxidierte Verbindungen waren, ist bisher noch nicht eindeutig beantwortbar (SCHIDLOWSKI 1987). Es könnten auch oxidierte Verbindungen gewesen sein aus den verschiedenen Formen der *anoxigenen* bakteriellen Photosynthese, bei denen anstelle von Wasser (H_2O) Schwefelwasserstoff (H_2S) oder Wasserstoff (H_2) als Reduktionsmittel dienen (siehe Bilder 7.25 und 7.26).

Eine Differenzierung zwischen Kerogenen unterschiedlicher photosynthetischer Herkunft ist bisher noch nicht möglich und deshalb bezeugen nach SCHIDLOWSKI die ältesten (3,8 beziehungsweise 3,5 Milliarden Jahre vor der Gegenwart) aufgefundenen Gesteine lediglich die zeitgenössische Existenz der Photosynthese in ihrer allgemeinsten Form.

Es wird als sehr wahrscheinlich angesehen, daß die *anoxigene* bakterielle Photosynthese der *oxigenen* in der geschichtlichen Entwicklung des phototrophen Stoffwechsels vorausgegangen ist. In der erdgeschichtlichen Frühzeit sind aus diesem Grunde vermutlich

andere Oxidationsprodukte als freier Sauerstoff

in erheblicher Menge freigesetzt worden. Dies könnte nach SCHIDLOWSKI auch ein Grund dafür sein,

daß die Sauerstoffanreicherung der Erdatmosphäre längere Zeit auf einem niedrigen Niveau verharrte,

wie aufgrund verschiedener Befunde für die frühe erdgeschichtliche Zeit (etwa vor 2

Milliarden Jahre vor der Gegenwart) anzunehmen ist (Bilder 7.19 und 7.20).

Photosynthese und Atmung

Die heutige Erdatmosphäre enthält ca 21 % freien Sauerstoff (O_2). Nur die Anreicherung von freiem atmosphärischen Sauerstoff im Laufe der Erdgeschichte bis zu diesem Wert ermöglichte es, daß sich neben Prokaryoten auch Eukaryoten und damit höheres Leben im System Erde entwickeln konnten einschließlich der Energiegewinnung durch Atmung. Als wesentliche Prozesse für die Bildung und Anreicherung von freiem atmosphärischen Sauerstoff gelten nach MOSBRUGGER (2003): (a) Oxigene Photosynthese und Atmung, (b) Aufbau von Biomasse, (c) Einbau von organischem Kohlenstoff in Sedimente. Mosbrugger verweist in diesem Zusammenhang darauf, daß bei der Oxigenen Photosynthese (wie sie beispielsweise Cyanobakterien, Algen, höhere Pflanzen betreiben) Kohlendioxid mittels Wasser und Lichtenergie zu Kohlehydraten reduziert und Sauerstoff freigesetzt wird. Bei der Atmung werden dagegen Kohlehydrate oxidativ zersetzt zu Kohlendioxid und Wasser. Sind Oxigene Photosynthese und Atmung im Gleichgewicht, bleibt die Sauerstoff-Konzentration konstant. Werde jedoch organisches Material der Veratmung entzogen, führe dies zur Akkumulation von freiem Sauerstoff (Bild 7.23). Nur durch solche „Lecks" im Kohlenstoffkreislauf habe sich im Ablauf der Erdgeschichte die heutige Sauerstoff-Atmosphäre entwickeln können.

$$H_2O + CO_2 + Licht \rightarrow CH_2O + O_2 \quad = \textit{Oxigene Photosynthese}$$

$$\Downarrow \quad \Uparrow$$

$$CH_2O + O_2 \rightarrow H_2O + CO_2 + E \quad = \textit{Atmung}$$

$\downarrow$

$\rightarrow$ Lebende Biomasse

$\rightarrow$ Einbettung in Sedimente | C_{org} (foss) |

Bild 7.23
Kreislaufgeschehen |Oxigene Photosynthese und Zersetzung durch Atmung|. Die Bildung von lebender Biomasse und die Einbettung von organischem Kohlenstoff in Sedimente können als „Lecks" in diesem Kreislaufgeschehen aufgefaßt werden.
Quelle: MOSBRUGGER (2003)

Oxigene Photosynthese durch Cyanobakterien:
*bereits 3,5 Milliarden Jahre vor der Gegenwart
im System Erde existent?*

Da der geringe Sauerstoffgehalt der erdgeschichtlich frühen Atmosphärenstrukturen der solaren UV-Strahlung ein Vordringen bis zur Land- beziehungsweise Meeresoberfläche ermöglichte, dürfte ein (großer?) Teil der damals lebenden Organismen an die *anaerobe* Umwelt angepaßt gewesen sein. Ein anderer Teil, die *ersten photosynthetisch aktiven Organismen*, konnten sich sehr wahrscheinlich nur im Wasser entfalten, benthisch oder planktisch lebend. Mikrobielle Ökosysteme des *stromatolithischen* Typs sind in Sedimentgesteinen bereits für die Zeit um etwa 3,5 Milliarden Jahre vor der Gegenwart nachgewiesen worden. Allerdings ist strittig, ob diese Einschlüsse im Gestein biogenen oder abiogenen Ursprungs sind (siehe zuvor: Fossile Cyanobakterien?). Obwohl stromatolithische Strukturen als solche noch nicht die Anwesenheit von *Cyanobakterien* bezeugen, wird dennoch vielfach angenommen, daß diese (benthisch) lebenden Prokaryoten schon zu jener Zeit auf phototaktische Impulse reagiert haben und zur Photosynthese fähig waren (SCHIDLOWSKI 1987).

Die Cyanobakterien sind, wie ihr (heutiger) Name besagt, Bakterien. Der von ihnen (im Wasser, im Meer) freigesetzte Sauerstoff gelangte sehr wahrscheinlich nicht sogleich in die Atmosphäre, sondern wurde sofort zur Bildung von Sulfaten verbraucht sowie zur Oxidation von zwei- zu dreiwertigem Eisen, zu Fe_2O_3 in *marinen gebänderten Eisenerzen*. Das Meer (Meerwasser) blieb zunächst also praktisch sauerstofffrei. Vielfach gelten die gebänderten Eisenerze der grönländischen Isua-Serie (mit einem Alter von 3,8 Milliarden vor der Gegenwart) für die frühesten Zeugen des Vorkommens von biogenem Sauerstoff (O_2). Die Eisenerze zeigen abwechselnde Schichten von reduziertem und oxidierten Eisen, obwohl zur Zeit der Ablagerung die Erdatmosphäre nach allgemeiner Auffassung sauerstofffrei und schwach reduzierend war. Mithin muß davon ausgegangen werden, daß im Wasser (im Meer) bereits Organismen lebten, die photosynthetisch Sauerstoff produzierten (KANDLER 1987).

Stratosphärische Ozonschicht in der Atmosphäre:
begann der Aufbau etwa 2 Milliarden Jahre vor der Gegenwart?

Seit etwa 2,3 Milliarden Jahren vor der Gegenwart liegt Eisen dreiwertig als Fe_2O_3 in *kontinentalen Rotsedimenten* vor. Sie bezeugen den Beginn der subaberischen Oxidationsverwitterung und somit auch die zunehmende Sauerstoffanreicherung in der Atmosphäre. Vor etwa 2 Milliarden Jahre vor der Gegenwart hatte diese vermutlich erst 1% des heutigen Pegels erreicht. Allgemein wird davon ausgegangen, daß mit dem Erreichen dieser 1%-Marke in der Stratosphäre der Aufbau einer Schicht von Ozon (O_3) begann. Diese *stratosphärische Ozonschicht* bewirkt, daß die *solare UV-Strahlung* absorbiert wird und nicht bis zur Land- oder Meeresoberfläche vordringen kann (Abschnitt 10.4). Die UV-Strahlung gilt als "lebensfeindlich", da sie Moleküle durch Photolyse zerlegen kann, und dies um so leichter, je größer die Moleküle sind. Vor allem können so auch DNS-Moleküle (Desoxiribonucleinsäure-Moleküle) zerstört werden, die die Erbsubstanz tragen und Bausteine von höheren Zellen, Bausteine der *Eurkaryoten* sind.

Nahrungs-Krise? Sauerstoff-Krise?

Brachte die Umstellung von Gärung auf Atmung eine epochale Steigerung des Wirkungsgrades der heterotrophen Lebensweise?

Über das Entstehen beziehungsweise Aufkommen der Gärung sowie der Heterotrophie und Autotrophie in der frühen Erdgeschichte gibt es unterschiedliche Auffassungen. Gab es damals eine Nahrungs- und Energiekrise? Neuere Forschungsergebnisse über das Leben in einer für den Menschen als extrem geltenden Umwelt (Meereis, der Bereich untermeerischer hydrothermaler Schlote, der Bereich saurer Schwefelquellen sowie Salz- und Soda-Seen) zeigen, daß manche Mikroorganismen in einer solchen Umwelt problemlos leben beziehungsweise nur in einer solchen Umwelt leben können (MADIGAN/MARRS 1997). Auch die Forschungsergebnisse über das Leben in tiefen Gesteinsschichten (500 m und tiefer) lassen vermuten, daß manche Mikroorganismen dort ebenfalls problemlos leben können und zur Ernährung *keinerlei organische Substanz*, sondern lediglich Wasser und Gestein (Mineralien) benötigen (GROß 1996, FREDERICKSON/ONSTOTT 1996). Erfordern diese Ergebnisse ein Überdenken bisheriger Auffassungen über das Leben in nahezu sauerstoff-freien Atmosphärenstrukturen der frühen Erdgeschichte?

Die merkliche Sauerstoffanreicherung in der Erdatmosphäre wird vielfach mit der *Atmung* der Eukaryoten in Verbindung gebracht (QUENZEL 1987). Als es den Pflanzen gelang, die gewaltige Wassermenge des Systems Erde als Elektronenlieferant anzuzapfen, war damit ein Verfahren aufgekommen, das zu einer explosiven Ausweitung des Lebens in diesem System führte (MICHEL-BEYERLE/OGRODNIK 1991). Als Beiprodukt der elektronliefernden Funktion des Wassers wird Sauerstoff freigesetzt, der die vorliegende, sauerstoffarme Atmosphärenstruktur nun drastisch veränderte. Führte dies zu einer Sauerstoff-Krise? Im Hinblick auf die "Giftigkeit" von Sauerstoff für die Organismen mit *anaerober* Lebensweise wurden durch die Zunahme des Sauerstoffgehalts in der Erdatmosphäre die Lebensräume dieser Organismen zwar flächenmäßig eingeschränkt, die Verfügbarkeit von Sauerstoff als Elektronenakzeptor ermöglichte jedoch das Aufkommen des jüngsten großen Energieverarbeitungsaparates, der *Atmung*. Während die Gärung den *anaeroben* Abbau organischer Substanzen unter Energiegewinn bewirkt, wird von der Atmung (im Gegensatz zur Gärung) ein *oxidativer* Abbau organischer Substanzen unter Energiegewinn vollzogen. Der Energiegewinn wird erreicht durch "Verbrennung" (Oxidation) im Körperinnern von beispielsweise Kohlehydraten zu Wasser (H_2O) und Kohlendioxid (CO_2). Gelegentlich wird Atmung daher auch definiert als Energiegewinnung im Körper durch "Verbrennung" organischer Materie mit Hilfe von Sauerstoff (*aerobe Atmung*) und auch als Energiegewinnung durch Spaltung (Gärung) chemischer Verbindungen (*anaerobe Atmung*) (HERM 1987, SCHIDLOWSKI 1985, KE 1959). Im Vergleich zur Gärung ist die Atmung wesentlich effektiver bei der Freisetzung der in Kohlehydraten gespeicherten chemischen Energie. Mit der Umstellung von Gärung auf Atmung, von anaerober auf aerobe Atmung, ergab sich eine drastische Steigerung des Wirkungsgrades der heterotrophen Lebensweise (KANDLER 1987). Die Umstellung erschloß eine sehr ergiebige Energiequelle, was vielfach als Anlaß einer schnelleren Weiterentwicklung des Lebens angesehen wird. Da mit dieser zugleich der Sauerstoffpegel der Atmosphäre anstieg, wurde die Entfaltung des Lebens wiederum begünstigt (positive Rückkopplung).

Nahrungs-Krise? (*Gärung, Atmung*)
Um leben und wachsen zu können nimmt ein Organismus (als *offenes System*) Nahrung aus seiner Umwelt auf. *Nahrung* ist die Gesamtheit der zur Ernährung aufgenommenen Substanzen. *Nährstoffe* darin sind diejenigen chemischen Verbindungen, die zur Energiegewinnung und zum Aufbau von Körpersubstanz verwertbar sind. Im pflanzlichen wie im tierischen Organismus haben Nährstoffumwandlungen im allgemeinen zweierlei Funktion: sie liefern Energie, sie dienen zum Ersatz verbrauchter Strukturen und erzeugen neue Strukturen (Wachstum). Die zum Ersatz verbrauchter und zum Aufbau neuer Strukturen erforderliche Energie wird aus dem energiefreisetzenden Stoffwechsel gewonnen (CZIHAK et al. 1992 S.585). Dieser deckt nicht nur den Bedarf der einzelnen Organe an Arbeitsenergie, sondern stellt auch Energie bereit für eine Vielzahl organischer Synthesen zu Umbau und Wachstum.

Die meisten Pflanzen sind autotroph. Sie ernähren sich von *anorganischen* Stoffen, die sie in Gasform aus der Luft und in gelöstem Zustand aus dem Boden aufnehmen. Pflanzen brauchen die aus ihrer Umwelt zugeführten Nahrungsstoffe daher in der Regel nicht durch "Verdauung" in eine im Stoffwechsel verwertbare Form bringen. Sie haben keine verdauenden Hohlräume, sondern bilden große stoffresorbierende und lichtabsorbierende Körperaußenflächen aus, wie etwa beim Wurzel- und Blattsystem. Demgegenüber verwenden die heterotrophen Tiere als Nahrung vorrangig *organische* Substanzen, die in der Regel abgebaut werden müssen, um resorptionsfähig zu werden (CZIHAK et al. 1992 S.403). Autotrophe Organismen nutzen *Kohlendioxid* als Kohlenstoffquelle und speichern mit Hilfe der *Photosynthese* oder der *Chemosynthese* Energie in Form von komplexen chemischen Verbindungen. Heterotrophen Organismen nutzen *organische Substanzen* als Kohlenstoff- und Energiequelle; Energie in der vorgenannten gebundenen Form muß ihnen mittels organischen Nährstoffen zugeführt werden. Aufgrund dieser Ernährungsweise sind heterotrophe Organismen mithin abhängig von der Produktion der autotrophen Organismen, vor allem von den grünen Pflanzen (einschließlich der autotrophen Bakterien). Pflanzen bauen aus energiearmen Molekülen (Wasser H_2O, Kohlendioxid CO_2, Nährsalzen: wie Nitrate und Phosphate) die energiereiche Nahrung für fast alle anderen Organismen auf. Pflanzenfressende (*phytohage*) Tiere werden als *Herbivora*, fleischfressende (*zoophage*) Tiere als *Carnivora* bezeichnet. Die letztgenannte Gruppe ernährt sich von lebenden Tieren. Allesfresser heißen *Omnivora*.

Heterotrophe Organismen (Gärung, Atmung)
Die von einem heterotrophen Organismus aus der Umwelt aufgenommene Nahrung wird von Enzymen zersetzt beziehungsweise so umgebaut, daß sie in das Körperinnere aufgenommen (*Resorption*) und in körpereigene Stoffe umgewandelt werden kann (*Assimilation*). Vielzeller verdauen im Körperinnern (Verdauungstrakt); Bakterien verdauen außerhalb des Zellkörpers; Spinnen und einige Insekten spritzen Verdauungssäfte in die Beute und saugen den verflüssigten Nahrungsbrei auf (HEINRICH/HERGT 1991 S.45). Zu den abbauenden Stoffwechselvorgängen eines heterotrophen Organismus zählt, wenn er aus energiereichen organischen Verbindungen energieärmere erzeugt (*Katabolismus=Dissimilation*), um daraus Energie zu gewinnen. Beachtenswert, daß auch Pflanzen (als autotrophe Organismen) in gleicher Weise Energie gewinnen, wenn die Photosynthese nicht ablaufen kann und Speicherstoffe abgebaut werden (HEINRICH/HERGT 1991 S.45).

Gärung ist definiert als *anaerober* Abbau organischer Substanzen unter Energiegewinn. Es gibt verschiedene Gärungsformen: Alkoholische Gärung, Milchsäuregärung, Buttersäuregärung und andere. Bei der Milchsäuregärung (auch Glykolyse, Lakatgärung) wird beispielsweise beim Abbau von Kohlehydraten Energie freigesetzt gemäß: $C_6H_{12}O_6$ (Glucose, Traubenzucker) → 2 $C_3H_6O_3$ (Milchsäure) |+ 239 kj| (QUENZEL 1987). Über das Entstehen beziehungsweise Aufkommen der Gärung sowie der Heterotrophie und Autotrophie in der frühen Erdgeschichte gibt es unterschiedliche Auffassungen (siehe beispielsweise KANDLER 1987):
(1) Eine erste Hypothese geht davon aus, daß sich in der frühen Erdgeschichte durch Steigerung der Komplexität der Zelle (beziehungsweise des Organismus) zunächst ein Gärungsstoffwechsel (Bild 7.21 Nr. III,1) herausbildete, ähnlich dem der heute lebenden Gärungsorganismen. Die einfachen Organismen (etwa Bakterien) hätten ihren Energiebedarf aus der (vermutlich) nur spärlich vorhandenen organischen Materie bestritten, um die ein ständiger Konkurrenzkampf hätte geführt werden müssen. Das heterotrophe Leben wäre damit völlig abhängig gewesen von existierenden organischen Verbindungen (deren Vorhandensein und Herkunft bisher aber nicht hinreichend erklärbar sind). Durch Vermehrung der heterotrophen Lebewesen wäre der Vorrat an solchen organischen Substraten letztlich verbraucht worden. Es hätte zur **Nahrungs- und Energiekrise** kommen müssen, wenn nicht Mechanismen aufgekommen wären zur Nutzung von *Lichtenergie* und *chemischer* Energie für die Assimilation von Kohlendioxid (CO_2), wie Photo- und Chemoautotrophie. Diese "Ursuppen-Hypothese" ist umstritten.
(2) Eine zweite Hypothese geht davon aus, daß heterotrophe Organismen sekundär

entstanden, durch Verlust der CO_2-Assimilation. Primär entstandene autotrophe Organismen hätten genügend Biomasse erzeugt für die Ernährung der heterotrophen Organismen, die den CO_2/O_2-Kreislauf ingangsetzen, der schließlich zur Gleichgewichtskonzentration von Kohlendioxid (CO_2) und Sauerstoff (O_2) in der heutigen Atmosphärenstruktur führte.

Wie auch immer diese zuvor skizzierte frühe Erdgeschichte verlaufen sein mag, die folgenreichste Erweiterung der Stoffwechselleistungen ist nach KANDLER (1987) das Aufkommen der photosynthetischen Wasserspaltung, das heißt die Freisetzung von Sauerstoff (O_2) aus Wasser (H_2O) bei der Photosynthese, bei der oxigenen Photosynthese. Als es den Pflanzen gelang, die gewaltige Wassermenge des Systems Erde als Elektronenlieferant anzuzapfen, war damit ein Verfahren aufgekommen, das zu einer explosiven Ausweitung des Lebens in diesem System führte (MICHEL-BEYERLE/OGRODNIK 1991). Als Beiprodukt der elektronliefernden Funktion des Wassers wird Sauerstoff freigesetzt, der die vorliegende, sauerstoffarme Atmosphärenstruktur nun drastisch veränderte und damit zugleich die Voraussetzung schuf für den jüngsten großen Energieverarbeitungsaparat, die *Atmung*. Im Hinblick auf die "Giftigkeit" von Sauerstoff für die Organismen mit *anaerober* Lebensweise wurden durch die Zunahme des Sauerstoffgehalts in der Erdatmosphäre die Lebensräume dieser Organismen zwar flächenmäßig eingeschränkt, durch die Verfügbarkeit von Sauerstoff als Elektronenakzeptor war jedoch die Entwicklung der "Atmungskette" und damit des Atmungsstoffwechsels möglich geworden.

Atmung ist, im Gegensatz zur Gärung, definiert als *oxidativer* Abbau organischer Substanzen unter Energiegewinn. Bei heterotrophen Organismen werden dementsprechend organische Moleküle unter Sauerstoffverbrauch abgebaut (*aerobe Dissimilation*), wobei die dabei freigesetzte Energie in energiereichen Verbindungen (beispielsweise ATP) gespeichert wird. Die vollständige Oxidation der Kohlehydrate zu Wasser (H_2O) und Kohlendioxid (CO_2) kann in vier Abschnitte gegliedert werden (HEINRICH/HERGT 1991 S.45): Glykolyse, oxidative Pyruvat-Decarboxillierung, Citrat-Zyklus und Endoxidation (= Atmungskette). Die Benennung "Atmungskette" ist nach CZIHAK et al. (1992) S.79 in diesem Zusammenhang mißverständlich. Während in den Elektronentransportketten der Chloroplasten der durch die Absorption von Photonen ingangggesetzte Fluß von Elektronen sowohl zur Synthese von ATP wie zur Reduktion von CO_2 verwendet wird, ist in den Transportketten von Mikroorganismen und in Mitochondrien meistens Sauerstoff der terminale Elektronenakzeptor, was zu der mißverständlichen Benennung "Atmungskette" für dieses Transportsystem geführt habe. Mit Hilfe der Atmung werden im Körper mithin Kohlehydrate zu Wasser (H_2O) und zu Kohlendioxid (CO_2) "verbrannt" (oxidiert), wodurch Energie freigesetzt wird. Im Vergleich zur Gärung ist die Atmung etwa beim Abbau von Traubenzucker wesentlich effektiver: der Abbau erfolgt hier gemäß $C_6H_{12}O_6$ (Glucose, Traubenzucker) + 6 O_2 (aus der Atmosphäre oder Hydrosphäre) → 6 CO_2 + 6 H_2O |+ 2 872 kj|. Danach ist die Atmung bei dieser Energieumwandlung 14mal effektiver als die Gärung, die Ausbeute also 14mal höher als bei der Gärung (QUENZEL 1987). Dieser Tatbestand zeigt sich auch in der ATP-Bildung: während die Gärung pro Molekül Glucose nur 2-4 Moleküle ATP liefert, erbringt die Atmung bis zu 38 Moleküle ATP (MARTIN/MÜLLER 1998). Die vorstehenden Ausführungen beziehen sich auf die *Sauerstoffatmung*, nicht auf die *Schwefelatmung* (siehe Bild 7.21).

Die Nutzung der Sauerstoffatmung zur Energiegewinnung kennzeichnet einen bedeutungsvollen Markstein in der Erdgeschichte. Durch sie war eine ergiebige Energiequelle erschlossen worden, was Anlaß für die nun schnellere Weiterentwicklung des Lebens gewesen sein dürfte (QUENZEL 1987). Da mit dieser auch der Sauerstoffpegel weiter anstieg, ergab sich (als positive Rückkopplung) eine weitere Begünstigung der Entfaltung des Lebens. Die Umstellung von Gärung auf Atmung brachte nach KANDLER (1987) eine drastische Steigerung des Wirkungsgrades der *heterotrophen, aerob* lebenden Organismen.

In diesem Zusammenhang sei erneut darauf hingewiesen, daß hier die unterschiedlichen *Lebensweisen* von Organismen durch die Benennungen *aerob* (mit Sauerstoff lebend) und *anaerob* (Gegensatz von aerob) gekennzeichnet werden, *nicht* ihre Umwelt in der sie leben. Manche Organismen können *fakultativ* aerob/anaerob leben. Ferner sei noch angemerkt, daß der Begriff Atmung gelegentlich auch definiert wird als Energiegewinnung durch Verbrennung organischer Materie mit Hilfe von Sauerstoff (*aerobe* Atmung) *und auch* als Energiegewinnung durch Spaltung (Gärung) chemischer Verbindungen (*anaerobe* Atmung) (SCHIDLOWSKI 1985, ENZYKLOPÄDIE 1959).

Da der energiefreisetzende Stoffwechsel in *heterotrophen, aerob* lebenden Organismen letztlich auf Oxidationsvorgängen beruht, besteht ein unmittelbarer Zusammenhang zwischen Energieproduktion und Sauerstoffverbrauch (CZIHAK et al. 1992 S.585). Die wichtigsten Ausgangssubstanzen des energiefreisetzenden Stoffwechsels sind nach CZIHAK et al. (polymere) Kohlehydrate, Fette und Proteine (beziehungsweise deren Spaltprodukte: Monosaccharide, Fettsäuren, und Aminosäuren). Wird bei einem heterotrophen, aerob lebenden Organismus sowohl der Sauerstoffverbrauch wie auch die Kohlendioxidabgabe bestimmt, dann ergibt das Verhältnis der Menge (Volumen) des ausgeatmeten Kohlendioxids (CO_2) zur Menge (Volumen) des aufgenommenen Sauerstoffs (O_2) den *Respiratorischen Quotienten* RQ.

Eine umfassende Übersicht über die energieliefernden Reaktionen bei verschiedenen Ernährungsweisen der Organismen gibt Bild 7.21. Bild 7.24 zeigt in Kurzform die Energiegewinnungsart verschiedener Zellarten.

Jede Zelle gewinnt die zum Leben notwendige Energie entweder	
(a) aus der Lichtstrahlung (dem "Licht") oder	(a) phototrophe Zellen (etwa **Pflanzenzellen**)
(b) aus Verbrennungsreaktionen mit molekularem Sauerstoff (O_2) oder	(b) aerobe Zellen (etwa Tierzellen)
(c) aus Reaktionen ohne Licht und Sauerstoff.	(c) anaerobe Organismen

Bild 7.24
Energiegewinnungsart verschiedener Zellarten. Quelle: THAUER (1983)

Sauerstoff-Krise?

Die erste Atmosphärenstruktur des Systems Erde, die Uratmosphäre, war praktisch sauerstofffrei. Auch in der folgenden, weitgehend sauerstofffreien Atmosphärenstruktur (Bilder 7.16 und 7.17) müssen alle Lebensformen an eine anaerobe Umwelt angepaßt gewesen sein, denn vermutlich waren sie, wie die heutigen Anaerobier, gegenüber freiem Sauerstoff äußerst empfindlich. Das Element Sauerstoff bildet *starke Zellgifte*, wie etwa das Hyperperoxid-Ion, das Hydroxyl-Radikal und Wasserstoffperoxid (DE DUVE 1996). Als die Sauerstoffkonzentration in der Erdatmosphäre merklich anstieg, dürfte das viele der frühen Organismen in eine Krise gedrängt haben. Überlebenschancen hatten vermutlich nur jene, die ein Rückzugsgebiet fanden oder Schutzmechanismen gegen die zunehmende Sauerstoffkonzentration entwickeln konnten. Als in diesem Zusammenhang bedeutungsvolle Schutzmechanismen gelten die *Mitochondrien* und die *Plastiden*.

Mitochondrien
In den Mitochondrien, den "Kraftwerken" der Zellen, laufen Fettsäureabbau und Citratzyklus, Teile des Harnstoffzyklus, vor allem jedoch
  die Atmungskette und die damit verbundene Synthese von ATP ab
(CZIHAK et al. 1992 S.147).
In heutigen Zellen ist die Hauptfunktion von Mitochondrien mithin die "Verbrennung" (Oxidation) von Nährstoffen mit Hilfe von Sauerstoff. Dabei wird unter Einsatz von Energie Adenosindiphosphat (ADP) in Adenosintriphosphat (ATP) umgewandelt. ATP gilt als eine universelle "Energiewährung" der Zellen. Beim Ablauf der meisten Stoffwechelprozesse in Organismen wird diese Energie verwendet. Von ihr sind fast alle *aeroben*, also sauerstoffatmenden Organismen abhängig. Mitochondrien sind nicht nur die "Kraftwerke" der Zellen, sie halten auch den für das Zellmilieu gefährlichen Sauerstoff beziehungsweise die toxischen Verbindungen auf einem weit niedrigeren Niveau als Peroxisomen das vermögen (siehe: Endosymbionten-Hypothese).

Plastiden (Plasten)
Außer Mitochondrien enthalten Pflanzenzellen auch Plastiden oder Plasten: membranumschlossene Reaktionsräume (Kompartimente), in denen die *Photosynthese* abläuft. Auffällig ist, daß bei Pflanzen außer im Zellkern auch in Mitochondrien und in Plastiden Erbsubstanz angesiedelt ist (HACHTEL 1997). In den Zellen grüner Pflanzen sind Plastiden stets vorhanden. Sie können Stärke bilden und treten in verschiedenen Formen auf: als *Proplastiden* in jungen Zellen; als ebenfalls farblose *Leukoplasten* in unterirdischen Organen; als chlorophyllhaltige *Chloroplasten* in Laubblättern und Sprossen, wo sie als Organelle der Photosynthese wirken; als gelb- bis rotgefärbte *Chromoplasten* in Blüten- und Fruchtblättern sowie als ebenfalls gelbe *Gerondoplasten* im Herbstlaub (CZIHAK et al. 1992 S.12 und 149). Plastiden und Mitochondrien (in der zuvor beschriebenen Form) sind heute Organelle (Zellorgane) der Eukaryoten. Eine Erklärung der zahlreichen prokaryotischen Eigenschaften der Plastiden und Mitochondrien versucht die Endosymbionten-Hypothese zu geben.

Endosymbionten-Hypothese
Die Hypothese geht davon aus (DOOLITTLE 2000), daß zunächst aus einem Prokaryoten ein früher Eukaryot entstand, der eine oder mehrere Zellen aus der Gruppe der Alpha-Proteobakterien aufnahm und diese als nützliche Dauergäste behielt. Schließlich gab das Bakterium seine relative Selbständigkeit auf und übertrug einige seiner Gene in den Kern der Wirtszelle. Es wurde zum *Mitochrondium*. Später nahm sein eukaryotischer Mitochondrien-Besitzer ein Cyanobakterium auf, das zum *Chloroplasten* wurde.

Nach DE DUVE (1996) dürften die Eukaryoten insgesamt aus *einfachen Phagocyten* hervorgegangen sein. Diese hielten bakterielle Vorläufer von Mitochondrien als Dauergäste im Sinne der Endosymbionten-Hypothese. Das Szenario könnte nach DE DUVE etwa so abgelaufen sein: In mehreren Schüben macht der einfache Phagozyt sich spezielle Prokaryoten dienstbar, die er zunächst als Endosymbionten in sich aufnimmt und allmählich zu Organellen versklavt. Am Anfang nutzt er Mikroben, *die Sauerstoff unschädlich machen können*, als das für viele damalige Lebensformen giftige Gas in der Atmosphäre zunimmt. Es sind die Vorfahren der Peroxisomen. Noch besser beherrschen dies einige Zeit später andere Bakterien. Ein Vorteil dieser neuen Endosymbionten, den Vorläufern der Mitochondrien, ist, daß sie die beim unschädlichmachen von Sauerstoff freigesetzte Energie nicht nutzlos als Wärme abgegeben, sondern in einem Trägermolekül ATP zur zellinternen Nutzung bereitstellen. Am Ende dieses Evolutionsschemas macht ein Teil der Zellen sich auch noch von organischer Nahrung unabhängig: eine dritte Art von Endosymbionten betreibt *Photosynthese*, baut also selbst organische Verbindungen auf und produziert dabei Sauerstoff. Aus diesen Organismen entstehen die Plastiden von Pflanzenzellen, etwa die Chloroplasten.

Nach MARTIN/MÜLLER (1998) könnte *Wasserstoff* zum ersten Eukaryoten geführt haben. Entsprechend neuerer Erkenntnis stammen vermutlich Hydrogenosomen und Mitochondrien von demselben Proteobakterium ab. Sie enthalten teilweise identische Proteine. Ferner sind in einigen Gruppen von Eukaryoten (Pilzen, Wimpertierchen) hydrogenosomenhaltige Arten ohne Mitochondrien aus mitochondrien-haltigen hervorgegangen. Wenn heutige α-Proteobakterien notfalls ohne Sauerstoff leben können, ist zu vermuten, daß der gemeinsame Vorfahr der beiden Organellen Hydrogenosomen und Mitochondrien ebenfalls *fakultativ anaerob* gewesen sein könnte. Der Vorteil für den Wirt, Mitochondrien nutzen zu können, müßte in diesem Falle somit nicht unbedingt in der Sauerstoff-Atmung gelegen haben. Es stellt sich in diesem Zusammenhang die Frage: könnten Mitochondrien unter *anaeroben* statt unter *aeroben* Bedingungen entstanden sein? Nach MARTIN/MÜLLER ist eine mögliche Antwort darin zu sehen, daß Hydrogenosomen als Stoffwechselprodukt auch molekularen Wasserstoff liefern. Beispielsweise haben methan-bildende (methanogene) Archaea mehrfache Verwendungsmöglichkeiten für die Abfallprodukte der Hydrogenosomen. Wasserstoff und Kohlendioxid setzen sie zu Methan und Wasser um; außerdem nutzen sie das Energiegefälle dieser Reaktion zur ATP-Bildung; ferner können sie daraus auch Acetyl-Coenzym A (ein universelles Zwischenprodukt des Zuckerstoffwechsels) bilden, um so den Bedarf der Zelle an Kohlehydraten zu decken. Die anfallende Essigsäure wird schließlich in beide Stoffwechselwege eingeschleust. Man spricht von *Syntrophie* (Zusammenessen), wenn mikrobielle Gesellschaften so zusammenleben, daß eine Art von den Abfallprodukten der anderen lebt. MARTIN/MÜLLER stellen die Frage: könnte ein solche Assoziation ein Modell für den Ursprung der Mitochondrien sein? Als Beispiel betrachten sie ein fakultativ anaerobes α-Proteobakterium als Symbionten und einen Methanbildner als Wirt, der ursprünglich nahe einer geologischen Wasserstoffquelle gelebt haben müßte, die ihm Nahrung gab. Folgendes Szenario wird vorgestellt: Am Anfang stand eine Assoziation zwischen einem freilebenden Bakterium und einem Methanbildner. Da das Archaeon (der Wirt) von den Abfallprodukten der anaeroben Gärung des Bakteriums -Wasserstoff (H_2), Kohlendioxid (CO_2) und Essigsäure- lebt, klammerte es sich fest an das wasserstoff-produzierende Bakterium (den Symbionten), um möglichst viel Nahrung zu erhalten. Eine vollständige Vereinnahme des Symbionten durch den Wirt wäre aber nutzlos, da der Wirt (Methanbildner) keine vergärbaren Substrate aus der Umwelt aufnehmen kann, weil ihm die dazu erforderlichen Importer in seiner Zellmembran fehlen. Erst wenn es zu einem Transfer dieser vom Symbionten zum Wirt kommt, kann das Bakterium ganz vom Methanbildner umschlossen werden. Die daraus resultierende Zelle ist mithin aus sehr unterschiedlichen Prokaryoten hervorgegangen und hat Komponenten von beiden behalten. Vor allem ist der Energiestoffwechsel vergleichbar dem heutiger Eukaryoten. Bleibt diese so entstandene Zelle in anaeroben Nischen, wird der Symbiont zu einem Hydrogenosom; in sauerstoffhaltigen Lebensräumen zu einem Mitochondrium.

Photosynthese und Chemosynthese, generelle Übersicht

Zellen verrichten Arbeitsleistungen wie etwa Biosynthesen, aktiven Transport und aktive Bewegung. Die dazu notwendige Energie gewinnt die Zelle entweder aus der (solaren) elektromagnetischen Strahlung (aus der Lichtstrahlung, dem Licht), aus chemischen Reaktionen ohne Licht und ohne Sauerstoff oder aus chemischen Verbrennungsreaktionen mit molekularem Sauerstoff. In der gleichen Reihenfolge spricht man dementsprechend von: phototropen Zellen (etwa Pflanzenzellen), anaeroben Organismen oder aeroben Zellen (etwa Tierzellen). In diesem Zusammenhang sei sogleich angemerkt, daß hier die unterschiedlichen *Lebensweisen* von Organismen durch die Benennungen *aerob* (mit Sauerstoff lebend) und *anaerob* (Gegensatz von aerob) gekennzeichnet werden, *nicht* ihre Umwelt in der sie leben. Manche Organismen können *fakultativ* aerob/anaerob leben, beispielsweise zahlreiche α-Proteobakterien (MARTIN/MÜLLER 1998).

Lichtabhängige Energiegewinnung
Die Benennung *Photosynthese* kennzeichnet biologische Prozesse (in der Natur), die *lichtabhängig* ablaufen. Es wird die elektromagnetische Energie von Lichtquanten durch Pigmente der Chloroplasten oder ähnlicher Zellstrukturen absorbiert und in chemisch gebundene Energie transformiert (CZIHAK et al. 1992 S.113). Für das System Erde ist unsere *Sonne* die einzige (unmittelbar wirksame) natürliche Quelle von Lichtquanten. Das Leben mit Kohlendioxid (CO_2) als Kohlenstoffquelle wird *Autotrophie* genannt; falls bei der Energiegewinnung aus der Umwelt dabei die Lichtenergie benutzt wird, spricht man von *Photoautotrophie* (siehe Unterabschnitt: Autotrophe und heterotrophe Organismen).

Die Umwandlung von Lichtenergie in molekularen Systemen der Biologie kann wie folgt beschrieben werden (MICHEL-BEYERLE/OGRODNIK 1991):
- Bei den meisten *Photosynthese-Systemen* wird Lichtstrahlung in einem Antennensystem mit großem Absorptionsquerschnitt und optimierter spektraler Anpassung eingefangen. Gerichtete Energieleitung aktiviert das Reaktionszentrum.
- Nach der Anregung kommt es im Reaktionszentrum zu einem gerichteten Ladungstransfer quer zur Membran, der zu einem elektrochemischen Potentialgradienten führt. Dazu stehen zwei unterschiedliche Reaktionszentren zur Verfügung, die in der photochemischen Primärreaktion entweder ein Elektron oder ein Proton über die Membran transportieren.
- Die Reaktionszentren sind optimiert auf eine maximale Quantenausbeute dieses Prozesses, auf eine lange Lebensdauer des ladungsgetrennten Zustands und auf eine hohe photochemische Stabilität.

Die molekularen Vorgänge bei der *Photosynthese* lassen sich auch wie folgt gruppieren und beschreiben (CZIHAK et al. 1992 S.113):

- *Lichtreaktion* |lichtabhängige Primärreaktion|
Die aus der Umwelt absorbierte Strahlungsenergie dient zur Trennung des Wasserstoffs vom Sauerstoff (*Photolyse des Wassers*) und die dabei anfallenden Wasserstoff-Atome (H-Atome) energetisch zu aktivieren; der Sauerstoff des Wassers wird als O_2 freigesetzt; ferner werden energiereiche Phosphatbindungen geknüpft (Bildung von ATP)
- *Dunkelreaktion* |lichtunabhängige Sekundärreaktion| (auch Calvin-Zyklus genannt)
Die freie Enthalpie der energiereichen H- und Phosphatdonatoren wird benutzt, um energiearme anorganische Moleküle (vorrangig CO_2 oder HCO_3^-) in energiereiche, organische Verbindungen zu überführen.
Dabei bedeutet: (HCO_3^-) Hydrogencarbonat-Ion. Freie Enthalpie (oder freie Energie oder Gibbsche Energie) ist hier die Energie, die Arbeitleistung erbringen kann (CZIHAK et al. 1992 S.62). Wird die Bilanz der Vorgänge beider Teilreaktionen summiert, so erhält man die Summenformel der photosynthetischen CO_2-Fixierung.

Anoxigene Photosynthese |(H)-Übertragung ohne O_2-Bildung|
Diese Form der Photosynthese ist vor allem dadurch gekennzeichnet, daß bei ihrem Ablauf kein Sauerstoff (O_2) gebildet wird. Die sie betreibenden Organismen sind zwar phototroph (gelegentlich wird auch die Benennung photoautotroph verwendet), aber an eine anaerobe Lebensweise gebunden. Die Summenformel für die Photosynthese eines Kohlehydrats (beispielsweise der *Glucose*) lautet (KANDLER 1987):

$$12 \cdot H_2S + 6 \cdot CO_2 \xrightarrow{h \cdot \nu} C_6H_{12}O_6 + 12 \cdot S^0 + 6 \cdot H_2O$$

Darin bedeuten
H, H_2 = Wasserstoff
H_2S = Schwefelwasserstoff
$C_6H_{12}O_6$ = Glucose (Traubenzucker); zu den Hexosen (Zucker) gehörig.
S^0 = elementarer Schwefel
Die Formel gilt unter der Voraussetzung, daß die Lichtquanten (h·ν) auf Pigmente treffen. Diese Form der Photosynthese wird allgemein bezeichnet als anoxigene (oder auch nicht-oxigene) Photosynthese (siehe auch Bild 7.21).

Oxigene Photosynthese |O_2-Bildung durch Wasserspaltung|
Sie ist gekennzeichnet durch die in ihr ablaufende photosynthetische Wasserspaltung, also die Freisetzung von Sauerstoff (O_2) aus Wasser (H_2O). Wie zuvor bereits dargelegt wird allgemein angenommen, daß (quantitative) Leistungsfähigkeit dieser Form der Photosynthese zur Umwandlung der ursprünglich reduzierenden in eine oxidierende Atmosphärenstruktur führte. Die "Giftigkeit" von Sauerstoff für die Organismen mit

anaerober Lebensweise erzwang zwar eine einschränkende Begrenzung der Lebensräume dieser Organismen, durch die Verfügbarkeit von Sauerstoff als Elektronenakzeptor war jedoch die Entwicklung der "Atmungskette" und damit des Atmungsstoffwechsels möglich geworden (KANDLER 1987). Die Summenformel für diese Form der Photosynthese wiederum für *Glucose* lautet (CZIHAK et al. 1992 S.113, HEINRICH/HERGT 1991 S.13, KANDLER 1987):

$$6 \cdot H_2O + 6 \cdot CO_2 \xrightarrow{h \cdot v} C_6H_{12}O_6 + 6 \cdot O_2$$

Die Formel gilt unter der Voraussetzung, daß der entstehende molekulare Sauerstoff aus dem Wasser stammt (nicht aus dem CO_2, wie früher angenommen wurde) und daß die Lichtquanten ($h \cdot v$) auf Pigmente treffen. Diese Form der Photosynthese wird allgemein bezeichnet als oxigene Photosynthese (siehe auch Bild 7.21).

Entsprechend den unterschiedlichen Formen der photosynthetischen Aktivitäten von Organismengruppen sind ferner zu unterscheiden (JANNASCH 1987):

Bakterielle Photosynthese
|anaerobe Lebensweise, keine O_2-Bildung|

Es gibt photosynthetisierende und nicht-photosynthetisierende Bakterien. Die erstgenannten werden auch pigmentierte Bakterien genannt. Die Photosynthese dieser phototrophen (auch photoautotrophen) Bakterien unterscheidet sich grundlegend von der Photosynthese der Cyanobakterien und der Eukaryoten (etwa der heutigen Pflanzen). Die bakterielle Photosynthese läuft nur bei Organismen, die strikt an eine *anaerobe* Lebensweise gebunden sind. Es wird kein O_2 gebildet. Sie ist vermutlich phylogenetisch ein sehr alter Typ der Photosynthese.

Die *allgemeinste Photosynthesegleichung für die Kohlehydratbildung* in der Schreibweise nach CZIHAK et al. (1992) S.130 wurde zuvor bereits angegeben. Sie lautet:

$$CO_2 + 2 \cdot H_2 \cdot A \xrightarrow{h \cdot v} (CH_2O) + H_2O + 2 \cdot A$$

Darin steht A
für Schwefel, organische Säuren und anderes (phototrophe Bakterien) oder
für Sauerstoff (Cyanobakterien und alle eukaryotischen grünen Pflanzen).

Für *Schwefel* (S) lautet die Summenformel der *bakteriellen* Photosynthese somit:

$$2 \cdot H_2S + CO_2 \xrightarrow{h \cdot v} (CH_2O) + 2 \cdot S + H_2O$$

Darin bedeuten
H_2S = Schwefelwasserstoff

(CH_2O) = Grundbaustein der Kohlehydrate, Kohlehydratstufe.
Diese Summenformel zeigen auch die Bilder 7.21 und 7.26, Nummer (3).

Eine weitere Form der bakteriellen Photosynthese ist in Bild 7.26 unter Nummer (2) angegeben.

Cyanobakterielle Photosynthese
|anaerobe Lebensweise, keine O_2-Bildung|
|aerobe Lebensweise, O_2-Bildung|
Cyanobakterien sind phototroph und vermögen (im Gegensatz zu pigmentierten Bakterien) die "vollständige" Photosynthese auszuführen. Cyanobakterien veratmen Schwefelwasserstoff (H_2S) zu Schwefel (S) *oder* zum Sulfat-Ion (SO_4^{2-}) mittels folgenden Summenformeln (HEINRICH/HERGT 1991 S.13, JANNASCH 1987):

$$2 \cdot H_2S + CO_2 \xrightarrow{h \cdot v} (CH_2O) + 2 \cdot S + H_2O$$

$$H_2O + CO_2 \xrightarrow{h \cdot v} (CH_2O) + O_2$$

Diese Summenformeln zeigt auch Bild 7.21. Die untere Formel ist außerdem im Bild 7.25 wiedergegeben.

Der *erste biologisch produzierte Sauerstoff* im System Erde könnte von den Cyanobakterien stammen. Sie gehören den *benthisch* lebenden Prokaryoten an. Mehr als 1/3 des Sauerstoffs der Erde der täglich durch Photosynthese *neu* gebildet wird, stammt nicht von Pflanzen, sondern von Mikroben: den Cyanobakterien (GROSS 2004). Diese von organischen Nährstoffen unabhängigen Organismen leben vorrangig im Meer, wo sie einen großen Teil der Biomasse stellen. Außerdem kommen sie auch im Süßwasser vor sowie in Gestalt von Flechten (sogar in der Antarktis).

Photosynthese grüner Pflanzen
|aerobe Lebensweise, O_2-Bildung|
Die phototrophe Pflanze verfügt (etwa im Vergleich zum Tier) über eine sehr hohe metabolische Leistungsfähigkeit. Sie allein vermag aus wenigen anorganischen Verbindungen (CO_2, H_2O, anorganische Ionen) alle Molekültypen des Grundstoffwechsels (primäre Pflanzenstoffe) aufzubauen (CZIHAK et al. 1992 S.444). Das Blatt ist zwar das Hauptorgan der Photosynthese und der Transpiration (Atmung) und sein Bau ist zumeist wesentlich durch diese Funktion bestimmt, doch kann diese Funktion prinzipiell auch von anderen Pflanzenorganen (etwa von der Sproßachse oder sogar von der Wurzel) erfüllt werden (CZIHAK et al. 1992 S.430). Bei der Photosynthese grüner Pflanzen ist sodann zu berücksichtigen, daß das Blatt (wie alle anderen Organe)

gleichzeitig mit der Photosynthese auch einen *dissimilatorischen Gaswechsel* vollzieht (CZIHAK et al. 1992 S.432). Beide überlagern sich und haben die Tendenz, sich gegenseitig zu kompensieren. Man unterscheidet deshalb zwischen der *reellen* Photosyntheseintensität (Brutto-Photosynthese) und der *apparenten* Photosyntheseintensität (Netto-Photosynthese). Die Netto-Photosynthese ergibt sich, wenn von der Brutto-Photosynthese die Verluste abgezogen werden, die durch die Atmungsintensität entstehen. Durch *Atmung* werden die Produkte der Photosynthese, Zucker und Sauerstoff, unter Energiegewinn wieder in Wasser und Kohlendioxid zurückverwandelt, womit sich der große Stoffwechselkreislauf in der Natur schließt (MICHEL-BEYERLE/OGRODNIK 1991). Siehe hierzu auch Unterabschnitt: Nahrungs-Krise? Gärung, Atmung.

Die Summenformel lautet gemäß Bild 7.25 (JANNASCH 1987):

$$H_2O + CO_2 \xrightarrow{h \cdot \nu} \triangleright (CH_2O) + O_2$$

In anderer Schreibweise (HEINRICH/HERGT 1991 S.41) lautet sie:

$$6 \cdot CO_2 + 18 \cdot ATP + 12 \cdot NADPH_2 + 12 \cdot H_2O$$

$$\xrightarrow{\text{Licht, Enzyme}}_{\text{Chlorophyll}} \triangleright$$

$$C_6H_{12}O_6 + 18 \cdot ADP + 18 \cdot (P) + 12 \cdot NADP^+ + 6 \cdot O_2$$

Darin bedeuten
ADP   = Adenosindiphosphat
ATP   = Adenosintriphosphat
NAD   = Nicotinamid-adenin-dinucleotid, oxidierte Form
NADP = NAD-Phosphat, oxidierte Form
NADPH   = dasselbe, reduzierte Form
(P)   = Chlorophyll-Molekül? (Michel-Beyerle1991) Phosphor?

Lichtunabhängige Energiegewinnung
Die Benennung *Chemosynthese* kennzeichnet biologische Prozesse (in der Natur), die *lichtunabhängig* ablaufen. Wie zuvor bereits dargelegt, wird das Leben mit Kohlendioxid als Kohlenstoffquelle *Autotrophie* genannt. Autotrophes Leben ohne Licht wird als *Chemoautotrophie* bezeichnet. Organismen benötigen zum Leben Energie aus ihrer Umwelt. Ein Teil der Bakterien hat die Fähigkeit, diese Energie aus der Oxidation anorganischer Verbindungen zu gewinnen und diesen Energiegewinn unmittelbar mit der Reduktion von Kohlendioxid (CO_2) zu organischem Kohlenstoff (C_{org}) zu koppeln. Diese so gewonnene chemische Energie (in der Chemoautrophie) entspricht der

Lichtenergie bei der Photosynthese (in der Photoautotrophie). Da das Enzymsystem zur Reduktion von Kohlenstoff dasselbe ist wie in den grünen Pflanzen, können nach JANNASCH (1987) die chemoautotrophen Bakterien als Pflanzen bezeichnet werden, die im Dunkeln zu wachsen vermögen. Die chemoautotrophen Organismen besitzen den gleichen biochemischen Mechanismus zur Fixierung von Kohlendioxid und zur Synthese von Kohlehydraten wie die photoautrophen Organismen: entsprechend den Dunkelreaktionen der Photosynthese, dem Calvin-Zyklus; sie unterscheiden sich nur in der Art der Bereitstellung verwertbarer Energie und der Reduktionsäquivalente (CZIHAK et al. 1992 S.584). Handelt es sich nicht nur bei dem Oxidanten (dem CO_2) um eine anorganische Verbindung, sondern auch bei dem Reduktanten -beispielsweise Schwefelwasserstoff (H_2S)- dann spricht man von *Chemoautolithotrophie* (JANNASCH 1987). Die Vorgänge zur Gewinnung (Reduktion) von Kohlenstoff in der Chemoautotrophie beziehungsweise Chemoautolithotrophie werden *Chemosynthese* genannt.

Bakterielle Chemosynthese
Die Summenformel gemäß Bild 7.25 lautet (JANNASCH 1987):

$$O_2 + 4 \cdot H_2S + CO_2 \xrightarrow{h \cdot v} (CH_2O) + 4 \cdot S + 3 \cdot H_2O$$

Da diese Form der Chemosynthese Sauerstoff (O_2) erfordert, der in der Uratmosphäre des Systems Erde nicht zur Verfügung stand, ist diese Synthese phylogenetisch vermutlich erst nach der Photoautotrophie aufgekommen (CZIHAK et al. 1992 S.584). Die Zusammenhänge zwischen den unterschiedlichen Formen der Photosynthese und der vorgenannten bakteriellen Chemosynthese zeigt Bild 7.25.

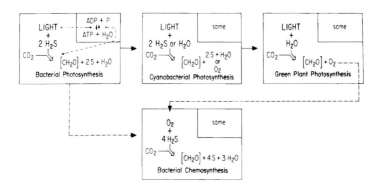

Bild 7.25 Zusammenhänge zwischen den unterschiedlichen Formen der Photosynthese und der bakteriellen Chemosynthese. Quelle: JANNASCH (1987)

Die *biologische* Kohlenstofffixierung im System Erde konnte in Sedimentgesteinen anhand von Fossilien (Versteinerungen) bereits für die Zeit um etwa 3,5 Milliarden Jahre vor der Gegenwart nachgewiesen werden. Das Auftreten von Kerogenbestandteilen in diesen ältesten Sedimenten bestätigt dies ebenfalls (siehe Unterabschnitt: Benthisch oder planktisch lebende photoautotrophe Organismen der frühen Erdgeschichte und ihre Sauerstoffproduktion). Allerdings ist eine Differenzierung zwischen Kerogenen unterschiedlicher photosynthetischer Herkunft bisher noch nicht möglich, weshalb lediglich die zeitgenössische Existenz der Photosynthese in ihrer allgemeinsten Form als sicher gelten kann. Die Unsicherheit bezieht sich vorrangig auf die Frage (SCHIDLOWSKI 1987): Waren die *freigesetzten Oxidationsäquivalente* molekularer Sauerstoff (O_2), wie bei der wasserspaltenden Photosynthese, oder waren es andere oxidierte chemische Verbindungen, wie sie die verschiedenen Formen der anoxigenen bakteriellen Photosynthese liefern, bei denen anstelle von Wasser (H_2O) Schwefelwasserstoff (H_2S) oder Wasserstoff (H_2) als Reduktionsmittel tätig sind? Bild 7.26 gibt eine Übersicht zur biologischen (chemosynthetischen und photosynthetischen) Reduktion von Kohlendioxid (CO_2) zur Kohlehydratstufe (CH_2O) mit Hilfe anorganischer Elektronen-Donatoren.

$$[1] \quad 2 \cdot H_2 + CO_2 \xrightarrow{h \cdot \nu} \triangleright CH_2O + H_2O$$

$$[2] \quad 0,5 \cdot H_2S + H_2O + CO_2 \xrightarrow{h \cdot \nu} \triangleright CH_2O + H^+ + 0,5 \cdot SO_4^{2-}$$

$$[3] \quad 2 \cdot H_2S + CO_2 \xrightarrow{h \cdot \nu} \triangleright CH_2O + H_2O + 2 \cdot S$$

$$[4] \quad 2 \cdot H_2O^* + CO_2 \xrightarrow{h \cdot \nu} \triangleright CH_2O + H_2O + O_2^*$$

Bild 7.26/1
Biologische (chemosynthetische und photosynthetische) Reduktion von Kohlendioxid (CO_2) zur Kohlehydratstufe (CH_2O) mit Hilfe der am häufigsten auftretenden
   anorganischen Elektronen-Donatoren
   Wasserstoff (H_2), Schwefelwasserstoff (H_2S), Wasser (H_2O).
Reaktion (1) folgt spontan dem *eigenen thermodynamischen Gefälle* (Chemosynthese), während die Reaktionen (2) bis (4) auf den *Antrieb durch Lichtenergie* angewiesen sind (Photosynthese). Quelle: SCHIDLOWSKI (1987)

[1] $\Delta G'_0 = -4,2$ kJ
[2] $\Delta G'_0 = +117,2$ kJ
[3] $\Delta G'_0 = +50,2$ kJ
[4] $\Delta G'_0 = +470,7$ kJ

Bild 7.26/2
Die $\Delta G'_0$-Werte geben den Energiebedarf an: er ist bei der *sauerstoffproduzierenden* (H_2O-spaltenden) *oxigenen Photosynthese* (4) wesentlich höher, als bei der *anoxigenen bakteriellen Photosynthese* / Reaktionen (2) und (3), die anstelle von Sauerstoff *Sulfat* und *elementaren Schwefel* als Oxidationsäquivalente freisetzen. Quelle: SCHIDLOWSKI (1987). kJ = Kilo-Joule, Joule (J) = SI-Einheit der Wärmeenergie.

Nach SCHIDLOWSKI kann es als sicher gelten, daß die *anoxigene bakterielle Photosynthese* der oxigenen (O_2-produzierenden und H_2O-spaltenden) Form in der Entwicklung des phototrophen Stoffwechsels vorausgegangen ist. Nach CZIHAK et al. 1992 S.130 ist die *bakterielle Photosynthese* vermutlich phylogenetisch ein sehr alter Typ der Photosynthese.

Bakterielle aerobe Chemosynthese an hydrothermalen Tiefseequellen
|Reaktionen ohne Licht, aber mit molekularem Sauerstoff|
Untersuchungsergebnisse bestätigten die Hypothese, daß an den Tiefseequellen die photosynthetische Primärproduktion ersetzt ist durch eine vorwiegend chemosynthetische Primärproduktion, wie dieses nach bisherigem Wissen sonst nirgendwo in der Biosphäre beobachtet worden ist (JANNASCH 1987). An die Stelle von Lichtenergie tritt hier die *geothermische Energie*, die durch Reduktion anorganischer Verbindungen in chemische Energie überführt wird. Das Vorhandensein von Sauerstoff (O_2) im Wasser der Tiefsee ist für die Energieausbeute offensichtlich wesentlich. Dieser freie Sauerstoff entstammt jedoch vorrangig der Photosynthese. Die Summenformel ist im Bild 7.21 angegeben.

Bakterielle anaerobe Chemosynthese an hydrothermalen Tiefseequellen
|Reaktionen ohne Licht und ohne Sauerstoff|
Die Summenformel ist im Bild 7.21 angegeben.

Bezüglich hydrothermaler Tiefseequellen siehe Abschnitt 9. Dort wird auch näher auf die chemischen Prozesse eingegangen, die sich während der Meerwasserzirkulation durch das Gelände (der ozeanischen Kruste) vollziehen und auf das dort am Meeresgrund vorhandene Leben. Bild 7.27 zeigt die Zusammenhänge von Photosynthese und Chemosynthese an hydrothermalen Tiefseequellen.

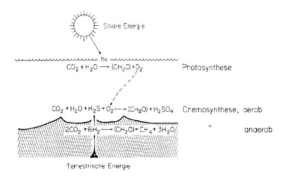

Bild 7.27
Form der *Photosynthese* im Bereich einer Wasser- beziehungsweise Meeresoberfläche (bis ca 100-200 m unter dieser Fläche; siehe auch Flachsee, Hochsee: Bild 9.3).
Form von *aerober* und *anaerober bakterieller Chemosynthese*.
Quelle: JANNASCH (1987)

Zuvor wurde schon darauf verwiesen, daß die Photosynthese um 3,5 Milliarden Jahre vor der Gegenwart vorrangig von *benthisch* beziehungsweise *planktisch* lebenden Organismen betrieben wurde, da auf dem Land, wegen noch fehlender atmosphärischer Ozonschicht, die Organismen der schädlichen (tödlichen) solaren UV-Strahlung voll ausgesetzt gewesen wären. Andererseits begrenzen die jeweils optischen und stofflichen Eigenschaften des Meerwassers die *Eindringtiefe des Lichts*, das zur sauerstoffproduzierenden Photosynthese erforderlich ist. Die Lichtstrahlung hat in etwa 15 m Wassertiefe nur noch etwa die Hälfte ihrer ursprünglichen Intensität aufzuweisen und in etwa 100 m Wassertiefe findet die Lichtzone im allgemeinen ihre Begrenzung (hier dürfte kaum noch Licht oder zumindest nur noch äußerst abgeschwächtes Licht nachweisbar sein) (GIERLOFF-EMDEN 1980).

Chemoautotrophe Symbiose
Untersuchungen an hydrothermalen Tiefseequellen ergaben, daß einige der dort lebenden Tiere nicht darauf angewiesen sind, chemoautotrophe Bakterien als Nahrung aus dem Wasser herauszufiltrieren. Die mikrobielle Chemosynthese findet vielmehr im Kimengewebe statt, wo Schwefelwasserstoff (H_2S) und Sauerstoff (O_2) gleichzeitig zur Verfügung stehen (JANNASCH 1987). Der aerobe Tierstoffwechsel vollzieht sich also auf dem Umweg über die mikrobielle Oxidation von Schwefelwasserstoff, als einer "giftigen" Substanz, und erzeugt damit sogar eine höhere Biomasse, als es auf dem üblichen Weg über die Photosynthese erfolgt. Die beschriebene Symbiose ist für das Leben der Tierwelt an den hydrothermalen Tiefseequellen lebenserhaltend. Hier ist also gelungen, die *prokaryotische* Fähigkeit, anorganisch-chemische Energie zur Autotrophie zu nutzen, mit den genetischen Entwicklungsmöglichkeiten *eukaryotischer* Vielzeller zu kombinieren (JANNASCH 1987).

Ermöglichen Sequenzen der DNS (S_{AB}-Werte) die Klärung von Verwandtschaftsbeziehungen?

DNS (Desoxiribonukleinsäure) beziehungsweise engl. **DNA** (desoxiribonucleid acid). Biomoleküle dieser Art speichern lebenswichtige Informationen. Sie sind der Stoff, aus dem die *Gene* bestehen, die Erbsubstanz aller Lebewesen im Zellkern jeder Zelle. Weitere Ausführungen zu DNS und RNS sind im Abschnitt 7.6.06 enthalten.

Ein von DNS/DNA codiertes anderes Polymer ist unter anderem **RNS** (Ribonukleinsäure) beziehungsweise engl. **RNA** (ribonucleic acid). Die RNS liegt meist als Einzelstrang vor, die DNS meist als Doppelstrang (*Doppelhelix*, vom gr. Helix für Windung). Unter (das) *Gen* wird der Abschnitt einer Erbinformation verstanden, auf dem die Aminosäuresequenz für ein Protein oder für eine RNS kodiert ist. Der Mensch hat ca 50 000 unterschiedliche Gene. Die einzelnen Bausteine der DNS oder der RNS werden *Nukleotide* genannt.

Einwirkungen auf die DNS oder etwa Schädigungen durch chemische Radikale, die beispielsweise bei der Atmung auftreten oder durch Sonnenstrahlung erzeugt werden, greifen die Biomoleküle an und verändern so den gespeicherten Informationsgehalt (GIESE 2000). In der phylogenetischen Forschung ergab sich aus der Erkenntnis, daß der genetische Code auf der *Reihenfolge* der verschiedenen Nukleotide der DNS beruht, und daß die bei allen Organismen mit einer gewissen Häufigkeit auftretenden Mutationen in der *Veränderung dieser Sequenz* bestehen, ein wichtiges Verfahren zur Klärung von *Verwandtschaftsbeziehungen* von Organismen und deren *Altersdatierung*. Bei zwei verschiedenen Organismen müssen demnach die Sequenzen der DNS und der davon codierten anderen Polymere wie RNS (Ribonukleinsäure) und Proteine um so unterschiedlicher sein, je länger zwischen diesen Organismen kein Genaustausch erfolgte, also die Trennung in zwei eigenständige Entwicklungsrichtungen zurückliegt (KANDLER 1987). Als Maß der Ähnlichkeit gilt der sogenannte S_{AB}-Wert ermittelt aus

$$S_{AB} = \frac{\text{Summe der Nukleotide der A + B gemeinsamen Oligomeren}}{\text{Summe der Nukleotide aller Oligomeren von A + B}}$$

Dabei bedeuten

S_{AB}	= 1,0	=	Gleichheit
	= 0,2	=	völlige Unabhängigkeit der untersuchten Organismen A und B
Oligomeren		=	größerer Moleküle, die durch Polymerisation, Kondensation oder Addition aus wenigen gleichen (oder fast gleichen) Molekülen entstanden sind.
Oligonukleotide		=	Bruchstücke, die sich bei der enzymatischen Spaltung, etwa der isolierten ribosomalen 16S RNS, ergeben. Sie können gegebenenfalls anstelle von Oligomeren zur Bestimmung

(nur) des Grades der Verschiedenheit dieser Bruchstücke benutzt werden.
Bild 7.28 gibt eine Übersicht über einige stammesgeschichtliche Entwicklungslinien von Lebewesen auf der Grundlage von S_{AB}-Werten und in Beziehung zu erdgeschichtlichen Zeitmarken.

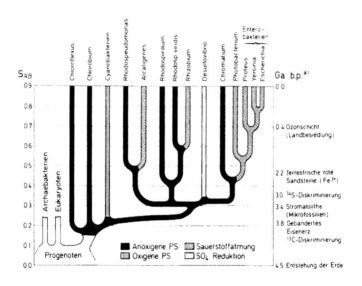

Bild 7.28
Übersicht über einige stammesgeschichtliche Entwicklungslinien von Lebewesen (Bacteria, früher Eubakterien) auf der Grundlage von S_{AB}-Werten und deren Zuordnung zu erdgeschichtlichen Zeitmarken nach KANDLER 1981. SO_4 = ...Sulfat (Radikal). Quelle: KANDLER (1981), (1987)

Aus dieser Übersicht ergibt sich, daß die
anoxigene der *oxigenen* bakteriellen Photosynthese vorausging.
Ferner sollen die *Cyanobakterien* danach schon in der frühen Erdgeschichte zur *oxigenen* Photosynthese und damit zur Sauerstoffproduktion fähig gewesen sein

Modelle der Entwicklung des Lebens im System Erde

Stammen wir Menschen von Bakterien ab? Liegen unsere Wurzeln vielleicht bei den Archaeen, den Spezialisten für das Leben unter Extrembedingungen?

Die vom englischen Naturforscher Charles Robert DARWIN (1809-1882) vertretene Vorstellung, daß alles Leben sich auf eine gemeinsame Wurzel gründe, gab Veranlassung, die Entwicklung der lebenden Organismen stammbaumähnlich darzustellen. Zur Unterscheidung der Organismen und Ableitung verwandtschaftlicher Beziehungen zwischen Organismen dienen zunächst ihre *anatomischen* und *physiologischen* Merkmale sowie Kombinationen daraus. Nach 1960 (und verstärkt ab etwa 1980) werden in zunehmendem Maße Verfahren entwickelt, in denen auch *molekulare* Unterschiede in ausgewählten Proteinen oder Genen zur Ableitung verwandtschaftlicher Beziehungen herangezogen werden, wie etwa durch Carl R. WOESE (1928-) und anderen Wissenschaftlern. Nachdem in den letzten Jahren ein gewisser wissenschaftlicher Konsens über ein Standardmodell zustandegekommen war, gerät dieses aufgrund neuerer genetischer Erkenntnisse erneut ins Wanken. In den Bildern 7.29 bis 7.31 werden die derzeit unterschiedlichen Auffassungen aufgezeigt.

Wie zuvor dargelegt, läßt sich Lebendes anhand von *Mikrofossilien* bis in die Zeit 3,5 beziehungsweise 3,8 Milliarden Jahre vor der Gegenwart nachweisen. Ungewöhnlich gut erhaltene Mikrofossilien von **Vielzellern** wurden in der chinesischen Provinz Ginzhou (südliches Zentralchina) in einer Phosphorit-Lagerstätte der präkambrischen Doushantuo-Formation gefunden. Das Entstehen dieser Formation wird allgemein in den Zeitabschnitt 550-590 Millionen Jahre vor der Gegenwart gelegt. Am Fundort ist sie von Ediacara-Schichten überlagert. Die in der Doushanou-Formation aufgefundenen Mikrofossilien belegen, daß die stammesgeschichtliche Entwicklung der *Tiere* weiter zurückreicht, als bisher angenommen (KREMER 1998). Bisher galten vielfach die Ediacara-Faunen (Ediacara-Organismen) als Ausgangspunkt der stammesgeschichtlichen Auffächerung. Der Name dieser Tiergruppe bezieht sich auf den in Australien gelegenen Erstfundort. Für die zeitliche Einordnung der Ediacara-Fossilien (die in Australien der Pound-Sandstein enthält) liegen unterschiedliche Literaturangaben vor. Nach

KREMER (1998):	mehrheitlich 550 Millionen Jahre vor der Gegenwart
KRÖMMELBEIN 1991 S.50:	ca 570-590
HERM (1987):	ca 700
HOHL et al. (1985) S.426 und 451:	ca 700-750

Inzwischen ist diese Fauna auch in Namibia, Neufundland, Russland und der Mongolei nachgewiesen worden.

Um 1996

Nach DE DUVE (1996) läßt sich aus zahlreichen Untersuchungen herleiten, daß Einzeller mit echtem Zellkern (Protisten) und die vielzelligen Tiere, Pflanzen und Pilze sich aus prokaryotischen, den Bakterien ähnlichen Lebewesen, entwickelten. Mittels Endosymbionten aus dem Reich der Bakterien gewannen sie weitere Unabhängigkeit gegenüber ihrer Umwelt. Bild 7.29 zeigt diesen Stammbaum aller Organismen mit zugehörigen erdgeschichtlichen Zeitmarken.

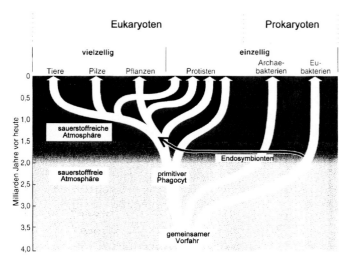

Bild 7.29
Stammbaum aller Organismen im System Erde mit zugehörigen erdgeschichtlichen Zeitmarken nach DE DUVE (1996).

Um 2000

Nach DOOLITTLE (2000) wird derzeit *noch* weitgehend der im Bild 7.30 wiedergeben Stammbaum des Lebens als Standardmodell akzeptiert. Bei diesem Modell wird von einer kleinen Zelle ohne Zellkern ausgegangen. Sie sei der erste universelle gemeinsame Vorfahre. Die frühen Nachfahren spalteten sich sodann in zwei getrennte prokaryotische (kernlose) Gruppen auf: in die Bakterien und die Archaeen. Dieser Gruppe entsprangen die Eukaryoten: Organismen aus komplexen, kernhaltigen Zellen. Nach Vereinahmung bestimmter Bakterien entstanden daraus Mitochondrien und Chloroplasten, zellinterne Organellen für die Energieproduktion und die Photosynthese.

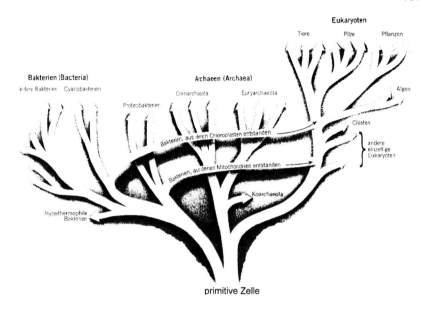

Bild 7.30
Derzeit *noch* weitgehend akzeptiertes Modell von der Entwicklung des Lebens im System Erde. Quelle: DOOLITTLE (2000), verändert

Nach 2000
Nach DOOLITTLE (2000) behält das neue Modell die baumartige Struktur an der Krone der Eukaryoten bei und bestätigt, daß diese Gruppe ihre Mitochondrien und Chloroplasten von Bakterien erhielt. Es zeigt zugleich zahlreiche Verbindungen zwischen den einzelnen Ästen. Diese willkürlich eingefügten Verbindungen sollen den umfangreichen Transfer einzelner oder mehrerer Gene zwischen einzelligen Organismen symbolisieren. Der "Stammbaum" wurzelt allerdings nicht in einer einzigen Zelle als Urahn, denn die drei großen Urreiche des Lebens stammen vermutlich von einer Gemeinschaft primitiver Zellen ab, die sich in ihren Genen unterscheiden (Bild 7.31).

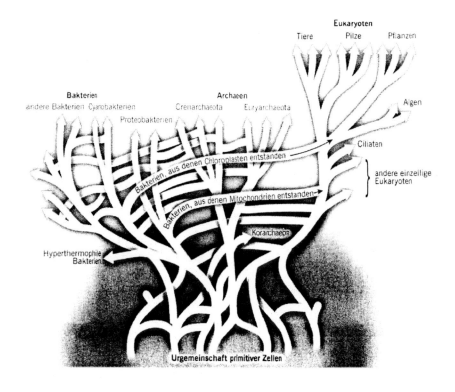

Bild 7.31/1   Ein aktuelles Modell der Entwicklung des Lebens im System Erde. Quelle: DOOLITTLE (2000), verändert

Um 2004
Stammen wir Menschen von einem Bakterium ab? Liegen unsere Wurzeln bei den Archaeen? Eine neuere Auffassung sagt: sowohl als auch.

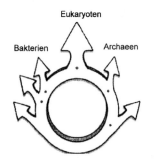

Bild 7.31/2
Ringförmiges Verwandtschaftsmuster, bei dem die Eukaryoten durch Verschmelzen eines Archaeums mit einem Bakterium entstanden (nach RIVERA und LAKE, 2004).

Nach einem Vergleich der vollständigen Genome von 10 repräsentativen Organismen aus den drei Urreichen (durch Maria RIVERA und James LAKE an der Universität von Kalifornien in Los Angeles, USA) ergab sich, daß die 5 Kandidaten mit den höchsten Zuverlässigkeitswerten nicht wirklich verschieden, sondern nur zyklische Permutationen desselben Grundmusters waren. Damit ließen sich alle 5 durch eine ringförmige Struktur darstellen. Unsere frühesten eukaryotischen Vorfahren sind demnach aus der Genomfusion zwischen einem Bakterium und einem Archaeon hervorgegangen (GROß 2005).

Leben Viren?

Viren sind nach bisheriger Kenntnis Parasiten, die zwischen belebter und unbelebter Natur existieren. Sie enthalten Eiweißstoffe und Erbmoleküle, benötigen aber die Hilfe von Zellen, um sich vervielfältigen und verbreiten zu können. Sie vermehren sich in der Regel in großer Anzahl und mutieren leicht. Im Laufe der Zeit bringt dieser Prozeß viele neue Gene hervor, unter denen gelegentlich auch ein innovatives nützliches Virusgen sei, das sich in das Erbgut der Wirtszelle einnistet und zu einem permanenten Bestandteil ihres Genoms wird (VILLAREAL 2005).

Die Frage, was Viren zur Geschichte des Lebens im System Erde beigetragen haben, ist bisher kaum behandelt worden und weitgehend unbeantwortet. Einige Wissenschaftler meinen, daß der membranumhüllte Zellkern (der bei Bakterien fehlt, bei Zellen aller höheren Organismen einschließlich des Menschen vorhanden) viralen Ursprungs ist. Nach Villareal haben Viren Einfluß auf alle Lebewesen, von einzelligen Mikroben bis zum Menschen, und entscheiden oft über Leben und Tod. Zugleich entwickeln sie sich selbst weiter und sind vermutlich die einzigen biologischen Entitäten, die so rasch entstehen, daß sie in Echtzeit verfolgt werden können. Viren seien so etwas, wie die sich ständig wandelnde Grenze zwischen biochemischer und biologischer Welt. Sie können sogar in praktisch toten Zellen wachsen.

Im System Erde existieren nach gegenwärtigen Schätzungen allein im Meer ca 10^{30} Viruspartikel in den Zellen von Wirtsorganismen und im freien Wasser.

| Zur Wirkung der UV-Strahlung auf Viren|
Einfache Bakterien, auch photosynthetisch aktive Cyanobakterien und Algen, werden oft zerstört, wenn die UV-Strahlung der Sonne ihre DNA schädigt. Einige Viren verfügen über Enzyme, die bestimmte Wirtsmoleküle reparieren (praktisch wiederbeleben) können (VILLAREAL 2005). Wird beispielsweise bei Cyanobakterien ein bestimmtes zentrale Photosynthese-Enzym durch zu starke Sonneneinstrahlung geschädigt und nicht mehr hinreichend nachproduziert, kommt der Stoffwechsel zum Erliegen. Es hat sich jedoch gezeigt, daß Viren, die Cyanobakterien befallen, eine eigene, wesentlich

UV-resistentere Version des Enzyms haben. Das virale Photosynthese-Enzym kann dann die Funktion des zerstörten Wirtssystems übernehmen und damit die Produktion von Energie sicherstellen, die das Virus für seine Vermehrung benötigt.

7.1.03 Pflanzen besiedeln das Land

Wie zuvor bereits angesprochen, gelangte der von den Cyanobakterien (im Wasser, im Meer) freigesetzte Sauerstoff sehr wahrscheinlich nicht sogleich in die Atmosphäre, sondern wurde sofort zur Bildung von Sulfaten verbraucht sowie zur Oxidation von zwei- zu dreiwertigem Eisen, wie in *marinen gebänderten Eisenerzen* bezeugt. Das Meer (Meerwasser) blieb mithin zunächst praktisch sauerstofffrei. Seit etwa 2,3 Milliarden Jahre vor der Gegenwart liegt dreiwertiges Eisen in *kontinentalen Rotsedimenten* vor. Sie bezeugen den Beginn der subaberischen Oxidationsverwitterung und somit auch die zunehmende Sauerstoffanreicherung in der Atmosphäre. Die Besiedlung des *Landes* durch grüne Pflanzen *begann* nach heutiger Kenntnis etwa um 400 Millionen Jahre vor der Gegenwart. Als urkundlicher Nachweis der pflanzlichen Landbesiedlung gelten die bisher aufgefundenen (und datierten) Fossilien. Das Pflanzenleben im *Meer* bestand bereits seit längerer Zeit und läßt sich bis ins Präkambrium zurückverfolgen. In diesem Zusammenhang sind auch die großen *Kohlelagerstätten* der Erde anzusprechen. Sie entstanden durch Ablagerungen sehr großer Mengen pflanzlicher Substanz in topographischen Becken, in die nur wenig Abtragungsmaterial gelangte. Reichlicher Pflanzenwuchs entsteht aber nur, wenn die klimatischen Verhältnisse dafür günstig sind und Kohlebildung erfolgt nur, wenn das abgestorbene Pflanzenmaterial rasch vor Verwesung geschützt wird (MEINHOLD 1985). Die letztgenannte Bedingung erfordert weitgehende Ausschaltung des Luftsauerstoffs, was etwa gegeben ist bei einer Wasserbedeckung der pflanzlichen Substanz. Bild 7.32 gibt eine zeitliche Übersicht zum skizzierten Geschehen und nennt einige Meilensteine des Ablaufs. Dabei werden oftmals folgende *übergeordnete* Zeitabschnitte unterschieden:

|Pflanzenreich|
    Mesophytikum = Trias + Jura + Kreide
    Paläophytikum = Devon + Karbon + Perm
    Eophytikum = Kambrium + Ordovizium + Silur
    Präkambrium = Archaikum + Proterozoikum
|Tierreich|
    Mesozoikum = Trias + Jura + Kreide
    Paläozoikum = Kambrium bis einschließlich Perm
    Präkambrium = Archaikum + Proterozoikum

Grundsätzlich bedeuten: Unter-Zeitabschnitt ist die unten liegenden geologische Schicht, sie ist dem Erdmittelpunkt also näher als der Ober-Zeitabschnitt, die darüber (oben) liegende geologische Schicht (Beispiel: Unter-Karbon, Ober-Karbon).

206	Jura		
251	Trias		
296	Perm	◇ permokarbone Kohlelagerstätten	
354	Karbon	◇ karbone Kohlelagerstätten ◇ "Karbonwälder"	300
417	Devon	◆ Sauerstoff in der Atmosphäre auf nahezu heutigen Pegelstand (100%) angewachsen ◇ erste Landpflanzen!	350
443	Silur	◇ "Ur-Landpflanzen"	428
495	Ordovizium	(erste Landpflanzen?)	
545	Kambrium		
2 500	Proterozoikum	◆ Sauerstoff in der Atmosphäre 1% ◇ *kontinentale* Rotsedimente ◇ *Pyrit* und *Uraninit* noch zutageliegend, obwohl sie von Sauerstoff zersetzt werden (wenn dieser vorhanden)	2 000 2 300 2 300
4 000	Archaikum	◇ älteste *marine* gebänderte Eisenerze	3 800
>4 000			

Bild 7.32
Gebräuchliche Gliederung und Benennung von Zeitabschnitten der Erdgeschichte. Zeitangaben in Millionen Jahre (10^6 Jahre) vor der Gegenwart. Die Zeitangaben links kennzeichnen jeweils den Beginn des Zeitabschnittes (Archaikum, Proterozoikum...). Sie können sich ändern entsprechend neuer Erkenntnisse der Forschung, außerdem bestehen unterschiedliche Auffassungen über diese Begrenzungen.

Marine gebänderte Eisenerze und kontinentale Rotsedimente

Im Erdinnern gibt es Räume mit natürlicher Anreicherung von bestimmten Gesteinen beziehungsweise chemischen Elementen. Geologische Körper dieser Art heißen *Lagerstätten*.

Marine gebänderte Eisenerze

Eisenerze, sogenannte sedimentäre Eisenerze, kennzeichnen zwei weitverbreitete Lagerstättentypen: den Algoma-Typ und den Superior-Typ. Beide Typen zeigen einen Aufbau in Form abwechselnder Schichten von reduziertem und oxidiertem Eisen (KANDLER 1987) S.116 ... von erzreichen und erzarmen Schichten (HÖLL 1987) S.144. durchsetzt vor allem von Quarz. Man spricht daher von einem gebänderten beziehungsweise quarz-gebänderten Aufbau, vielfach (kurz) von *Bändereisenerzen*, oder vom rhythmischen Niederschlag der am Aufbau beteiligten chemischen Elemente beziehungsweise Verbindungen. Diese gebänderte Eisenformation (engl. banded iron formation, BIF) ist ein Sedimenttyp, der in dieser Form nur in einem bestimmten, frühen erdgeschichtlichen Abschnitt entstand. Über 90% der Eisenerze der Erde sind in diesen Sedimenten konzentriert (KLEMM 1987).

Die gebänderten Eisenerze des **Algoma-Typs**, die sich im erdgeschichtlichen Ablauf zuerst bildeten, wurden (kontinuierlich beziehungsweise überlappend) abgelöst von den vergleichsweise reineren und wesentlich umfangreicheren Eisenformationen des **Superior-Typs**. Im Gegensatz zum Algoma-Typ, mit seinen oft kleinen, mit Vulkaniten sehr unterschiedlicher Zusammensetzung vergesellschafteten, sowie aus Eisensulfiden, Eisencarbonaten, Eisensilicaten und/oder Eisenoxiden zusammengesetzten Vorkommen, sind die Vorkommen des Superior-Typs in der Regel durch reine Eisenoxide (Magnetit, Hämatit) und Quarz gekennzeichnet; sie weisen keine Vergesellschaftung mit Vulkaniten auf (HÖLL 1987, KRÖMMELBEIN/STRAUCH 1991). Den Algoma-Typ findet man bereits in der Zeit um 3,8 Milliarden Jahre vor der Gegenwart in Grönland (Isua-Formation), sodann unter anderem im südlichen Afrika (Kapvaal-Kraton) und in Australien (Pilbara-Block) (HÖLL 1987). Die namentliche Kennzeichnung dieses Lagerstättentyps bezieht sich auf den kanadischen Hafenort Algoma(-Mills) am North Channel des Huronsees. Die Benennung "Superior-Typ" (Superiorität: Überlegenheit, Übergewicht) hat vermutlich Bezug zum Namen des großen nordamerikanischen präkambrischen geologischen Kratons "Superior Provinz".

Viele Bändereisenärze der frühen Erdgeschichte zeigen eine Zonierung mit *Eisensulfiden* (Magnetkies, Pyrit), *Eisencarbonaten* (Siderit, Ankerit, Fe-Dolomit) und *Eisensilicaten* in der Nähe (untermeerischer) vulkanischer Zentren sowie *Eisenoxiden* (Magnetit, Hämatit) als sogenannte distale Entwicklungen (HÖLL 1987). Sie entstanden am **Meeresgrund**. Die Meere in der frühen Erdgeschichte hatten sehr wahrscheinlich eine andere Zusammensetzung als heute; insbesondere gilt dies für die Eisen- und Kieselsäuregehalte. Vermutlich kam es bereits ab dem Zeitpunkt 3,8 Milliarden Jahre vor der Gegenwart (am Beginn der Entstehungszeit des Algoma-

Typs) zur (chemischen) Fällung der *Eisengehalte* im Meerwasser. In rhythmischer Abfolge mit diesen wurden gleichzeitig die größten Anteile der vorhandenen *Kieselsäuregehalte* aus dem Meerwasser gefällt (KLEMM 1987) S.78. Das Ergebnis dieser vorrangig chemischen Sedimentation waren die *marinen gebänderten Eisenerze* (des Algoma- und Superior-Typs).

Übersicht über einige Eisenverbindungen, insbesondere Eisenerze
nach MEYER (1905), QUIRING (1949), KE (1959), MEYER (1969), SOMMER (1987).
Erze sind Minerale beziehungsweise ein Mineralgemenge.

● **Eisensulfide** als
Magnetkies (Pyrrhotin, Magnetopyrit)
Mineral (FeS) (Fe_7S_8), bronzefarben, meist braun angelaufen.
Pyrit (Schwefelkies, Eisenkies)
Eisenerz. Eisendisulfid (FeS_2). Gelb, glänzend, teilweise braun.
Markasit (Wasserkies)
Abart des Pyrit. Gelb, glänzend, oft bunt angelaufen. Formen: Speerkies, Kammkies Leberkies, Binarkies.

● **Eisencarbonate** als
Siderit (Spateisenstein, Eisenspat, Stahlstein)
Eisenerz. Eisen-II-carbonat ($FeCO_3$). Gelbgrau bis gelb, durch kohlige Beimengungen auch dunkel.
Ankerit (Braunspat)
Dolomitenähnliches Mineral der chem. Zusammensetzung Ca (Mg,Fe) $(CO_3)_2$.

● **Eisensilcate** als
Kieselgel (Kieselsäuregel, Silicatgel)
Fast reine, amorphe Kieselsäure mit bestimmtem Wassergehalt. *Kieselgel Opal*, halbdurchsichtig bis durchscheinend, weiß, gelblich, gelbrot ($H_2Si_2O_5$) und andere Abarten. Wasserarm gewordene Opale sind *Chalcedon*, Abart u.a. *Jaspis*.
Jaspis
Mineral, undurchsichtig, intensiv grau, bläulich, gelb, rot oder braun, teils gebändert, muschliger Bruch. Abarten: Hornstein, Feuerstein, Plasma (grün) und Heliotrop (grün mit roten Flecken), Chrysopras, Karneol, Onyx, Achat.
Ferrosilit
Mineral. Eisen-II-metasilicat ($FeSiO_3$).
Fayalit (benannt nach der Azoreninsel Fayall)
Eisenorthosilicat (Fe_2SiO_4). Gelb, braun oder schwarz.
Die Gesteine der Erdkruste (und sehr wahrscheinlich auch des Erdkernmantels) bestehen vorwiegend aus Silicaten, deren Gehalt an Eisen und Magnesium in Richtung Erdmittelpunkt zunimmt. Die tiefste Schale des Erdkernmantels besteht vermutlich fast ganz aus Fayalit.

Grünerit
Eisen-II-metasilicat ($FeSiO_3$). Braun, glänzend, zur Stahlsteingruppe gehörig. Weitere Eisen-II-silicate: Hinsingerit, Chloropal, Anthosiderit.

● **Eisenoxide** als

Magnetit (Magneteisenstein)
Eisenerz. Eisen-II,III-oxid (Fe_3O_4) (oder $FeO \cdot Fe_2O_3$). Schwarz, glänzend, undurchsichtig, magnetisch (oft mit Magnetpolen). Auch körnig: *Magneteisensand*.

Hämatit
Eisenerz mit faseriger Struktur (verwandt mit rotem Glaskopf und Blutstein). Abart(en) des *Roteisenstein*, welcher rot bis grau mit braunrotem Strich. Alle sind Abarten des *Eisenglanz* (Glanzeisenerz): Eisen-III-oxid (Fe_2O_3).

Limonit (Brauneisenstein)
Eisenerz. Eisen-III-oxidhydrat ($Fe_2O_3 \cdot n\ H_2O$). Dunkelbraun bis gelbbraun. *Minette*: Abart, dichtes Brauneisen, besonders phosphorsäurehaltig, gelbbraun bis dunkelgrün.

Kieseleisenerze (Eisenjaspilite)
Gebänderte Eisenerze aus Eisenglanz und Roteisen mit Zwischenlagen aus SiO_2 (Chert), teilweise auch Eisencarbonat und -silicate führend.

Eisenkiesel
Durch Eisenoxide gelb, braun oder rot gefärbter *Quarz* (Siliciumdioxid SiO_2, wasserfreie Kieselsäure).

Eisenoolith
Aus *Oxiden* (kugelförmiges Korn, aufgebaut vor allem aus Kalk oder Eisenhydroxid) zusammengesetztes Eisenerzsediment, das vorrangig aus Brauneisenstein, Eisenspat oder Gemengen von ihnen besteht, etwa Minette.

Grüneisenstein (Grüneisenerz, Kraurit)
Mineral aus phosphorsaurem Eisenoxid ($Fe_2P_2O_8 + Fe_2H_6O_6$). Dunkelgrün, undurchsichtig.

Itabirit
Eisenglimmerschiefer (enthält Eisenglimmer oder Eisenglanz).

Taconit

Modell des Entstehens der marinen gebänderten Eisenerze
Heutige Modelle des Geschehens gehen etwa von folgenden Annahmen aus. Unter den Bedingungen eines *sauerstofffreien* kontinentalen Verwitterungszyklus (inganggehalten durch Regen-, Fluß- und Fluttätigkeit) ging auf dem **Lande** in Konglomeraten zutage liegendes zweiwertiges Eisen (Fe^{II}) leicht in Lösung und gelangte als Bestandteil der Verwitterungsfracht in großen Mengen in die **Meere**, die damals als "Eisen-Akkumulatoren" fungiert haben müssen (so wie sie derzeit Alkalien und Erdalkalien ansammeln) (SCHIDLOWSKI 1987). Offensichtlich waren die in großer Konzentration ins Meer eingebrachten hydratisierten Fe^{2+}_{aq}-Ionen ideale Akzeptoren für das *Stoffwechselprodukt* Sauerstoff, das (planktonische und/oder benthonische)

Mikroorganismen ins Meerwasser entließen. Das Leben in jener Zeit war ja (fast) ausschließlich *unterhalb* der Meeresoberfläche angesiedelt; der dort mittels oxigener Photosynthese freigesetzte Sauerstoff konnte vom laufend ins Meer eingebrachten zweiwertigen Eisen (Fe^{II}) somit unmittelbar abgefangen, als dreiwertiges Eisen (Fe^{III}), als Eisen-III-Oxid, ausgefällt und am Meeresgrund (als Sediment) niedergelegt werden. Durch rhythmischen Niederschlag von *Fe-Verbindungen* (Carbonate, Silicate, Oxide) und *Kieselgel* entstanden Quarzbänder-Eisenerze (Itabirite: geschichtet mit Quarz, Magnetit und Hämatit; Taconite) (KRÖMMELBEIN/STRAUCH 1991).

Der in der frühen Erdgeschichte von planktonischen und/oder benthonischen Mikroorganismen, insbesondere von Cyanobakterien, als Stoffwechselprodukt freigesetzte Sauerstoff wurde also gemäß den vorstehenden Ausführungen zunächst weitgehend zur Oxidation von zweiwertigem (Fe^{2+}) zu dreiwertigem (Fe^{3+}) Eisen (Eisen-Ionen) und zur Bildung von *Sulfaten* verbraucht; er gelangte noch nicht oder kaum in die Atmosphäre.

Anmerkung
zur Ausdrucks- und Schreibweise der heutigen chemischen Nomenklatur.
Schreibweisen bei Angaben zur *Wertigkeit* eines chemischen Elements:
Die **stöchiometrische Wertigkeit** *kann* durch hochgestellte römische Ziffern ausgewiesen werden. Beispiel: Fe^{I}, Fe^{II}, Fe^{III} = ein-, zwei-, dreiwertiges Eisen.
Die **Ionenwertigkeit** (Ionenladung) *wird* durch hochgestellte arabische Ziffern ausgewiesen. Beispiel:

Das Wasserstoff-Ion H^+ hat die Ionenladung 1+
Das Eisen-Ion Fe^{2+} 2+
Fe^{3+} 3+
Das Sulfat-Ion SO_4^{2-} 2−

wobei bedeuten: + = positive, − = negative elektrische Ladung.
Die **Oxidationszahl** (Oxidationsstufe) *kann* durch arabische Ziffern über dem Elementsymbol ausgewiesen werden. Beispiel (SOMMER 1987):

$$\overset{+4}{S}\ \overset{-2}{O_2}$$

Eine andere Schreibweise der **Oxidationszahl** benutzt hochgestellte römische Ziffern. Beispiel (Christen 1974):
Eisen bildet ein Oxid der Formel Fe_2O_3. Da die algebraische Summe der Oxidationszahlen in einer Verbindung Null sein muß, folgt

Fe_2O_3 Fe^{+III} O^{-II}

Bei Verbindungen von sogenannten Übergangselementen (Nebengruppenelementen im Periodensystem) bringt man die in der betreffenden Verbindung wirklich vorhandene **Oxidationszahl** im Namen zum Ausdruck. Beispiel (CHRISTEN 1974):

$FeCl_2$ (Fe^{+II}) Eisen-II-chlorid
$FeCl_3$ (Fe^{+III}) Eisen-III-chlorid

Fe_2O_3 (Fe^{+III}) Eisen-III-oxid
Fe_3O_4 (Fe^{+II} und Fe^{+III}) Eisen-II,III-oxid u.a.
Bezüglich *Koordinationszahl* siehe SOMMER (1987) und andere.

Es tritt heute
anstelle von "Ferro-Verbindungen" die Ausdrucksweise "Eisen-II-Verbindungen",
anstelle von "Ferri-Verbindungen" die Ausdrucksweise "Eisen-III-Verbindungen" ...
Die Präfixe "Ferro" und "Ferri" gelten nach der heutigen Chemischen Nomenklatur als veraltet (MEYER 1970).
Anstelle der (veralteten) Schreibweise "Oxyd" tritt heute die Schreibweise "Oxid" (WAHRIG 1986).
Beispiele: anstelle von Ferrooxyd tritt Eisen-II-oxid, anstelle von Ferrioxyd tritt Eisen-III-oxid ...

Kontinentale Rotsedimente

Ab etwa 2,3 Milliarden Jahre vor der Gegenwart liegt Eisen erstmals in dreiwertiger Form (als Fe_2O_3) in *kontinentalen Rotsedimenten* vor (QUENZEL 1987). Diese kontinentalen Rotsedimente zeigen das Einsetzen der sogenannten subaerischer Oxidationsverwitterung an (subaerisch: sich unter Luft befindend, unter Luftzutritt entwickelt). Es beginnt eine zunehmend stärker werdende Sauerstoffanreicherung in der Erdatmosphäre. Vor allem die Pyrit- und Uraninit-Gerölle (beispielsweise in den Konglomeraten des Witwatersrand im südlichen Afrika und des Huronian in Nordamerika) werden *nun* vom gasförmigen Sauerstoff zersetzt (KRÖMMELBEIN/STRAUCH 1991). Wäre genügend freier Sauerstoff im Erdinnern vorhanden gewesen, wäre das gesamte Eisen schon früher oxidiert, also in einen dreiwertigen Zustand (in Fe_2O_3) überführt worden (QUENZEL 1987).

Ab dem Zeitpunkt der Erdentstehung hat es somit einiger Zeit bedurft, bis der Reduktionspuffer der Meere so weit aufoxidiert war, daß der von einfachen Kleinlebewesen des Meeres (Cyanobakterien u.a.) freigesetzte Sauerstoff auch in die Erdatmosphäre abgegeben wurde. Zum Zeitpunkt 2 Milliarden Jahre vor der Gegenwart hatte der Sauerstoffgehalt der Erdatmosphäre vermutlich erst 1% des heutigen Pegelstandes erreicht. Ab diesem Zeitpunkt begann *in der Stratosphäre* die **Entwicklung von Ozon** (O_3), ein je nach Konzentration farbloses bis blaues Gas, das durch starke UV-Strahlung aus Sauerstoff entsteht. Diese Ozonschicht (in der heutigen Form) bewirkt, daß die lebensfeindliche solare UV-Strahlung dort absorbiert, die Landbeziehungsweise Meereoberfläche oder deren Bedeckung von ihr mithin nicht erreicht wird.

Modell von HOYLE (1984):
Nach diesem Modell entstand *rotes Gestein*, indem sich Sauerstoff mit nicht-rotem einwertigen Eisen verband, um ferritisches Eisen (Eisen-III-Verbindungen) zu erzeugen, die Hauptkomponente des *Eisenrosts*. Heute wie damals wird der Sauerstoff, der

nötig ist, um einwertiges Eisen rosten zu lassen, von lebenden Organismen geliefert. Plankton, Algen und blaugrüne Bakterien im *Meer* verwandeln Kohlendioxid und Wasser mit Hilfe des Sonnenlichts in Zucker und Kohlehydrate, wie auch die Pflanzen auf dem *Land*. Als Nebenprodukt dieser Photosynthese wird Sauerstoff in die Atmosphäre abgegeben. Er ist verantwortlich für das Rosten der Eisen an der Oberfläche, er verwandelt farblose Böden in rote Böden. Diese Oxidation hat sehr lange stattgefunden. Die ältesten roten Böden des *Landes* entstanden um etwa 2 Milliarden Jahre vor der Gegenwart. Es sei damit impliziert, daß bis zu diesem Zeitpunkt (also etwa in den ersten 2,5 Milliarden Jahren der Erdgeschichte) die Photosynthese nicht genügend Sauerstoff der Atmosphäre zuführte, um die Oberfläche des Landes rostbraun werden zu lassen. Die großen Eisenerzlager, wiederum Lager mit ferritischem oder auch "rostigem" Eisen, finden sich in noch älterem Gestein. Das älteste rote Gestein des Landes und die jüngsten großen Eisenerzlager sind ungefähr gleich alt, sie entstanden um 2 Milliarden Jahre vor der Gegenwart. Vermutlich erfolgte um diese Zeit ein für geologische Verhältnisse fast abrupter Übergang in einen anderen Zustand. Erklärung dafür sei: einwertiges Eisen ist besser wasserlöslich, als sein rostiges Gegenstück. Vor 2 Milliarden Jahre vor der Gegenwart, als fast das ganze zu Lande zutage liegendes Eisendioxid in dieser löslichen Form vorkam, wurde ein großer Teil davon infolge des Verwitterungsprozesses durch Regen- Fluß- und Fluttätigkeit zum Meer befördert. Nachdem aber das lösliche einwertige Eisen ans Meer, besonders in seichtes Küstengewässer gelangt war, rostete es auf irgend eine Weise, zu einer Zeit, als es fast keinen Sauerstoff in der Atmosphäre gab. Dies schlug sich dann in hochkonzentrierten Sedimenten nieder, die die großen Eisenerzreserven der Erde bilden. Wie konnte vor mehr als 2 Milliarden Jahre vor der Gegenwart das Eisen rosten, wenn dafür in der Luft nicht genügend Sauerstoff vorhanden war? Woher konnte der Sauerstoff stammen? Vermutlich zielt die Antwort auf die Existenz von Meeresorganismen. Photosynthese mittels blaugrüner Bakterien, die es bekanntlich seit fast 4 Milliarden Jahre vor der Gegenwart gibt, hat sicherlich zur Erzeugung von Sauerstoff geführt. Wenn dadurch der Oxidationsprozeß zustande kam, mußte die Zufuhr einer sorgfältigen Kontrolle unterliegen, so daß nicht zuviel davon in die Atmosphäre gelangte, da erst ab jenem Zeitpunkt um 2 Milliarden Jahre vor der Gegenwart sich zu Lande allmählich roter Boden bildete. Das *Pedomicrobium* (Bakterie von blütenähnlichem Aussehen, die sich von Metallverbindungen "ernährt") konnte das einwertige Eisen im Meer zum Rosten gebracht haben, bis dann etwa 2 Milliarden Jahre vor der Gegenwart schließlich die Photosynthese die Oberhand gewann, den Sauerstoff in die Luft verströmte und so das Eisen des *Landes* rosten ließ. Die Zufuhr für das Meer wurde damit abgeschnitten, und so ging die frühe, lange Ära zu Ende, in der sich die Eisenerzlager bildeten. Der "Trick" dabei ist, daß anders als bei der Photosynthese, die Sauerstoff produziert, Pedomicrobium den Sauerstoff von einer Substanz (etwa einem Salz) einfach zu einer anderen Substanz (Eisen oder Mangan) befördert, wodurch Energie für die Bakterie freigesetzt wird. Da hierbei ungenutztes Metalloxid entsteht, wandert dieses von der "Blüte" in den "Stiel" hinab in die "Wurzel", wo es gespeichert wird. Mehrere Blüten können mit ihren Stielen in einer Wurzel vereinigt sein (HOYLE 1984).

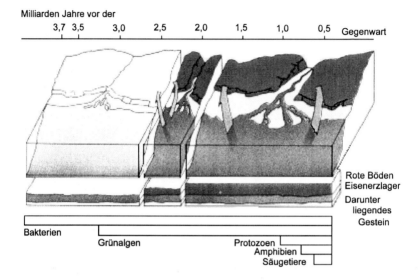

Bild 7.33
Das Entstehen der kontinentalen Rotsedimente der Erde nach HOYLE. Quelle: HOYLE (1984), verändert

Die Pflanzenwelt im Zeitabschnitt von Silur bis Perm

Das Pflanzenleben im **Meer** läßt sich bis ins Präkambrium zurückverfolgen. Beispielsweise ist die Algenkohle am Ladogasee (Schungit) ca 1 Milliarde Jahre alt, der algenreiche Ölschiefer Estlands entstand im Ordovizium, die Erdölvorkommen in Lybien entstanden im Silur (DABER 1999). Einige Wissenschaftler interpretieren fossile Funde aus dem Silur (Wenlock-Stufe, ca 428 Millionen Jahre vor der Gegenwart) als erste Vorboten der pflanzlichen Besiedlung des **Landes**. Andere Wissenschaftler verlegen diesen Vorgang sogar noch weiter zurück, in das obere Ordovizium. Nach DABER (1999) besiedelten die Pflanzen das Land in zwei Phasen: in einen Zeitabschnitt 50 bis 60 Millionen Jahre *vor* Beginn des Devon und in einen darauffolgenden Zeitabschnitt, der durch die Gedinne- und Siegensstufe *zu* Beginn des Devon erkennbar wird.

Die kleinen Pflanzenkörper des Kambrium wandelten sich im Devon zu baumartigen Farnen. Aus dem abgestorbenen Material dieser Pflanzen bildeten sich Torfmoore. Es entstanden erste Kohlelagerstätten im heutigen Sinne. Schließlich entwickelten sich ausgedehnte **Wälder** aus mächtigen Bärlapp- und Schachtelhalmbäumen, die im Karbon ("Karbonwälder") und teilweise noch im Perm existent waren und deren abgestorbenes Material zu Kohlelagerstätten führte, die wir noch heute nutzen.

Der *Steinkohlevorrat* der Erde wird auf ca 9 800 Milliarden Tonnen geschätzt, der technisch und wirtschaftlich gewinnbare auf ca 1 700 Milliarden Tonnen. Der Hauptteil des Vorrats entstand im *Karbon,* der nächst größere Teil im *Perm* (KRÖMMEL-BEIN/STRAUCH 1991). Die sehr üppigen *Karbonwälder,* die diesen Steinkohlevorrat vor allem erbrachten, unterscheiden sich von den heutigen Wäldern. Beispielsweise gab es keine Blüten, keinen Duft, keinen Nektar (die damaligen Insekten waren Fleischfresser). Die Befruchtung der *Sporenpflanzen* erfolgte durch Regen und Wind; einige erzeugten so große Sporenmengen, daß die Wälder zeitweise sehr wahrscheinlich mit einem dichten Schleier bedeckt waren. Die sogenannte *Kannelkohle* ist beispielsweise fast nur aus solchen Sporen entstanden (MOSTLER et al. 1981).

Den Anfang der pflanzlichen Landbesiedlung machten die sogenannten "Ur-Landpflanzen". Vermutlich waren diese cm-großen Pflanzen (wie Cooksonia oder Steganotheca) subaquadisch lebenden Pflanzen. Sie haben keine Blätter und heißen daher Psilophyten. Als erste wirkliche Landbesiedler gelten heute *Drepanophycus* und *Baragwanathia* (DABER 1999). Im Ober-Devon tritt erstmals eine *baumförmige* Sporenpflanze auf: *Archaeopteris.* Sie kann mehrere hundert Jahre alt werden. Die genannte Gattung brachte in dieser Zeit zahlreiche Arten hervor.

Einige hier benutzte Begriffe und Benennungen sowie mögliche Gruppierungen der vielfältigen Pflanzenwelt zeigt die nachstehende Übersicht.

Man kann die Pflanzenwelt (das Pflanzenreich) einteilen in die Gruppen (KE 1959, DABER 1985):
(1) *Schizophyta* (Spaltpflanzen)
   Bakterien, Spaltalgen (blaugrüne Algen, Cyanophyceae)...
(2) *Thallophyta* (Lagerpflanzen)
   Kieselalgen, Grünalgen..., höhere Pilze, Flechten...
(3) *Bryophyta* (Moospflanzen)
(4) *Pteridophyta* (Farnpflanzen)
   Ur-Landpflanzen (*Psilophytinae*)
   Bärlappgewächse (*Lycopodiinae*)
   Schachtelhalmgewächse (*Equisetinae*)
   Farne (*Filicinae*)
(5) *Spermatophyta* (**Samenpflanzen**)
   Gymnospermae (Nacktsamige), Angiospermae (Bedecktsamige).

Diese Gruppen lassen sich sodann nach bestimmten Gesichtspunkten wiederum zusammenfassen, beispielsweise nach
Wuchsform   Lagerpflanzen (*Thallophyta*) (1-2):
   Pflanzen ohne Stengel und Blätter.
  Sproßpflanzen (*Cormophyta*) (3-5):
   in Sproß und Wurzel gegliedert.
Vermehrungsform   **Sporenpflanzen** (*Sporophyta*) (1-4),**Samenpflanzen** (5).
Blüte   (die früher allein als Geschlechtsorgan bekannt war)
  Blütenlose Pflanzen (Kryptogamae) (1-4),
  Blütenpflanzen (Phanerogamae) (5).
Gewebeaufbau Zellpflanzen (1-3), **Gefäßpflanzen** (4-5).

Generell kann auch wie folgt gruppiert werden (DABER 1999):

- *Niedere Pflanzen* (Thallophyten): Algen, Moose
- *Höhere Pflanzen* (Kormophyten):
 (1) Farnpflanzen: Bärlappgewächse, Schachtelhalmgewächse, Farne
 (2) Samenpflanzen:
  (2.1) Gabel- und Nadelblättrige Nacktsamer:
  Nadelhölzer, Ginkoatae
  (2.2) Fiederblättrige Nacktsamer:
  Palmfarne
  (2.3) Bedecktsamer

801

Bild 7.34
Drepanophycus, **Unter-Devon**
nach KRÄUSEL/WEYLAND
(aus DABER 1985)

Archaeoteris, **Ober- Devon**
nach Institut für Paläontologie der
Universität Bonn (aus BROCKHAUS 1999)

Die Gattung *Drepanophycus* wird heute zu den Pflanzen gezählt, die erstmals die Fähigkeit erworben haben, uneingeschränkt auf dem Lande zu leben (ebenso wie die Gattung *Baragwanathia*). Als erste *baumförmige* Gattung gilt heute die Sporenpflanze *Archaeopteris*. Ihre Blattwedel sind an hohen Baumstämmen angesetzt. Die Archaeopteris-Bäume bildeten vermutlich schon **Wälder**, was aus der weiten Verbreitung auf vielen Kontinenten gefolgert werden kann. Die Entwicklung in Richtung *Bärlappgewächse* (*Lycopodiinen*) schritt voran. Zu den Bärlappgewächsen zählen unter anderem: Siegelbäume (*Sigillaria*), Schuppenbäume (*Lepidodendraceae*). Mit *Pseudobornia* tritt eine weitere baumartige Form auf, die schließlich zu den *Schachtelhamgewächsen* (Articulaten) führte. Zu den Vorfahren der Schachtelhalme zählen unter anderem die Keilblattgewächse (*Sphenophyllaceae*). Eine üppige Entfaltung ist auch bei den *Farngewächsen* (*Filices*) zu beobachten (KRULL 1985).

Bild 7.35
Pflanzen des **Karbon**,
von links nach rechts: *Lepidodendron* mit Sporenzapfen (ca 3-4 m hoch), *Sigillaria* (ca 9 m hoch), *Cordaites* (ca 25-30 m hoch). Quelle: KRULL (1985), DABER (1985)

Bild 7.36
Zeichnung eines Karbonwaldes (wie er ausgesehen haben könnte) mit Schachtelhalmen, Farnen und Siegelbäumen.
Quelle: MOSTLER et al. (1981)

Das Karbon ist die Zeit der großen Kohlebildung auf dem Land (Außensenken, Innensenken) und in den Schelfgebieten. In der Pflanzenwelt des Karbon vollzieht sich mit dem Übergang zur pflanzlichen Samenbildung ein Entwicklungsschritt, der außer zu den *Farnsamern* (*Pteridospermae*) zu den *Cordaitaceae* und am Ende des Ober-Karbon zu **ersten Nadelbäumen** (*Coniferae*) führt, beispielsweise *Walchia* (KRULL 1985). Im Unter-Karbon wurde Kohle vor allem durch baumförmige *Lepidodendron*gewächse gebildet. Offensichtlich führten die in großen Mengen erzeugten Sporen zur Besiedlung aller sumpfigen Gebiete durch diese *Bärlappbäume*. Mit Beginn des Ober-Karbon erscheinen *Cordaiten*. Vermutlich stammen von ihnen die Nadelgewächse ab, die als *Walchia* bekannt sind, und wahrscheinlich auch die *Ginko*-Entwicklungen (DABER 1985). Bemerkenswert sind schließlich die im Unter- und Ober-Karbon weit verbreiteten *Wurzelböden*, die in Verbindung mit den unterschiedlichen Stammesverzweigungen etwa der Siegelbäume (*Sigillaria*) und anderen Bäumen dieser Art entstanden. Die diesbezüglichen Kohlelagen und Kohlesedimente können als ein besonderer *Tropen-Sumpf-Typ* angesehen werden; er war damals auf der tropisch-äquatornahen "Norderde" vorherrschend (DABER 1985).

Mit dem Ende des Ober-Karbon ist die Landflora in zwei beziehungsweise vier **Florenreiche** gegliedert (DABER 1985): die "Süderde" hat ihre eigene (kühl-gemäßigte) *Gangamopteris-Glossopteris-Flora*, die "Norderde" ist durch die Europa und Nordamerika verbindende *euramerische Flora* gekennzeichnet (die bis nach Nordafrika und Kleinasien reicht). Die sogenannte *China-Flora* (Cathasya-Flora) und die *Sibirien-Flora* (Angora-Flora) sind die weiteren Reiche.

Die Vorherrschaft der *Pteridophyten*, der Schachtelhalmgewächse und Baumfarne (*Articulata und Pteridophylla*) endet im Perm; ihre letzten Vertreter im Unter-Perm ermöglichen, zusammen mit den nun verstärkt aufkommenden *Gymnospermen* (beispielsweise den aufkommenden Nadelhölzern), die *permische* Steinkohlebildung (v.HOYNINGEN-HUENE 1985). Klimaänderungen und eine schärfere Klimadifferenzierung mögen mitgewirkt haben, daß die *Nadelbäume* (*Coniferae*) bereits im Ober-Karbon verstärkt auftraten und vom Ober-Perm ab vorherrschend wurden (KRÖMMELBEIN/STRAUCH 1991). Auch heute sind unter den Gymnospermen die *Coniferae* eine große Pflanzengruppe: *Podocarpaceae* und *Araucariaceae* sind nur auf der *Südhalbkugel* anwesend, *Cupressaceae* tritt *erdweit* auf, die größte Familie von *Pinaceae* mit den Gattungen *Pinus, Picea, Abies* und anderen ist nur auf der *Nordhalbkugel* anwesend (man findet sie besonders in der borealen Waldzone, der Taiga) (WALTER 1986).

Übersicht über die Entwicklung der Pflanzenwelt
Die Entwicklung der Pflanzenwelt geht im allgemeinen der Entwicklung der Tierwelt voraus. Auf diese wird hier nicht eingegangen. Eine ausführliche Darstellung der *Tierweltentwicklung* geben unter anderem HOHL et al. (1985) und KRÖMMELBEIN/STRAUCH (1991).

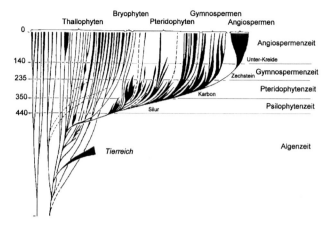

Bild 7.37 Entwicklung der Pflanzenwelt nach ZIMMERMANN 1969. Die Zahlen links kennzeichnen die Zeitabschnitte in Millionen Jahre (10^6 Jahre) vor der Gegenwart. Das Unter-Perm wird auch "Rotliegend" und das Ober-Perm auch "Zechstein" genannt. Quelle: KRÖMMELBEIN/STRAUCH (1991)

Die Samenpflanzen (Spermatophyta) umfassen die Bedecktsamige (Angiospermae) und die Nacktsamige (Gymnospermae). Die Farnpflanzen (Pteridophyta) und die Ur-Landpflanzen (Psilophytinae) sowie die Algen kennzeichnen die zuvor liegenden Zeitabschnitte der Pflanzenentwicklung.

Photomorphogenese der Pflanzen

Zwischen der Entwicklung der höheren Pflanzen (Photomorphogenese) und dem Erbgut sowie der Umwelt der Pflanze besteht offenbar eine *obligatorische* Wechselwirkung. Daß ein Umweltelement darüber entscheidet, welche Entwicklungsstrategie von einem Organismus eingeschlagen wird, läßt sich auch experimentell aufzeigen (Bild 7.38).

Erhält ein Keimling Licht, kommt es zur *Photomorphogenese*: er investiert die vorhandenen Reservestoffe vorrangig im Aufbau der Photosyntheseeinrichtung, einschließlich der Expansion der Blätter, Differenzierung der Leitgewebe im Achsensystem, Bildung von Chloroplasten im Mesophyll. *Enthält ein Keimling kaum oder kein Licht*, beispielsweise bei der Samenkeimung unter der Geländeoberfläche, dann verfolgt er eine andere Entwicklungsstrategie, die *Skotomorphogenese* genannt wird. Hier wird der begrenzte Vorrat an Reservestoffen (Protein, Fett) vorrangig im *Längen*wachstum investiert. Will der Keimling damit erreichen, daß seine Spitze, welche die Blattanlagen enthält, vom Dunkel ins Licht gelangt bevor die Reservestoffe aufge-

braucht sind?
Die grüne Pflanze ist offensichtlich an Licht "angepaßt"; sie ist strukturell und funktionell darauf eingerichtet, Lichtquanten aufzunehmen und zu verarbeiten. Ist diese "genetische Anpassung" ein Ergebnis von Evolution (in den rund 400 Millionen Jahren vor der Gegenwart gemäß Bild 7.37) oder waren die Pflanzen (oder einige Pflanzenarten) bereits am Beginn der Landbesiedlung in der Lage, unter bestimmten Umweltbedingungen bestimmte lebens- und wachstumsfördernde Strategien zu aktivieren?

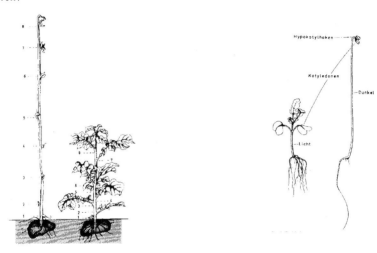

Bild 7.38
Experimentelle Belege für Wechselwirkungen zwischen Licht und Pflanzenwachstum (Pflanzenentwicklung).
(a) Genetisch identische Kartoffelpflanzen;
links: Dunkelpflanze (Skotomorphogenese), rechts: normale Lichtpflanze (Photomorphogenese). Trotz verschiedener Entwicklungsstrategien ist das *Muster* der Blattanlagen bei beiden Pflanzen gleich; die Entwicklung zu Blättern erfolgt nur im Licht.
(b) Genetisch weitgehend identische Senfpflanzen;
rechts: Dunkelpflanze, links: Lichtpflanze (mit photosynthetisch hochaktiven Laubblättern). Quelle: MOHR (1981)

Die großen Kohlelagerstätten der Erde

Die meisten Kohlelagerstätten sind *autochthon* (am betreffenden Ort entstanden). Lagerstätten aus zusammengeschwemmtem (*allochthonem*) Material sind selten. Torf-Kohle (überwiegend aus Pflanzen), Ölschiefer (überwiegend aus Phytoplankton) sowie Erdöl und Erdgas (überwiegend aus Phytoplankton), werden, da sie organogen entstanden, auch *biochemische Sedimente* oder *Kaustobiolithe* genannt.

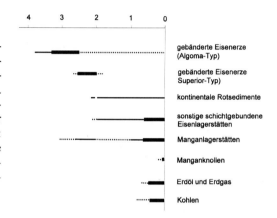

Bild 7.39
Einige (geologische) Lagerstättentypen und ihre Entstehung im erdgeschichtlichen Ablauf nach HÖLL (1987). Zeitangaben in Milliarden Jahre (10^9 Jahre) vor der Gegenwart. Es bedeuten: dicke Linie = starkes, dünne Linie = mittleres, gestrichelte Linie = geringes Lagerstättenpotential.

Vertorfung und Inkohlung

Das Entstehen der Kohle beginnt mit der *Vertorfung*. Pflanzenreste, vor allem Holz, werden zunächst bis zu einer Tiefe von ca 0,5 m unter der Geländeoberfläche durch *aerobe* Bakterien und anschließend, sobald der Luftsauerstoff weitgehend ausgeschaltet wurde, durch *anaerobe* Bakterien in Torf umgewandelt. Die "biochemischen" Vorgänge gehen längstens in einer Tiefe von ca 10m unter der Geländeoberfläche zuende. Weitere Umwandlungen bewirken dann "geochemische" Vorgänge. Die einhergehende Torfdiagenese ist durch eine bis zur Stufe der Weichbraunkohle hinein sich *fortsetzende Entwässerung* gekennzeichnet (ZEIL 1990). Mit der Bildung der Braunkohle beziehungsweise der beginnenden Abnahme der leichtflüchtigen Bestandteile (H, O, N) und der relativen Zunahme des Kohlenstoffs (C) setzt dann die *Inkohlung* ein; sie umfaßt alle Vorgänge, die mit der Bildung von Kohle aus Torf und ihrer weiteren Umwandlung bis hin zu Anthrazit und Graphit verbunden sind. Die einzelnen Stufen der *Inkohlungsreihe* (einschließlich der Vertorfung, die mit dem Abbau von Zellulose beginnt) zeigt Bild 7.40. Die Umwandlung zu Graphit erfolgt lediglich in Gebieten mit fortgeschrittener Gesteinsmetamorphose (*Kohlegesteine*) bestehen ebenso wie alle anderen Gesteine aus verschiedenen Mineralien.

Anteil (in %) an:	Kohlenstoff (C)	Wasserstoff (H)	Sauerstoff (O)	Stickstoff (N)
Zellulose	50	6	43	1
Torf	60	6	32	2
Braunkohle	70	5	24	1
Steinkohle	82	5	12	1
Anthrazit	94	3	3	-
Graphit	99	-	-	-

Bild 7.40
Inkohlungsreihe Braunkohle → Graphit. Quelle: MEYER (1970)

Bei den *Braunkohlen* unterscheidet man mit steigender Inkohlung: Erdbraunkohle, Weichbraunkohle, Hartbraunkohle (zu der die Mattbraunkohle und die Glanzbraunkohle gehören). Beim Übergang von der Braunkohle zur *Steinkohle* werden Huminsäuren zerstört und Methan zusätzlich abgegeben. Die Inkohlung geht innerhalb der Reihe weiter von gasreicher zu gasärmerer Steinkohle: von Flammkohle und Gasflammkohle über Gas-, Fett- und Eßkohle zur Magerkohle und zu Anthrazit und Graphit. Weitere Ausführungen hierzu MEINHOLD (1985), ZEIL (1990) u.a.

Gebirgsbildungen und Entstehen der Karbonwälder
Einen gewissen Zeitabschnitt der Erdgeschichte kennzeichnete die Geologie ursprünglich durch die Benennung "Steinkohle(n)formation" (J.G. LEHMANN 1756). Doch bereits 1822 wurde für diesen Zeitabschnitt die Benennung *Karbon* (lat. carbo, Kohle) eingeführt, denn Steinkohle kommt, wenn auch seltener, bereits im *Devon*, relativ häufig im *Perm* und auch in gegenwartsnäheren Zeitabschnitten der Erdgeschichte vor (KRULL 1985, KRÖMMELBEIN/STRAUCH 1991).

251	Trias		
296	Ober-Perm Unter-Perm	‖‖‖‖‖‖‖‖‖‖	◇ *permokarbone Kohlelagerstätten*
333 354	Ober-Karbon Unter-Karbon	Variskische Gebirgsbildung (3 Phasen)	◇ *karbone Kohlelagerstätten* **"Karbonwälder"**
417	Ober-Devon Mittel-Devon Unter-Devon	‖‖‖‖‖‖‖‖‖‖	*Schachtelhalmgewächse, Farne* *Bärlappgewächse*
443	Ober-Silur Mittel-Silur Unter-Silur	Kaledonische Gebirgsbildung (2 Phasen)	Grüne Pflanzen besiedeln das Land. **"Ur-Landpflanzen"**
	Ordovizium	‖‖‖‖‖‖‖‖‖‖	

Bild 7.41
Chronologische Übersicht. Die Zahlen (links) sind Zeitangaben in Millionen Jahre (10^6 Jahre) vor der Gegenwart nach KRÖMMELBEIN/STRAUCH (1991). Die Benennungen für die Gebirgsbildungen beziehen sich auf: *Caledonia* (kelt. Walddickicht), Gebiet in Nord-Schottland; *Varisker* (Varisci), auch Narisker, zum suevischen Stamm gehöriges Volk, beheimatet am Böhmerwald, etwa 180 n.Chr. untergegangen

|Gebirgsbildungen|
Di *kaledonische Gebirgsbildung* vollzog sich in zwei Phasen (wobei die letzte noch in das Devon hineinreicht); sie erstreckte sich von Irland über Wales, Schottland, Skandinavien und Spitzbergen bis zum arktischen Amerika und wurde begleitet von großen Vulkanausbrüchen. Offenbar erfolgte auch eine langandauernde Senkung des Landes mit einhergehenden Überflutungen und entsprechender Bildung von Flachmeeren. Zunehmend besiedelten grüne Pflanzen das Land. Die *variskische Gebirgsbildung* vollzog sich in drei Phasen, wobei die erste sich von Südirland über die Bretagne zum Französischen Mittelgebirge hinzieht. Die mittlere Phase verläuft vom Saargebiet und den Vogesen bis zu den Sudeten und später auch von Nordfrankreich zum Rheinland. Die letzte Phase, bereits im Perm sich vollziehend, führte zur Bildung des Ural, der Gebirge Kleinasiens, sowie der Süd-Appalachen (MOSTLER et al. 1981). Eine ausführliche Beschreibung der kaledonischen und der variskischen (auch variszischen) Gebirgsbildungen gibt KRÖMMELBEIN/STRAUCH (1991).

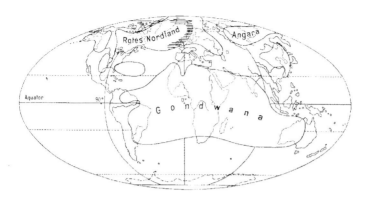

Bild 7.42 Verteilung von Land und Meer im **Devon** nach WAGNER (aus MOSTLER et al. 1981). Es bestehen die Kontinente "Rotes Nordland", "Angara" und "Gondwana" sowie einige Inseln (dick umrandet). Das kaledonische Gebirge ist gestrichelt gekennzeichnet. Ferner sind die heutigen Kontinente dargestellt (dünn umrandet). Georg WAGNER (1885-1972), deutscher Geologe.

Bild 7.43
Zeichnung eines Karbonwaldes (wie er ausgesehen haben könnte) mit Schachtelhalmen, Farnen und Siegelbäumen. Quelle: MOSTLER et al. (1981)

|Karbonwälder|
Vor den Gebirgsrändern (in *Außensenken*), in Senken der Gebirge (in *Innensenken*) und auf *Schwemmkegeln* der Flüsse in Küstennähe (in Schelfgebieten) entstanden, vor allem im Karbon, ausgedehnte *Sümpfe* (Sumpfmoore) mit umfangreichem Pflanzen-

wuchs; schließlich die sogenannten *Karbonwälder* (oder "Steinkohlenwälder"). Die abgestorbenen, im Schlamm versunkenen Reste dieser Wälder entwickelten sich, wie zuvor bereits näher beschrieben, schließlich zu Kohleschichten (Flözen).

7.1.04 Bäume als Zeugen der Klimageschichte des Systems Erde, Dendrochronologie

Die jährlichen Dickenzuwachszonen im Holzkörper von Baumstämmen sind im Querschnitt als konzentrische Ringzonen (*Jahrringe* oder Jahresringe) und im Längsschnitt als *Maserung* erkennbar. Jahrringe ergeben sich durch die jahresrhytmische Teilungstätigkeit des *Cambiums* (CZIHAK et al. 1992) in Gebieten mit temperaturbeziehungsweise feuchtbedingtem Wechsel von Vegetationszeit und Vegetationsruhe (Sommer/Winter, Regenzeit/Trockenzeit). Bei tropischen Hölzern fehlen sie daher häufig oder sind undeutlich ausgeprägt. Der Jahreszuwachs beginnt mit der Bildung von *Frühholz* und endet im Herbst mit der Bildung von *Spätholz*. Der Übergang vom Frühholz zum Spätholz innerhalb eines Jahrringes ist kontinuierlich, an der Jahresgrenze hebt sich das nächstjährige Frühholz jedoch deutlich vom vorjährigen Spätholz ab. Die Breite der Jahrringe ist abhängig von Baumart, Alter, Standort und klimatischen Bedingungen des jeweiligen Jahres. In der Abfolge der Jahrringe können sich mithin Klimaschwankungen wiederspiegeln. Bei vergleichbaren Bedingungen ist innerhalb einer Baumart die Abfolge der Jahrringe über einen längeren Zeitabschnitt so charakteristisch, daß sich eine absolute Altersbestimmung von Holzproben darauf gründen läßt (*Dendrochronologie*).

Der us-amerikanische Astronom Andrew Ellicot DOUGLAS (1867-1962) erkannte um 1909 in Nordamerika wohl erstmals, daß Bäume einer Art und Region *übereinstimmende* Folgen von Jahrringen bilden. Er untersuchte Bäume in der Hoffnung, Zusammenhänge mit Sonnenfleckenzyklen finden zu können. Um 1930 entwickelte er die Dendrochronologie zu einer brauchbaren Methode. In Mitteleuropa war es vorrangig der deutsche Forstbotaniker Bruno HUBER, der sich um 1940 mit dieser Methode befaßte.

Bild 7.44
Querschnitt durch einen Jahrring einer Lärche nach CHERUBINI/ZIERHOFER (1996). Die im Frühjahr entstandenen Holzzellen (unten) sind groß und hell; die im Sommer entstandenen (Mitte) sind klein und dunkel. Die Wanddicken der Spätholzzellen, die nahe an der nachfolgenden Frühholzschicht liegen (oben), sind Indikator für die mittleren Sommertemperaturen.

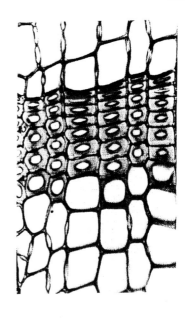

Cherubini (von der Eidgenössischen Forschungsanstalt für Wald, Schnee und Landschaft, Schweiz) hofft, daß Datierungen möglich sein werden: im hohen Norden Kanadas für den Zeitabschnitt bis 400 Jahre vor der Gegenwart, im Alpengebiet bis 500 Jahre..., in Sibirien bis 600 Jahre..., im Gebiet der Rocky Mountains bis 850 Jahre.... Angaben zum maximalen Lebensalter von Bäumen sind enthalten in CZIHAK et al. (1992) S.396.
Bei Verwendung von historischem oder fossilem Holz könnte der erfaßbare Zeitabschnitt erweitert werden bis auf 8 000 Jahre oder sogar bis auf 12 000 Jahre vor der Gegenwart. Inzwischen gibt es Datierungskurven für verschiedene Holzarten und Regionen. An Datierungskurven für den Zeitabschnitt bis 15 000 Jahre vor der Gegenwart wird gearbeitet (SPURK et al. 2001).

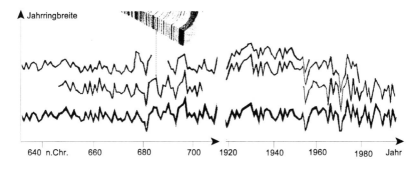

Bild 7.45   Kurven der Jahrringbreiten verschiedener gefällter Bäume und alter Bauhölzer mit zugehörigen Zeitangaben nach SPURK et al (2001).

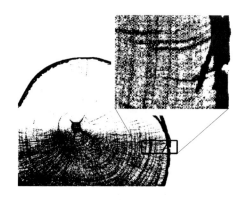

Bild 7.46
Ausschnitt aus einer Scheibe einer 4 000 Jahre alten Eiche nach SPURK et al. (2001).

Bild 7.47 ⇓ (unten)
Ausschnitt aus einer Scheibe einer 10 000 Jahre alten Kiefer nach SPURK et al (2001).

Bild 7.48/1 ⇓ (unten)
Temperaturrekonstruktion aus Untersuchungsergebnissen an Bäumen nahe der polaren Waldgrenze in der kanadischen Provinz Quebec nach CHERUBINI/ZIERHOFER (1996).
Kurve (1) = Verlauf der mittleren Sommertemperatur
Kurve (2) = Dichte des Spätholzes in den Jahrringen
Dargestellt sind die jährlichen Abweichungen vom langjährigen Mittelwert (horizontale Linie).

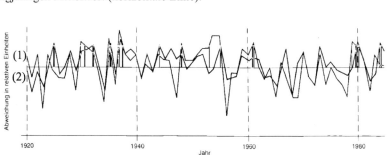

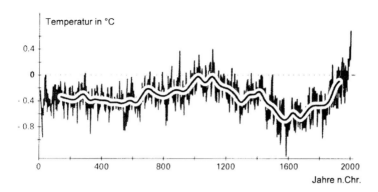

Bild 7.48/2
Rekonstruktion der Klimaschwankungen auf der Nordhalbkugel in den vergangenen 2000 Jahren nach MOBERG et al. (TITZ 2005).

Einigermaßen umfassende und kontinuierliche Temperaturmessungen im globalen Sinne werden seit etwa 1850 durchgeführt. Für die Zeit davor kann der globale Temperaturverlauf nur aufgrund von indirekten Klimazeugen rekonstruiert werden. Zu den dazu notwendigen sogenannten Proxidaten zählen Jahrringe der Bäume, Korallen, Eisbohrkerne, Sedimentbohrkerne (die etwa Planktonarten, beispielsweise Foraminiferen, Muscheln, Kieselalgen, oder Pollen enthalten, die Aufschluß über Kalkablagerungen beziehungsweise die einstigen Lebensbedingungen und mithin auch über die Temperaturverhältnisse geben können), sowie Kalkschichten von Stalagmiten, Schwankungen der Sonneneinstrahlung (Sonnenfleckenhäufigkeit), Vulkanausbrüche unter andere. Die schwedisch-russische Forschergruppe um A. MOBERG ermittelte den im Bild dargelegten Temperaturverlauf nach einer Methode, in der Daten von Baumringen und Sedimenten kombiniert und mittels Wavelet-Ansätze bearbeitet wurden. Danach schwankte der Temperaturverlauf in den vergangenen 2000 Jahren auf der Nordhalbkugel um ca 1° C. Nach den vorliegenden Thermometermessungen hätten jedoch die letzten 15 Jahre eine höhere Temperatur aufzuweisen, als die lange Zeit davor (TITZ 2005).

Radiometrische Altersbestimmung mittels Radiocarbonmethode (C14-Methode)

Die **C14-Methode** (auch *Radiocarbonmethode* genannt, richtiger wäre *Radiocarboneummethode*), begründet um 1946 von Willard Frank LIBBY (1908-1980), beruht auf dem ^{14}C-Gleichgewicht in der Atmosphäre und in lebenden Organismen. Es wird zunächst das Verhältnis gemessen:

|spezifische β-Aktivität des Kohlenstoffs der Probe| zu
|spezifische β-Aktivität des rezenten Kohlenstoff| (etwa frischem Holz)

und daraus dann jene Zeit abgeleitet, die seit dem Entfernen der Probe aus dem ^{14}C-Reservoir vergangen ist. In etwas anderer Form läßt sich auch sagen: Alle Organismen benötigen zum Leben Kohlenstoff. Sie nehmen damit unter anderen die Isotope ^{14}C und ^{12}C auf. Solange eine Pflanze oder ein Tier lebt, entspricht das Verhältnis ^{14}C/^{12}C im Gewebe dieser Organismen demjenigen in der Atmosphäre. Ab dem Tod des Organismus nimmt das Verhältnis ^{14}C/^{12}C exponentiell ab, denn ^{14}C unterliegt (als instabiles Isotop) dem radioaktivem Zerfall. Da seine Zerfallsgeschwindigkeit bekannt ist, kann somit auf das Alter des Objekts geschlossen werden. Der globale Kohlenstoffkreislauf im System Erde ist im Abschnitt 7.6.03 dargestellt, insbesondere auch die Kohlenstoffflüsse zwischen den Reservoiren Atmosphäre, Meer und Sediment am Meeresgrund. Ausführungen über Entstehung und Fluß des radioaktiven Kohlenstoffs ^{14}C zwischen Atmosphäre und Meer sind enthalten im Abschnitt 9.6.01.

Der relativ kurzlebige Kohlenstoff ^{14}C wird in der Atmosphäre ständig durch Kernreaktionen von Höhenstrahlneutronen am Luftstickstoff (^{14}N) gebildet und zu Kohlendioxid (CO_2) oxidiert. Durch CO_2-Austausch zwischen dem atmosphärischen CO_2 und dem im Meer gelösten Bicarbonat gelangt ein großer Teil des ^{14}C (ca 96 %) in einem ständigen Strom ins Meer, einen anderen Teil (ca 2 %) inkorporieren Pflanzen und damit auch Tiere, so daß nur ca 2 % am Erzeugunsgort (in der Atmosphäre) verbleiben. Wird davon ausgegangen, daß im gesamten ^{14}C-Reservoir *Gleichgewicht* herrscht, dann muß das durch Zerfall entfallene ^{14}C stets durch neu produziertes ^{14}C ersetzt werden. Der dem Gleichgewicht entsprechende Rezentwert ist definiert durch das Isotopenverhältnis ^{14}C/^{12}C = 10^{-12} oder die spezifische ^{14}C-Aktivität = 13,5 Zerfälle pro Minute und Gramm Kohlenstoff (ML 1969). Vor dem Einsetzen der Industrialisierung (vor ca 1860) wurde dafür ein Wert von ca 15 Zerfällen pro Minute und Gramm angenommen (MASON/MOORE 1985).

Das Verhältnis vom radioaktiven Kohlenstoff-Isotop ^{14}C zu dem häufigeren und stabilen Kohlenstoff-Isotop ^{12}C in Lebewesen entspricht somit dem zu diesem Zeitpunkt in der Atmosphäre vorhandenem Verhältnis. Nach dem Tode des Lebewesens wird kein radioaktives Isotop mehr eingelagert. Die beim Tode vorhandene ^{14}C-Menge zerfällt mit der zugehörigen Halbwertszeit von 5 730 Jahren (SPURK et al. 2001). Nach der 9. Halbwertszeit (ca 50 000 Jahre später) ist die Konzentration abgesunken auf ca 0,19 % (Abschnitt 7.1.01) und sei somit (verfahrenstechnisch) kaum oder nicht mehr nachweisbar. Doch in diesem Zeitabschnitt von ca 50 000

Jahren vor heute kann das Verhältnis $^{14}C/^{12}C$ bestimmt und mit dem in der Atmosphäre vorliegendem verglichen und so das Alter der Probe ermittelt werden. Dabei wird vorausgesetzt, daß die Atmosphäre in den vergangenen 50 000 Jahren stets dieselbe ^{14}C-Konzentration enthielt. Dies kann aus verschiedenen Gründen *nicht* unterstellt werden (wegen Änderungen im Erdmagnetfeld, in der Sonnenaktivität, in der Ozeanzirkulation und anderes). Radiocarbon-Datierungen müssen daher geeicht werden, um Kalenderangaben zu erhalten. Unabhängige Datierungsverfahren auf der Basis von Baumringen, Eisbohrkernen, der Uranium-Thorium-Methode und anderen Methoden ermöglichen eine solche Eichung. Es bestehen etwa die im Bild 7.49 dargelegten Zusammenhänge.

Bild 7.49 Umrechnung von Radiocarbonjahre in Kalenderjahre nach NEMECEK (2001).

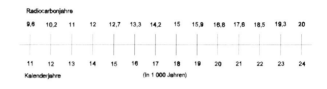

Einen Überblick über heutige Möglichkeiten und Einsatzgrenzen der C14-Methode gibt GEYH (2005).

Wechselbeziehung zwischen ^{14}C -Konzentration in der Atmosphäre und der Stärke des Dipolmoments des Erdmagnetfeldes
Das Erdmagnetfeld (Abschnitte 4.2.06 und 4.2.07) zeigt verschiedene Veränderungen im Zeitablauf, die auch Wechselbeziehungen zu den ^{14}C-Konzentrationen in der Erdatmosphäre aufweisen. Nach Bild 7.50 besteht eine deutliche Antikorrelation zwischen der Feldstärke und der ^{14}C-Konzentration. Das Ergebnis leiten Damon/Sonett aus folgendem Vorgang ab: Kosmische Teilchen produzieren durch Spallation Neutronen in der Erdatmosphäre, die durch eine Reaktion $^{14}N(n,p) \rightarrow {}^{14}C$ das instabile Kohlenstoffisotop erzeugen. Bei einem schwachen Feld (wie es bei einer Polaritätsumkehr zu erwarten ist) dringen vermehrt kosmische Teilchen in die Erdatmosphäre ein. Dabei ist zu beachten, daß das Erdmagnetfeld den Eintritt der kosmischen Partikel und hochenergetischen Protonen moderiert. Es bestimmt also, wo diese von der Sonne kommenden Partikel und Protonen (Solare Protonen-Ereignisse, SPE) in die Erdatmosphäre intensiv oder weniger intensiv eintreten. Die Ausführungen über die Strahlungsquelle Sonne (Abschnitt 4.2.03) enthalten weitere Anmerkungen hierzu. Außerdem könnte die biologische Wirkung der von der Sonne ausgehenden UV-Strahlung (Abschnitt 10.4) im Rahmen dieser Wechselbeziehungen Bedeutung haben.

Die Stärke des Dipolmoments im Bild 7.50 ist angegeben in 10^{22} A · m² (Ampere · m²). Die Stromstärke Ampere (A) ist benannt nach dem französischen Physiker und

Mathematiker Andre Marie AMPERE (1775-1836). Vielfach wird angenommen, daß in den vergangenen 5 Millionen Jahren die mittlere Stärke des Dipolmoments ca 5,5 · 10^{22} A · m^2 betrug. Sie sei damals deutlich geringer gewesen als heute. In den vergangenen 12 000 Jahren zeige sie Schwankungen zwischen 7 und 12 · 10^{22} A · m^2. Seit ca 2 000 Jahren nehme sie rasant ab und nähere sich vermutlich wieder dem genannten Mittelwert (SOFFEL 1991, GLAßMEIER 2003 und andere).

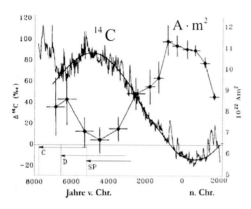

Bild 7.50
Wechselbeziehungen zwischen ^{14}C-Konzentrationen und Stärke des Dipolmoments des Erdmagnetfeldes im Zeitabschnitt 8 000 v.Chr. bis zur Gegenwart nach DAMON/SONETT 1991. Quelle: GLAßMEIER (2003), verändert.

Photosyntheserate
Bei der Isotopenverhältnisanalyse wird genutzt, daß Kohlenstoff in der Natur mit unterschiedlichen Massen vorkommt, etwa mit der Masse 12 sowie mit einem sehr kleinen, aber bekannten Anteil der Massen 13 und 14. Chemisch verhalten sich die unterschiedlich schweren CO_2 -Moleküle der unterschiedlichen Isotope gleich. Ihre physikalischen Eigenschaften und ihre Reaktionsgeschwindigkeiten unterscheiden sich jedoch, was dazu führt, daß beispielsweise Pflanzen das aus der Luft aufgenommene $^{12}CO_2$ schneller verarbeiten als $^{13}CO_2$ oder $^{14}CO_2$. Aus dem Verhältnis von ^{12}C zu ^{13}C und ^{14}C in einer Probe (etwa einem Blatt) kann somit auch die Photosyntheserate und somit die Kapazität berechnet werden, mit der die Pflanze der Atmosphäre CO_2 entzieht (HILLINGER 2002).

Archivieren Blätter das Wachsen von Gebirgen?
Läßt sich durch Zählen der Poren auf der Unterseite fossiler Blätter die (relative) Höhe des (Blatt-) Standortes ermitteln? Mittels solcher Poren (*Stromata*) nehmen Pflanzen Kohlendioxid auf, das sie zur Photosynthese benötigen. Da die Luft in höheren Standorten dünn ist, gibt es dort weniger Moleküle des Gases Kohlendioxid. Um diesen Mangel auszugleichen, bilden die Blätter mehr Poren als im Flachland. Die Anzahl der Stromata ist mithin ein Indikator für die Höhe über der Land/Meer-Oberfläche, in der die Pflanze wächst (Sp 2/2005).

7.2 Definitionen und globale Flächensummen

Eine allseits akzeptierte Definition des Begriffes *Wald* gibt es bisher nicht. Wald ist eine mit gesellig wachsenden Bäumen bestandene Fläche (MEYER 1908). Wald besteht vor allem aus Bäumen; über den Begriff Wald könnte man ein Buch schreiben, sagte (1961) der deutsche Geograph Josef SCHMITHÜSEN (1909-1984). Wald kann als eine reich gegliederte Lebensgemeinschaft mit vielfältigen, wechselnden Erscheinungsformen aufgefaßt werden. Es gibt dementsprechend vielfältige Betrachtungsweisen und Nutzungen. Daraus folgten botanische (pflanzensoziologische), "wald"- und "forst"-wirtschaftliche, juristische und anderweitig orientierte Definitionen des Begriffes Wald (MANTEL 1961). Vielfach umfaßt der Begriff auch Flächen, die abgeholzt, in absehbarer Zeit aber wieder aufgeforstet werden sowie Lichtungen und anderes, wie beispielsweise im Statistischen Jahrbuch für die Bundesrepublik Deutschland dargelegt (SJ 1990). Eine Definition von ZENTGRAF (1951) kennzeichnet den Wald als eine standortbedingte Dauergesellschaft von Bäumen, die zur Ausbildung einer dem Wald eigentümlichen Baumgestalt, einer ihm arteigenen Begleitflora und Fauna und eines Binnenklimas führt, das sich wesentlich von dem des Freilandes unterscheidet. Eine andere Definition sagt: Wald sei vorhanden, wenn bei gleichmäßiger Durchwurzelung der Zwischenflächen ein Kronenschluß von 30-40% erreicht ist (ELLEN-BERG/MÜLLER-DOMBOIS 1967, nach HEINRICH/HERGT 1991, S.97). Die FAO, die Food and Agriculture Organization of the United Nations (Ernährungs- und Landwirtschaftsorganisation der Vereinten Nationen) definiert den Wald als eine Pflanzengesellschaft, die überwiegend aus Bäumen besteht, die im Reifealter mindestens 7 m hoch werden und zumindest 10% des Bodens überdecken; in kälteren und in trockenen Zonen genügten als Mindestgröße auch 3 m (EK 1990 S.74). Hier wird zunächst von folgenden Definitionen und Festlegungen ausgegangen. Auf eine Unterscheidung zwischen *Wald* und *Forst* im Sinne von "Wald" = vom Menschen nicht beeinflußte Vegetationsform und "Forst" = Wald, der der menschlichen Einwirkung unterliegt (MANTEL 1961) wird verzichtet, da es "Wald" im vorgenannten Sinne nicht (mehr) gibt, denn zumindest sind (heute) stets gewisse menschliche Einwirkungen über die Atmosphäre anzunehmen. Bezüglich geschlossener und offener Waldfläche soll gelten: ein Gebiet, in dem die Baumkronen fast ausnahmslos ein geschlossenes Kronendach bilden, wird *geschlossene* Waldfläche genannt. Es liegt eine *offene* Waldfläche vor, wenn die einzelnen Bäume einen solchen Abstand haben, daß sich ihre Kronen überwiegend nicht mehr berühren. In phänologischer Sicht erscheint es sinnvoll, die von SCHMITHÜSEN (1961) gegebene umfassende Gliederung des Begriffes *Wald* in wenige Obergruppen zusammenzufassen und darin einzuschließen das *Baumgehölz* und das *Strauchgehölz*. Die Merkmale "geschlossen" und "offen" gelten für Baumgehölze und Strauchgehölze entsprechend obiger Darlegung.

Bild 7.51/1
Verbreitung der heutigen drei großen Waldtypen der Erde sowie die wesentlichen Baumtypen, aus denen sie bestehen:
(1) Waldtyp der *nördlichen geographischen Breiten,*
(2) Waldtyp der *mittleren geographischen Breiten,*
(3) Waldtyp *beiderseits vom Äquator.*

Die zuvor angegebene Typisierung folgt weitgehend der von MYERS (1985) und von EK (1990). Danach lassen sich entsprechend den klima- und standortabhängigen Baumtypen unterscheiden:

● *Waldtyp der nördlichen geographischen Breiten,*
der borealen (kaltgemäßigten) Klimaregion und der Waldtyp der verschiedenen Höhenstufen der großen Gebirgsketten. Die Wälder der borealen Klimaregion bestehen im wesentlichen aus Nadelbäumen (wie Kiefer und Fichte), aber auch Espen, Erlen und Lärchen sind vorhanden. Vor allem Nadelbäume finden sich in den klimatisch entsprechenden Höhenstufen der großen Gebirgsketten der Erde, insbesondere des Himalaja, der Rocky Mountains und der Anden.
● *Waldtyp der mittleren geographischen Breiten,*
der gemäßigten Klimaregion, ist vielfältiger. Die Wälder bestehen im wesentlichen aus immergrünen Nadelbäumen und sommergrünen, jahreszeitlich laubabwerfenden Laubbäumen, wie etwa Eiche, Ahorn und anderen entsprechenden Baumarten. In dieser Klimaregion liegen auch Wälder, die wesentlich aus immergrünen Hartlaubgehölzen bestehen.
● *Waldtyp beiderseits vom Äquator,*
der tropischen Klimaregion, ist besonders vielfältig. Die Wälder bestehen aus immergrünen und wechselgrünen Baumarten. Es lassen sich außerdem Feuchtwälder und Trockenwälder unterscheiden.

Werden unterscheidbare Klimaregionen der Erde (ohne Vorgabe einer hypothetischen Zonierung) berücksichtigt, dann läßt sich der Wald (Baumgehölz und Strauchgehölz) gliedern wie nachstehend angegeben:

Wald			
Baumgehölz, Strauchgehölz in unterscheidbaren Klimaregionen der Erde			
tropische Klimaregion	**gemäßigte** Klimaregion	**kaltgemäßigte** Klimaregion	
◊ *immergrüner* Feuchtwald ◊ *regengrüner* Feuchtwald ◊ *tropischer* Trockenwald	Wald mit überwiegend ◊ *sommergrünen* Laubbäumen ◊ *immergrünen* Nadelbäumen ◊ *immergrünen* Hartlaubgehölzen	◊ überwiegend *immergrüner* Nadelwald (borealer Wald, Taiga)	ähnlicher Aufbau in den verschiedenen **Höhenstufen** der großen Gebirge, die entsprechendes Klima aufweisen.

Bild 7.51/2
Gliederung von Wald (Baumgehölz und Strauchgehölz).

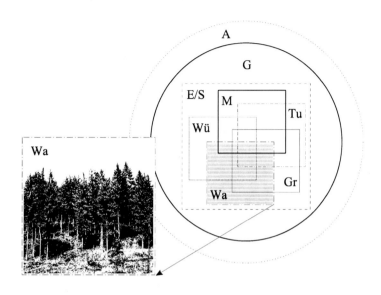

Bild 7.52
Das Waldpotential (Wa) und die Verknüpfungen (im Sinne der Mengentheorie) zwischen dem Waldpotential und den anderen Hauptpotentialen des Systems Erde.

Das Eis-/Schneepotential der Erde (E/S) bedeckt Land- und Meeresflächen. Das Waldpotential bedeckt nur Landflächen. Große Teile des Waldes der Erde sind im Winter jedoch zeitweise von Schnee und Eis überdeckt. Die Phänologie des Waldes wird aber nicht nur durch diesen Vorgang beeinflußt, sie ist vor allem auch vom Klima in den verschiedenen Regionen der Erde abhängig, also vom durchschnittlichen Wetterverlauf in der jeweiligen Region innerhalb eines größeren Zeitabschnittes, wobei nicht nur *Durchschnittswerte*, sondern auch *Extremwerte* große Bedeutung haben können. *Wärme, Feuchtigkeit, Licht* und *Mineralien* sind grundlegende Voraussetzungen des Pflanzenwachstums. Die Verbreitung der Pflanzen auf der Erde hängt wesentlich vom Vorhandensein der genannten Faktoren und ihrer jahreszeitlichen Intensität ab. Bereits 1874 hat der schweizerische Botaniker und Pflanzengeograph Alphonse DE CANDOLLE (1806-1893) nach dem jeweiligen Wärmebedürfnis Gruppen von Pflanzen unterschieden, die den Hauptklimatypen des Meteorologen und Klimatologen Wladimir KÖPPEN (1846-1940) zugeordnet werden können, wie er sie 1923 in seinem Werk "Die Klimate der Erde" ausgewiesen hat (BRUCKER/RICHTER 1986). Es lassen sich unterschiedliche Klimatypen definieren. Der deutsche Geograph Albrecht PENCK (1858-1945) ging von der Höhe der Niederschläge aus und unterschied 1910 drei Klimaarten: *humides* (feuchtes), *arides* (trockenes) und *nivales* (kaltes) Klima. In Abhängikeit von der Lage zum Meer lassen sich unterscheiden: das *Seeklima* und das *Landklima*. Mit steigender Meereshöhe ändert sich das Verhältnis der einzelnen Wetterelemente: Luftdruck und Temperatur nehmen mit der Höhe schnell ab. Es wird vom *Höhenklima* gesprochen. Die starken Wechselbeziehungen zwischen Klima und Vegetation zeigen sich vor allem darin, daß bestimmte Pflanzentypen in den einzelnen unterschiedlichen Klimaregionen der Erde vorherrschen. Offensichtlich sind außer Wärme, Feuchtigkeit, Mineralstoffe und Licht auch die *Jahreszeiten* und die *Tageslängen* von großer Bedeutung. Beispielsweise steht in bestimmten Klimaregionen, etwa in der Arktis oder in Hochgebirgen, unter Umständen nur eine *Vegetationszeit* (Wachstumszeit) für die Pflanzen von weniger als zwei Monate zur Verfügung, die im allgemeinen für einjährige Pflanzen nicht ausreicht. Nur einige Pflanzenarten (etwa Moose) vermögen hier noch zu existieren. Erdweit zeugen an den Kältegrenzen ähnliche Pflanzengestalten (Kampfgestalten) von einem gleichartigen Zusammenspiel der wirksamen Faktoren (WILMANNS 1989). Offensichtlich wird die Aktivität der Pflanzen aber nicht nur durch steigende Temperaturen ausgelöst, sondern auch durch größere *Tageslängen* (als Gegensatz zu Nachtlängen). Beim sogenannten *Photoperiodismus* der Pflanze hängt die Wirkung des Lichts ab von seiner zeitlichen Verteilung über den Tag. Die *Kurztagpflanze* geht beispielsweise zur Blütenbildung über, wenn die tägliche Belichtungsdauer unterhalb einer "kritischen Tageslänge" bleibt, während im Gegensatz dazu die Blütenbildung der *Langtagpflanze* ein Überschreiten der kritischen Tageslänge erfordert (CZIHAK et al. 1992). Der Photoperiodismus ermöglicht Organismen ein Einpassen in den Ablauf der Jahreszeiten und ist auch für ihre geographische Verbreitung bedeutungsvoll. Hinsichtlich des Lebensraums erfordern langtagabhängige Reaktionen *höhere* geographische Breiten als kurztagabhängige. Letztgenannte sind charakteristisch für die Pflanzen in den *Tropen*. Die gleichbleibende Tageslänge von 12 Stunden ist für ihre Entwicklung eine wesentliche Voraussetzung. Ausführungen zur Photomorphogenese der Pflanzen (Abschnitt 7.1.03) und zur Periodizität des Pflanzenlebens (Abschnitt 7.3) siehe dort.

Globale Flächensummen
Die ersten umfangreichen Wälder der Erde sind vor etwa **345-280** Millionen Jahren entstanden (Abschnitt 7.2). Vor etwa **10 000** Jahren, zum Beginn der Landwirtschaft, bedeckten Wälder und andere Baumbestände ca **62** Millionen km² (nach EK 1990, S.96). In der Regel umfassen Vegetationskomplexe (Formationskomplexe) mehr als eine Pflanzenformation (SCHMITHÜSEN 1961). Die flächenmäßige Zuordnung zu den vorgenannten Gruppen sollte dann nach jener Pflanzenformation erfolgen, die im Kronendach dominiert. Nachstehend Daten zur globalen Waldfläche der Erde (Baumgehölzfläche, Strauchgehölzfläche).
Nach FAO (Food and Agriculture Organization of the UN, 2001) habe die globale

Waldfläche im Zeitabschnitt zwischen 1990 und 2000 durchschnittlich um 0,2% pro Jahr abgenommen: 11,5 Millionen Hektar wurden gefällt (zerstört) und 2,5 Millionen Hektar seien nachgewachsen (GIBBS 2002). 1 ha = 10 000 m² = 10^{-2} km².

um:	Erde	Am	EA	Af	AO	Autor/Quelle
1950	41					MYERS (1985) S.42
1953	38	15	14	8	1	MANTEL (1961) (nach FAO)
1958	44	17	18	8	1	desgleichen
1969	36					FELS (1969) in WESTERMANN
1970	41	17	15	8	1	WESTERMANN (1972) S.130,142
1975	36					MYERS (1985) S.42
1981	41	17	16	6	1	MYERS (1985) S.24,25
1987	39	16	16	6	1	SJ (1990)
1990	36					EK (1990) S.73 (nach FAO 1982)
1990	36					EK (1991) S.287,1
1991	36	14	14	7	1	HERKENDELL/PRETSCH (1995) S.15

Bild 7.53
Flächensumme von "Wald" im System Erde (in Millionen km² = 10^6 km²) sowie in den Regionen Amerika (Am), Eurasien (EA), Afrika (Af), Australien + Ozeanien (AO) zu verschiedenen Zeitpunkten und nach verschiedenen Autoren/Quellen.

Bild 7.54
"Reale Vegetation" im System Erde.

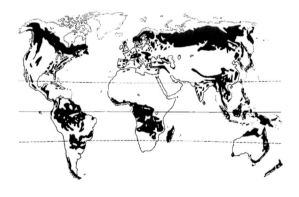

Sie umfaßt kaltgemäßigte Nadelwälder + sommergrüne Laub- und Laubnadel- mischwälder+ immergrüne tempe- rierte Laubmisch- wälder + Hartlaub- wälder + subtropi- sche Feuchtwälder + tropische Trockenwälder + regengrüne tropische Feuchtwälder + immergrüne tropische Feuchtwälder nach DIERCKE Weltatlas/WESTERMANN 1988. "Tundra und subpolare Gehölze" sind in der Darstellung nicht enthalten. Quelle: EK (1990) S.77, verändert

Bild 7.55
Verbreitung
des Waldes
im System
Erde nach
WINDHORST
1978.
Quelle:
BRÜNIG
(1991),
verändert

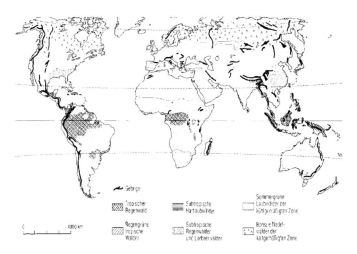

um:	Erde	Am	EA	Af	AO	Autor/Quelle
1850	59	24	19	14	2	EK (1990) S.75 (nach IIED+WRI
1900	57	24	18	13	2	1987) für die Jahre 1850, 1900,
1950	53	22	17	12	2	1950,
1980	50	21	16	11	2	1980.
1980	51					EK (1990) S.98,184
1981	58					MYERS (1985) S.143
1990	43					EK (1990) S.73

Bild 7.56
Flächensumme von **"Wald+Strauchgehölz"** im System Erde (in Millionen km^2 = 10^6 km^2) sowie in den Regionen Amerika (Am), Eurasien (EA), Afrika (Af), Australien + Ozeanien (AO) zu verschiedenen Zeitpunkten und nach verschiedenen Autoren/Quellen. IIED= International Institute for Environment and Development. WRI= World Resources Institute.

um:	Erde	WG	S	Autor/Quelle
1980	74	51	23	EK (1990) S.98,184 und EK (1991) S.287,I
1981	74	58	16	MYERS (1985) S.143

Bild 7.57
Flächensumme von "Wald+Strauchgehölz+Savanne" im System Erde (in Millionen km^2 = 10^6 km^2). Wald+Strauchgehölz (SG), Savanne (S).

(a) Wald- und Gehölzfläche **außerhalb** der tropischen Klimaregion				
um:	W	G	W+G	Autor/Quelle
1980	16,70	6,41	23,11	EK (1990) S.98 (nach FAO 1988)
1981			29,60	MYERS (1985) S.143 (1)
(b) Wald- und Gehölzfläche **innerhalb** der tropischen Klimaregion				
1980	19,35	8,63	27,98	EK (1990) S.184 (nach FAO)
1981			28,12	MYERS (1985) S.143

	Wald- und Gehölzfläche (außerhalb+innerhalb) + Savannenfläche			
um:	(a+b) (W+G)	S	W+G+S Erde	
1980	51,09	22,50	73,59	EK (1991) S.287,I
1981	57,72	16,28	74,00	MYERS (1985) S.143

Bild 7.58
Die Verbreitung von "Wald+Strauchgehölz" (W+G) außerhalb und innerhalb der tropischen Klimaregion der Erde sowie die Verbreitung von "Savanne" (S) auf der Erde (in Millionen km^2 = 10^6 km^2) nach verschiedenen Autoren. (1) = Wald der gemäßigten Zone+Taiga = 13,22+16,28 = 29,60.

Bild 7.59
Gegenwärtige Waldflächen in Europa nach digitalen Bilddaten des NOAA-Satelliten. Mehrfarbige Satellitenbildkarte 1:15 000 000 in BECKEL (1995) S.72. Die Vorlage für das obenstehende Bild entstammt der FAZ (Frankfurter Allgemeinen Zeitung) vom 01.09.1993. Quelle: HERKENDELL/PRETSCH (1995) S.98-99, verändert

7.3 Allgemeine phänologische Elemente des Waldes

Vor allem bei Betrachtung (Messung) aus dem *Luftraum* oder *Weltraum* sind als allgemeine phänologische Elemente des Waldes zu nennen:
✧ *Kronendach*
In phänologischer Sicht ist das Kronendach eines Baumes beziehungsweise eines Waldes besonders dominant. Die zuvor gegebenen Definitionen der geschlossenen und der offenen Waldfläche beziehen sich ausschließlich darauf.
✧ *Vorherrschende Pflanzenformation im Kronendach*
Die Zuordnung eines Waldbestandes zu einer der zuvor genannten Gruppen soll hier

grundsätzlich nach jener Pflanzenformation erfolgen, die im Kronendach dominiert.
- ⬥ *Nordgrenze der geschlossenen Waldverbreitung*
- ⬥ *Höhengrenze der geschlossenen Waldverbreitung*
- ⬥ *Höhengrenze für Bäume* (= alpine Baumgrenze)
- ⬥ *polare Grenze für Bäume* (= polare Baumgrenze)
- ⬥ *Lichtung*
- ⬥ *Brand- (Rodungs-)fläche*
- ⬥ *Windbruchfläche*
- ⬥ *Schadenfläche* (mittel-, langfristig)
- ⬥ *Periodizität des Pflanzenlebens*

Das Kronendach als tätige Oberfläche?

Der Begriff *tätige Oberfläche* war bereits in Abschnitt 4.2.09 angesprochen und definiert worden als jene Oberfläche, an der sich der Hauptstrahlungsumsatz und damit der Energieumsatz vollzieht. In Bezug zum Waldpotential kommt dem Kronendach dabei besondere Bedeutung zu. Zunächst soll das Kronendach eines einzelnen Baumes und anschließend das von Wäldern betrachtet werden.

Einzelbaum und mehrere Bäume
Am einzelnen Baum trennt man in der vertikalen Richtung die Baumkrone in Licht- und Schattenteile. Die senkrechte Projektion der Baumkrone auf eine horizontale Ebene heißt Kronenschirmfläche. Weitere Kronenmerkmale sind die Kronenbreite (der maximale Kronendurchmesser), die Kronenlänge (der vertikale Abstand zwischen der Kronenspitze und dem Kronenansatzpunkt). Diese und weitere Merkmale sind aus den Bildern 7.60 und 7.61 zu entnehmen.

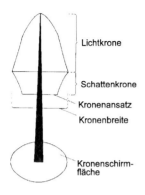
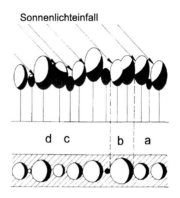

Bild 7.60
Schematische Darstellung einer Fichtenkrone.
Quelle: AKCA (1983)

Bild 7.61
Schematische Darstellung
(a) der Überschirmung
(b) der Ballung
(c) der Beschattung
(d) des Ineinandergreifens
der Baumkronen und ihre horizontalen Projektionen.
Quelle: AKCA (1983)

Meßtechnische Erfassung des Kronendachs eines Waldes
Mit Hilfe von Laserabtastsystemen lassen sich Höheninformationen gewinnen, beispielsweise von der Geländeoberfläche und von Objekten der Geländeoberflächenbedeckung (Bäume, Gebäude, Hochspannungsleitungen...), ja sogar von Vögeln, die während des Meßfluges erfaßt werden. Je nach der Meßanordnung können unterschieden werden: *lineare* Laser-Abtastung (Laser-Profilmessung) entlang des Fluglinie, *flächenhafte* Laser-Abtastung (Laser-Scanning) beiderseits der Fluglinie.

Bild 7.62
Prinzip der flächenhaften Laser-Abtastung (Laser-Scanning), hier vom Flugzeug aus. Quelle: ACKERMANN et al. (1992), verändert

Das GPS (Global Positioning System) dient zur Bestimmung der Position des Flugzeuges, das INS (Inertiales Navigationssystem, Honeywell Lasernav) zur Messung der Neigung des Flugzeuges und der Laser-Scanner (schwingend oder rotierend) zur Messung des Abstandes zwischen Flugzeug und tätiger Oberfläche.

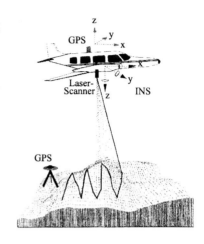

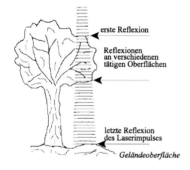

Bild 7.63
Reflexion des Laserimpulses an einem Baum (Aufrißdarstellung). Quelle: LINDENBERGER (1993), verändert

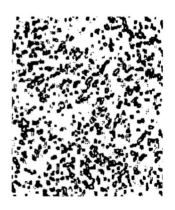

Bild 7.64
Laserabtastdaten eines Waldgebietes (Grundrißdarstellung). Quelle: SCHIEWE (2001)

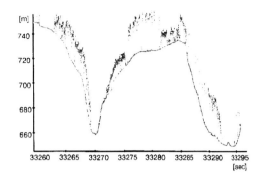

Bild 7.65
Laserprofil von einem Waldgebiet in Deutschland.
Quelle: ACKERMANN et al. (1994)

Die gemessenen und dargestellten Profil-Punktdaten zeigen einen Vertikalschnitt durch die tätigen Oberflächen des betreffenden Waldes und des Geländes auf dem dieser Wald steht. Der Strahlungseinfall ist nadirwärts gerichtet (nicht schräg, wie etwa beim üblichen Einfall der Sonnenstrahlung).

Bild 7.66
Laserprofil von einem Waldgebiet. Quelle: EUROSENSE (1998), verändert

Strahlungsabsorption in einem Wald und in einer Wiese

Ist eine geschlossene Waldbedeckung gegeben, dann wird ein großer Teil der Sonneneinstrahlung von der höheren Kronenschicht absorbiert, die in unterschiedlicher Höhe über der Geländeoberfläche liegen kann. Die Strahlungsabsorption in einem Wald und in einer Wiese zeigen beispielhaft die Bilder 7.67 und 7.68.

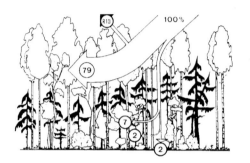

Bild 7.67
Strahlungsabsorption in einem **borealen Birken-Fichten-Mischwald** nach CERNUSCA 1975. Der größte Teil der einfallenden sichtbaren Strahlung wird danach von der höchsten Kronenschicht absorbiert (79%). Die niederwüchsige Vegetation erhält nur etwa 10%. Der an der Geländeoberfläche reflektierte Strahlungsanteil beträgt etwa 10-20% (im Beispiel: 10%). Die hohe Strahlungsabsorption in der höchsten Kronenschicht trägt direkt weder zur Erwärmung des Bodens noch zur Verdunstung des frühsommerlichen Schmelzwassers bei. Auch ein indirekter Wärmeaustausch durch Luftbewegung findet im Wald kaum statt. Selbst bei stärkerer Erwärmung in den oberen Waldstockwerken kann somit die sommerliche Auftautiefe des Frostbodens gering bleiben.
Quelle: SCHULTZ (1988)

Bild 7.68
Strahlungsabsorption in einer **Wiese** nach CERNUSCA 1975. Im Unterschied zu Wäldern dringt bei Wiesen ein hoher Strahlungsanteil tief in den Pflanzenbestand ein (noch >50% dringen bis zur Mitte der Grasschicht vor). Quelle: SCHULTZ (1988)

*Verhältnisse im tropischen Regenwald
und Vergleich mit einem sommergrünen Wald*
Im tropischen Regenwald gelten etwa die Verhältnisse wie sie im Bild 7.69 ausgewiesen sind.

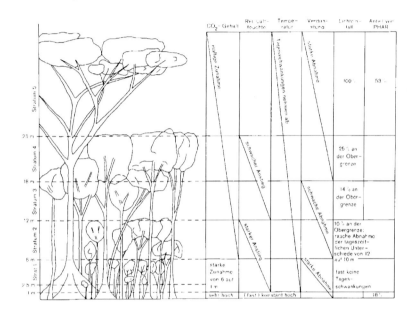

Bild 7.69
Die Stockwerke eines **tropischen Regenwaldes** (Elfenbeinküste) und die auf sie bezogenen Veränderungen der ökologischen Verhältnisse nach BOURGERON 1983. Die Höhe des Kronendachs erreicht mindestens 30-40m, einzelne Baumkronen erreichen häufig 50-60m, selten 70-80m. Die Oberfläche des Kronendachs ist auffallend "ungleichmäßig", alle anderen Waldformationen sind niedriger und die das Kronendach bildenden Bäume haben meist etwa gleiche Höhen.
PHAR = photosynthetic active radiation (photosynthetisch ausnutzbare Strahlung).
Quelle: SCHULTZ (1988)

Die Lichtabschwächung im Waldinnern führt in den einzelnen Stockwerken zu abweichenden Lufttemperaturen und Luftfeuchtigkeiten. Im Bereich des Kronendaches kann die Temperatur tagsüber bis auf etwa 40° C ansteigen und die relative Luftfeuchtigkeit dementsprechend auf etwa 30-40% abfallen. In den tieferen Stockwerken verringern sich die Tagesschwankungen; an der Geländeoberfläche sind sie kaum noch bemerkbar. Die Lufttemperatur beträgt dort tags wie nachts zwischen 25-27° C (etwa mittlere Jahrestemperatur); die relative Luftfeuchtigkeit etwa 90-100%. Im Gegensatz hierzu können im Kronendach -wie dargelegt- erhebliche tageszeitliche und jahreszeitliche Schwankungen auftreten (SCHULTZ 1988). Das aufgezeigte Szenario gilt auch für die Luftbewegungen. Heftige Gewitterstürme dringen nur abgebremst in das Waldinnere vor und erreichen kaum die bodennahe Luftschicht. Deshalb kann das bei Zersetzungsvorgängen innerhalb der Bodenstreu und des Bodens reichlich freigesetzte Kohlendioxid (Bodenatmung) sich erheblich anreichern. Maximal soll der CO_2-Gehalt etwa auf das Doppelte der für die freie Atmosphäre gültigen Werte ansteigen (SCHULTZ 1988). Den unterschiedlichen Aufbau eines tropischen Regenwaldes und eines sommergrünen Waldes zeigt Bild 7.70.

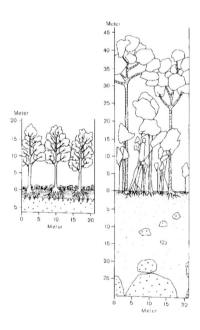

Bild 7.70
Schematische Profile eines **sommergrünen Waldes** und eines **tropischen Regenwaldes** nach DOUGLAS 1977. Es bestehen demnach wesentliche Unterschiede in der Wuchshöhe, im Stockwerksaufbau, in der Krautschicht, in der Durchwurzelungstiefe und in der Entwicklung eines tiefgründigen Bodens.
Quelle: SCHULTZ (1988)

Savannentypen
Einen Überblick über die Savannentypen gibt Bild 7.71.

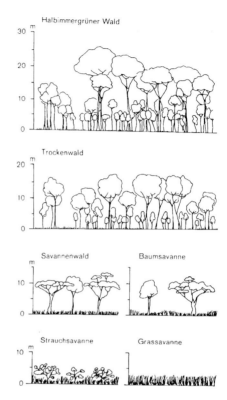

Bild 7.71
Savannentypen nach HARRIS 1980. In den Trockenwäldern und öfter noch in den halbimmergrünen Wäldern kann der Graswuchs stellenweise, vor allem im Schatten dichter Baumbestände, fehlen. Die Mehrzahl der halbimmergrünen Wälder (Feuchtwälder) kann als Übergangsform zwischen Savannen und Regenwäldern angesehen werden.
Quelle: SCHULTZ (1988)

Hartlaubgehölze
Die mediterranen Hartlaubgehölze werden vielfach durch die Benennung "Matorral" gekennzeichnet, wobei unterschieden werden kann zwischen höherem und niederem Matorral. Regionale Benennungen für den höheren Matorral sind: maquis (franz.) und macchia (ital.) im Gebiet um das Mittelmeer, matorral denso und espinal in Mittelchile, chaparral in Kalifornien und brigalow-scrub in Australien. Für den niederen Matorral wird verwendet: garrigue (franz), tomillares (span.), jaral (Chile), phrygana (griech.) oder fynbos (Südafrika). Die Benennungen Macchie und Garrigue werden auch über den regionalen Bezug hinaus im Sinne von hochwüchsige Hartlaub-Strauchformation beziehungsweise niederwüchsige Hartlaub-Strauchformation benutzt (SCHULTZ 1988). Bild 7.72 vermittelt einen Eindruck.

Bild 7.72
Bestandsstruktur eines hochwüchsigen dichten Matorrals (Macchie) und eines niederwüchsigen offenen Matorrals (Garrigue) nach TOMASELLI 1981.
Quelle: SCHULTZ (1988)

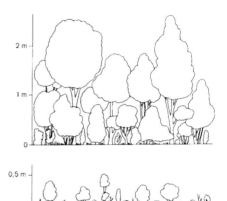

Periodizität des Pflanzenlebens

Die Anzahl der jahreszeitlich wechselnden Erscheinungsformen von Pflanzen kann sehr verschieden sein. Bei einem Teil der immergrünen Wälder (etwa bei den tropischen immergrünen Feuchtwäldern im Tiefland) bleibt bei stetigem Wachstum das Aussehen während des ganzen Jahres fast unverändert, während bei den jahreszeitlich laubabwerfenden Wäldern mehrere, beispielsweise beim sommergrünen Laubwald in Mitteleuropa etwa 6-7, in Südrussland mindestens 10, definierbare Perioden unterschieden werden können (SCHMITHÜSEN 1961). Von der jahrezeitlichen Periodizität sommergrüner Laubwälder leitet sich nach Schmithüsen unsere Vorstellung der vier Jahreszeiten ab. Die Laubaspekte der jahreszeitlich laubabwerfenden Wälder unter derzeitigen mitteleuropäischen Klimabedingungen zeigt Bild 7.73.

Jahreszeit	*Monate*	*Laubaspekte*
Winter	November...März	Winterruhe
Frühling	Mai...Anfang Juni	Laubentfaltung
Frühsommer	Mitte Juni...Mitte Juli	Bäume voll belaubt (Bodenbeschattet)
Herbst	September...Oktober	Laubfall

Bild 7.73
Laubaspekte der jahreszeitlich laubabwerfenden Wälder in **Mitteleuropa** nach WALTER und BRECKLE 1983/1984/1986. Quelle: SCHULTZ (1988)

Im Herbst werden die für die Pflanze noch brauchbaren Stoffe (Stärke, Zucker, Eiweiß, Öle, Salze) aus den Blättern in die Zweige und Stämme zurückgeführt (höherer Stärkegehalt im Herbst- und Winterholz). Bei diesem Vorgang werden erst die grünen, dann die roten und gelben Farbstoffe abgebaut; die Herbstfärbung der Blätter wechselt daher in der Regel von Grün über Rot nach Gelb; anschließend werden die Blätter braun und fallen schließlich ab (SCHMITHÜSEN 1961).

In sommerfeuchten tropischen Gebieten (mit einer jährlichen Trockenzeit im Nordwinter /...Januar.../ beziehungsweise im Südwinter /...Juli.../ von etwa 3-7 Monaten) veranlaßt die Trockenheitsbelastung in der Regel den Blattabwurf, jedoch nicht in Australien. Der trockenzeitliche Laubabwurf der laubabwerfenden Wälder ist hier und in vergleichbaren Gebieten offenbar besonders vom verfügbaren Wasservorrat im Boden abhängig; reicht dieser in der Trockenzeit nicht aus, behalten viele Bäume ihr Laub, der Laubabwurf ist mithin *fakultativ* und nicht *obligat* (wie etwa in Mitteleuropa), auch geht ihm im Vergleich zu Mitteleuropa vielfach nur eine mäßige Laubfärbung voraus (SCHULTZ 1988).

Wald-Satellitenfernerkundung mittels Mikrowellenstrahlung aktiver Systeme (Radar)

Wegen ihrer weitgehenden Unabhängigkeit vom Wetter und von Wolkenbedeckungen garantieren Mikrowellen-Sensoren beispielsweise auch in den Tropen die Bereitstellung von digitalen Bilddaten des dortigen Waldes.

Start	Name der Satellitenmission und andere Daten
1991	**ERS-1** (Europa, ESA) pU, H = 785 km, Sensor AMI (Active Microwave Instrument) C-Band (5,3 GHz) VV-Polarisation, SAR-Daten, gA = 30 m, Scatterometer-Daten, durchschnittlich alle 4 Tage eine Messung mit gA = 50 km
1992	**J-ERS-1** (Japan) pU, H = 568 km, L-Band (1,3 GHz) HH-Polarisation, SAR-Daten, gA = 18 m
1994	**SIR-C/X-SAR** (USA, D, I) Shuttle Imaging Radar (SIR) - Mission
1995	**ERS-2** (Europa, ESA) pU, Sensor AMI (siehe zuvor)
1995	**RADARSAT-1** (Canada) pU, H = 790 km
2002	**ENVISAT** (Abschnitt 8.1)
?	**LigthSAR** (USA) pU
? 2002	**ALOS** (Advence Land Observing Satellite) (Japan), pU

? 2005	METOP-1 (Europa, EUMESAT) (Meteorological Operational Satellite) (Serie von 3 Satelliten geplant), spU, Scatterometer-Daten
?	RADARSAT-2
?	RADARSAT-3

Bild 7.74
Vorgenannte und weitere Satellitenmissionen mit Systemen zum Senden und Aufzeichnen von Mikrowellenstrahlung (aktive Systeme, SAR und andere).
spU = sonnensynchrone polnahe Umlaufbahn
pU = polnahe Umlaufbahn
H = Höhe der Satelliten-Umlaufbahn über der Land/Meer-Oberfläche der Erde
gA = geometrische Auflösung
Quelle: WAGNER/SCHMULLIUS (2001) und andere

Waldbrände

Feuer im Wald wird meist durch Blitzschlag ausgelöst, vielfach aber auch (unbeabsichtigt oder beabsichtigt) durch den Menschen. Fehlverhalten beim Umgang mit Brennbarem im Wald, Brandrodung und anderes sind hier die Auslöser. Feuer ist ein bedeutender ökologischer Faktor des Waldpotentials, der negativ, aber auch positiv wirken kann. Beispielsweise würden ohne Feuer (Brände) besonders die nördlichen Wälder (Taiga), vor allem wegen Stickstoffmangel, zusammenbrechen und somit der Tundravegetation das Vordringen in die Waldbereiche ermöglichen (TRETER 1990).

Ein Interesse an Informationen über Ausdehnung und Intensität von Vegetationsfeuern sowie vulkanischen Aktivitäten besteht vor allem im Hinblick auf das *Bekämpfen* von Katastrophen als auch im Hinblick auf die *klimaverändernde* Wirkung der Brände und Vulkanaktivitäten. Der Ausstoß von kohlenstoffhaltigen Treibhausgasen wie Kohlendioxid und Methan trägt offensichtlich wesentlich zum Wandel des Klimas bei. Aussagen über den jährlichen *globalen* Kohlenstoffeintrag in die Atmosphäre, verursacht durch Waldbrände, Brandrodungen, Kohleflözfeuer, Vulkanaktivitäten und anderes, können flächenhaft (nicht nur punkthaft) vorrangig mit Hilfe von geeigneten Sensoren in Hochbefliegungs-Flugzeugen und erdumkreisenden Satelliten gewonnen werden. Diesbezügliche globale Überwachungssysteme sind inzwischen eingerichtet worden, wie beispielsweise GMES (Global Monitoring for Environment and Security). Einige *globale* Produkte zum Erfassen und Bewerten von sogenannten *Hoch-Temperatur-Ereignissen* (HTE) (engl. verschiedentlich *hot spots* genannt, die jedoch nicht identisch sind mit den hot spots des Erdinnern) nennt Bild 7.75.

Satellit/Sensor	Agentur	Produkt
TERRA/MODIS	NASA	Global Fire and Thermal Anomalies
Serien F,S/DMSP OLS	NOAA	Global Fire Detection
ERS-2/ATSR-2	ESA	World Fire Atlas Project
NOAA/AVHRR	JRC	World Fire Web

Bild 7.75
Globale Produkte zum Erfassen und Bewerten von Hochtemperaturereignissen, wie etwa Waldbränden. Quelle: MORISETTE et al. (2001).

MODIS = Moderate Resolution Imagning Spectrometer
(DMSP) OLS = Operational Linescan System (Hauptsensor der DMSP-Serien)
ATSR-2 = Along Track Scanning Radiometer
AVHRR = Advanced Very High Resolution Radiometer

Zur Erfassung von Temperatur, Intensität und Ausdehnung von Bränden aus dem Weltraum bedarf es in der Regel zwei sich überlagernder flächenhafter Strahlungsmessungen in Ultrarotbereichen (Infrarotbereichen) um 4 µm und 10 µm Wellenlänge sowie Sensoren, die bei (Brand-) Temperaturen von 1000 °C nicht "übersteuern" und die kältere Umgebung des Brandherdes mit etwa 0,5 °C noch auflösen. Nur wenn beide Rahmenbedingungen hinreichend erfüllt seien, sei eine Erfassung der Feuertemperatur und der Brandfläche vom Satelliten aus hinreichend möglich (BRIEß/OERTEL 2002). Abbildende Sensoren in Satelliten auf polnahen, zwischenständigen und geostationären Umlaufbahnen in Flughöhen kleiner 1000 km werden für die Beobachtung von Hochtemperaturereignissen derzeit vielfach mitbenutzt (beispielsweise die im Bild 7.72 genannten). Zum Erfassen vorrangig von Brandflächen werden auch mitbenutzt die Satellitensysteme LANDSAT, SPOT, IRS (Indien). Der geostationäre Satellit GOES-8 mit dem Auswertesystem GOES-Automadet Biomass Burning Algorithm (ABBA) liefert halbstündig Feuerbilder von (ganz) Amerika. Derzeit gäbe es jedoch kein ziviles Satelliten-Sensorsystem, das quantitative und qualitative Aussagen über Hochtemperaturereignisse mit einer Genauigkeit gestattet, wie die BIRD-Sensorik (BRIEß/OERTEL 2002). Ergebnisse über Buschbrände in Australien und Kohleflözfeuern in China, die auf BIRD-Daten basieren, sind in OERTEL et al. (2002) dargelegt. Ausführungen über Vulkanaktivitäten sind im Abschnitt 3.2.02 enthalten.

Start	Name der Satellitenmission und andere Daten
2001	**BIRD** (BIRD-2) (Bi-spectral Infrared Detection) (Deutschland, DLR), Kleinsatellit, Sensoren: mittleres Ultrarot, Thermal-Ultrarot, WAOSS-B, auch zur Navigation mittels Sternenhimmel, H = ca 570 km, Erfassen von Waldbränden, Kohleflözbränden, vulkanischen Aktivitäten

? 2005	**FUEGO** (-Programm), Spanien, Zusammenstellung einer Anzahl von ausgewählten kleinen Satelliten zum (frühen) Erkennen und Beobachten von Waldbränden (Feuermeldesystem), 3 Kameras: VIS und nahes Ultrarot, mittleres Ultrarot, Thermal-Ultrarot, H = ca 700 km
? 2006	**Terra-SAR-1** (Abschnitt 8) (Deutschland), Einsatz der BIRD-Sensoren angestrebt
? 2006	**SSR-1** (Brasilien), Erkundung der Tropen, Äquator-Umlaufbahn, H = ca 900 km, Einsatz der BIRD-Sensoren angestrebt

Bild 7.76
Vorgenannte und weitere Satellitenmissionen.
H = Höhe der Satelliten-Umlaufbahn über der Land/Meer-Oberfläche der Erde.
Quelle: DLR (2003) / echtzeit Heft 7/8, SANDAU (2002), BRIEß/OERTEL (2002) und andere

7.4 Die boreale Waldzone der Erde (Taiga)

Die auf der Nordhalbkugel liegende zirkumpolare kaltgemäßigte ("boreale") Waldzone umfaßt einen amerikanischen und einen eurasischen Teil, wobei der letztgenannte Teil **Taiga** (jakutisch Wald) genannt wird. Gelegentlich wird die Benennung Taiga aber auch für die gesamte Waldzone benutzt. Bild 7.79 informiert über die Flächengröße. Bild 7.78 zeigt wie die Grundlagen vielfach beschaffen sind, aus denen durch Inter- und Extrapolation Klimagrenzen und anders abgeleitet werden. Im vorliegenden Falle bilden die ortsbezogenen Ergebnisse von nur 23 Meßstationen die Grundlage für Aussagen über ein ca 18 Millionen km² (!) großes Gebiet. Bild 7.77 gibt eine kartographische Gesamtübersicht.

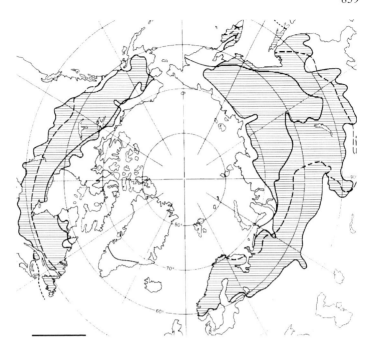

Grenze des kontinuierlich Permafrostes
Grenze des diskontinuierl Permafrostes
Boreale Zone

Bild 7.77
Die Gebiete der borealen Wälder mit den Grenzen der unterschiedlichen Permafrostgebiete nach LARSEN 1980 und VAN CLEVE et al. 1986. Die Maßstabslinie (unten links im Bild) kennzeichnet 1 500 km. Quelle: TRETER (1990), verändert

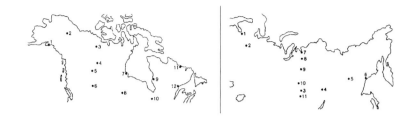

Amerika (12 Meßergebnisse)   Eurasien (11 Meßergebnisse)

Bild 7.78
Beispiel dafür, wie oftmals aus relativ wenigen *ortsbezogenen* Meßergebnissen durch Inter- und Extrapolation *flächenhafte* Klimaaussagen für großräumige Gebiete abgeleitet wurden, nach WALTER und LIETH 1967. Quelle: TRETER (1990), verändert.

um:	gesamt	amer.T.	euras.T.	Autor/Quelle
1980	19,5			nach PFAFFEN. SCHULTZ (1988)
1984	16,3			MYERS et al. (1984) S.143

Bild 7.79
Die Flächengröße (in 10^6 km^2) der borealen Waldzone der Erde zu verschiedenen Zeiten und nach verschiedenen Autoren.

Charakteristika der borealen Waldzone

Nadelhölzer dominieren
Fichtenwälder = "dunkle" Taiga, Kiefernwälder = "lichte" Taiga.
 Fichten, Kiefern, Tannen und Lärchen
machen etwa 80% des Gesamtbestandes der Waldzone aus.
 Lärchen
nehmen Standorte ein, auf denen andere Bäume nicht mehr wachsen können (TRETER 1990).

In der westsibirischen Taiga liegen
Torf- und **Waldhochmoore**,
die sich weiter ausdehnen (derzeitige Fläche etwa 1 Millionen km², nach FRANZ 1973) (TRETER 1990).

Große Variabilität im Bestand wird vor allem erzeugt durch
Feuer, Forstschädlinge, Windwurf, Permafrost, Kahlschlag.

Feuer
ist ein bedeutender ökologischer Faktor. Ohne Feuer würden besonders die nördlichen Wälder, vor allem wegen Stickstoffmangel, zusammenbrechen und damit der Tundravegetation Platz machen, nach PAYETTE 1989 (TRETER 1990).
Das Feuer wird meist durch Blitzschlag ausgelöst, zunehmend aber auch durch den Menschen.

Im amerikanischen Teil der Waldzone liegen zwei große
"Ackerlandinseln":
- der Clay Belt (im Osten),
- das Peace River-Gebiet.
Bei weiten Teilen des Peace River-Gebietes handelt es sich um Park- oder Waldsteppe (LENZ 1990).

Im Bereich des Grande Rivière liegen sechs
Stauseen
mit einer Gesamtfläche von etwa 11 410 km² (Bodensee = 539 km²) (LENZ 1990).

Die
Nordgrenze
der borealen Waldzone ist identisch mit der polaren Waldgrenze, die durch verschiedene Baumarten gebildet wird.
Die
Südgrenze
ist weniger eindeutig festlegbar (TRETER 1990).

Die boreale Waldzone als Wirtschaftsraum
Rund 50% des Zeitungspapiers, 35% der Zellulose und 38% des Schnittholzes der Erdproduktion kommen aus den borealen Wäldern (TRETER 1990).

Waldkarte Sibirien

Russlands boreale Wälder umfassen eine Fläche von ca 624 · 10^6 ha (TRETER 2000). Im Rahmen einer flächenhaften Erfassung eines Teiles dieser Wälder mittels Radar-Satellitenbilddaten wurden solche der europäischen Satelliten ERS-1 und ERS-2 sowie des japanischen Satelliten J-ERS-1 benutzt (WAGNER/SCHMULLIUS 2001). Das erreichte Ergebnis läßt den Schluß zu, daß in den amerikanischen und eurasischen borealen Gebieten CO_2-relevante Waldparameter mit diesen Verfahren (SAR-Daten-Verfahren) hinreichend zuverlässig erfaßt werden können, insbesondere auch die für die Kohlenstoff-Bilanzierung bedeutsamen Brandflächen und Abholzungsflächen. Mittels Satelliten-Radarsystemen (Scatterometer) kann offenkundig auch der Vorgang des Gefrierens und Tauens weitgehend erfaßt werden, da Frost die Dielektrizitätseigenschaften des Bodens stark verändert. Der Permafrost reicht zwar bis in Tiefen von ca 300 m, doch für die Vegetation ist besonders die obere Bodenschicht bedeutsam, da diese im Sommer auftaut. Die Dynamik des Auftauens und Gefrierens steuert sehr wahrscheinlich eine Reihe von bodenbildenden und vegetationsökologischen Prozessen mit Einfluß auf den Kohlenstoffkreislauf, die Primärproduktion und anderes. "Störungen" dieser Dynamik können Waldökosysteme von Kohlenstoffsenken in Kohlenstoffquellen (für die Atmosphäre) verwandeln und umgekehrt. Bedeutsam in diesem Zusammenhang ist ferner, daß im niederfrequenten Mikrowellenbereich trockener Schnee weitgehend transparent ist, nasser Schnee zeigt (je nach Rauhigkeit seiner Oberfläche) demgegenüber unterschiedliche Rückstreuwerte.

Nimmt der Pflanzenwuchs in den nördlichen hohen geographischen Breiten zu?

Auf der Basis einer längeren Satelliten-Beobachtungsreihe (Datenreihe) über die Vegetationsdichte in der borealen Waldzone der Erde kamen us-amerikanische Wissenschaftler 1997 zu der Auffassung, daß die Vegetationsdichte seit 1981 zugenommen habe. Die Überprüfung dieser Vermutung mittels Berechnungen nach einem Modell (dem Dynamischen Globalen Vegetationsmodell, LPJ-DGVM) einer internationalen Gruppe von Wissenschaftlern ergab ebenfalls, daß der Pflanzenwuchs in den nördlichen hohen geographischen Breiten derzeit zunehme (LUCHT 2003). Demnach wirke die Biosphäre gegenwärtig dem Treibhauseffekt also entgegen, da sie bei zunehmenden Pflanzenwachstum (Zunahme der Biomasse) mehr Kohlendioxid aufnehme als sie abgebe. Es wird angenommen, daß dieser Vorgang durch den Temperaturanstieg in dieser Region seit etwa 1980 um 0,8° C hervorgerufen wurde.

7.5 Die Tropenwaldzone der Erde

Die Ausbreitung der Tropenwaldzone der Erde beiderseits vom Äquator (in Süd- und Mittelamerika, in Zentralafrika und in Südostasien) reicht teilweise bis zu den Wendekreisen (ca 23° 27' nördlicher beziehungsweise südlicher geographischer Breite), teilweise werden diese auch überschritten (BRÜNIG 1991, EK 1990). Der Begriff **Tropen** (gr. tropos, Drehung, Wendung, Sonnenwende) wird unterschiedlich definiert. Nach LAMPRECHT 1986 gilt

in *astronomischer* Sicht = Bereich innerhalb der Wendekreise;
in *vegetationskundlicher* Sicht = Bereich optimaler Kohlenstoffbindung durch Landpflanzen;
in *klimakundlicher* Sicht = mittlere Jahresisotherme von 20°C oder Frostfreiheit im Tiefland. (EK 1990).

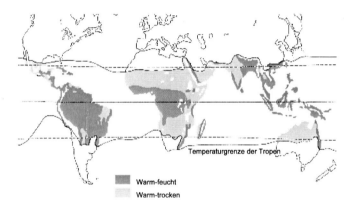

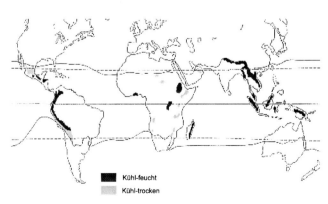

Bild 7.80/1 (*oben und unten*) Grenze der Tropen und Gliederung nach Temperatur und Feuchtigkeit, hygrothermale Gliederung nach LAMPRECHT 1986. Quelle: EK (1990) S.145, verändert

Bild 7.80/2
Jahresdurchschnittliche Verteilung der Niederschläge in den Tropen.
Quelle:
EK (1990)
S.144, verändert

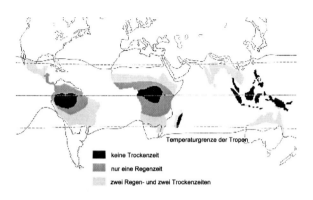

Temperaturgrenze der Tropen
keine Trockenzeit
nur eine Regenzeit
zwei Regen- und zwei Trockenzeiten

Der tropische Wald und zugehörige Flächengrößen

Wald
Baumgehölz, Strauchgehölz
in der Tropenzone der Erde

immergrüner Feuchtwald (äquatorialer Regenwald, immergrüner Regenwald...)	**regengrüner Feuchtwald** (Monsunwald, Passatwald, saisonaler Regenwald...)	**tropischer Trockenwald** (tropisches Wald- und Buschland...)
Konzentriert im Bereich $\varphi = \pm 10°$ um den Äquator	Diese Wälder schließen sich polwärts an die immergrünen Feuchtwälder an; konzentriert in Asien auf Vorder- und Hinter-Indien, in Australien an der Nord- und Ostküste.	Diese Wälder schließen sich polwärts an die regengrünen Feuchtwälder an und gehen an den Trockengrenzen für Wald über in Dornensavannen (Dornbäume, Dorngehölze, Dornsträucher; allgemein in xeromorphe Gehölze) und (daran anschließend) in Halbwüsten.

Bild 7.81
Wald, Baumgehölz, Strauchgehölz in der Tropenzone der Erde.

Gemäß Abschnitt 7.2 kann der *Wald* dieses zonalen Bereichs der Erde (einschließlich der Baumgehölze und der Strauchgehölze) in drei Typen gegliedert werden. Bild 7.84 gibt nochmals eine diesbezügliche Übersicht und zusätzlich generelle Angaben zur geographischen Lage dieser Typen.

um	F	Quelle
1980	27,98	(nach FAO) aus EK (1990) S.184 mit "Wald"+"Gehölz" = 19,35 + 8,63 = 27,98
1981	28,12	1981/1982, nach MYERS et al.(1985) S.143

Bild 7.82
Die Flächengröße F der Tropenwaldzone der Erde ("Wald"+"Gehölz") zu verschiedenen Zeitpunkten und nach verschiedenen Autoren (in 10^6 km^2).

um	F	Quelle
1950	20,40	MYERS (1985) S.42
1970	19,00	PERSON
1972	17,20	SOMMER
1975	16,32	MYERS (1985) S.42
1980	19,35	EK (1990) S.184
1981	19,24	MYERS (1985) S.143
1990	18,00	FAO-Schätzung; nach EK (1990) S.24

Bild 7.83
Die Flächengröße F der Tropenwaldzone der Erde (nur "Wald") zu verschiedenen Zeitpunkten und nach verschiedenen Autoren (in 10^6 km^2).

Nach FAO-Angaben (EK 1990, S.24) betrug die Verringerung des tropischen Waldes (die "Vernichtungsrate")
1980 = 0,114
1990 = 0,160 - 0,200 (geschätzt).
Ein Vergleich aller zuvor genannter Daten zeigt die Unsicherheit der Aussagen. MESSERLI (1992) S.437 nimmt von dieser Unsicherheit auch die amtliche Statistik nicht aus, beispielsweise die der *Weltbank*, die 1979 formulierte: Nepal hat die Hälfte seiner Waldbedeckung innerhalb von 30 Jahren (1950-1980) verloren und wird im Jahre 2 000 keine Wälder mehr haben. Nach Messerli ist diese Aussage sehr zweifelhaft.

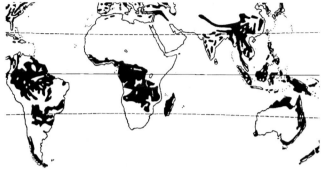

Bild 7.84/1 Verbreitung der "realen Vegetation" in der Tropenzone und in anschließenden Gebieten (immergrüne tropische Feuchtwälder + regengrüne tropische Feuchtwälder + tropische Trockenwälder + subtropische Feuchtwälder + ...). Quelle: EK (1990) S.77, verändert

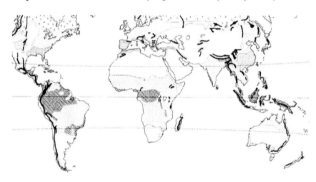

Bild 7.84/2 Verbreitung des „Waldes" in der Tropenzone und in anschließenden Gebieten (tropischer Regenwald + regengrüne tropische Wälder + subtropische Hartlaubwälder + subtropische Regenwälder und Lorbeerwälder + ...) nach WINDHORST 1978. Quelle: BRÜNIG (1991), verändert

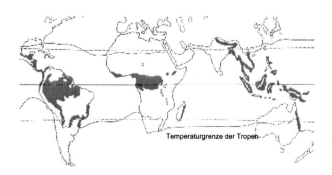

Bild 7.84/3 Verbreitung des „tropischen Feuchtwaldes". Quelle: EK (1990) S.144, verändert

Der Mangrovewald in der Tropenwaldzone

Das Strauch- und Baumgehölz im Gezeitenbereich tropischer Küsten tritt besonders an geschützten schlammigen Stellen auf. Die Zonierung des Küstenstreifens ist wesentlich abhängig von
- Häufigkeit und Dauer der Überschwemmung mit Meerwasser
- Bodenbeschaffenheit
- Mischungsverhältnis von Salzwasser/Süßwasser im Flußmündungsbereich.

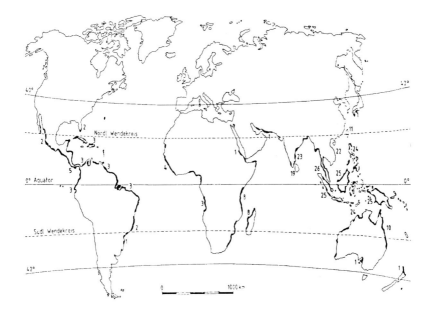

Bild 7.85
Übersicht über die Mangroveküsten der Erde nach VARESCHI 1980. Die Nummern geben die jeweilige ungefähre Anzahl der Baum- und Straucharten an. Quelle: JORDAN (1991)

Zur Einwirkung des tropischen Monsuns auf das Festland, besonders auf Vegetation und Boden

Als beständig wehender, halbjährlich die Richtung wechselnder Wind (im Sommerhalbjahr vom Meer zum Land, im Winterhalbjahr vom Land zum Meer) wirkt der Monsun insbesondere auf Vegetation und Boden ein. Bild 7.86 zeigt am Beispiel China die Einwirkung des Sommermonsuns auf das Festland. Die hohe Verdunstung (Evaporation und Transpiration = E) des tropischen Urwaldes bringt einen großen Teil (50%) des Niederschlagswassers zurück in die Atmosphäre und damit zurück in den Wasserkreislauf. Großflächige Entwaldung und Verödung der Landschaft im Luv vermindert die Verdunstung und wirkt sich vermutlich auf das Klimageschehen im Lee aus (BRÜNIG 1991).

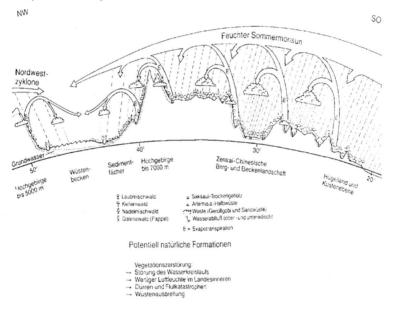

Bild 7.86
Die Einwirkung des Sommermonsuns auf das Festland (Beispiel China) nach Institut für Weltwirtschaft und Ökologie, Hamburg. Quelle: BRÜNIG (1991)

Die Nutzung der Tropenwaldzone durch den Menschen

Nach einem Vorschlag von HAMILTON (1987) sollten im Zusammenhang mit der Waldwirtschaft folgende Begriffe benutzt werden (entnommen aus MESSERLI 1992):

für Waldnutzung
- Sammeln und Jagen
- Brandrodung
- Brennholz- und Futterentnahme
- Kommerzielle Holznutzung
- Weidegang im Wald,

für Abholzung
- Umwandlung in Baumplantagen
- Umwandlung in Grasland für Beweidung
- Umwandlung in Nutzpflanzungen
- Umwandlung in Agro-Forstwirtschaft,

denn:
Entwaldung führt (nach MESSERLI 1992) nicht unbedingt zu erhöhter Erosion und verstärktem Oberflächenabfluß. Entscheidend sei, in welche Nutzungsform das gerodete Waldgebiet überführt wird, davon hänge auch die Sedimentfracht der Flüsse (mit ihrem Einzugsgebiet) ab.

Nach BRÜNIG (1991) hat die Nutzung der Tropenwaldzone durch den Menschen derzeit folgenden Umfang:
  ⬦ etwa 80-100 Mio. Familien **roden** pro Jahr zwischen 0,15 -0,18 Millionen km^2 Urwald und durch Holznutzung modifizierten Wald,
  ⬦ zusätzlich werden etwa 0,50 - 0,60 Millionen km^2 Sekundärwald **gebrannt** (Brandrodung),
  ⬦ durch staatliche Umsiedlung und industrielle Landnahme in den Feuchttropen werden jährlich zwischen 0,03 - 0,05 Millionen km^2 **gerodet**.

Die jährliche Verringerung der Waldfläche (um 1990) beträgt demnach (in Millionen.km^2)
  0,18 - 0,23 für Feuchtwald und
  0,50 - 0,60 für Sekundärwald (Wald = jünger als 20 Jahre).
Die Daten für den Feuchtwald stimmen hinreichend überein mit den zuvor für 1990 genannten FAO-Schätzdaten (identische Quelle ?).

Zum Eintrag von Spurenstoffen in die Atmosphäre
bei Brandrodung und Holzverrottung im Tropenwald
Bei der Brandrodung werden große Mengen an Kohlendioxid und anderer Spurengase (Stickstoffoxide, Methan u.a.) sowie Spurenstoffe an die Atmosphäre abgegeben und das Ergebnis der Brandrodung vermindert dann den Umsatz an Wärme und Wasser (Landverdunstung) dauerhaft.
Als grober Durchschnitt der Abgabe an die Atmosphäre wird für den tropischen Feuchtwald angegeben (BRÜNIG 1991):
je 1 ha Rodungsfläche etwa
100 t Kohlenstoff (C) oder
367 t Kohlendioxid (CO_2).
Etwa die gleiche Menge soll in den folgenden 10 Jahren durch Verrottung des nicht verbrannten Holzes und durch Humusabbau freigesetzt werden.
Erneute Brandrodung (nach 10-20 Jahren) führten nach BRÜNIG schließlich in die Endphase der Entwicklung: Grassavanne, Gestrüpp... Sie sei heute in den Tropen für eine Fläche von mindestens 10 Millionen km² erreicht. Seit 1830 seien die Tropenwälder auf die halbe Fläche geschrumpft. Bild 7.88 gibt eine Übersicht über einige Wechselbeziehungen zwischen Tropenwald, menschlichen Aktivitäten in gemäßigten Klimabereichen und Ozean. Der jährliche Beitrag der Entwaldung in den Tropen zum globalen Treibhauseffekt beträgt nach BRÜNIG etwa 15-20%.

Wechselbeziehungen zwischen Tropenwald und menschlichen Aktivitäten

Das Amazonas-Regenwaldgebiet (ca 5 ·10⁶ km²) ist das größte Regenwaldgebiet der Erde und unterliegt derzeit starken und schnellvoranschreitenden Veränderungen durch menschliche Aktivitäten und solchen des natürlichen Geschehens. Eine Beobachtung und meßtechnische Erfassung der Veränderungen, möglichst flächenhaft und daher vorrangig von Raumfahrzeugen aus, ist mithin von besonderem Interesse.

Start	*Name der Satellitenmission und andere Daten*
?	**SSR-1** (Satelite de Sensoriamento Remoto) (Brasilien), Kleinsatellit, Beobachtung des Amazonas-Regenwaldes, Bild-Wiederholrate: mehrmals pro Tag, Umlaufbahnebene nahe Äquatorebene, Sensoren: VIS und nahes Ultrarot, mittleres Ultrarot, eventuell Thermal-Ultrarot

Bild 7.87
Vorgenannte und weitere Satellitenmissionen. Quelle: SANDAU (2002) und andere

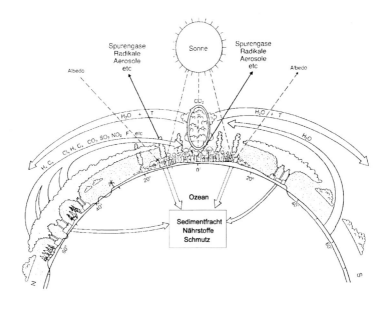

Bild 7.88
Wechselbeziehungen zwischen Tropenwald, menschlichen Aktivitäten in gemäßigten Klimabereichen und Ozean (T = latente Wärme) nach Institut für Weltforstwirtschaft und Ökologie, Hamburg. Quelle: BRÜNIG (1991)

7.6 Das globale Kreislaufgeschehen

Menschliches Leben setzt voraus, daß pflanzliches und tierisches Leben existieren. Im Bereich des pflanzlichen Lebens entfaltet das Waldpotential eine hohe oder gar die höchste Wirksamkeit. Wichtige Funktionen des Waldpotentials im System Erde zeigt nachstehendes Bild.

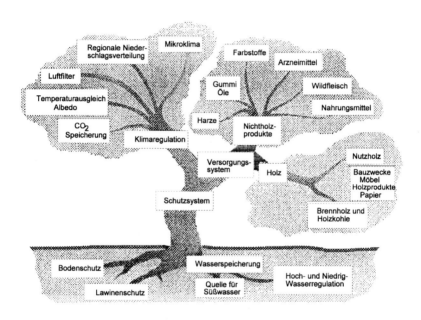

Bild 7.89
Funktionen des Waldpotentials. Quelle: EK (1990), verändert

Die Wälder der Erde erbringen zunächst zahlreiche materielle und immaterielle Leistungen für den Menschen wie etwa Produktion von Holz und sonstigen Waldprodukten, Trinkwasserschutz, Bodenschutz, Bereitstellung von Erholungsräumen. Schließlich hat der Wald für den Menschen auch eine kulturelle Bedeutung (HERKENDELL/PRETSCH 1995). Die Mitwirkung des Waldpotentials in der Klimaregulation ist vielgestaltig. Wesentliche Wechselwirkungen zwischen dem Waldpotential und dem Energie- beziehungsweise Wärmehaushalt des Systems Erde ergeben sich aus dem Strahlungsumsatz an den tätigen Oberflächen. Aber auch aus dem Stoffaustausch zwischen dem Waldpotential und der Atmosphäre sowie der Pedosphäre ergeben sich beachtliche gegenseitige Einwirkungen. Solche Stoffkreisläufe beeinflussen nicht nur die chemische Zusammensetzung der Erdatmosphäre, sondern stehen auch in Wechselwirkung mit dem Versorgungssystem und dem Wasserhaushalt des Systems Erde. In welcher Form die Waldgebiete als Quelle und Senke solcher Stoffkreisläufe wirken, ist daher von besonderer Bedeutung für eine Gewichtung des Waldpotentials im System Erde.

Grundsätzliches zum Kreislaufgeschehen im System Erde
Nach derzeitigen Schätzungen leben mindestens vier Millionen unterschiedlicher Pflanzen- und Tierarten im System Erde (BMFT 1990). Die Verbindung zwischen *biotischen* und *abiotischen* (belebten und unbelebten) Komponenten des Ökosystems Erde ist dabei durch zwei gekoppelte Prozesse gegeben: den *Fluß von Energie* und den *Austausch von Nährstoffen*. Energiequelle für die Photosynthese grüner Pflanzen, für die *Primärproduktion* von organischem Material, ist die Sonne. Durch die pflanzliche Photosynthese werden Kohlendioxid, Wasser und andere biogene Elemente (wie Stickstoff, Phosphor und Schwefel) über einige Zwischenstufen in Stärke, Eiweiß und Fette umgewandelt. Diese Substanzen können als Bausteine des Lebens gelten, zumindest sind sie notwendig für den Erhalt des menschlichen Lebens in heutiger Form.

Im allgemeinen bilden die vielfältigen Austauschprozesse im System Erde geschlossene *Kreisläufe*. Maßgebliche Energiequelle für den Antrieb der Stofftransporte ist letztlich wiederum die Sonne. Da zwischen den Transportraten und Transportwegen zahlreiche Kopplungen existieren, treten teilweise auch Rückkopplungen auf (Rückkopplungsprozesse). Die Transporte von Kohlenstoff, Stickstoff, Phosphor und Sauerstoff erfolgen über das Wasser in flüssiger und gasförmiger Form (Wasserdampf). Kohlenstoff, Stickstoff, Schwefel und Phosphor gelten als *wesentliche biologische Nährsubstanzen*, weshalb ihre Kreisläufe hier gesondert betrachtet werden. Bei den sogenannten "natürlichen" Kreisläufen wird meist unterstellt, daß sie sich in dynamischem Gleichgewicht befinden. Dieses Gleichgewicht wird offensichtlich in zunehmendem Maße durch *menschliche Aktivitäten* zu einem Ungleichgewicht verändert, worauf jeweils gesondert hingewiesen wird.

Bevor auf einige Kreisläufe näher eingegangen wird, folgt zunächst eine Übersicht zur Biomasse der Landpflanzen der Erde.

Zur Biomasse der Landpflanzen

Die *Biomasse*, als Menge an vorhandener organischer Substanz, läßt sich gliedern in *lebende Biomasse* und *abgestorbene Biomasse* (oder tote Biomasse). Die Biomasse kann als *Gewicht* (Trocken- oder Feuchtgewicht) oder als *Volumen* oder auch in *Energieeinheiten* angegeben werden. Vielfach sind abgeleitete Größen gebräuchlich, die leichter meßbar sind und in mehr oder weniger fester Beziehung zur Biomasse stehen wie etwa die *Kohlenstoffmenge* oder *Stickstoffmenge*.

Allgemein wird heute davon ausgegangen, daß jedes von der Natur aufbaute Ökosystem mit der Fixierung von Sonnenenergie durch die *grünen Pflanzen* mittels *Photosynthese* beginnt. Die grünen Pflanzen sind *autotrophe* Organismen mit spezieller Photosynthese, der *Photosynthese grüner Pflanzen*. Nähere Ausführungen hierzu sind enthalten im Abschnitt 7.1.02. Mittels Photosynthese erfolgt der Aufbau von Kohlehydraten aus Wasser und Kohlendioxid (CO_2) als Grundstoff für weitere Synthesen. Es entsteht die sogenannte *Phytomasse* (Biomasse von Pflanzen oder pflanzliche Biomasse). Als Gegensatz hierzu wird meist unterschieden die sogenannte *Zoomasse* (Biomasse von Tieren oder tierische Biomasse). Die Phytomasse kann sodann gegliedert werden in *oberirdische* und *unterirdische Phytomasse*, also in Phytomasse oberhalb und unterhalb der Geländeoberfläche. Die unterirdische Phytomasse umfaßt im wesentlichen das Wurzelgeflecht der Pflanze. Oftmals ist in der Literatur nicht eindeutig beschriebenen, ob die Angaben zur Phytomasse den oberirdischen *und* unterirdischen Betrag umfassen *sowie* den Betrag für die abgestorbenen Bestandteile, die noch in Verbindung zur lebenden Pflanze stehen. Angaben verschiedener Autoren sind daher meist nicht vergleichbar.

Bei der Photosynthese grüner Pflanzen wird von den entstehenden Photosyntheseprodukten ein Teil durch bestimmte Vorgänge (etwa Atmung, Gaswechsel) unmittelbar wieder abgebaut. Es kann daher unterschieden werden: reelle Photosyntheseintensität (Brutto-Photosynthese) und apparente Photosyntheseintensität (Netto-Photosynthese), wie im Abschnitt 7.1.02 näher erläutert. Dementsprechend läßt sich bei den grünen Pflanzen unterscheiden: *Bruttoprimärproduktion* und *Nettoprimärproduktion*. Nach Abzug der genannten Verluste von der Bruttoprimärproduktion ist die danach erhaltene Nettoprimärproduktion derjenige Betrag, der den tatsächlichen stofflichen und energetischen Zugewinn der grünen Pflanze kennzeichnet.

Im Rahmen der Nahrungsbeziehungen in einem Lebensraum, in der Trophiestruktur eines Lebensraumes, werden *Produzenten* und *Konsumenten* unterschieden. Neben autotrophen Bakterien sind es die grünen Pflanzen, die mittels Photosynthese energiereiche Nahrung für alle anderen Organismen aufbauen (für Herbivoren und Saprovoren, siehe Abschnitt 9.3.02). Als so ausgezeichnete Produzenten werden sie daher *Primärproduzenten* genannt. Diese stehen am Anfang von Nahrungsketten beziehungsweise des Nahrungsgefüges eines Lebensraumes. Ihre Produktion wird dementsprechend als *Primärproduktion* bezeichnet. Wenn die Benennung Primärproduktion benutzt wird, so ist damit in der Regel die *Netto*primärproduktion gemeint.

Nach heutigen Schätzungen enthalten die Wälder der Erde an *trockener pflanzlicher Biomasse* eine Menge, die zwischen 950 - 1 650 Milliarden Tonnen liegt. *Tropische Wälder* können pro Jahr und Hektar 70 Tonnen Pflanzenmaterial erzeugen (EK 1990).

7.6.01 Chemische Zusammensetzung von Luft, Erdkruste, Meerwasser und globales Kreislaufgeschehen

Bei Stoffkreisläufen im System Erde durchlaufen die Stoffe oder sehr kleine Mengen dieser Stoffe (Spurenstoffe) das Gestein, den Boden, das Wasser, die Luft und die Lebewesen. Im Hinblick auf die historisch bedingte Unterscheidung zwischen anorganischer und organischer Chemie (RÜDORFF 1913, CHRISTEN 1974) und weil meist auch Lebewesen vom jeweiligen Kreislaufgeschehen betroffen sind, wird oftmals von biogeochemischen Kreisläufen gesprochen. Hier wird auf das Präfix "bio" verzichtet und ausschließlich die Benennung geochemischer Kreislauf benutzt, da das Biosystem ein Subsystem des Geosystems ist und auch das Präfix "geo" in diesem Sinne bei Benennungen wie Geodäsie, Geophysik, Geochemie, Geobotanik... gebräuchlich ist. Oftmals ist es notwendig zu unterscheiden zwischen *globalen* und *regionalen* Stoffkreisläufen und außerdem (nach JUNGE 1987) zwischen den Kreisläufen einzelner Spurenstoffe und den zusammengesetzten oder kombinierten Kreisläufen wichtiger Schlüsselelemente, die in der Atmosphäre, Biosphäre, Pedosphäre... mit jeweils mehreren Verbindungen in Gas- und Teilchenform vorhanden sind. Schließlich sei noch darauf verwiesen, daß auch in der Medizin die Benennung Kreislauf benutzt wird (Blutkreislauf) (PSCHYREMBEL 1990). Bei Stoffkreisläufen die eine Verbindung zum **Wald** (zu Waldgebieten) haben, sind neben anderen meist Atmosphäre und Pedosphäre beteiligt.

Nachfolgend wird zunächst ein genereller Überblick gegeben über die chemische Zusammensetzung von Luft, Erdkruste und Meerwasser. Anschließend folgen generelle Skizzen einiger Stoffkreisläufe, die mehr oder weniger in Verbindung zum Waldpotential stehen.

Zur chemischen Zusammensetzung der gegenwärtigen Erdatmosphäre

Die in der Erdatmosphäre enthaltenen Gase sowie die flüssigen und festen Teilchen nehmen am Kreislaufgeschehen teil. Die *Gase*, einschließlich Stickstoff und Sauerstoff, werden dabei durch unterschiedliche biologische, chemische oder physikalische Prozesse in verschiedenen Sphären der Erde (wie etwa in der Atmosphäre selbst oder in der Biosphäre, Pedosphäre...) laufend gebildet, in die Atmosphäre emittiert, dort durch die Luftzirkulation verteilt und nach chemischer Veränderung durch Niederschlag oder trockener Deposition wieder aus der Atmosphäre entfernt. Allgemein versteht man in diesem Zusammenhang unter dem Kreislauf eines Stoffes oder von Spuren eines Stoffes das Zusammenwirken verschiedener Prozesse: die natürlichen und anthropogen bedingten Emissionen (*Quellen*), der atmosphärische Transport mit den zeitgleich ablaufenden chemischen und physikalischen Veränderungen und schließlich die Entfernung (*Senken*) der Stoffe beziehungsweise Spurenstoffe aus der

Atmosphäre durch Regen, nässenden Nebel oder trockene Ablagerung an Pflanzen- oder anderen Oberflächen (JAENICKE 1987).

Die Chemie unterteilt die Atmosphäre vielfach in Homosphäre und Heterosphäre. Der Aufbau der *Homosphäre* ist gekennzeichnet durch das Verhältnis der Gasmoleküle pro cm^3 von $N_2 : O_2 : Ar : CO_2$. Der Aufbau der *Heterosphäre* ist im Vergleich dazu heterogen, aufgrund von gravitativer Entmischung der Gase (MÖLLER 1986).

Bild 7.90
Einige Angaben zur chemischen Zusammensetzung der gegenwärtigen Atmosphäre nach KERTZ 1971.

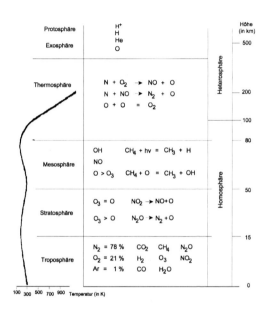

Die in der Erdatmosphäre gegenwärtig am häufigsten vorkommenden Gase *Stickstoff* (N_2) und *Sauerstoff* (O_2) haben einen Volumenanteil von ca 78% und 21%, wenn der Volumenanteil des Wasserdampfes 0% beträgt, also sogenannte *trockene Luft* vorliegt. Dieses prozentuale Verhältnis der beiden Gase ist gegenwärtig praktisch unveränderlich, da die jährliche Netto-Aufnahme und -Abgabe von N_2 und O_2 an den tätigen Oberflächen derzeit klein ist im Vergleich zum Reservoir in der Atmosphäre und da die Aufenthaltszeit (Verweilzeit) der beiden Gase in diesem Reservoir mehrere zehntausend Jahre beträgt. Weil außerdem photochemische Prozesse (die N_2 und O_2 angreifen) in den untersten 100 km der Atmosphäre vergleichsweise langsam ablaufen, sind diese Gase in diesem Bereich auch gleichmäßig durchmischt (MP 1987). Die untere Atmosphäre weist als Grundmasse ein Gemisch von sogenannten permanenten Gasen auf, an dem vor allem beteiligt sind

Stickstoff	N_2	ca 75,53 Gewichts-%	ca 78,08 Volumen-%
Sauerstoff	O_2	ca 23,14	ca 20,95
Argon	Ar	ca 1,28	ca 0,93
Kohlendioxid	CO_2	ca 0,04	ca 0,03
Summe:		ca 99,99	ca 99,99

Diese Gase können unter atmosphärischen Bedingungen nicht in die flüssige oder feste Phase übergehen, weil ihre Verflüssigungs- beziehungsweise Erstarrungstemperaturen weit unterhalb der in der Atmosphäre vorkommenden Temperaturen liegen. Sie gelten daher als permanent. Die Grundmasse ist zeitlich und örtlich stark wechselnd vermischt mit Wasserdampf (als nicht permanentem Gas) und durchsetzt von partikelförmigen Beimengungen, den sogenannten Aerosolpartikeln.

Der *Wasserdampf* (H_2O) kommt fast nur in der unteren Troposphäre vor. Sein Volumenanteil schwankt räumlich und zeitlich erheblich. Bei hohen Temperaturen (wie beispielsweise in den Tropen) kann er auf ca 3 Volumen-% ansteigen und in der Stratosphäre auf Beträge von 10^{-6} abfallen (EK 1991). Weitere Erläuterungen zum Wasserdampf sind im Abschnitt 10 enthalten.

Die *Aerosolpartikel* werden im Hinblick auf ihre physikalischen Wirkungen meist nach der Teilchengröße gruppiert. Es gelten etwa die im Bild 7.93 genannten Daten.

Gruppe	Durchmesser in $\mu m = 1/1000$ mm	Normale Anzahl pro m^3 "Reinluft" über	
		Land	*Meer*
kleinste Kerne	10^{-2} bis 10^{-1}	10^9	kaum vorhanden
mittlere Kerne	10^{-1} bis 1	10^9 bis 10^6	kaum vorhanden
große Kerne	1 bis 10	10^6 bis 10^2	$5 \cdot 10^5$ bis 50

Bild 7.91
Daten zu den Aerosolpartikeln nach WEISCHET (1983). Auch von den größten noch schwebend in der Atmosphäre gehaltenen Kernen passen somit 100 auf die Länge von 1 mm. Weitere Angaben zu Aerosolteilchen sind im Abschnitt 10.1 enthalten.

Neben den zuvor genannten Gasen gibt es eine große Anzahl weiterer *Luftbestandteile*, die in der Regel nur in sehr geringen Volumenanteilen beziehungsweise Gewichtsanteilen vorkommen. Bild 7.92 gibt eine Übersicht über die gasförmigen chemischen *Hauptelemente* und *Spurenelemente* der (trockenen) troposphärischen Luft und nennt die Quellen dieser Gase.

Gas		Quellen
Hauptelemente		
Stickstoff	N_2	Vulkanismus, Biosphäre
Sauerstoff	O_2	Biosphäre
Argon	Ar	radioaktiver Zerfall
Spurenelemente *(Auswahl)*		
Kohlendioxid	CO_2	Vulkanismus, Biosphäre, anthropogene Emission
Neon	Ne	Vulkanismus
Helium	He	radioaktiver Zerfall
Krypton	Kr	radioaktiver Zerfall
Xenon	Xe	radioaktiver Zerfall
Methan	CH_4	Biosphäre, anthropogene Emission
Wasserstoff	H_2	Photochemie, Biosphäre, anthropogene Emission
Distickstoffoxid	N_2O	Biosphäre, anthropogene Emission, Photochemie
Ozon	O_3	Photochemie
Schwefeldioxid	SO_2	Vulkanismus, anthropog. Emiss., Photochemie
Ammoniak	NH_3	Biosphäre, anthropogene Emission
Kohlenmonoxid	CO	Biosphäre, Photochemie, anthropogene Emission
Formaldehyd	HCHO	Photochemie, anthropogene Emission
Stickstoffdioxid	NO_2	Photochemie, Biosphäre
Stickstoffoxid	NO	Photochemie, anthropogene Emiss., Biosphäre
Salpetersäure	HNO_3	Photochemie
FCKW 11	$CFCl_3$	anthropogene Emission
FCKW 12	CF_2Cl_2	anthropogene Emission

Bild 7.92
Die Hauptelemente sowie eine Auswahl von Spurenelementen der trockenen troposphärischen Luft und ihre Quellen nach EK (1991) S.145 (I). Die *Volumenanteile* der vorgenannten Hauptelemente und Spurenelemente an der trockenen troposphärischen Luft sind im Abschnitt 10 angegeben.

Als Folge *menschlicher Aktivitäten* sind seit einiger Zeit für mehrere Spurengase Zunahmen ihrer bisherigen atmosphärischen Konzentrationen meßtechnisch festgestellt worden, die zu einer wesentlichen Veränderung der gegenwärtigen Struktur der Erdatmosphäre führen oder schon geführt haben. Beispiele dafür sind Distickstoffoxid (N_2O), Ozon (O_3) und die Chlorflour-Kohlenstoffe $CFCl_3$ und CF_2Cl_2 (MP 1987). Zusammen mit dem Kohlendioxid (CO_2) sind diese Gase, weil sie global weit verbreitet sind und erheblich in den Strahlungshaushalt der Atmosphäre eingreifen, mitbestimmend für das Klima des Systems Erde. Sie wirken als *Treibhausgase*, da sie die Energieabgabe des Systems Erde (durch ultrarote Strahlung) in den Weltraum vermindern. In diesem Zusammenhang wird heute meist vom *Treibhauseffekt* gesprochen und unterschieden zwischen natürlichem (bisherigem) Treibhauseffekt und zusätzlichem (anthropogen bedingtem) Treibhauseffekt, durch den der natürliche verstärkt wird. Der natürliche Treibhauseffekt wird bestimmt von den Gasen Wasserdampf (H_2O), Kohlendioxid (CO_2), Ozon (O_3), Distickstoffoxid (N_2O) und Methan (CH_4), gereiht entsprechend ihrer Bedeutung. Er bewirkt, daß die heutige Durchschnittstemperatur in Bodennähe rund 15°C beträgt; ohne den Einfluß dieses Effekts würde die globale Durchschnittstemperatur bei etwa -18°C liegen (EK 1991). Durch menschliche Aktivitäten sind die Konzentrationen dieser Treibhausgase in der Atmosphäre in letzter Zeit angestiegen und zusätzliche Treibhausgase, vor allem die FCKW (Fluorchlorkohlenwasserstoffe), hinzugekommen. Der Wald selbst, aber auch die Nutzung oder Vernichtung des Waldes durch den Menschen, beeinflussen nicht nur wesentlich diesen zusätzlichen Treibhauseffekt, sie sind, wie bereits gesagt, auch von existentieller Bedeutung für den Menschen und seinem Dasein.

Obgleich die Spurenstoffe in der Atmosphäre nur einen Volumenanteil von insgesamt <0,1% haben, sind sie eine wesentliche Voraussetzung für das Leben auf der Erde, denn sie bestimmen weitgehend das Klima, absorbieren die lebensbedrohende UV-Strahlung der Sonne, tragen zum Zyklus vieler Nährstoffe bei, beeinflussen die Niederschlagsverteilung und anderes mehr (EK 1991).

Zur chemische Zusammensetzung der gegenwärtigen Erdkruste

Bei der stofflichen Zusammensetzung des Systems Erde wird im allgemeinen davon ausgegangen, daß alle chemischen Elemente im System vorkommen, jedoch in sehr unterschiedlichen Mengen. Die prozentualen Anteile der einzelnen Elemente an der gesamten Erdmasse zu bestimmen, bereitet einige Schwierigkeiten, da nur die Erdatmosphäre und ein Teil der Erdkruste mit den Gewässern der direkten Beobachtung zugänglich sind. Die bisher durchgeführten Tiefbohrungen (Abschnitt 3.3.5) in die kontinentale Kruste haben eine maximale Teufe von etwa 12 km, die in die ozeanische Kruste eine solche von etwa 2 km, wobei derzeit eine Wassertiefe bis rund 8 km überbrückt werden kann. Tiefbohrungen ermöglichen Beobachtungen in-situ; diese sind nicht voll ersetzbar durch Beobachtungen gleicher Gesteinsarten an der Geländeoberfläche. Dies gilt weitgehend auch für Erstarrungsgesteinsannalysen. Aus den genannten Gründen sind die Ansichten über die stoffliche Zusammensetzung der Erde teilweise sehr unterschiedlich, ebenso die Angaben über die prozentualen Anteile der einzelnen Elemente. Wie eingangs dargelegt, durchlaufen die Stoffe beziehungsweise Spurenstoffe im Kreislaufgeschehen nicht nur die Luft, sondern auch den Boden, das Wasser, die Lebewesen... beziehungsweise die diesbezüglichen Sphären der Erde (Geosphären).

Hauptelemente und Hauptbestandteile
Der oberflächennahe Teil der Erdkruste wird offensichtlich von relativ wenigen chemischen Elementen aufgebaut wie Bild 7.93 zeigt. Die dort genannten Elemente ergeben bereits rund 99% des Gesamtbestandes der trockenen Erdkruste. Sie werden daher allgemein als *Hauptelemente* bezeichnet. Da die Erdkruste im wesentlichen aus *Verbindungen* des Sauerstoffs mit den anderen Hauptelementen besteht, werden diese Verbindungen *Hauptbestandteile* der Erdkruste genannt. Ihre Darstellung als *Oxide* zeigt Bild 7.94.

	G% (1)	G% (2)	G% (3)		V% (1)	V% (2)
O	46,60	47,0	46,5	Sauerstoff	91,7	88,20
Si	27,72	26,9	28,9	Silicium	0,2	0,32
Al	8,13	8,1	8,3	Aluminium	0,5	0,55
Fe	5,00		4,8	Eisen	0,5	
Fe^{3+}		1,8		dreiwertiges Eisen-I.		0,32
Fe^{2+}		3,3		zweiwertiges Eisen-I.		1,08
Ca	3,63	5,0	4,1	Calcium	1,5	3,42
Na	2,83	2,1	2,3	Natrium	2,2	1,55
K	2,59	1,9	2,4	Kalium	3,1	3,49
Mg	2,09	2,3	1,9	Magnesium	0,4	0,60
Ti			0,5	Titan(ium)		
	98,59	98,4	99,7		99,6	99,53

Bild 7.93
Hauptelemente der gegenwärtigen *elementaren* chemischen Zusammensetzung des oberflächennahen Teiles der Erdkruste, normiert auf die *trockene* Erdkruste (das heißt, der Gewichts- beziehungsweise Volumenanteil der Hydrosphäre bleibt unberücksichtigt, er wird = 0% gesetzt). Ferner bedeuten: Gewichts-% = G%, Volumen-% = V%. Die Daten entstammen den nachstehenden genannten Quellen.
Quelle: (1) MASON/MOORE (1985) S.48. Grundlage dieser Aussage sind die Daten von CLARKE/WASHINGTON 1924. (2) SCHWERTMANN (1989) S.2. Grundlage dieser Aussage sind die Daten von RONOV/YAROSHEVSKY 1969 und von WEDEPOHL (Handbook of Geochemistry 1969-1978). (3) ZEIL (1990) S.243.

	G% (1)	G%(2)	
SiO_2	59,12	57,60	Siliciumdioxid
Al_2O_3	15,34	15,30	Aluminium(tri)oxid
CaO	5,08	7,00	Calciumoxid
Na_2O	3,84	2,90	Natriumoxid
FeO	3,81	4,30	Eisen-II-oxid
MgO	3,49	3,90	Magnesiumoxid
K_2O	3,13	2,30	Kaliumoxid
Fe_2O_3	3,08	2,50	Eisen-III-oxid
CO_2		1,40	Kohlendioxid
H_2O	1,15	1,40	Hydrogeniumoxid (Wasser)
TiO_2	1,05	0,80	Titandioxid (Titan-IV-oxid)
P_2O_5	0,30	0,22	Phosphorpentoxid
MnO		0,16	Manganooxid
	99,39	99,78	

Bild 7.94
Hauptbestandteile des gegenwärtigen oberflächennahen Teiles der Erdkruste, dargestellt als *Oxide*. Quelle: (1) HAALCK (1954) S.100. Grundlage dieser Aussage sind die Daten von GOLDSCHMIDT 1923. Bei P_2O_5 wurde anstelle des Wertes 0,299 der Wert 0,30 in Bild 7.94 eingesetzt. (2) SCHWERTMANN (1989) S.2. Grundlage dieser Aussage sind die Daten von RONOV/YAROSHEVSKY 1969 und von WEDEPOHL (Handbook of Geochemistry 1969-1978).

Alle bisher vorliegenden Daten über die chemische Zusammensetzung der Erdkruste sind Schätzdaten. Der norwegische Geologe V.M. GOLDSCHMIDT (1888-1947) ging von einem Testgebiet im südlichen Norwegen aus, das er als Durchschnittsprobe für die gesamte Erdkruste auffaßte. Aus der Analyse von 77 Proben aus diesem Gebiet ermittelte er seine Durchschnittswerte (GOLDSCHMIDT: Die geochemischen Verteilungsgesetze der Elemente. -Videnskaps selskapets skrifter. I. Math. naturw. Kl., 1923). Die umfassende Abschätzung des chemischen Aufbaues der Erdkruste durch die us-amerikanischen Geologen F.W. CLARKE (1847-1931) und H.S. WASHINGTON basiert auf den Ergebnissen von 5 159 Gesteinsanalysen, die von WASHINGTON zusammengetragen worden waren. Die betreffenden Gesteine stammten aus verschiedenen geographischen Regionen (vorrangig Nordamerika und Europa, Landgebiete). Für bestimmte größere Gebiete wurden Gruppenmittel gebildet. Da deren Mittelwerte hinreichend übereinstimmten erschien es statthaft, trotz starker lokaler Streuungen, globale %-Werte für den elementaren chemischen Aufbau der Erdkruste daraus zu berechnen, wobei man eine Krustendicke von 16 km (unter der Geländeoberfläche) und die folgende Gesteinszusammensetzung für diese Erdschale zugrundelegte: 95% magmatische und metamorphe Gesteine, 4% Tonschiefer, 0,75% Sandsteine und 0,25% Kalksteine (CLARKE/WASHINGTON: The composition of the earth's crust. -U.S. Geological Survey, prof. pap. No. 127, 1924).

Im staatlichen Institut für Geochemie in Moskau wurden für weite Gebiete in Osteuropa Ergebnisse viele tausend Proben zusammengetragen und bewertet, vor allem von W.I. WERNADSKI (1863-1945) sowie seinen jüngeren Kollegen A.E. FERSMAN und A.P. WINOGRADOW. Eine Übersicht über diese Aktivitäten geben RONOV/YAROSHEVSKY in: The earth's crust and upper mantle (herausgegeben von HART, American Geophysical Memoirs, 1969). Es werden drei Krustenarten unterschieden: kontinentale, subkontinentale und ozeanische Kruste, wobei die Krustendicke definiert wird als alles Material oberhalb der Moho-Diskontinuitätsfläche mit einer geschätzten Gesamtmasse für die Erdkruste von 28,5 $\cdot 10^{24}$ g (Umrechnungen siehe Bild 7.101). Die Mittelwerte aus dieser Bewertung für die kontinentale Kruste zeigt Bild 7.95.

	G%
SiO_2	61,9
Al_2O_3	15,6
CaO	5,7
Na_2O	3,1
FeO	3,9
MgO	3,1
K_2O	2,9
Fe_2O_3	2,6
CO_2	-
H_2O	-
TiO_2	0,8
P_2O_5	0,3
MnO	0,1
	100

Bild 7.95
Hauptbestandteile der *kontinentalen* Kruste, dargestellt als *Oxide* nach RONOV und YAROSHEVSKY 1969. Die Werte sind normiert auf die *trockene* kontinentale Kruste (ohne H_2O) und ohne CO_2. Sie sind daher nicht unmittelbar vergleichbar mit den Daten im Bild 7.94.
Quelle: MASON/MOORE (1985) S.43

Neuere Daten über die chemische Zusammensetzung der Erdkruste stellte Karl Hans WEDEPOHL zusammen (Loseblattsammlung), veröffentlicht als: Handbook of Geochemistry. -Vol. I, Vol. II/1-5, 1969-1978, Berlin.

Nebenelemente/Spurenelemente
Nach der im Bild 7.94 dargelegten Zusammensetzung des oberflächennahen Teiles der Erdkruste, ergeben die genannten *Hauptelemente* bereits rund 99% des Gesamtbestandes an Elementen in diesem Teil der Erdkruste. Vielfach wird diese prozentuale Zusammensetzung als gültig für die gesamte Erdkruste angesehen.
Die %-Angaben für die Bestandteile der Erdkruste können sich auf den Gewichtsanteil der einzelnen Bestandteile beziehen (*Gewichts*-%) oder auf den Volumenanteil (Raumanteil) der einzelnen Bestandteile (*Volumen*-%). Aus den Bildern 7.93 und 7.94

ist ersichtlich, daß die Erdkruste vorrangig aus Silicaten (aus Salzen der Kieselsäure) besteht, und zwar besonders solche der Kationen Al, Fe, Ca, Mg, K und Na. Zusammen mit dem Si sind diese meist kleinvolumigen Kationen in den Silicaten im Gerüst der großvolumigen Sauerstoff-Anionen eingebettet. Daher ist der Sauerstoff mit einem hohen Anteil am Gesamtvolumen der Erdkruste beteiligt: nach QUIRING (1949) S.6 mit 92%, nach MASON/MOORE (Bild 7.93) mit 92%, nach WEDEPOHL (Bild 7.93) mit 88%, nach ZEIL (1990) S.242 mit 94%. Nahezu alle bekannten Minerale können als Ionenstrukturen angesehen werden, als Verbindungen von Sauerstoff-Anionen mit praktisch allen anderen Elementen, die als Kationen fungieren (Ausnahme: Halogene). Im Vergleich zu den meisten Kationen ist das Sauerstoff-Anion so groß, daß die Mineralstruktur im wesentlichen aus einer Packung von Sauerstoff-Anionen besteht mit Kationen, verteilt auf den Zwischengitterplätzen (MASON/MOORE 1985). Die *Ionenradien* können gemessen werden; sie sind nicht nur vom Aufbau eines Elements, sondern auch abhängig vom Grad der Ionisation und der Art, wie das Atom mit seinen Nachbarn verbunden ist: Sauerstoff-Ion O^{2-} = 1,40 $\cdot 10^{-7}$ mm, Silicium-Ion Si^{4+} = 0,40 $\cdot 10^{-7}$ mm. Eine Übersicht über die Beziehung zwischen Ionenradius und Ionenladung ausgewählter Elemente ist enthalten in MASON/MOORE (1985) S73; positiv geladene Ionen = *Kationen*, negativ geladene Ionen = *Anionen*.

Ferner ist zu beachten, daß die %-Angaben zu den Bestandteilen nicht deren geographische Verteilung beschreiben, denn unter den verschiedenen Zuständen des Systems Erde ist es in der Erdkruste zu Anreicherungen (und Abreicherungen) bestimmter Mineralien gekommen ist. Die Anreicherungen (auch solche, die sich aus Abreicherungen ergeben) werden *Lagerstätten* genannt (Abschnitt 7.2).

Einen Überblick über die *Nebenelemente/Spurenelemente* in der chemischen Zusammensetzung des oberflächennahen Teiles der Erdkruste gibt nachstehendes Bild. Ihr Anteil ist <1%.

<1%	Titanium (Ti).
	Wasserstoff (H), Phosphor (P).
<0,1%	Flour (F), Mangan (Mn), Barium (Ba), Kohlenstoff (C), Schwefel (S), Strontium (Sr), Zirkonium (Zr), Chlor (Cl), Rubidium (Rb).
	Vanadium (V).
<0,01%	Cerium (Ce), Chrom (Cr), Zink (Zn), Nickel (Ni), Lanthan (La), Ittrium (Y), Kupfer (Cu), Neodymium (Nd), Lithium (Li), Stickstoff (N), Niobium (Nb), Gallium (Ga), Blei (Pb), Scandium (Sc), Kobalt (Co), Rubidium (Rb). <REE, Durchschnitt schwere REE>
	Thorium (Th).
<0,001%	Bor (B), Gadolinium (Gd), Samarium (Sm), Praseodymium (Pr), Dysprosium (Dy), Tantal (Ta), Ytterbium (Yb), Erbium (Er), Hafnium (Hf), Zinn (Sn), Brom (Br), Caesium (Cs), Uran (U), Beryllium (Be), Holmium (Ho), Arsen (As), Europium (Eu), Wolfram (W), Germanium (Ge), Molybdän (Mo).
	Bismut (Bi), Terbium (Tb), Thallium (Tl), Lutetium (Lu).
<0,000 1%	Iod (I), Thulium (Tm), Indium (In), Antimon (Sb), Cadmium (Cd). <REE, Durchschnitt leichte REE>
<0,000 01%	Selen (Se), Quecksilber (Hg), Silber (Ag), Argon (Ar), Palladium (Pd), Tellur (Te).
<0,000 001%	Ruthenium (Ru), Rhodium (Rh), Rhenium (Re), Osmium (Os), Iridium (Ir), Platin (Pt), Gold (Au), und alle anderen Elemente.

Bild 7.96
Nebenelemente/Spurenelemente der gegenwärtigen *elementaren* chemischen Zusammensetzung des oberflächennahen Teiles der Erdkruste. Bei den Angaben die zwischen den Zuordnungskriterien stehen waren die Auffassungen der Autoren unterschiedlich. REE = Seltene Erden = Elementgruppe (Sc, Y, La, sowie die Lanthanoide Ce bis Lu), die in der Natur immer vergesellschaftet auftritt. Jod (J): nach neuerer chemischer Nomenklatur: Iod (I) (gr. ioeides, veilchenfarben). Daten entnommen aus WEDEPOHL (1960) S122, MASON/MOORE (1985) S.46, ZEIL (1990) S.243.

Zur chemischen Zusammensetzung des gegenwärtigen Meerwassers

In der Natur tritt Wasser in reiner Form kaum auf. Fast immer sind anorganische und/oder organische Stoffe in gelöster oder ungelöster Form enthalten. Das *Meerwasser* ist eine Lösung von ca 96,5 % reinem Wasser und einer Salzkonzentration von ca 3,5%. Die Herkunft des Salzes im Meerwasser ist bisher nicht hinreichend geklärt. *Binnenwasser* umfaßt das Wasser der Flüsse (*Flußwasser*) und der Seen. Ferner werden unterschieden *Salzwasser* und *Süßwasser*. Die Grenzziehung zwischen beiden ist zunächst eine Entscheidung des Schmeckens, darüber hinaus gibt es weitere Unterscheidungen mit zugehörigen Abgrenzungskriterien (WILHELM 1987). Im natürlichen Zustand enthält Wasser auch *Gase*. Die Löslichkeit (Absorption) nimmt im allgemeinen mit zunehmender Wassertemperatur ab.

	G%			M (%)	F (%)
NaCl	77,8	Natriumchlorid (Kochsalz)			
MgCl$_2$	10,9	Magnesiumchlorid	Chloride	88,7	7
MgSO$_4$	4,7	Magnesiumsulfat (Bittersalz)			
CaSO$_4$	3,6	Calciumsulfat (Gips)			
K$_2$SO$_4$	2,5	Kaliumsulfat	Sulfate	10,8	13
CaCO$_3$	0,3	Calciumcarbonat (Kalk)			
MgBr$_2$	0,2	Magnesiumbromid	Carbonate	0,5	80

Bild 7.97
% - Anteile verschiedener Salze am Gesamtsalzgehalt (= 100 %) im Meerwasser (M) und Flußwasser (F) nach SCHARNOW 1961. Die Daten wurden ermittelt aus eingedampftem Meerwasser beziehungsweise Flußwasser (GIERLOFF-EMDEN 1980 S.681 I). Es sind somit Angaben in Gewichts-% (G%).

Meerwasser gilt als Salzwasser. Im offenen Meer liegt der Salzgehalt derzeit im Mittel bei 3,5%, wobei oftmals Schwankungen zwischen 3,2% und 3,8% auftreten; vereinzelt kann der Salzgehalt auch über 4% ansteigen. Die *geographische Verteilung* des Salzgehaltes im Oberflächenwasser des Meeres hängt ab von dessen Verdunstung oder der Zufuhr größerer Süßwassermengen durch Niederschläge, Abfluß vom Land oder Schneeschmelze. Hohe Salzgehalte findet man daher in warmen, niederschlagsarmen Regionen und dort besonders in abgeschnürten Rand- und Nebenmeeren (im Roten Meer ca 4,1%). Die kleinsten Salzgehalte liegen vor in den Mündungsbereichen großer Flüsse oder im Randbereich der Polargebiete mit starker Schnee- und Eisschmelze. Der Salzgehalt des Meerwassers setzt sich aus Chloriden, Sulfaten und Carbonaten zusammen (Bild 7.97).

Das Verhältnis der verschiedenen Stoffe (Mischungsverhältnis) im Meerwasser konnte bisher (und kann noch immer?) als hinreichend konstant angesehen werden. Dies gilt besonders auch für das Mischungsverhältnis der verschiedenen Salze, selbst dann, wenn der Gesamt-Salzgehalt vom mittleren Wert 3,5 % abweicht. Aufgrund dieses Tatbestandes (bereits 1884 von W. DITTMAR festgestellt) läßt sich der Gesamt-Salzgehalt relativ einfach ermitteln durch die Bestimmung des Feingehalts (Titration) des gelösten Chlors. Die komplexe Zusammensetzung des Meerwassers macht es fast unmöglich, alle gelösten Stoffe in einer vorliegenden Probe unmittelbar durch chemische Analysen zu erfassen. Es wird daher von einer konstanten Proportionalität der Hauptionen ausgegangen und ein bestimmtes Ion als Maßeinheit für alle anderen eingesetzt. Als solches Bezugsion ist das Chlorid gebräuchlich, da es relativ einfach zu bestimmen ist (MASON/MOORE 1985). Als *Standard für Meerwasser* gilt eine *Chlorinität* von 1,9 %. Darauf werden die anderen Meßwerte einer Probe im allgemeinen normiert. Die Begriffe **Salinität** (engl. salinity) und **Chlorinität** (engl. chlorinity) sind vorrangig in der Ozeanographie gebräuchlich. Es besteht (nach KNUDSEN 1901) zwischen Salzgehalt S und Chlorgehalt Cl die Beziehung: S% = 0,0030 + 1,8053 · Cl% (über die eingeschränkte Aussagekraft dieses Verfahrens siehe GIERLOFF-EMDEN 1980,I).

Cl = 1,9 %	Kationen $^+$, Anionen $^-$	%
1,8980	Chlorid (Cl^-)	55,05
1,0556	Natrium (Na^+)	30,61
0,2649	Sulfat (SO_4^{2-})	7,68
0,1272	Magnesium (Mg^{++})	3,69
0,0400	Calcium (Ca^{++})	1,16
0,0380	Kalium (K^+)	1,10
0,0140	Hydrogencarbonat (HCO_3^-)	0,41
0,0065	Bromid (Br^-)	0,19
0,0026	Borsäure (H_3BO_3)	0,07
0,0008	Strontium (Sr^{++})	0,03
0,0001	Fluorid (F^-)	0,00
Summe 3,4477		99,99

Bild 7.98
Anteil der **Hauptkomponenten** am gegenwärtigen Meerwasser bei Annahme von 3,5 % Salzgehalt. Die Daten entstammen MASON/MOORE (1985). Die Angaben anderer Autoren (wie beispielsweise KELLETAT 1989, GIERLOFF-EMDEN 1980,I) weichen oftmals geringfügig davon ab. Die auf Cl = 1,9 % normierten Werte lassen sich umrechnen gemäß: 1,8980 = 18,980 g/kg Meerwasser.

Das in der Natur auftretende Wasser enthält in unterschiedlichen Mengen gelöste Stoffe wie beispielsweise Natrium (Na), Kalium (K), Calcium (Ca), Eisen (Fe), Chlor (Cl), Magnesium (Mg), Schwefel (S), Phosphor (P) und andere. Vom Gehalt an Calcium und Magnesium ist die *Wasserhärte* abhängig. Hartes Wasser enthält viel, weiches Wasser wenig Calcium und Magnesium. Im Meerwasser ist eine große Anzahl von chemischen Substanzen enthalten. Vermutlich sind alle bekannten chemischen Elemente vertreten, wenn auch in sehr unterschiedlichen Mengen. Die Hauptkomponenten des gegenwärtigen Meerwassers zeigt Bild 7.99. Der durchschnittliche pH-Wert des Meerwassers liegt bei ca 8,2. Das Meerwasser ist mithin leicht alkalisch (basisch).

Die im Meerwasser vertretenen *Gase* sind vor allem Stickstoff, Sauerstoff und Kohlendioxid. Sauerstoff steht mit Kohlendioxid in Wechselwirkung und nimmt wesentlich an den Atmungs- und Oxidationsvorgängen im Meerwasser teil. Hauptlieferant des Sauerstoffs ist die Atmosphäre und die Photosynthese der Organismen im Meerwasser.

Gas	G-% des Meerwassers	V-% der Atmosphäre
Stickstoff N_2	63,6	78,1
Sauerstoff O_2	33,4	20,9
Argon und andere Edelgase	1,6	ca 1,0
Hydrogencarbonat H_2CO_3	1,4	0,03

Bild 7.99
Relative Häufigkeit verschiedener **Gase** im Meerwasser und in der Atmosphäre. Die Angaben nach KELLETAT (1989) beziehen sich auf Meerwasser mit 3,5 % Salzgehalt und einer Temperatur von 0° C. Die Angaben anderer Autoren (wie beispielsweise MASON/MOORE 1985, DIETRICH 1960) weichen oftmals geringfügig davon ab. Ferner bedeuten: G % = Gewichts-%, V % = Volumen-%.

Es ist zu erwarten, daß außer den zuvor genannten Hauptkomponenten des Meerwassers (fast) alle anderen chemischen Elemente im Meerwasser vertreten sind. Ihr gesamter Anteil ist jedoch kleiner 0,01 % der Hauptkomponenten. Diese **Spurenelemente** im Meerwasser erfüllen teilweise dennoch wichtige Funktionen etwa als Nährstoffe oder im Kreislaufgeschehen des Systems Erde. Übersichten bezüglich der Spurenelemente mit Angaben ihrer Konzentrationen im Meerwasser sind beispielsweise enthalten in MASON/MOORE 1985 und DIETRICH 1957, 1960.

Historische Anmerkung

Bezüglich des Stoffbestandes des Meerwassers werden in dem 709seitigen Werk "Das Meer" (von Dr. J.M. SCHLEIDEN, Berlin 1867) die im Bild 7.100 dargelegten Daten genannt. Der "Rückstand" von 0,025% umfaßt nach dieser Darstellung "noch kleine Mengen von Jod, Schwefel, Kieselerde, Ammoniak, Arsenik, Eisen, Kupfer und Silber". Während der erdweiten Forschungsreise der US-*H.M.S Challenger* zog W. DITTMAR 77 Wasserproben. Die Ergebnisse dieser Proben enthält sein Report on researches into the composition of ocean water colected by H.M.S. Challenger during the yaers 1873-1876, Rep. Sci. Res. Voyage 'Challenger' 1873-1876, Phys. and Chem. I, S.1-251, London 1884. Sie ermöglichten DITTMAR unter anderem die zuvor genannte Feststellung, daß das Mischungsverhältnis des Salzgehaltes überall im Meer nahezu gleich ist, auch bei unterschiedlichem (absoluten) Salzgehalt im Meerwasser.

Bild 7.100
Zusammensetzung des
Meerwassers um
1867.
Quelle: SCHLEIDEN, M.J.
(1867): Das Meer. -Berlin
(Sacco). Daten: S.32.

g/kg	Original-Benennungen 1867
964,70	Wasser
27,00	Kochsalz (Chlornatrium)
3,60	Chlormagnium (salzsaure Magnesia)
0,70	
0,02	Chlorkalium
2,30	Brommagnium
1,40	Schwefelsaure Magnesia (Bittersalz)
0,03	(schwefelsaures Natron, Glaubersalz)
0,25	
	Schwefelsaurer Kalk (Gips)
	Kohlensaurer Kalk
	Rückstand
1000,00	

Erläuterungen zu einigen benutzten Einheiten und Zeichen

Mischungsangaben, Maßstabsangaben, relative Meßgenauigkeit
Mischungsverhältnisse, beispielsweise 1:1 000 000 (eins zu einer Million), werden oftmals als "parts per million" bezeichnet. Hierbei sind jedoch bestehende Unterschiede in den einzelnen Staaten zu beachten (siehe nachfolgende Angaben). Die Angaben kennzeichnen auch einen *Maßstab*: $1 \cdot 10^{-6}$ entspricht beispielsweise 1mm/1 km. Sie kennzeichnen auch die relative Meßgenauigkeit. Bei geodätische Meßdaten

beträgt die derzeit erreichbare *höchste relative Meßgenauigkeit* 10^{-9} (TORGE 2000 S.245).

ppm	= parts per million	1 ppm	$= 1 \cdot 10^{-6}$ p	= 0,000 1 %
ppb	= ● parts per billion	1 ppb	$= 1 \cdot 10^{-9}$ p	= 0,000 000 1 %
ppt	= ● parts per trillion	1 ppt	$= 1 \cdot 10^{-12}$ p	= 0,000 000 000 1 %

Der *Volumenanteil* kann wie folgt bezeichnet werden: ppmv, ppbv, pptv.
Der *Gewichtsanteil* kann wie folgt bezeichnet werden: ppmg, ppbg, pptg.

Dabei ist zu beachten, daß in einigen Staaten die folgenden Bennungen unterschiedlich sein können (KE 1959, S.31):

			Deutschland, Großbritannien...	USA, Frankreich, Russland...
Mega (M) =	10^{6}	=	Million	Million
Giga (G) =	10^{9}	=	Milliarde	● Billion
Tera (T) =	10^{12}	=	Billion	● Trillion
Peta (P) =	10^{15}	=	Billiarde	Quadrillion
Exa (E) =	10^{18}	=	Trillion	Quintillion
Heta (H) =	10^{21}	=	Trilliarde	Sextillion
	10^{24}	=	Quadrillion	Septillion
	10^{27}	=	Quadrilliarde	Oktillion

Um Verwechslungen zu vermeiden empfiehlt sich der Gebrauch von Potenzen.

Zenti (c)	=	10^{-2}	= Hunderstel = %
Milli (m)	=	10^{-3}	= Tausenstel
Mikro (µ)	=	10^{-6}	= Millonstel
Nano (n)	=	10^{-9}	= Milliardstel *
Piko (p)	=	10^{-12}	= Billionstel
Femto (f)	=	10^{-15}	= Billiarstel
Atto (a)	=	10^{-18}	= Trillionstel

Bild 7.101/1
Erläuterungen zu einigen benutzten Bezeichnungen.
* Anstelle Nano (n) gilt auch (veraltet) Millimikro (mµ) (KE 1959, S.118).

Gewichtsangaben
Als einzige Basisgröße im internationalen Einheitensystem kann für die *Masse* bisher noch keine "Naturkonstante" angegeben werden. Noch immer gilt das von Menschenhand geschaffene und in Paris aufbewahrte **Urkilogramm** als Vergleichseinheit. Derzeitige Untersuchungen zu hochpräzisen "Wägungen" von Atomen könnten jedoch bald zu einer *neuen Definition* des Kilogramm führen (MORSCH 2000). Sie wird vermutlich auf die atomare Masse eines natürlich vorkommenden Elements begründet sein. Ein solches Element könnte Kohlenstoff (oder einer seiner Verbindungen) sein, da er schon jetzt als Basis der atomaren Masseneinheit benutzt wird.

Längen- und Flächenangaben
Das **Metersystem** entstand um 1795 in Frankreich. Das **Internationale Einheitensystem (SI)** (Definition, Entwicklung und Realisierung sind dargestellt in der Zeitschrift Umschau 1976 Heft 22) wurde 1960 allgemein eingeführt. Es brachte erdweit eine vollständige Neuordnung der Einheiten im Meßwesen. In Deutschland erhielt es durch das "Gesetz über Einheiten im Meßwesen" vom 02.07.1969 (BGBl. I, S.707-712) Verbindlichkeit. Grundsätzliche Ausführungen zur Längen- und Zeitdefinition sind im Abschnitt 4.2.01 enthalten.

Flächenquellenstärke, Destruktion
Im Zusammenhang mit dem Begriff Quelle und Emission der Quelle steht der Begriff jährliche *Flächenquellenstärke*. Diese kann definiert werden beispielsweise für Methan durch g $CH_4/m^2 \cdot$ J (Gramm CH_4 pro m^2 im Jahr). Bei Senken kann die jährliche *Destruktion* benutzt werden; für das Beispiel Methan etwa: 10^{12}g CH_4/J = 10^6 Tonnen CH_4 pro Jahr = 1 Million Tonnen CH_4 pro Jahr. Die Bilder 7.103/2 und 7.103/3 geben weitere Erläuterungen.

1 Quadratkilometer	= 1 km^2		
	= 10^2 ha	= 100 ha	(Hektar)
	= 10^4 a	= 10 000 a	(Ar)
	= 10^6 m^2	= 1 000 000 m^2	
	= 10^{10} cm^2		
	= 10^{12} mm^2		
1 ha	= 10^{-2} km^2 ...		
	= 10^2 a	= 100 a = 10^4 m^2	= 10 000 m^2
1 m^2	= 10^{-2} a	= 10^{-4} ha	

Bild 7.101/2
Erläuterungen zu einigen benutzten Bezeichnungen.

1 Tonne	=	10^3 kg (Kilogramm)
	=	10^6 g (Gramm)
	=	10^9 mg (Milligramm)
1 Kilogramm	=	Masse des Internationalen Kilogrammprototyps
	=	10^3 g
	=	10^6 mg
1 Gramm	=	10^3 mg
1 Milligramm	=	1 mg
1/10 mg		= 0,1 mg = $1 \cdot 10^{-1}$ mg
1/100 mg		= 0,01 mg = $1 \cdot 10^{-2}$ mg

1 Million Tonnen
$= 1 \cdot 10^6$ Tonnen
$= 1 \cdot 10^9$ Kilogramm
$= 1 \cdot 10^{12}$ Gramm
$= 1 \cdot 10^{15}$ Milligramm

Das **Liter** (l), vor allem als *Hohlmaß* für Flüssigkeiten verwendete Volumeneinheit, war ursprünglich definiert als das Volumen, das 1kg Wasser bei maximaler Dichte und bei einem Druck von einer Normalatmosphäre einnimmt.
1 cm^3 Wasser von 4°C = 1 g (OERSTED 1851 S.347, RÜDORFF 1913 S.VIII).
Bezüglich der Bezeichnungen 1 Milliliter = 1 ml, 1 Mikroliter = 1 µl ... siehe Bild 7.115.

Heute gilt:
1 l = 1,000 028 dm^3 = 10,000 28 cm^3 (gültig seit 1950) (MEYER 1970, S.1651)
oder
1 l (reines Wasser bei 4°C) = 0,999 973 kg (WESTPHAL 1947, S.7).

Bild 7.101/3
Erläuterungen zu einigen benutzten Bezeichnungen.

7.6.02 Zum globalen Wasserkreislauf im System Erde

Das Wasser im System Erde kann unterschiedlich gegliedert werden. Nach WARD (2003) umfaßt es:
Salzwasser = 97,5 %, Frischwasser = 2,5 %.

Vom Frischwasser (= 100 %) seien gespeichert in Gletschern = 68,9 %, als Grundwasser = 30,8 %, in Seen und Flüssen = 0,3 %
Nach EK (1991) befindet es sich:
im Meer = 94 %, als Eis gebunden = 2 %, der Rest = 4 % verteile sich auf die Bereiche Grundwasser, Bodenwasser, Oberflächenwasser sowie auf Atmosphäre und Biosphäre.

Absolute Mengenangaben zu einigen Wasserreservoiren im System Erde als Volumen in km^3 oder als Masse (Gewicht) in g/cm^3 oder Vielfachem davon sind nachfolgend gesondert ausgewiesen. Sie streuen erheblich.

Der globale Wasserverbrauch kann nach WARD (2003) gegliedert werden: Agrarwirtschaft = 70 %, Industrie = 22 %, häuslicher Verbrauch = 8 %.

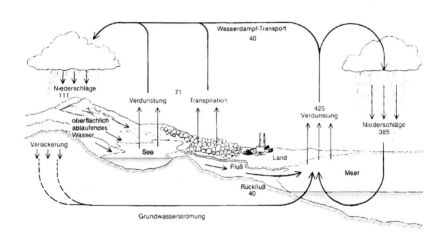

Bild 7.102
Globaler Wasserkreislauf im System Erde. Die Zahlen kennzeichnen die transportierten Wassermengen pro Jahr (in 10^9 Tonnen, in 10 Milliarden Tonnen). Sie sollen hier lediglich die Größenordnungen und Verhältnisse verdeutlichen. Andere Autoren machen teilweise davon abweichende Angaben. Unter Verdunstung wird der Übergang des Wassers vom flüssigen in den gasförmigen Zustand verstanden. Oftmals werden unterschieden: Oberflächenverdunstung (*Evaporation*), Pflanzenverdunstung (*Transpiration*). Quelle: BMFT (1990), verändert

Die Wasserhaushaltsgleichung kann in allgemeinster Form (Albrecht PENCK 1896) geschrieben werden: N = A + V, wobei bedeuten: N alle (feste, flüssige und nebelförmige) Niederschläge, A den (oberirdischen und unterirdischen) Abfluß und V die Verdunstung. Die Hauptmenge des Wasserumsatzes erfolgt über dem Meer, wobei der größte Teil des dort verdunsteten Wassers als Niederschlag auf das Meer wieder zum Meer zurückkehrt. Nur eine vergleichsweise kleine Menge des Wassers wird zwischen Meer und Land ausgetauscht. Der Wasserumsatz über dem Land ist wesentlicher geringer als der über dem Meer. Die weitausgedehnten Meeresflächen der Südhalbkugel sollen wasserbezogen auf die Nordhalbkugel insofern einwirken, als im Mittel pro Jahr ca 18 000 km^3 in der *Atmosphäre* von S nach N transportiert werden (BAUMGARTNER/LIEBSCHER 1990). Wasser nimmt als Dampf, Flüssigkeit oder Eis am globalen Kreislauf teil. Die Begriffe Schwaden, Nebel, Wolken und andere sind im Abschnitt 7.1.01 (Bild 7.14) erläutert. Im Rahmen des gesamten Kreislaufgeschehens im System Erde mit seinen vielfältigen Austauschprozessen zwischen den Stoffreservoiren spielt Wasser eine wesentliche Rolle. Die meisten Transporte von Stoffen (Kohlenstoff, Stickstoff, Phosphor, Sauerstoff und andere) erfolgen unter Beteiligung von Wasser vor allem in flüssiger und gasförmiger Form (als Wasserdampf). Bild 7.103 zeigt den Wasserkreislauf in einer anderen Darstellungsform mit gesondertem Nachweis des Polareises.

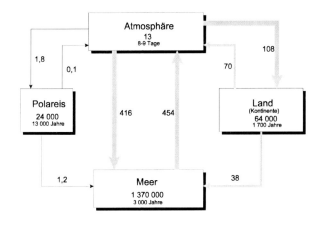

Bild 7.103 Globaler Wasserkreislauf im System Erde. Die Zahlenangaben entstammen EK (1991) und sollen hier lediglich die Größenordnungen und Verhältnisse verdeutlichen. Andere Autoren machen teilweise davon abweichende Angaben (siehe nachfolgende Datenangaben). Bei den Reservoiren Atmosphäre, Land, Meer und Polareis ist die Masse des Wassers angegeben in 10^9 Tonnen. Die Flüsse pro Jahr zwischen diesen Reservoiren sind ebenfalls in 10^9 Tonnen angegeben. Ferner sind die jeweiligen Aufenthaltszeiten in den Reservoiren genannt.

Von den *Wasserumsätzen* im System Erde seien einige besonders betrachtet. Wie zuvor angegeben, beträgt das Wasservolumen in der *Atmosphäre* in Form von Wasserdampf und Wolkenwasser ca 13 000 km^3. Da für die Dichte des Wassers 1,0 g/cm^3 gilt, entsprechen die Zahlenwerte der Volumenumsätze denen der Massenumsätze. Dem Volumen von 13 000 km^3 entspricht somit eine Masse von 13 $\cdot 10^{12}$ Tonnen. Bei einem vollständigen Ausfall des niederschlagfähigen Wassers aus der Atmosphäre ergebe dies an der Oberfläche des Erdellipsoids eine Wasserschicht von ca 2,5 cm. Wird für den (globalen) jährlichen Niederschlag eine Höhe von ca 100 cm angesetzt, dann folgt daraus, daß das Wasser der Atmosphäre im Jahr ca 40mal ausgetauscht wird. Die Verweilzeit in der Atmosphäre beträgt demnach ca 9 Tage. Für das gesamte Wasservolumen des *Meeres* (ca 1,37 $\cdot 10^9$ km^3) wurde berechnet, daß es alle 7-8 $\cdot 10^6$ Jahre einmal durch die ozeanische Kruste zirkuliert (Abschnitt 9.3.03).

Mengenangaben zu einigen Wasserreservoiren im System Erde

Die Menge des Wassers in den einzelnen Reservoiren und die Menge des Wasserflusses zwischen den Reservoiren kann als *Volumen* in km^3 oder als *Masse* (Gewicht) in g/cm^3 oder Vielfachem davon angegeben werden. An der Wasseroberfläche hat das Meerwasser nach MASON/MOORE (1985 S.228) bei normaler Salinität und einer Temperatur von 0° C eine Dichte von 1,028 g/cm^3. Wird die Dichte des Wassers mit 1,0 g/cm^3 angesetzt (BAUMGARTNER/LIEBSCHER 1990 S.93), dann entsprechen die Zahlenwerte der Volumenumsätze auch denen der Massenumsätze und es bestehen folgende Beziehungen zwischen Wasser-Volumen (km^3) und Wasser-Masse (g):

1 cm^3 = 1 g
1 m^3 = 10^6 g
1 km^3 = 10^{15} g
10^9 km^3 = 10^{24} g   =10^{21} kg = 10^{18} Tonnen
(wobei 1 Tonne = 1 000 kg = 10^3 kg.

In der Hydrosphäre kann unterschieden werden
● *Gesamtmenge des Wassers im System Erde*
1,64 $\cdot 10^9$ km^3 ≙ 1,64 $\cdot 10^{18}$ Tonnen   (WILHELM 1987 S.11)
2,24   ≙ 2,24   (BAUMGARTNER/LIEBSCHER 1990 S.84)
● davon *in der Gesteinsrinde chemisch gebunden*
0,25 $\cdot 10^9$ km^3 ≙ 0,25 $\cdot 10^{18}$ Tonnen
0,85   ≙ 0,85
Bezüglich der Menge des frei beweglichen Wassers (des unmittelbar im Kreislauf befindlichen Wassers) siehe Bild 7.104.

Reservoir |System Erde|

Menge		Autor	Quelle
Volumen (in 10^9 km³)	*Masse* (in 10^{18} T)		
1,384		1969 Nace	(1)
1,454		1970 Lvovitch	(2)
1,386		1978 Korzum et al.	(3)
1,386		1983 Dyck/Peschke	(4)
	1,458	1991 EK	

Bild 7.104
Schätzwerte für die frei bewegliche Wassermenge im System Erde.
(1) WILHELM (1987)
(2) GIERLOFF-EMDEN (1980) II S.680
(3) BAUMGARTNER/LIEBSCHER (1990)
(4) HEINRICH/HERGT (1991) S.21

Reservoir |Meer|

Menge		Autor	Quelle
Volumen (in 10^9 km³)	*Masse* (in 10^{18} T)		
1,370		1970 Lvovich	(1)
1,348		1975 Baumgartner/Reichel	(2)
1,338		1978 Korzum et al.	(3)
1,338		1983 Dyck/Peschke	(4)
1,380		1984 MYERS	
1,370		1985 MASON/MOORE	
	1,370	1991 EK	

Bild 7.105
Schätzwerte für die Wassermenge des Meeres.
(1) GIERLOFF-EMDEN (1980) II S.680
(2) WILHELM (1987)
(3) BAUMGARTNER/LIEBSCHER (1990)
(4) HEINRICH/HERGT (1991) S.21

Reservoir |**Land**|

Menge		Autor	Quelle
Volumen (in 10^9 km³)	*Masse* (in 10^{18} T)		
0,060		1970 Lvovich	(1)
0,059		1987 WCDP	(2)
	0,064	1991 EK	

Bild 7.106
Schätzwerte der Wassermenge des Landes.
(1) GIERLOFF-EMDEN (1980) II S.680
(2) Daten nach dem Weltklimaprogramm (WCDP) (HUPFER et al. 1991)

Reservoir |**Polareis**|

Menge		Autor	Quelle
Volumen (in 10^9 km³)	*Masse* (in 10^{18} T)		
0,024		1970 Lvovich	(1)
0,024		1983 Dyck/Peschke	(2)
	0,024	1991 EK	

Bild 7.107
Schätzwerte für die Wassermenge des Polareises.
(1) GIERLOFF-EMDEN (1980) II S.680
(2) HEINRICH/HERGT (1991) S.21

Reservoir |Grundwasser|

Menge		Autor	Quelle
Volumen (in 10^9 km^3)	*Masse* (in 10^{18} T)		
0,023		1978 Korzum et al.	(1)
0,008		1984 MYERS	
0,008		1985 MASON/MOORE	
0,015		1987 WCDP	(2)

Bild 7.108
Schätzwerte für die Wassermenge des Grundwassers.
(1) BAUMGARTNER/LIEBSCHER (1990)
(2) Daten nach dem Weltklimaprogramm (WCDP) (HUPFER et al. 1991)

Reservoir |Atmosphäre|

Menge		Autor	Quelle
Volumen (in 10^9 km^3)	*Masse* (in 10^{18} T)		
0,000 012		1970 Lvovich	(1)
0,000 013		1978 Korzum et al.	(2)
0,000 012		1983 Dyck/Peschke	(3)
0,000 013		1985 MASON/MOORE	
	0,000 013	1991 EK	

Bild 7.109
Schätzwerte für die Wassermenge in der Atmosphäre.
(1) GIERLOFF-EMDEN (1980) II S.680
(2) BAUMGARTNER/LIEBSCHER (1990)
(3) HEINRICH/HERGT (1991) S.21

Mengenangaben zu einigen Wasserflüssen im System Erde

In den nachstehenden Wasserflüssen sind in der Regel auch *andere Stoffumsätze* mit einbezogen (WILHELM 1987). Obwohl beispielsweise bei der Verdunstung eine Trennung von Wasser und Wasserinhaltsstoffen besteht, nimmt das Wasser in der Atmosphäre bei der Kondensation (Anlagerung an hygroskopische Kerne) und beim

Abregnen gasförmige, gelöste und partikuläre Inhaltsstoffe auf (Beispiel "saurer Regen"). Beim oberirdischen und beim unterirdischen Fließen werden zusätzlich minerogene und organische Stoffe aufgenommen. Durch menschliche Eingriffe ist der Kreislauf mit *Abwasser* belastet.

Land	Meer	Autor	Quelle
Verdunstung + *Transpiration*	*Verdunstung*		
60	452	1963 Budyko	(1)
69	419	1970 Mather	(1)
71	425	1970 Baumgartner/Reichel	(1)
65	448	1970 Lvovich	(2)
70	430	1984 MYERS	
71	425	1990 BMFT	
70	454	1991 EK	

Bild 7.110
Schätzwerte für Wasserflüsse vom Land beziehungsweise Meer in die Atmosphäre pro Jahr (in 10^3 km^3).
(1) WILHELM (1987)
(2) GIERLOFF-EMDEN (1980) II S.680
Für den Zeitabschnitt 1894-1975 berechnete KLIGE 1985 folgende Mittelwerte für die Verdunstung pro Jahr: Land = 70, Meer = 507 (siehe HUPFER et al. 1991).

Land	Meer	Autor	Quelle
Niederschläge	*Niederschläge*		
107	405	1963 Budyko	(1)
106	382	1970 Mather	(1)
111	385	1970 Baumgartner/Reichel	(1)
100	411	1970 Lvovich	(2)
110	390	1984 MYERS	
111	385	1990 BMFT	
108	416	1991 EK (+ 1,8 auf Polareis)	

Bild 7.111 Schätzwerte für Wasserflüsse aus der Atmosphäre auf das Land beziehungsweise Meer pro Jahr (in 10^3 km^3).
(1) WILHELM (1987)
(2) GIERLOFF-EMDEN (1980) II S.680
Für den Zeitabschnitt 1894-1975 berechnete KLIGE 1985 folgende Mittelwerte für die Niederschläge pro Jahr: Land = 120, Meer = 457 (siehe HUPFER et al. 1991).

Wasserdampf-Transport Meer → Land	Autor	Quelle
40	1975 Baumgartner/Reichel	(1)
40	1984 MYERS	
40	1990 BMFT	

Bild 7.112
Atmosphärischer Feuchtetransport (Wasserdampftransport) vom Meer zum Land pro Jahr (in 10^3 km^3).
(1) BAUMGARTNER/LIEBSCHER (1990)
Für den Zeitabschnitt 1894-1975 berechnete KLIGE 1985 folgenden Mittelwert für den Feuchtetransport pro Jahr: 50 (siehe HUPFER et al. 1991).

7.6.03 Zum globalen Kohlenstoffkreislauf

Kohlenstoff (C) (Carboneum) ist ein grundlegender Bestandteil *organischer* Verbindungen beziehungsweise lebender Systeme. Die wichtigsten Reservoire des Kohlenstoffs und die zwischen ihnen existierenden Austauschprozesse zeigt Bild 7.113. Danach läßt sich der Kohlenstoff-Kreislauf (zur besseren Übersicht) wie folgt gliedern:

Teilkreislauf |Land-Atmosphäre|
Dieser wird durch die Photosynthese "angetrieben". Unter Nutzung von Sonnenenergie wird dabei Kohlendioxid (CO_2) in Biomasse überführt, wobei der so als Biomasse gespeicherte Kohlenstoff einmal durch Veratmung (Atmung, autotrophe Respiration) und zum anderen durch mikrobielle Zersetzung der abgestorbenen (toten) Biomasse (heteretrophe Respiration) wieder in CO_2 überführt und in die Atmosphäre abgegeben wird. In der Atmosphäre liegt der Kohlenstoff fast vollständig als CO_2 vor.

Teilkreislauf |Meer-Atmosphäre|
Der Austausch von Kohlenstoff zwischen der Atmosphäre und dem Oberflächenwasser des Meeres erfolgt in beiden Richtungen kontinuierlich. Er ist bestimmt durch das Carbonat/Bicarbonat-Gleichgewicht im Meerwasser sowie durch die Photosynthese des Phytoplanktons und des Phytobenthos einerseits und durch die mikrobielle Zersetzung abgestorbener (toter) Biomasse andererseits. Im Meer liegt der Kohlenstoff überwiegend gelöst in Form von Carbonaten vor.

Teilkreislauf |Meer-Sediment|
Der Austausch von Kohlenstoff zwischen dem Meerwasser und dem Sediment des Meeresgrundes beziehungsweise der Lithosphäre erfolgt ebenfalls in beiden Richtun-

gen kontinuierlich. Vergleichsweise wird nur kleiner Teil des biogen erzeugten Kohlenstoffs in die Lithosphäre eingetragen. Die Rückführung in das Meerwasser erfolgt in unterschiedlichen Formen.

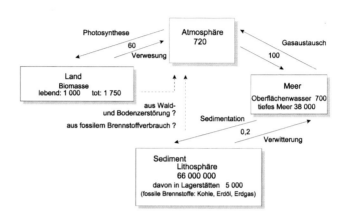

Bild 7.113
Wesentliche Reservoire und Austauschprozesse des Kohlenstoff-Kreislaufs. Die Mengen der Reservoire und der Flüsse pro Jahr sind in 10^9 Tonnen angegeben. Die Zahlenangaben entstammen EK (1991) und sollen hier lediglich die Größenordnungen und Verhältnisse verdeutlichen. Je nach Zeitbezugspunkt und Autor variieren diese Zahlen. Die Austauschprozesse zwischen den Reservoiren |Atmosphäre|, |Meer| und |Sediment/Lithosphäre| sind hier nur angesprochen. Weitere diesbezügliche Ausführungen enthalten die Abschnitte 9.7 und 10.1. Beispielsweise wird durch den Carbonat-Sillicat-Kreislauf (Abschnitt 9,7) Kalk am Meeresgrund abgelagert, der schließlich mit den Subduktionsplatten unter die kontinentale Kruste abtaucht. Die dort herrschenden hohen Temperaturen und Drücke setzen das darin enthaltene Kohlendioxid (CO_2) wieder frei, das anschließend durch Vulkanismus in die Atmosphäre zurückbefördert wird.

Die mittleren *Aufenthaltszeiten* des Kohlenstoffs in den einzelnen Reservoiren schwanken (örtlich) erheblich und liegen zwischen vielen Millionen Jahren in den Sedimenten und wenigen (global ca 10) Jahren in der Atmosphäre. Bei einem durch den Menschen nicht (oder nur gering) beeinflußten Kohlenstoff-Kreislauf (dem sogenannten "natürlichen" Kohlenstoff-Kreislauf) wird angenommen, daß sich die vorgenannten Teilkreisläufe in *dynamischem Gleichgewicht* befinden. In jüngster Zeit hat sich der *anthropogen* verursachte Kohlenstoffumsatz jedoch meßbar gesteigert

und das dynamische Gleichgewicht in unterschiedlicher Form und Intensität gestört. Als Störfaktoren gelten unter anderen (wobei die Reihenfolge keine Gewichtung darstellt):
- Verbrennung von *fossilem* Kohlenstoff, der im Rahmen des Kohlenstoff-Kreislaufs in den Sedimenten lagert (wie Kohle, Erdöl, Erdgas).
- Wald- und Bodenzerstörung (Waldzerstörung derzeit vorrangig in tropischen Gebieten).
- Verarbeitung von *rezentem* Kohlenstoff (Papier, Holzverarbeitung).
- Verbrennung von *rezentem* Kohlenstoff (Holz).
- CO_2-Düngungseffekt (der bewirkt, daß bei erhöhtem CO_2-Gehalt der Luft zusätzlich Kohlenstoff in Pflanzen und ihrem Abfall gespeichert wird).

Der anthropogen verursachte Kohlenstoffumsatz überlagert sich den vorgenannten Teilkreisläufen. Die diesbezüglichen Auswirkungen auf den Gesamt-Kohlenstoff-Kreislauf sind vorerst noch nicht hinreichend eindeutig abschätzbar. Weitere Ausführungen zum anthropogen verursachten Umsatz sind im Abschnitt 10.1 enthalten.

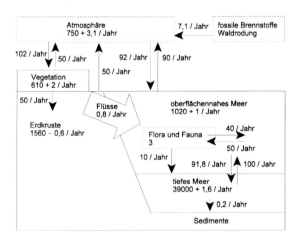

Bild 7.114 Wesentliche Reservoire und Austauschprozesse des Kohlenstoff-Kreislaufs nach HOLIAN 1998. Die Mengen der Reservoire und der Flüsse pro Jahr sind in 10^{12} kg angegeben. Quelle: SCHUH et al. (2003) verändert

---

Mengenangaben zu einigen Kohlenstoffreservoiren

Die mittleren *Aufenthaltszeiten* (oder Verweilzeiten) des Kohlenstoffs in den einzelnen Reservoiren schwanken (örtlich) erheblich und liegen zwischen vielen Millionen Jahren in den Sedimenten und wenigen (global ca 10) Jahren in der Atmosphäre.

Beim "natürlichen" Kohlenstoffumsatz werden zwar pro Jahr erhebliche Mengen umgesetzt, dennoch gibt es kaum *Nettoverschiebungen* in den einzelnen Reservoiren. Allerdings kann sich dies durch den anthropogen verursachten Umsatz nunmehr meßbar ändern.

Reservoir |Sediment/Lithosphäre|

Menge	Autor	Quelle
10 bis 100	1979 Seidel	NEUMEISTER (1988) S.69
60	1980 Siegenthaler	HUPFER et al. (1991) S.59
66	1991 EK S.154 I	

Bild 7.115
Schätzwerte für die Kohlenstoffmenge (in 10^{15} Tonnen).

Bei Umrechnungen gilt 1 Tonne (T) = 1 000 kg = 10^3 kg = 10^6 g
1 Teratonne = 10^{12} Tonnen, 1 Gigatonne = 10^9 Tonnen.

In den vorstehenden Angaben sind auch die in *Lagerstätten* liegenden Vorräte der fossilen Brennstoffe (Erdöl, Kohle, Erdgas) enthalten. Die folgenden Autoren machen dafür gesonderte Angaben:
1991 EK S.154 I   = 5 $\cdot 10^{12}$ Tonnen
1991 ODUM   > 4
1999 SUESS et al.   = 5

Die größte Menge an Kohlenstoff ist in den Sedimenten, vor allem in den Magnesium- und Calciumcarbonatgesteinen, gebunden und nimmt am Kohlenstoff-Kreislauf daher nur innerhalb sehr großer Zeitabschnitte teil: als Verweilzeiten im Reservoir sind viele Millionen Jahre anzusetzen. Dieser so fixierte Kohlenstoff stellt das Äquivalent dar zu dem in der Erdgeschichte produzierten freien Sauerstoff (MASON/MOORE 1985).

Nach MÖLLER (1986) kann der im genannten Reservoir gespeicherte Kohlenstoff gegliedert werden in
elementarer Kohlenstoff   = 2 $\cdot 10^{22}$ g C
Carbonate   = 7
"juveniler" Kohlenstoff   = 9   (juvenil lat. jugendlich, in den Geowissenschaften meist im Sinne "aus dem Erdinnern stammend")

Nach SCHIDLOWSKI (1987) zeigt sich zurückgehend bis in die Anfänge der sedimentären Überlieferung eine weitgehend gleichmäßige Fraktionierung zwischen
Carbonat-Kohlenstoff   ca 1 %
organischem Kohlenstoff C_{org} ("Kerogen")   ca 99 % (ca 10^{22} g)

Unter *Kerogen* wird dabei verstanden das säurelösliche hochpolymere (aromatisierte) Endprodukt der diagenetischen Umwandlung von organischer Substanz in Sediment. Nach SCHIDLOWSKI liegen ca 99 % des im Sediment gespeicherten reduzierten Kohlenstoffs in dieser Form vor. Kerogen ist damit die häufigste Existenzform organischer Materie im System Erde. Der Rest seien Kohle, Erdöl und C-haltige Erdgase. Das Kerogen-Reservoir ist mithin um vier Größenordnungen höher, als das gegenwärtige stehende Biomasse-Reservoir von ca 10^{18} g.

Reservoir |**Meer**|

Menge	Autor	Quelle
35 000	1970 Bolin	HEINRICH/HERGT (1991) S.62
40 000	1980 Siegenthaler	HUPFER et al. (1991) S.59
36 000	1989 HOUGTHON/WOODWELL	
38 700	1991 EK S.154 I	
38 000	1991 ODUM	
38 000	1997 Schlesinger	HILLINGER (2002)

Bild 7.116
Schätzwerte für die Kohlenstoffmenge (in 10^9 Tonnen).

Von einzelnen Autoren werden für das Oberflächenwasser und das tiefe Wasser getrennt Kohlenstoff-Mengenwerte genannt (die in den obigen Angaben eingeschlossen sind):

Oberflächenwasser (in 10^9 Tonnen)	*tiefes Wasser* (in 10^9 Tonnen)	Autor
500	34 500	1970 Bolin
700	38 000	1991 EK S.154 I

Die Biomasse umfaßt alle Organismen. Die Daten beziehen sich
- bei der lebenden Biomasse auf das Phytoplankton+Zooplankton+Fische,
- bei der toten Biomasse auf den Detritus in der Durchmischungsschicht (der Meeresgrund ist in diesen Daten mithin nicht erfaßt).

Detritus (lat. abgerieben, zerrieben).
Der Begriff ist in den Geowissenschaften unterschiedlich definiert. Hier wird er benutzt im Sinne von: kleine Teilchen anorganischer Substanzen und zerfallender Tier- und Pflanzenreste (auch als Schwebstoffe oder Bodensatz in Gewässern).

Reservoir |**Atmosphäre**|

Menge	Autor	Quelle
700	1970 Bolin	HEINRICH/HERGT (1991) S.62
700	1979 Seidel	NEUMEISTER (1988) S.69
720	1980 Siegenthaler	HUPFER et al. (1991) S.59
720	1980 Bolin	HUPFER et al. (1991) S.91
735	1989 HOUGTHON/WOODWELL	
720	1991 EK S.154, I	
700	1991 ODUM	
750	1997 KÖRNER	
750	1997 Schlesinger	HILLINGER (2002)

Bild 7.117
Schätzwerte für die Kohlenstoffmenge (in 10^9 Tonnen).

Reservoir |**Land**|

Menge	Autor	Quelle
1 800	1980 Siegenthaler	HUPFER et al. (1991) S.59
2 490	1980 Bolin	HUPFER et al. (1991) S.91
2 060	1989 HOUGTHON/WOODWELL	
2 750	1991 EK S.154 I	
2 000	1991 ODUM	
2 100	1997 KÖRNER	

Bild 7.118
Schätzwerte für die Kohlenstoffmenge (in 10^9 Tonnen).

Das Reservoir |Land| läßt sich untergliedern. Ein Vergleich der in den nachstehenden Bildern genannten einzelnen Daten ist allerdings nur begrenzt möglich, da zusätzliche Angaben (über Fläche des Gebietes, ob lebende oder tote Biomasse und anderes) zu den angesprochenen Gebieten meist fehlen.

Menge		Autor	Quelle
lebend	*tot*		
>1 000	700	1970 Bolin	(1)
100-1 000	700-9 000	1979 Seidl	(2)
830		1982 Bolin	(3)
	1 800	1983 Siegenthaler	(4)
	1 660	1991 HUPFER et al. S.91	
1 000	1 750	1991 EK (I) S.154	
	2 000	1991 ODUM	
565		1990 WMO	
ca 600	1 500	1997 KÖRNER	(5)
830	1 400	1999 SUESS et al.	

Bild 7.119
Schätzwerte für die lebende und tote Kohlenstoffmenge (in 10^9 Tonnen).
Quelle der Daten (soweit oben nicht genannt):
(1) HEINRICH/HERGT (1991) S.62   (4) HUPFER et al. (1991) S.59
(2) NEUMEISTER (1988) S.69   (5) EK (1991) S.287 I
(3) HUPFER et al. (1991) S.91

Das Reservoir |**Land**| kann weiter untergliedert werden. Die nachfolgenden Übersichten zeigen diesbezügliche Daten.

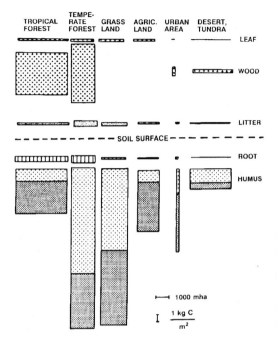

Bild 7.120
Kohlenstoffreservoire über und unter der Geländeoberfläche: Vegetation, Streuschicht, Boden, Gestein nach GOUDRIAAN.
Quelle: SOMBROCK (1991)

Setzt man gemäß den Maßstäben 1000 mha und 1 kg C / m² die Graphik des Bildes in Zahlenwerte um, dann ergeben sich größenordnungsmäßig die nachstehenden Werte:

Landflächen:		Menge an Kohlenstoff:		
Tropical Forest	040 ·10⁶ km²	Wood	393	· 10⁹ Tonnen
Temperate Forest	020	Litter	18	
Grassland	020	Root	42	
Agric. Land	018	Humus	343	
Urbanaera	002	Resistant Carbon	682	
Desert, Tundra	033			
Summe:	133	*Summe:*	1 478	

Wird für Seen und Flüsse ein Betrag von 2 ·10⁶ km² zur Landflächen-Summe addiert, dann ergibt sich ein Betrag von 135 ·10⁶ km², der hinreichend dem *Sollwert* der Landfläche (= 136 ·10⁶ km²) entspricht.

Reservoire in Landgebieten	Fläche in 10^6 km²	Biomasse in 10^9 T	%
Waldgebiete:			
geschlossene Wälder	31,3	432,1	76,1
offene Wälder gemäß. Breiten	2,0	16,4	2,9
Trockenwald	2,5	8,0	1,4
	35,8	456,5	80,4
Nicht-Waldgebiete:			
Savannen	22,5	66,2	11,7
Steppen	12,5	9,2	1,6
Tundren	9,5	5,9	1,0
Wüsten und Halbwüsten	21,0	7,5	1,3
extreme Wüsten	9,0	<1	0,1
Eisgebiete	15,5	0	0,0
Seen und Flüsse	2,0	<1	0,0
Sümpfe und Marschen	2,0	12,0	2,1
Moore	1,5	3,4	0,6
Kulturland	16,0	3,0	0,5
Siedlungen	2,0	1,5	0,3
Summe	149,3	565,4	100

Bild 7.121
Schätzwerte für die Kohlenstoffmenge (Biomasse) in den genannten Reservoiren (in 10^9 Tonnen). Angegeben ist die *lebende* Biomasse nach Daten von WMO/UNEP 1990. In der Landfläche der Erde ist die Fläche der Antarktis (mit ca 13 Millionen km²) enthalten.
WMO = World Meteorological Organization
UNEP = United Nations Environment Programme
Quelle: EK (1991) S.287 I

Reservoire in Landgebieten	Biomasse in 10^9 T	%
Wald:		
Feucht-tropischer Regenwald	249,6	41,6
Regengrüner Wald	84,6	14,1
Borealer Nadelwald	78,0	13,0
Sommergrüner Wald	68,4	11,4
Subtropischer-immergrüner Wald	57,0	9,5
	537,6	89,6
Nicht-Waldvegetation:		
Savannenvegetation	19,2	3,2
Trockenbusch	16,2	2,7
Sumpfvegetation	9,6	1,6
Grasland	4,8	0,8
Ackerland	4,8	0,8
Halbwüste	4,2	0,7
Tundra	1,8	0,3
Summe	ca 600	100

Bild 7.122   Verteilung der pflanzlichen Kohlenstoffmengen (Biomasse) in unterschiedliche Vegetationstypen. Quelle: KÖRNER (1997). Die Angaben kennzeichnen vermutlich die *lebende* Biomasse. Sie verdeutlichen, daß ca die Hälfte der (lebenden) globalen Land-Biomasse in tropischen und subtropischen Wäldern gespeichert ist.

Menge		Reservoire von *organischem* Kohlenstoff
10 000		Gashydrat
5 000		Erdöl, Kohle, Gas
1 400		Böden
980		gelöste organische Substanz
830		Landbiosphäre
500		Torf
60		partikuläre organische Substanz
6	,6	Atmosphäre+marine Biosphäre
Summe: 18 776	,6	

Bild 7.123   Schätzwerte für die Mengen von *organischem* Kohlenstoff in diesen Reservoiren (in 10^9 Tonnen). Quelle: SUESS et al. (1999)

Mengenangaben zu einigen Kohlenstoffflüssen

Zwischen den zuvor genannten Reservoiren wird Kohlenstoff in Form von Kohlendioxid, Carbonaten und organischen Kohlenstoffverbindungen in unterschiedlichen Zeit/Mengen-Raten ausgetauscht, dementsprechend unterscheiden sich auch die mittleren *Aufenthaltszeiten* des Kohlenstoffs in den einzelnen Reservoiren. Sie schwanken zwischen ca 10 Jahren in der Atmosphäre und vielen Millionen Jahren in den Sedimenten (EK 1991).

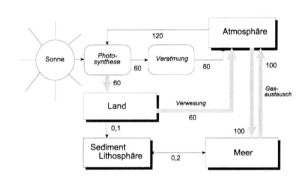

Bild 7.124
Übersicht über einige Kohlenstoffflüsse zwischen verschiedenen Reservoiren. Die Mengen der Kohlenstoffflüsse pro Jahr sind in 10^9 Tonnen angegeben. Die Zahlenangaben entstammen EK (1991) und sollen hier lediglich die Größenordnungen und Verhältnisse verdeutlichen. Andere Autoren machen teilweise davon abweichende Angaben, wie nachstehend dargelegt ist.

Die Benennungen der Reservoire bedürfen einiger Erläuterungen:

Reservoir |**Atmosphäre**|
Das Reservoir umfaßt die gesamte Atmosphäre des Systems Erde wie sie im Abschnitt 10 näher erläutert ist.

Reservoir |**Meer**|
Das Reservoir umfaßt den Wasserkörper des Meeres und den darin enthaltenen Teil der Biosphäre (*Meerwasser-Biosphäre*) sowie den Meeresgrund und den darin enthaltenen Teil der Biosphäre (*Benthos-Biosphäre*). Meerwasser-Biosphäre und Benthos-Biosphäre ergeben die *Meer-Biosphäre*.

Reservoir |**Land**|
Das Reservoir umfaßt den auf/im Land enthaltenen Teil der Biosphäre (*Land-Biosphäre*). Die Land-Biosphäre besteht vorrangig aus Pflanzen und Tieren (Flora und Fauna) sowie aus Pilzen und anderes (beispielsweise Bakterien, Viren).

Reservoir |**Sediment/Lithosphäre**|
Das Material des Geländes (der oberen Schicht der Lithosphäre) wird durch verschiedene Kräfte ständig verändert, beispielsweise durch Verwitterung, Erosion und

Sedimentation. Der fortgesetzte Eintrag von Lockermaterial in Sedimentationsbecken (beispielsweise in Meeresbecken) über lange Zeitabschnitte hinweg führt zur allmählichen Verfestigung der lockeren Schichtpakete und später zur Bildung von Sedimentgestein. Da das Gelände als obere Schicht der Lithosphäre definiert ist, wird das Reservoir hier entsprechend benannt.

● *Kohlenstoffflüsse zwischen den Reservoiren*
  |Atmosphäre|
  |Land|

Reservoir |**Land**|

Mengenfluss			Autor	Quelle
Photosynthese	*Eintrag*	*Austrag*		
110	55	55	1982 Bolin	(1)
120	65	65	1983 Siegenthaler	(2)
100	50	50	1989 Hougthon/Woodwell	
120	60	60	1991 EK S.154 I	
120	60	60	1991 Odum	
100	50	50	1997 Körner	

Bild 7.125
Eintrag von Kohlenstoff in die Land-Biosphäre (aus der Atmosphäre) mit Hilfe der Photosynthese grüner Pflanzen und *Austrag* von Kohlenstoff aus der Land-Biosphäre (in die Atmosphäre) durch Verwesung auf/im Boden in 10^9 Tonnen pro Jahr.
(1) Hupfer et al. (1991) S.91
(2) Hupfer et al. (1991) S.59

Wird angenommen, daß durch die grünen Landpflanzen gegenwärtig pro Jahr ca 60 Milliarden Tonnen Kohlenstoff in neuer Biomasse gebunden werden, dann ergibt sich, wie im Abschnitt 7.1.02 dargelegt, die Nettoprimärproduktion (NPP) von Biomasse aus der Bruttoprimärproduktion (BPP) der Photosynthese grüner Pflanzen durch Abzug der Verluste, die durch die Atmung der Pflanzen entstehen. An der (NPP) ist der Wald gemäß Bild 7.126 mit ca 40 % und die Savannenpflanzen mit knapp 30 %, die landwirtschaftlichen Pflanzen nur mit ca 10 % beteiligt.

Landgebiete	Fläche in 10^6 km^2	NPP C (J)	%
geschlossene *Wälder*	31,3	33,1	36,6
offene *Wälder* gemäß. Breiten	2,0	1,4	2,3
Trockenwald	2,5	1,0	1,5
	35,8	35,5	40,4
Savannen	22,5	17,9	29,6
Steppen	12,5	4,5	7,3
Tundren	9,5	1,0	1,6
Wüsten und Halbwüsten	21,0	1,4	2,3
extreme Wüsten	9,0	<1	0,1
Eisgebiete	15,5	0	0,0
Seen und Flüsse	2,0	<1	0,6
Sümpfe und Marschen	2,0	3,3	5,5
Moore	1,5	<1	1,1
Kulturland	16,0	6,8	11,3
Siedlungen	2,0	<1	0,3
Summe	149,3	60,0	100

Bild 7.126
Abschätzung der Nettoprimärproduktion (NPP) in den unterschiedlichen Landgebieten der Erde, ausgewiesen in Kohlenstoffmengen nach WMO/UNEP 1990. Es bedeuten: C (J) = 10^9 Tonnen = Milliarden Tonnen Kohlenstoff pro Jahr. In der Landfläche der Erde ist die Fläche der Antarktis (mit etwa 13 Millionen km^2) enthalten.
WMO = World Meteorological Organization.
UNEP = United Nations Environment Programme.
Quelle: EK (1991) S.287 I

EHHALT (1979) nennt als globale Flächensummen: Reisfelder = 1,35; Sümpfe, Marschen = 2,6; Süßwassersedimente = 2,5; Tundren = 8 (wobei für die beiden letztgenannten nur 1-10% der Fläche als CH_4-produktiv angenommen werden).

In den *Seen* und im *Meer* werden gegenwärtig pro Jahr ca 40 Milliarden Tonnen Kohlenstoff in neuer Biomasse gebunden (EK 1991), worauf im Abschnitt 9 (Meerespotential) näher eingegangen wird.

Global werden damit gegenwärtig pro Jahr ca 100 Milliarden Tonnen Kohlenstoff in neuer Biomasse gebunden (EK 1991). In HUPFER et al. (1991) S.411 wird dafür ein Betrag von 80 Milliarden Tonnen Kohlenstoff genannt.

● *Kohlenstoffflüsse zwischen den Reservoiren*
|Land|
|Sediment/Lithosphäre|

Reservoir |Land|		
Mengenfluss		Autor	Quelle
Eintrag	*Austrag*		
0,0	0,1	1991 EK S.154 I	

Bild 7.127
Eintrag von Kohlenstoff in das Land-Reservoir (aus dem Reservoir Sediment/Lithosphäre) und *Austrag* von Kohlenstoff aus dem Land-Reservoir (in das Reservoir Sediment/Lithosphäre) in 10^9 Tonnen pro Jahr.

● *Kohlenstoffflüsse zwischen den Reservoiren*
|Atmosphäre|
|Meer|
|Sediment/Lithosphäre|

Entsprechend den vorstehenden Ausführungen wird angenommen, daß die Kohlenstoffflüsse zwischen den Reservoiren Atmosphäre und Meer sich in dynamischem Gleichgewicht befinden und pro Jahr ca 100 ·10^9 Tonnen Kohlenstoff miteinander austauschen. Die Rolle des *Meeres* innerhalb des Kohlenstoffkreislaufs verdeutlichen die Bilder 7.128 und 7.131. In diesem Zusammenhang ist eine Anmerkung zum Carbonat-System erforderlich. Geht atmosphärisches CO_2 in Lösung, dann bleibt ein großer Teil als Gas hydratisiert (CO_2 aq). Nur ein kleiner Teil reagiert zu Kohlensäure H_2CO_3, die anschließend dissoziiert. Häufig ist es aber schwierig, aquatisiertes CO_2-Gas (CO_2 aq) vom ("echten") Kohlensäuremolekül H_2CO_3 zu unterscheiden. Weitere Ausführungen hierzu sind enthalten in RUTH (2002). Die Kohlenstoff- und Stickstoffflüsse im Bereich Meer/Atmosphäre sowie der Carbonat-Silicat-Kreislauf sind auch im Abschnitt 9.6 angesprochen.

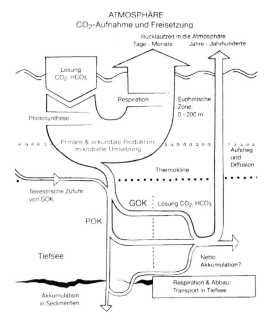

Bild 7.128
Kohlenstoffflüsse zwischen den Reservoiren Atmosphäre, Meer und Sediment/Lithosphäre.
Quelle: BMFT (1990)

HCO_3^- = Hydrogencarbonat-Ion
GOK = gelöster organischer Kohlenstoff
POK = partikulärer organischer Kohlenstoff. Eine geringe Menge Kohlenstoff wird über abgestorbene Organismen und ihre Kalkschalen am Meeresgrund abgelagert.

Biologische Prozesse in der oberen Mischungsschicht des Meeres (der sogenannten *Deckschicht*) beeinflussen sowohl den Austausch von Kohlenstoff mit der Atmosphäre als auch den Zustrom von Kohlenstoff in die tieferen Wasserschichten. Allgemein wird davon ausgegangen, daß der Kohlendioxidgehalt im oberflächennahen Wasser ein dynamisches Gleichgewicht mit der Atmosphäre anstrebt. Erst wenn der im Oberflächenwasser chemisch oder biologisch gebundene Kohlenstoff in tiefere Wasserschichten absinkt, kommt es zu einem relativ langen Entzug von atmosphärischen Kohlendioxid im Kreislaufgeschehen, denn die Austauschprozesse laufen hier in sehr unterschiedlichen Zeitskalen ab: in der Deckschicht innerhalb von Tagen bis Monaten, in den tieferen Wasserschichten sowie am Meeresgrund (Sediment/Lithosphäre) innerhalb von Jahrhunderten. Nachstehend Angaben zu den Mengenflüssen von Kohlenstoff in das Meer und aus dem Meer von verschiedenen Autoren zu verschiedenen Zeiten.

Reservoir |**Meer**|

Mengenfluss		Autor	Quelle
Eintrag	*Austrag*		
78	78	1983 Siegenthaler	(1)
104	100	1989 HOUGTHON/WOODWELL	(2)
100	100	1991 EK S.154 I	
100	100	1991 ODUM	

Bild 7.129
Eintrag von Kohlenstoff in das Meer (aus der Atmosphäre) und *Austrag* von Kohlenstoff aus dem Meer (in die Atmosphäre) in 10^9 Tonnen pro Jahr.
(1) HUPFER et al. (1991) S.59
(2) siehe Bild 7.125

Reservoir |**Meer**|

Mengenfluss		Autor	Quelle
Eintrag	*Austrag*		
0,2	0,2	1991 EK S.154 I	

Bild 7.130
Eintrag von Kohlenstoff in das Meer (aus der Lithosphäre) und *Austrag* von Kohlenstoff aus dem Meer (in die Lithosphäre) in 10^9 Tonnen pro Jahr.

Phytoplankton spielt eine wesentliche Rolle beim *Austausch* von Kohlenstoff zwischen der Atmosphäre und dem Meer sowie bei der *Ablagerung* von Kohlenstoff am Meeresgrund. Beispielsweise liefern Planktonalgen als Primärproduzenten mittels Photosynthese Nahrung für die anderen Organismen im Wasser (etwa für das Zooplankton und für die Fische), im Eis (dort etwa für die weiteren Angehörigen der Meereislebensgemeinschaft) und am Meeresgrund (für die Benthos-Lebensgemeinschaft). Zum Betreiben der Photosynthese brauchen Planktonalgen (Abschnitt 9.3.02) neben Licht und Nährsalzen auch Kohlendioxid (CO_2). Welche Vorgänge in diesem Zusammenhang ablaufen, verdeutlicht das in Anlehnung an KREMS (bmbf 1996) gestaltete Bild 7.131.

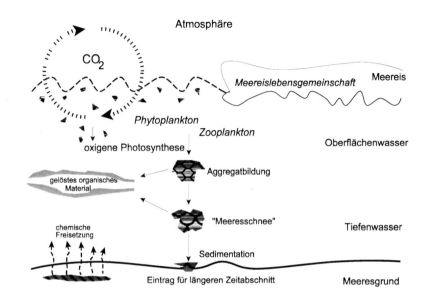

Bild 7.131
Vorgänge des globalen Kohlenstoff-Kreislaufs im Meer.

Die von den Algen betriebene oxigene Photosynthese ist gekennzeichnet durch die Formel $6\,H_2O + 6\,CO_2 \rightarrow C_6H_{12}O_6 + 6\,O_2$, die allerdings nur unter der Voraussetzung gilt, daß der entstehende molekulare Sauerstoff aus dem Wasser stammt, nicht aus dem CO_2, wie früher angenommen wurde (Abschnitt 7.1.02). Bezüglich des Kohlenstoffgehalts im Meer galt bisher die Annahme, daß dieser im Meerwasser so reichlich vorhanden sei, daß selbst Algenblüten (dichte Ansammlungen von einzelligen Planktonalgen) ihre Photosynthese hinreichend verwirklichen könnten. Nun wird vermutet, daß die CO_2-Zufuhr durch molekulare Diffusion aus der unmittelbaren Umgebung einer Algenzelle sowie durch chemische Umwandlung der viel häufigeren HCO_3-Ionen (Hydrocarbonat-Ionen) zu gering sei, um den Bedarf einer Algenzelle an CO_2 unter günstigen Wachstumsbedingungen zu decken (bmbf 1996). Erfolgt hier inzwischen mittels molekularer Diffusion aus der Atmosphäre ein *verstärkter* Eintrag von CO_2 in das Meer? Den Algen steht nach heutiger Kenntnis jedenfalls CO_2 in hinreichendem Maße zur Verfügung. Sie nehmen den Kohlenstoff auf und bauen ihn in zelleigenes Material um. Im Ablauf ihres Lebens können Algen sowohl untereinander als auch mit anderen Partikeln verklumpen. In diesen Partikelaggregaten bilden sich sodann meist Mikrozonen, die von Bakterien und kleinsten Tieren besiedelt werden.

Biologische Vorgänge können hier im allgemeinen schneller ablaufen als im umgebenden Wasser. Außerdem sinken diese Partikelaggregate (auch "Meeresschnee" genannt) in der Regel schneller als einzelne Zellen. Obwohl die Partikelaggregate also verschiedenen Abbauprozessen unterliegen, kann das Material teilweise bis zum Meeresgrund gelangen, wo einiges davon ins Sediment eingeschlossen und damit dem Kohlenstoffkreislauf für einen relativ langen Zeitabschnitt entzogen wird. Es ist bisher jedoch ungeklärt,

● ob durch einen globalen Anstieg der CO_2-Konzentration in der Atmosphäre die Primärproduktion im Meer verstärkt wird, so daß ein Großteil des freigesetzten Kohlendioxids sich in Algenzellen bindet und nach deren Absterben zum Meeresgrund absinkt (bmbf 1996).

Durch menschliches Handeln verursachter Kohlenstoffumsatz, Kohlendioxid (CO_2)

In der Atmosphäre liegt der Kohlenstoff fast vollständig in Form von *Kohlendioxid* (CO_2) vor. Kohlendioxid ist für das *pflanzliche Leben* von grundlegender Bedeutung. Über die lebende und abgestorbene Biomasse ist es eng mit den Kreisläufen der anderen kohlenstoffhaltigen Spurenstoffe verknüpft. Durch die Photosynthese der grünen Pflanzen wird CO_2 in den Wäldern laufend gebunden, durch Zersetzung abgestorbener Biomasse wieder abgegeben. Im allgemeinen geht man davon aus, daß in einem ungestörten Wald im Klimaxstadium die langfristigen Mittel von Aufnahme und Abgabe etwa gleich sind (EK 1990). Bei der photosynthetischen CO_2-Fixierung wird zugleich Sauerstoff (O_2) in die Atmosphäre abgegeben (1771 von PRIESTEY entdeckt). Dennoch führt dieser Vorgang *nicht* zu einer Anreicherung von Sauerstoff in der Atmosphäre. Der von den Pflanzen während ihrer Wachstumsphase produzierte Nettoüberschuß an Sauerstoff wird nach ihrem Tod zu 100 % wieder verbraucht, so daß die Bilanz von Aufbau und Abbau in der Regel null ist. Es wird beim zuvor dargelegten Geschehen mithin langfristig und global weder Kohlenstoff gebunden, noch Sauerstoff freigesetzt. Es konnte daher zurecht angenommen werden, daß die drei Teilzyklen des Kohlenstoff-Kreislaufs (der biogene Zyklus, der Gasaustauschzyklus und der Verwitterungs-Sediment-Zyklus) sich in stationärem Zustand befinden

Erstmals in den Jahren nach **1940** wurde eine Zunahme von CO_2 in der Atmosphäre vermutet, die dann 1958 durch eine ab diesem Zeitpunkt laufende Meßreihe auf der Insel Hawaii bestätigt und seitdem quantitativ erfaßt wird (JUNGE 1987). Inzwischen wird an einer wachsenden Anzahl von Stationen auf der Erde das troposphärische CO_2 regelmäßig gemessen (EK 1991). Aus dem Vostok-Eisbohrkern (Antarktis) ist der Verlauf der CO_2-Konzentration während der vergangenen 160 000 Jahre (vor der Gegenwart) rekonstruierbar. Wie aus Bild 7.132 ersichtlich,

● zeigt das atmosphärische CO_2 auch in früheren Zeiten größere Schwankungen innerhalb der Schwankungsbreite von ca 190-300 ppmv.

Aus dem Siple-Eisbohrkern (Antarktis) wurde der detaillierte Verlauf in der Troposphäre etwa ab 1750 rekonstruiert (Bild 7.133). Danach beginnt die atmosphärische CO_2-Konzentration anzusteigen:
um 1900 auf ca 295 ppmv,
um 1990 auf ca 354 ppmv
(um 2000 auf ca 370 ppmv nach HERZOG et al. 2000)

Die Werte kennzeichnen die *mittlere globale troposphärische CO_2-Konzentration* (EK 1991, S.152, I). Das Ergebnis der ersten Direktmessung der CO_2-Konzentration der Station auf dem Mauna Loa (Hawaii) mit dem Wert von 315 ppmv reiht sich widerspruchslos in die Verlaufskurve ein. Die Daten der Meßreihe dieser Station von 1958-1982 sind graphisch dargestellt in HEINRICH/HERGT (1991).

Bild 7.132
Verlauf der CO_2-Konzentration während der vergangenen 160 000 Jahre vor der Gegenwart, rekonstruiert aus dem Vostok-Eisbohrkern (Antarktis) nach SCHAPPELAZ, BARNOLA, RAYNAUD, KOROTKEVICH, LORIUS, 1990.
Quelle: EK (1991), verändert

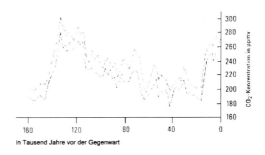

Bild 7.133
Verlauf der atmosphärischen CO_2-Konzentration, rekonstruiert aus dem Siple-Eisbohrkern (Antarktis) nach NEFTEL, MOOR, OESCHGER, STAUFFER, 1985 und FRIEDLI, LOETSCHER, OESCHGER, SIEGENTHALER, STAUFFER, 1986.
Quelle: EK (1991), verändert

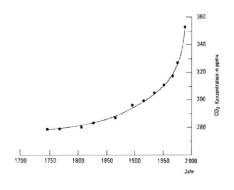

Um 1850 habe der *anthropogen* verursachte Jahresumsatz an Kohlenstoff noch eine Größenordnung von $< 0{,}1 \cdot 10^9$ Tonnen pro Jahr gehabt. Heute sollen an fossilen Kohlenstoff fast $6 \cdot 10^9$ Tonnen pro Jahr durch menschliches Wirken umgesetzt werden und dieser Umsatz erfolge außerdem weitgehend auf einer Einbahnstraße: Kohlenstoff akkumuliert in Form von CO_2 in der Atmosphäre und gelöst im Meerwasser (KÖRNER 1997). Einige Kohlenstoffflüsse, einschließlich der anthropogen verursachten, zeigt Bild 7.134.

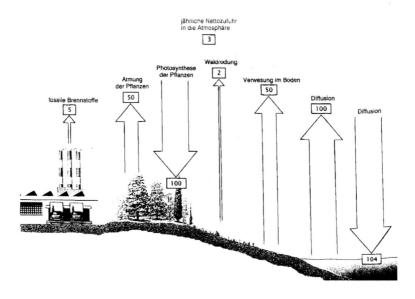

Bild 7.134
Einige Kohlenstoffflüsse pro Jahr, einschließlich der anthropogen verursachten (in 10^9 Tonnen). Die Zahlenangaben sollen hier lediglich die Größenordnungen und Verhältnisse verdeutlichen. Je nach Zeitbezugspunkt und Autor variieren diese Zahlen.
Quelle: HOUGTHON/WOODWELL (1989), verändert

Durch *Verfeuern* fossiler Brennstoffe und *Waldroden* wird Kohlenstoff in die Atmosphäre eingebracht. Physikalisch-chemische Vorgänge an der *Meeresoberfläche* setzen Kohlenstoff frei, verbrauchen jedoch auch Kohlenstoff. Nach den im Bild genannten Mengenangaben ergibt sich eine *jährliche Nettozufuhr* in die Atmosphäre. Ob und mit welcher Menge diese besteht, bedarf noch weiterer Abklärung. Mengendaten verschiedener Autoren zu anthropogen verursachten beziehungsweise beeinflußten jährlichen Kohlenstoffflüssen zeigt Bild 7.130.

1	2	3	4	Autor	Quelle
	<2,0			1982 Bolin	(1)
5,0		78	78	1983 Siegenthaler	(2)
5,0	2,0	100	104	1989 HOUGTHON/WOODWELL	
		100	100	1991 EK S.154 I	
		100	100	1991 ODUM	
5,5	1,6			1995 GRASSL	(3)
<6,0				1997 KÖRNER	

1 Eintrag in die Atmosphäre: *Verfeuern fossiler Brennstoffe*
2 Eintrag in die Atmosphäre: *Waldrodung und anderes*
3 Austrag aus dem Meer/Eintrag in die Atmosphäre:
4 Eintrag in das Meer/Austrag aus der Atmosphäre:

Bild 7.135
Mengendaten verschiedener Autoren zu vorrangig anthropogen verursachten beziehungsweise beeinflußten Kohlenstoffflüssen pro Jahr (in 10^9 Tonnen).
Quelle (soweit oben nicht genannt):
(1) HUPFER et al. (1991) S.91
(2) HUPFER et al. (1991) S.59
(3) Gemäß dem Sachstandsbericht des IPCC (Intergovernmental Panel on Climate Change) seien in der Zeit nach 1990 folgende Kohlenstoffflüsse pro Jahr in die Atmosphäre erfolgt (GRASSL 1995):
Durch Verfeuern fossiler Brennstoffe
= $(5,5\pm0,5) \cdot 10^9$ Tonnen C.
Durch Zerstörung von Biomasse in den Tropen (Waldrodung und anderes)
= $(1,6\pm1,0) \cdot 10^9$ Tonnen C.

Die atmosphärische CO_2-Konzentration der Gegenwart zeigt einen *Jahresgang,* der vorrangig durch die Land-Biosphäre bestimmt wird. Im Sommer ist die CO_2-Aufnahme durch die grünen Pflanzen aufgrund verstärkter Photosynthese höher als im Winter. Daß der Atmosphäre so (mehr) entzogene CO_2 wird ihr im Herbst und Winter durch die mikrobielle Zersetzung (Mineralisierung) der abgestorbenen Biomasse, wie zuvor bereits dargelegt, wieder zugeführt. Diesem Jahresgang ist ein *mehrjähriger Gang* überlagert, der unter anderem vom El Nino-Phänomen bestimmt sein könnte. Diese Korrelation deutet hin auf eine Verbindung zwischen der troposphärischen CO_2-Verteilung und der Meereszirkulation beziehungsweise auf eine Kopplung des CO_2-Gehalts der Atmosphäre mit dem des Meeres (EK 1991). Es wird vermutet, daß die derzeitige atmosphärische Konzentration von Kohlendioxid (CO_2) noch höher wäre, wenn das Meer nicht "zusätzlich" CO_2 aufgenommen hätte (AWI 1998/1999 S.123). Siehe hierzu auch Abschnitt 9.2.03.

Quellen

Den Austausch von Kohlenstoff zwischen der *Atmosphäre* und der *Biomasse* bewirken vor allem bestimmte Arten der Photosynthese, die atmosphärisches CO_2 unter Nutzung solarer Energie in Biomasse überführen. Setzt man die mittels Photosynthese der grünen Pflanzen pro Jahr erzeugte Land-Biomasse von 120 Milliarden Tonnen (Bilder 7.124 und 7.125) = 100%, dann werden nach JUNGE (1987) durch die Atmung (auch Veratmung, autotrophe Respiration) der lebenden Pflanzen und durch die mikrobielle Zersetzung der abgestorbenen Biomasse (heterotrophe Respiration) etwa 97% (=116 Milliarden Tonnen) der auf diesem Wege erzeugten Biomasse als CO_2 unmittelbar wieder in die Atmosphäre zurückgeführt. Bei <3% (<4 Milliarden Tonnen) erfolge die Rückführung über andere Spurengase, wobei zunehmend auch die menschliche Tätigkeit Einfluß auf diese Rückführung ausübe. In Sedimenten eingebaut werde ein Anteil von <1% (<1 Milliarde Tonnen). Er dürfte dort mehrere Millionen Jahre lagern und schließlich im natürlichen Kreislauf durch Vulkanismus und direkte Oxidation an der Geländeoberfläche als CO_2 wieder in die Atmosphäre zurückgeführt werden. Beim *natürlichen Kreislauf* wird meist unterstellt, daß Dinge sich in einem *dynamischen Gleichgewicht* befinden, beispielsweise beim atmosphärischen CO_2 die zugehörigen Quellen und Senken im längerfristigen Mittel gleiche Beträge aufweisen.

Dieses bisher (auch in anderen Bereichen und global) bestandene dynamische Gleichgewicht wird vermutlich in zunehmendem Maße durch *menschliche Aktivitäten* zu einem Ungleichgewicht verändert. Die aus der trockenen pflanzlichen Biomasse ableitbare Kohlenstoffmenge (475-825 Milliarden Tonnen) läßt erkennen, daß der Wald ein beachtenswerter Kohlenstoffspeicher im System Erde ist. Werden *Wälder vernichtet oder beschädigt*, dann wird der zuvor dargelegte natürliche Kreislauf gestört. Beispielsweise beschleunigt die menschliche Nutzung der aus dem Wald entnommenen *fossilen Brennstoffe* die Rückführung von CO_2 in die Atmosphäre. Auch durch *Rodung* und Abbrennen (*Brandrodung*) werden die in den Wäldern und im Humus der Böden gespeicherten Kohlenstoffmengen reduziert. Dies gilt auch für die *landwirtschaftliche Nutzung* des Landes. Vermutlich führten diese anthropogen bedingten Vorgänge im Laufe von Jahrhunderten zu einem Gesamtanstieg des CO_2 in der Atmosphäre (JUNGE 1987). Der, bedingt durch menschliche Aktivitäten, zusätzlich in die Atmosphäre abgegebene Kohlenstoff verteilt sich im wesentlichen auf die Kohlenstoff-Reservoire der Atmosphäre und des Oberflächenwassers des Meeres (einer Wasserschicht unmittelbar unter der Meeresoberfläche) (EK 1991). Der Austausch von Kohlenstoff zwischen der Atmosphäre und dem Meer wird in Abschnitt 9 (Meerespotential) behandelt.

Senken

Als nahezu einzige Senke für CO_2 galt bis vor einiger Zeit die Photosynthese der grünen Landpflanzen, denn als höchste Oxidationsstufe des Kohlenstoffs kann CO_2 in der Atmosphäre nicht weiter oxidiert werden und eine photochemische Spaltung in der Atmosphäre wird dadurch verhindert, daß seine wirksamen Absorptionsbanden durch den reichlichen vorhandenen Sauerstoff abgedeckt werden (JUNGE 1987). Das Meer als Senke habe erst nach der spürbaren Störung des natürlichen CO_2-Kreislaufs durch den Menschen Bedeutung erlangt. Etwa die Hälfte des gegenwärtig künstlich produzierten CO_2 werde vom Meer aufgenommen, ein kleiner Teil "dünge" zusätzlich die Pflanzendecke des Geländes (JUNGE 1987).

Lagern von Kohlendioxid in der Lithosphäre oder in der Tiefsee?
Durch die Aktivitäten der Menschen haben sich die atmosphärischen Konzentrationen der sogenannten Treibhausgase in letzter Zeit merklich erhöht. Die Auswirkung dieser Erhöhung wird vielfach als "anthropogener" Treibhauseffekt (oder zusätzlicher Treibhauseffekt) bezeichnet. Er ist dem "natürlichen" überlagert. Weitere Ausführungen zur Abschirmwirkung der Atmosphäre und zum Treibhauseffekt sind im Abschnitt 10.2 enthalten. Das atmosphärische Kohlendioxid (CO_2) hat danach einen relativ hohen Anteil am Erwärmungseffekt (er beträgt ca 22 %). Das Gas ist mithin ein sehr wirksames Treibhausgas. Zur Erhaltung eines für den *Menschen* lebensfreundlichen dynamischen Gleichgewichts wäre es unter gewissen Umständen erstrebenswert, der Atmosphäre einen gewissen CO_2-Anteil mit *technischen* Maßnahmen zu entziehen und ihn im Meer oder in Sedimenten (in geeigneten geologischen Formationen) längerfristig zu speichern. Die technische Durchführbarkeit einer solchen Umlagerung ("Entsorgung", "Endlagerung") ist zwar gegeben, die Auswirkungen einer solchen Umlagerung von CO_2 sind aber bisher nicht hinreichend sicher abschätzbar (HERZOG et al. 2000, KEITH/PARSON 2000).

Kohlenmonoxid (CO)

Vom Kohlenmonoxid (CO) wußte man vor **1970** nicht viel mehr, als daß es in der Atmosphäre vorkommt. Die ersten Messungen der globalen CO-Verteilung in der Atmosphäre erfolgten durch das Max-Planck-Institut für Chemie in Mainz (Christian JUNGE, MPG 1987). Es ergab sich eine inhomogene Verteilung in der Troposphäre mit höheren Konzentrationen auf der Nordhalbkugel. Die Quellen und Senken des troposphärischen Kohlenmonoxid zeigt Bild 7.136, die Konzentrationswerte zu verschiedenen Zeitpunkten Bild 7.137.

Globale Flüsse des CO (Millionen Tonnen pro Jahr)	Quellen und Senken des troposphärischen CO
	Natürliche Quellen
100 (50-200)	Pflanzen und Mikroorganismen auf dem Land
40 (20-80)	Meere
30 (10-50)	Waldbrände
250 (200-300)	photochemische Oxidation von natürlichem CH_4 in der Troposphäre
500 (200-1 200)	photochemische Oxidation von natürlichen VOC in der Troposphäre
920 (480- 1 830)	alle natürlichen Quellen
	Anthropogene Quellen
500 (400-1 000)	Verbrennung fossiler Brennstoffe
400 (200-800)	Brandrodung tropischer Wälder
200 (100-400)	Savannenbrände und landwirtschaftliche Verbrennung von Biomasse in den Tropen
50 (25-150)	Verbrennung von Holz zur Energiegewinnung
250 (200-300)	photochemische Oxidation von anthropogenem CH_4 in der Troposphäre
90 (60-120)	photochemische Oxidation von anthropogenen VOC in der Troposphäre
1 490 (985-2 770)	alle anthropogenen Quellen
2 410 (1 465-4 600)	alle Quellen
	Senken
2 050 (1 350-2 750)	Reaktionen mit OH-Radikalen in der Troposphäre
250 (150-450)	Aufnahme durch Böden
107 (80-130)	photochemischer Abbau in der Stratosphäre
2 407 (1 580-3 330)	alle Senken
3 (0-6)	**Akkumulierung in der Troposphäre**

Bild 7.136 Quellen und Senken des troposphärischen CO. Nach den Werten für die globalen Flüsse sind in Klammern die jeweiligen Schwankungsbereiche des genannten Wertes angegeben. Die Schätzwerte sind danach sehr unsicher. VOC = flüchtige organische Verbindungen. Quelle: EK (1991) S.171 (I)

um:		tropospärische CO-Konzentrationen (in ppbv)	
1989	100-150	Nordhalbkugel	EK (1991)S.145,170 (I)
	40-80	Südhalbkugel	

Bild 7.137
Troposphärische CO-Konzentrationen zu verschiedenen Zeitpunkten.

Die CO-Konzentration zeigt einen *Jahresgang*: im Frühjahr ist sie am stärksten, im Herbst am schwächsten. Dies bedeutet zugleich, daß der Unterschied im April am größten, während er im Herbst kaum meßbar ist. Die mittlere *Aufenthaltszeit* in der Troposphäre beträgt nur 1-3 Monate, daher variiert die CO-Konzentration räumlich und zeitlich erheblich (EK 1991). Nach bisherigen Erkenntnissen ist ein globaler Anstieg von CO bisher nicht nachweisbar (JUNGE 1987). Siehe hierzu auch die Angaben über die Akkumulierung von CO in der Troposphäre (Bild 7.136).

Methan (CH_4)

Methan ist ein brennbares Gas und der einfachste Kohlenwasserstoff. Entsprechend der Herkunft des Gases werden unterschieden: *Erdgas* und *Sumpfgas*. Der Methangehalt in der Atmosphäre wurde erstmals 1948 gemessen (EHHALT 1979). Seit 1978 wird die Methankonzentration in der Troposphäre an verschiedenen Stationen der Erde kontinuierlich gemessen. Die meisten Methan-Lagerstätten, zu denen auch erhebliche Methanhydratansammlungen in der Tiefsee gehören, sind über mehrere Millionen Jahre durch die Stoffwechselaktivitäten von methanogenen Archaea entstanden (THAUER 2003). Alter und Art der Entstehung lassen sich über den Gehalt der Kohlenstoffisotope ^{12}C, ^{13}C und ^{14}C abschätzen. Methanbildung erfolgt unter Abwesenheit von Luftsauerstoff. Einige methanogene Archaea können nach Thauer Sauerstoff jedoch tolerieren. Auch heute würden von methanogenen Archaea über 1 Milliarde Tonnen Methan pro Jahr neu gebildet. Methanbildner kommen beispielsweise vor in Sumpfgebieten, feuchten Böden, Sedimenten von Gewässern (einschließlich Tiefsee) und vor allem im Darmtrakt von Tieren.

Je nach der Struktur eines Biotops hat das Methan ein unterschiedliches Schicksal. So gelangt beispielsweise das meiste in Süßwassersedimenten gebildete Methan durch Diffusion in oxische Wasserbereiche, wo es von aeroben Bakterien mit O_2 zu CO_2 oxidiert. In Tiefseesedimenten vollzieht sich die chemische Umwandlung im anoxischen Bereich, woran Archaea und sulfatreduzierende Bakterien beteiligt sind. Das im Verdauungstrakt von Wiederkäuern und Termiten gebildete Methan gelangt fast vollständig in die Atmosphäre, wo es innerhalb von ca 10 Jahren in einer lichtabhängigen chemischen Reaktion zu CO_2 oxidiert.

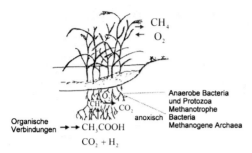

Bild 7.138
Methanbildung und Methanoxidation im Wurzelbereich von Reispflanzen nach THAUER (2003).

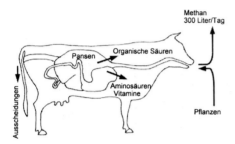

Bild 7.139
Wiederkäuer als Quelle für atmosphärisches Methan nach THAUER (2003). Ein ausgewachsenes Rind soll mehr als 300 Liter des entflammbaren Gases pro Tag über den Schlund durch Rülpsen in die Atmosphäre abgeben.

Der Fleischkonsum der Erdbevölkerung habe in den letzten vergangenen 50 Jahren wesentlich zugenommen (BREUER 2004). Heute gebe es einen Bestand von 22 Milliarden Farmtieren, darunter 15 Milliarden Hühner und 1,3 Milliarden Rinder. Die Nutztiere würden heute ca 10% aller Treibhausgase emittieren. Etwa 1/4 davon sei Methan. Außerdem greife die ausgeweitete Tierhaltung massiv die vorhandene globale Wassermenge an. Der Kartoffelanbau verbrauche pro 1 kg ca 500 Liter Wasser, jedoch koste 1 kg Rindfleisch ca 100 000 Liter Wasser.

Bild 7.140
Korrelation von Zunahme der troposphärischen CH_4-Konzentration und wachsender Erdbevölkerung. Quelle: EK (1991), verändert

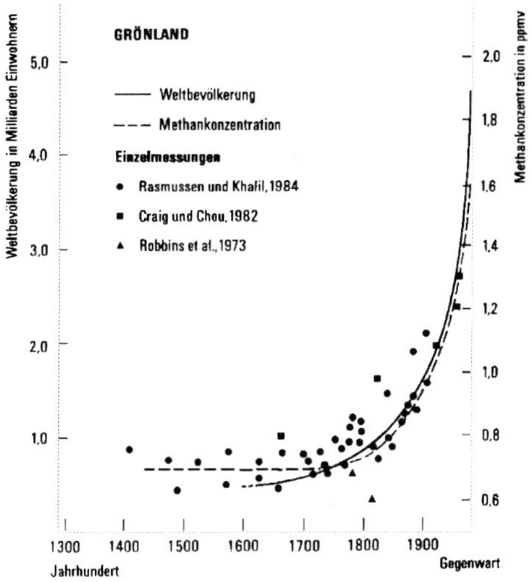

Um 1990 soll eine *mittlere globale* troposphärische CH_4-Konzentration von 1,72 ppm bestanden haben (EK 1991) S.145,157 (I). Messungen und Analysen der in Grönland- und Antarktis-Eisbohrkernen enthaltenen Luftblasen bezeugen eine Zunahme der CH_4-Konzentration in der Troposphäre. Sie wird offensichtlich auch von der Zunahme der Erdbevölkerung (vorrangig durch deren Ernährungsweise) unmittelbar beeinflußt.

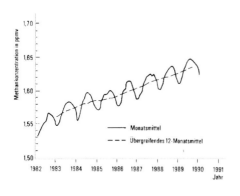

Bild 7.141
Verlauf der CH_4-Konzentration, gemessen an der Station Cape Point, Südafrika nach BRUNKE et al. 1990. Quelle: EK (1991), verändert

Die räumlichen Unterschiede, zwischen der Nord- und Südhalbkugel sind offensichtlich gering. Der bestehende *Jahresgang* zeigt ein Maximum im Frühjahr und ein Minimum im Herbst (Bild 7.135 vermittelt einen Eindruck vom Jahresgang auf der Südhalbkugel). Weitere auftretende Schwankungen werden mit *Vulkanausbrüchen* in Verbindung gebracht (EK 1991).

Um 1990 soll die gesamte Atmosphäre **4,9** Milliarden Tonnen Methan enthalten haben (EK 1991). Die globalen Flüsse von troposphärischem Methan im System Erde um 1990 zeigt Bild 7.142. Der *heutige* jährliche Methanausstoß im System Erde betrage **540** Millionen Tonnen (KOPF 2003), wovon 2/3 auf anthropogene Einwirkungen beruhen sollen, wie etwa Einwirkungen der Landwirtschaft (vor allem Reisanbau und Rinderzucht), der Erdölexploration, der Gewinnung fossiler Brennstoffe, der Mülldeponien und der Biomasseverbrennung. Noch ca 1000 Jahre vor der Gegenwart seien (die prä-anthropogenen) Methanquellen vorrangig gewesen: Entgasung des Meeres und der Frischwasserreservoire, das Faulen organischen Materials in Feuchtgebieten, die Zersetzung von Gashydraten am Meeresgrund und der Schlammvulkanismus (Abschnitt 3.2.02).

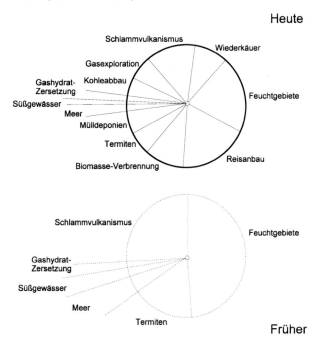

Bild 7.142
Heutige Methanquellen und *präanthropogene* Methanquellen nach KOPF (2003). *Vor dem Aufkommen stärkerer menschlicher Aktivitäten dürften mithin neben Feuchtgebieten vor allem Schlammvulkane das Klima im System Erde wesentlich mitbestimmt haben.*

Globale Flüsse des CH_4 (Millionen Tonnen pro Jahr)	Quellen und Senken des troposphärischen CH_4
115 (50-200) 10 (5-20) 5 (1-25) 5 (0-100) 40 (10-100) 5 (2-8)	**Natürliche Quellen** Feuchtgebiete (Moore, Sümpfe, Tundra) Meere Seen Zersetzung von CH_4-Hydraten Termiten und andere Insekten Fermentation (durch wildlebende Wiederkäuer)
180 (68-453)	alle natürlichen Quellen
130 (70-170) 75 (70-80) 40 (20-80) 40 (20-60) 30 (10-50) 35 (10-80)	**Anthropogene Quellen** Reisfelder (Naßreis) Fermentation durch Wiederkäuer (Viehhaltung) Verbrennung von Biomasse Mülldeponien Erdgas-Verluste bei Gewinnung und Verteilung Kohlebergbau
350 (200-520) 60 590 (268-973)	alle anthropogenen Quellen unbekannte fossile Quellen alle Quellen
500 (400-600) 40 (30-50) 6 (2-12)	**Senken** chemische Reaktion mit OH-Radikalen in der Troposphäre photochemischer Abbau in der Stratosphäre mikrobieller Abbau in Böden (durch methanotrophe Bakterien)
546 (432-662)	alle Senken
44 (40-48)	**Akkumulierung in der Atmosphäre**

Bild 7.143
Globale Flüsse sowie Quellen und Senken des troposphärischen CH_4. Quelle: EK (1991) S.159 (I)

Flüchtige organische Kohlenstoffverbindungen (VOC)

In der Chemie zählen zu den *organischen Verbindungen* alle Verbindungen des Kohlenstoffs mit Ausnahme der Oxide, der Kohlensäure und ihrer Salze, der Carbide sowie einiger anderer einfacher Verbindungen. Eine charakteristische Eigenschaft der allermeisten organischen Verbindungen ist ihre geringe Wärmebeständigkeit. Mit wenigen Ausnahmen verbrennen oder verkohlen organische Substanzen bereits beim Erwärmen auf wenige 100°C. Aufgrund ihres relativ niedrigen Schmelz- und Siedepunktes werden sie *flüchtige Stoffe* genannt. Viele flüchtige Stoffe sind bereits bei Zimmertemperatur Gase oder lassen sich durch geringes Erwärmen (bis 300-400°C) verdampfen. Die flüchtigen organischen Kohlenstoffverbindungen werden oftmals durch die Abkürzung **VOC** gekennzeichnet (engl. volatile organic compounds). VOC der chemischen Klassen Aliphate, Aromate, Alkohole, Aldehyde, Ketone und Fettsäuren kann man nach ihren *Aufenthaltszeiten* in der Troposphäre gliedern in

◈ langsam reagierende VOC
mit Aufenthaltszeiten von mehr als einer Woche;
◈ reaktive VOC
mit Aufenthaltszeiten von einer Woche bis zu einem halben Tag;
◈ sehr reaktive VOC
mit Aufenthaltszeiten von wenigen Stunden und kürzer (EK 1991).

Nach dem Methan, mit einer mittleren Aufenthaltszeit in der Troposphäre von 8 Jahren, sind Äthan, Methanol, Acetylen und Benzol die VOC mit den längsten Aufenthaltszeiten (in gleicher Reihenfolge globale Aufenthaltszeiten in der Troposphäre in Tagen: 61, 15, 13, 14). Alle VOC-Konzentrationen zeigen einen *Jahresgang* (EK 1991).

Der Abbau von VOC in der Troposphäre erfolgt überwiegend durch Reaktionen mit OH-Radikalen. Unter den Reaktionsprodukten die beim Abbau entstehen sind vermutlich viele, die sich an *Aerosole* anlagern und dann mit dem Regen ausgewaschen werden. Es sei bekannt, daß etwa 10% der globalen Aerosolmenge aus einem vielfältigen Gemisch organischer Stoffe besteht, die vermutlich teilweise von diesen Reaktionsprodukten abstammen (JUNGE 1987).

Zum Stoffkreislauf zwischen Pflanzen und Atmosphäre
Einen wesentlichen Beitrag zu diesem Stoffkreislauf leistet die *Photosynthese*, bei der die Pflanzen Kohlendioxid (CO_2) und Wasser mittels Sonnenenergie zu Kohlehydraten verarbeiten. Die Pflanzen entnehmen der Atmosphäre (global) schätzungsweise 200-300 Milliarden Tonnen CO_2 pro Jahr und geben Sauerstoff an die Atmosphäre ab, der als Nebenprodukt bei der Photosynthese anfällt und lebenswichtiges Atemgas für Mensch und Tier ist.

Im Rahmen des Stoffkreislaufs zwischen Pflanze und Atmosphäre hat ferner das Phänomen *Sommersmog* Bedeutung. Hier bilden sich in *Bodennähe* große Mengen des gesundheitsschädlichen Reizgases *Ozon* (O_3), vorrangig verursacht zwar durch Emissionen von Kraftfahrzeugen, jedoch wesentlich unterstützt auch durch Pflanzen, die wichtige Vorprodukte für diesen Vorgang liefern (WILDT et al. 2001). Insbesondere können die pflanzlichen VOC zusammen mit Stickoxid (NO) und weiteren VOC aus Autoabgasen über einen Kreislauf, an dem Stickstoffoxid (NO_2), das Hydroxyl-Radikal (OH) und die Sonnenstrahlung beteiligt sind, die Bildung von Ozon (O_3) in Bodennähe bewirken. Im Gegensatz zur Ozonschicht in 20-30 km Höhe, die uns vor der schädigenden UV-Strahlung der Sonne schützt, kann das Gas in Bodennähe (bei Konzentrationen > 200 µg/m³, Mikrogramm pro Kubikmeter) die Gesundheit von Mensch und Tier beeinträchtigen, ja sogar die Pflanzen selbst belasten.

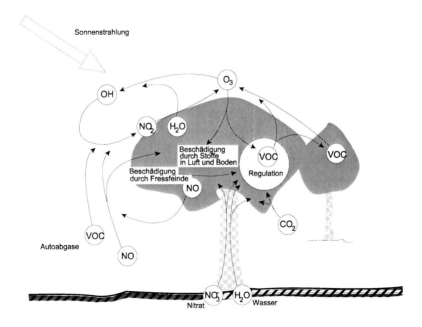

Bild 7.144
Stoffkreislauf zwischen Pflanze, Boden und Atmosphäre nach WILDT et al. (2001).

Generell läßt sich sagen: Ozon in der Troposphäre wird dann gebildet, wenn VOC, Stickoxide und Sonnenstrahlung vorhanden sind. Beim Fehlen einer dieser Faktoren erfolgt ein Abbau der Ozonkonzentration. Bei optimaler Mischung der drei Faktoren können im Extremfall 300 µg/m³ überschritten werden. Pflanzen tragen nicht nur Ozonbildung in der Atmosphäre bei, sondern entziehen dieser auch Ozon, schätzungsweise 500-800 Millionen Tonnen pro Jahr (WILDT et al. 2001).

Pflanzen als Quellen von VOC
Die Anzahl der von Pflanzen an die Luft abgegebenen Substanzen ist derzeit kaum überschaubar. Es wird davon ausgegangen, daß eine einzelne Pflanze ohne Stress 40-50 flüchtige Stoffe ausdünstet, unter Stress stehend jedoch 300-400 (WILDT et al. 2001). Als besonders wirksame Verbindungen und Substanzklassen im Bereich der flüchtigen organischen Kohlenstoffverbindungen (VOC) gelten heute (WILDT et al. 2001)

Isopren (C_5H_8)
Dieser Grundbaustein des Rohkautschuks wird auch von Pflanzen produziert, die keinen Kautschuk erzeugen. Die globale Emission wird auf 200-450 Millionen Tonnen pro Jahr geschätzt.

Monoterpene ($C_{10}H_{16}$)
Sie bestehen aus jeweils zwei Isopren-Einheiten. Die globale Emission wird auf 100-350 Millionen Tonnen pro Jahr geschätzt.

Sesquiterpene ($C_{15}H_{24}$)
Sie bestehen aus jeweils drei Isopren-Einheiten.

Ethen (Äthylen, C_2H_4)
Die globale Emission soll bis 70 Millionen Tonnen pro Jahr betragen.

Blattalkohole
Diese sind vorrangig Substanzen mit 6 Kohlenstoff-Atomen (C_6-Verbindungen), wie beispielsweise Hexenol.

Nach EK (1991) beträgt die globale Emission von Isopren und Terpenen ca 1 Milliarde Tonnen pro Jahr. Da die genannten VOC sehr reaktiv sind, können sie praktisch nur in unmittelbarer Nähe ihrer Quellen gemessen werden. Ihre mittleren *Aufenthaltszeiten* liegen bei etwa 10 Stunden (MPG 1987).

Modelle des globalen Kohlenstoffkreislaufs

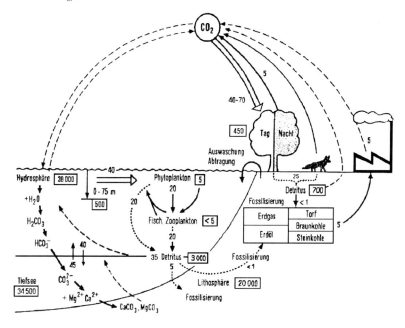

Bild 7.145
Modell des globalen Kohlenstoffkreislaufs nach BOLIN 1970.

- – – ▶ CO_2-Diffusion
- ═══▷ CO_2-Assimilation
- ─── ▶ CO_2-Respiration
- ------▶ Zersetzung

Reservoire und Flüsse (pro Jahr) des Kohlenstoffs sind in 10^9 Tonnen angegeben.

Quelle: HEINRICH/HERGT (1991) S.62, verändert

Die Wege der Zirkulation sind wesentlich bestimmt durch die CO_2-Diffusion, die CO_2-Assimilation autotropher Organismen (in der Photosynthese) und die CO_2-Respiration (Veratmung). C-Reservoire sind vorrangig die Carbonate in der Hydrosphäre ($CaCO_3$, $MgCO_3$, Na_2CO_3), in der Biosphäre (Muschelschalen, Knochen), in der Lithosphäre (Kalk, $CaCO_3$) sowie organische Abfallstoffe (Detritus) und fossile Brennstoffe (Erdöl, Erdgas, Braunkohle, Steinkohle, Torf). Einige chemische Elemente und Verbindungen sind nachstehend genannt (Bild 7.147).

Bild 7.146
Modell des globalen Kohlenstoffkreislaufs nach SCHLESINGER 1997.
Quelle: HILLINGER (2002), verändert

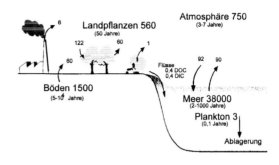

Kohlenstoff in unterschiedlichen chemischen Verbindungen nimmt am Stoffwechsel von Pflanzen und anderen Lebewesen teil, wird freigesetzt und über die Atmosphäre, Hydrosphäre und anderen Sphären transportiert und verteilt. Nach dem Modell Bild 7.146 erfolgt vorrangig folgender Austausch beziehungsweise Fluß

Meer und Atmosphäre: aus dem Meer = 90 Gigatonnen C / Jahr
 ins Meer = 92
Vegetation und Atmosphäre: zur Vegetation = 122
 von Vegetation = 60
Böden und Atmosphäre: aus Böden = 60
Flüsse vom Land ins Meer: DOC = 0,4
 DIC = 0,4
Ablagerung am Meeresgrund: = 0,1
Anthropogene Emissionen: 6 + 1 = 7

(DOC = gelöster organischer Kohlenstoff, DIC = gelöster inorganischer Kohlenstoff)
Bezüglich der *Atmosphäre* ergibt sich nach den vorstehenden Beträgen eine *Zunahme* von 3 Gigatonnen C / Jahr. Bezüglich des *Meeres* ergibt sich nach den vorstehenden Beträgen eine *Zunahme* von 2 Gigatonnen C / Jahr.
Die mittlere *Verweildauer* des Kohlenstoffs in der jeweiligen Sphäre ist in Klammern angegeben.
Der gespeicherte Kohlenstoff (in den genannten Reservoiren) beträgt nach dem Modell

Atmosphäre = 750 Gigatonnen C
Böden = 1 500
Landpflanzen = 560
Meer = 38 000
Plankton = 3

(bei Umrechnungen gilt 1 Gigatonne C = 1 Gt C = 10^9 Tonnen C = 10^{15} g C)

chemisches Element		Isotop, Ion, chemische Verbindung	
Kohlenstoff (Carboneum)	C	C^{14} CO CO_2 CO_3^{2-}	radioaktives Kohlenstoff-Isotop Kohlenmonoxid Kohlendioxid Carbonat-Ion
Wasserstoff (Hydrogenium)	H	H_2 H^+ H_2O, HOH H_2CO_3 HCO_3^-	Wasserstoff Wasserstoff-Ion Wasser Kohlensäure Hydrogencarbonat-Ion
Sauerstoff (Oxigenium)	O	O_2 O_3 OH^-	Sauerstoff Ozon Hydroxyl-Ion
Magnesium	Mg	Mg^{2+} $MgCO_3$	Magnesium-Ion Magnesiumcarbonat
Calcium	Ca	Ca^{2+} $CaCO_3$	Calcium-Ion Calciumcarbonat (Kalk)
Natrium	Na	Na^+ Na_2CO_3	Natrium-Ion Natriumcarbonat

Bild 7.147

7.6.04 Zum globalen Sauerstoffkreislauf

Sauerstoff (O) tritt meist in Form des molekularen O_2 auf, außerdem auch als *Ozon* (O_3). In der Atmosphäre und Hydrosphäre wird O_2 vor allem durch *Photosynthese* freigesetzt, aber auch durch *photochemische Spaltung* von Wassermolekülen.

Historische Anmerkung
Schon LEONARDO DA VINCI (1452-1519) wußte, daß bei der Verbrennung ein Teil der Luft verbraucht wird, während der übrigbleibende Rest die Flamme erstickt. Weitere Erkenntnisse über Luft und Sauerstoff erbrachten der deutsche Chemiker Carl Wilhelm SCHEELE (1742-1786), der englische Chemiker Daniel RUTHERFORD (1749-1819) und der englische Theologe und Chemiker Joseph PRIESTLEY (1733-1804). Der französische Chemiker Antoine Laurent LAVOISIER (1743-1794) vermochte schließlich um 1774 alle bis dahin bekannten Tatsachen in einen logischen Zusammenhang zu bringen und von ihm stammt auch die Benennung *Oxigene*, abgeleitet von *Oxygenium* (gr. Säurebildner), da er den Sauerstoff irrtümlich für einen wesentlichen Bestandteil der Säure hielt (MEYER 1905, v.LAUE 1959, CHRISTEN 1974, MPG 1987).

Bild 7.148
Modell des globalen
Sauerstoffkreislauf nach
CLOUD/GIBER 1970.
Quelle: HEINRICH/HERGT
(1991) S.62, verändert

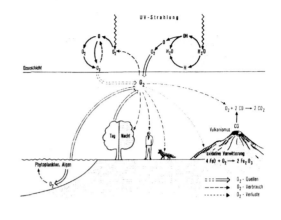

Im gegenwärtigen globalen Sauerstoffkreislauf sind Quellen und Senken offenbar so gut im Gleichgewicht, daß auch der erheblich gesteigerte O_2-Verbrauch durch *anthropogene Aktivitäten* (Industrie) zu keiner meßbaren Änderung des atmosphärischen Reservoirs geführt hat (SCHIDLOWSKI 1987). Die heutige Sauerstoffmenge im System Erde (die Gesamtmenge) zeigt Bild 7.149.

Bild 7.149
Heutige Sauerstoffmenge im System Erde. Quelle:
SCHIDLOWSKI (1987), verändert

Der freie Sauerstoff in der Atmosphäre umfaßt danach nur etwa 4 % der Gesamtmenge; die atmosphärische *Aufenthaltszeit* soll (nach HOLLAND 1978) etwa vier Millionen Jahre betragen (SCHIDLOWSKI 1987). Bezüglich Gesamtmasse der trockenen Erdatmosphäre siehe Bild 7.93.

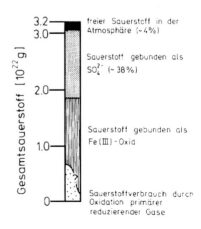

7.6.05 Wasserstoff

Wasserstoff (H) (Hydrogenium): das farb-, geruch- und geschmacklose Gas ist das *leichteste* aller chemischen Elemente. Im *Kosmos* ist es das Element mit der größten Häufigkeit. Nur 10 Elemente haben hier auffallende Häufigkeiten: Wasserstoff (H), Helium (He), Kohlenstoff (C), Stickstoff (N), Sauerstoff (O), Neon (Ne), Magnesium (Mg), Silicium (Si), Schwefel (S) und Eisen (Fe); von diesen übertreffen H und He die anderen erheblich. Übersichten über die kosmischen Elementhäufigkeiten sind enthalten in MASON/MOORE (1985) S.20, UNSÖLD/BASCHEK (1991). Sie wurden ermittelt aus der chemischen Analyse von Meteoriten, Sonnen- und Weltraummaterie; für Wasserstoff und Helium sowie anderen flüchtigen Bestandteilen aus Spektraluntersuchungen des Sonnenlichts (und anderen Sternlichts). Einige Prozesse im *System Erde*, die mehr oder weniger in Verbindung zum Wasserstoff stehen, sind nachstehend skizziert.

Bodenacidität und Stoffwechsel der Pflanzen (pH-Wert)

Der Säuregrad (die Acidität) einer Substanz ist weitgehend durch ihren Gehalt an Wasserstoff-Ionen (Protonen) bestimmt. Eine Säure im Wasser bildet H^+-Ionen und eine Base OH^--Ionen. Als Maß für den *Säuregrad* wird die H^+-Konzentration benutzt [H^+]. Der pH-Wert, als übliches Maß für die Säuren- oder Basenstärke, ist dann definiert als pH = $-\log_{10}$ [H^+]. In wässerigen Lösungen bei 25°C gilt: [H^+] · [OH^-] = $1{,}008 \cdot 10^{-14}$ mol^2 / l^2 (Autoprotolyse des Wassers) (RUTH 2002). Bei *neutralen* Lösungen ist der in der Regel zur Kennzeichnung des Säuregrades benutzte

pH-Wert = 7

bei *sauren* Lösungen ist er kleiner [H^+] > [OH^-] also pH <7, bei *alkalischen (basischen)* größer [H^+] < [OH^-] also pH >7. Die Bodenacidität (der Säuregrad der Böden) beeinflußt die chemischen, physikalischen und biologischen Bodeneigenschaften und damit direkt oder indirekt auch das Pflanzenwachstum (SCHACHTSCHABEL et al. 1989). Beispielsweise ist die Verfügbarkeit von Nährstoffen für die Pflanzen wesentlich von ihr abhängig. Basische Kationen im Boden sind für die Pflanzen lebenswichtige mineralische Nährstoffe, die von diesen über die Wurzeln aufgenommen werden. In der Regel sind diese Kationen lose an negativ geladenen Humus- oder Tonteilchen gebunden. Die Wasserstoff-Ionen (Protonen) *saurer Niederschläge* verdrängen sie aus dieser Bindung, so daß sie ausgeschwemmt werden können. Der Boden verarmt mithin an Mineralstoffen. Im Laufe der Zeit reichern sich dafür Protonen und von diesen freigesetzte Aluminium-Ionen in den Bodenpartikeln an. Der Stoffwechsel der Pflanzen wird empfindlich gestört, wobei Aluminium sogar toxisch wirken kann (HEDIN/LIKENS 1997).

Säureemissionen, Säuregehalt der Luft

Für die festgestellte *Zunahme* des Säuregehalts der Luft werden vor allem als verantwortlich angesehen die verstärkten Emissionen von Schwefeldioxid (SO_2), Stickoxide (NO_x) und Chlorwasserstoff (HCl) aus Industrieanlagen und sonstigen (technischen) Quellen. Diese Stoffe können direkt (als trockene Deposition) auf Materialien und Lebewesen einwirken oder als Lösung aus der Luft ausgewaschen werden (nasse Deposition). Die nasse Deposition ist dementsprechend ein *saurer Niederschlag*, der auch als *saurer Regen* bezeichnet wird. Er enthält vor allem Schwefelsäure und Salpetersäure (SCHACHTSCHABEL et al. 1989). In den meisten Gebieten der Erde sind die Niederschläge allerdings von Natur aus sauer: als Durchschnittswert gilt pH = 5,6. Für den sogenannten "anthropogenen sauren Regen" werden pH-Werte von 4-4,5 angenommen (HEINRICH/HERGT 1991). Die Verschiebung des pH-Wertes um 1,0 (beispielsweise von 5,6 nach 4,6) bedeutet eine zehnfache Zunahme der Wasserstoff-Ionen, die, wie zuvor dargelegt, die Bodenacidität wesentlich beeinflussen.

Durch Festlegen von Obergrenzen für den Ausstoß von "Schadstoffen" (etwa ab 1970) wurde versucht, sowohl den Säuregehalt der Luft zu stabilisieren beziehungsweise ihn wieder etwas herabzusetzen als auch die Luft "rein" zu erhalten beziehungsweise ihre "Reinheit" wieder herzustellen. Die Obergrenzen regeln den zulässigen Ausstoß der *Gase* (wie Schwefeldioxid...) und den Ausstoß *fester Partikel* (wie Staub...). Die bisherigen überregionalen Maßnahmen (beispielsweise der Europäischen Union und der USA) verringerten zwar die Emissionen von "Schadstoffen", saure Niederschläge mit nachteiliger Wirkung auf die Pflanzenwelt sind aber noch immer existent.

Offenbar haben Maßnahmen, welche die "Luftqualität verbessern" sollten, dort auch die Konzentrationen basischer Stoffe verringert, welche Säuren zu neutralisieren vermögen (HEDIN/LIKENS 1997).
Bild 7.150 gibt eine Übersicht.

Staubemissionen, Staubgehalt der Luft

Staubteilchen gelangen bei zahlreichen Prozessen in die Atmosphäre, beispielsweise: bei Verbrennung fossiler Energieträger, bei der Zementherstellung, im Zusammenhang mit Metallverarbeitung und Bergbau, bei der Erstellung von Bauten, bei landwirtschaftlichen Arbeiten, beim Straßenverkehr, bei Bränden (etwa Waldbränden), durch Winderosion. Zum Eintrag von Spurenstoffen in die Atmosphäre bei Brandrodung und Holzverrottung im Tropenwald siehe Abschnitt 7.5. Über den Beitrag der Wüsten zum atmosphärischen Staubgehalt siehe Abschnitt 6 (Wüstenpotential).

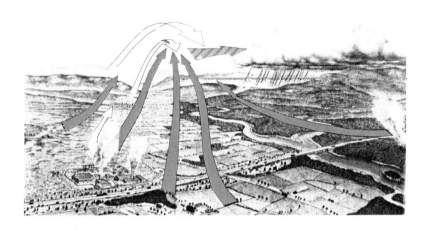

Bild 7.150
Luftstaub enthält basisch wirkende Substanzen. Sie neutralisieren zum einen Stoffe (sogenannte "Luftschadstoffe"), die saure Niederschläge (sauren Regen) verursachen; zum anderen versorgen sie, wenn sie mit Niederschlägen in den Boden gelangen, vor allem die Wälder mit lebenswichtigen Mineralstoffen. Quelle: HEDIN/LIKENS (1997), verändert

 säurehaltige Emissionen
Staubemissionen
neutralisierte Partikel oder Wolkentröpfchen
(Neutralisation senkt den Säuregehalt des Regens)

Durchgeführte Untersuchungen an grönländischen Eisbohrkernen zeigen, daß der Staubgehalt der Luft wesentlich von klimatischen Verhältnissen abhängig ist: während der kältesten und trockensten Zeitabschnitten war er hoch, in feuchten und wärmeren Zeitabschnitten war er niedrig (nach MAYEWSKI in HEDIN/LIKENS 1997). Eine Analyse ergab, daß

*der gegenwärtig Staubgehalt der Atmosphäre
deutlich unter dem Mittelwert der letzten 20 000 Jahre liegt.*

Mikroskopische Schwebeteilchen in der Luft beeinträchtigen die Sicht und sind darüber hinaus für eine Vielzahl anderer Phänomene im System Erde verantwortlich, insbesondere sind sie bekanntlich für den Menschen auch gesundheitsschädlich. Die vorgenannten Obergrenzen regeln daher ebenfalls den zulässigen Ausstoß fester Partikel. Das zunehmende Teeren von Nebenstraßen und Feldwegen wirkt in die gleiche Richtung, da Fahrzeuge dadurch weniger Staub aufwirbeln. Weitere Maßnahmen, wie saubere industrielle Produktionsverfahren, verstärkter Einsatz von Staubfiltern und anderes wirken ebenfalls in diese Richtung. Insgesamt dürfte die Partikelfracht der Atmosphäre vorwiegend durch die Änderungen menschlicher Aktivitäten verringert worden sein (HEDIN/LIKENS 1997). Von besonderem Interesse in diesem Zusammenhang ist, daß die Bemühungen zur "Reinhaltung der Luft" sowohl den Gehalt von sauren Schwefelverbindungen als auch den Gehalt von basischen Schwebeteilchen in der Atmosphäre verringert haben. Bild 7.151 zeigt Beispiele.

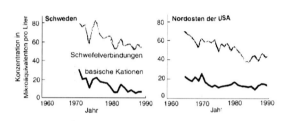

Bild 7.151
Beispiele für den Rückgang der Schwefelverbindungen und den Rückgang der basischen Kationen in der Atmosphäre.
Quelle: HEDIN/LIKENS (1997), verändert

**Verlieren Pflanzen
bei fortdauerndem sauren Regen eine Hauptnährstoffquelle?**

Staubteilchen sind reich an Mineralien wie Calcium- und Magnesiumcarbonat, die in Wasser basisch wirken. Fortdauernde saure Niederschläge verbunden mit einem Mangel an basischen Kationen im Boden verändern wesentlich das Nährstoffsystem der Pflanzen, insbesondere auch das der Wälder. Wie zuvor dargelegt, sind basische Kationen im Boden für die Pflanzen lebensnotwendig. Bisher galt allgemein, die chemische Verwitterung, das langsame Auflösen von Mineralien und Gesteinen in tieferen Bodenschichten liefere hinreichend Kationen nach. Nach neueren Forschungsergebnissen (HEDIN/LIKENS 1997 und andere) ist davon auszugehen, daß der Wald auf den Eintrag von Mineralien und Nährstoffen aus der Luft angewiesen ist. Bei Böden, die stark durch sauren Regen ausgelaugt oder von Natur aus arm an basischen Kationen sind, sei sogar der Hauptteil des Calciums nicht aus dem Grundgestein, sondern aus der Atmosphäre gekommen. Nach Hedin/Likens sind die Untersuchungsergebnisse ein Zeichen dafür, daß der Wald noch empfindlicher auf Veränderungen in der Chemie der Atmosphäre reagiere, als bisher angenommen (Bild 7.152).

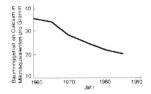

Bild 7.152
Die Jahrringe von Bäumen aus Wäldern in New Hampshire (USA) ergaben, daß auch der Gehalt des Holzes an Calcium-Ionen in den letzten Jahrzehnten abgenommen hat.
Quelle: HEDIN/LIKENS (1997), verändert

Allgemein wird heute davon ausgegangen, daß global die Waldböden zunehmend an Calcium, Magnesium und Kalium verarmen. Offenbar trägt dies wesentlich zu den bekannten *Waldschäden* bei, obwohl die Hauptursache dafür die Überdüngung mit Ammoniak-Stickstoff aus der Luft zu sein scheint (HEDIN/LIKENS 1997).

Einstieg in die Wasserstoffwirtschaft?

Ein weiterer Ausbau der Energiewirtschaft könnte etwa ab 2050 zu einer weitgehenden Ablösung fossiler Energieträger führen, unter anderem auch durch den Einstieg in die Wasserstoffwirtschaft, wie einer Studie über unterschiedliche Energie-Szenarien zu entnehmen ist (DLR 2004/3).

Wechselwirkungen zwischen dem System Erde und dem interplanetaren Raum. Polarlicht.

Es werden hier nur die Wechselwirkungen betrachtet, die mehr oder weniger in Verbindung zum Wasserstoff stehen.
  Austrag von Materie aus dem System Erde
In Bodennähe besteht unsere Luft größtenteils aus stabilen Molekülen des Stickstoffs (N_2) und des Sauerstoffs (O_2). Veranlaßt vor allem durch die solare UV-Strahlung werden ab ca 30 km Höhe zunehmend wirksam die *Dissoziation:* die Aufspaltung der Moleküle in einzelne Atome (beispielsweise $O_2 = O+O$) und die *Ionisation:* die Abtrennung von Elektronen, wobei (positiv geladene) Ionen (beispielsweise N_2^+ oder O^+) gebildet werden (BARTELS 1960). Ab ca 140 km Höhe ist der Sauerstoff und ab ca 250 km Höhe der Stickstoff daher fast nur noch in atomarer Form vorhanden. Damit vermindert sich das mittlere Molekulargewicht der Luft. Im Vergleich zu den anderen Gasen überwiegt ab ca 1 000 km Höhe der Wasserstoff. Ab ca 10 000 km Höhe ist praktisch nur noch Wasserstoff in der Atmosphäre vorhanden (DIEMINGER 1960). Die mittlere freie Weglänge, die ein Molekül zwischen zwei aufeinanderfolgenden Zu-

sammenstößen mit anderen Molekülen zurücklegen muß, ist gegenwärtig in der Atmosphäre in 100 km Höhe etwa 2 cm, in 300 km Höhe etwa 1km und ab etwa 400/500 km Höhe ist diese Weglänge so groß, daß nach oben fliegende Moleküle innerhalb der Atmosphäre oft kein anderes Molekül mehr treffen (EHMERT 1960). Überschreitet ihre Geschwindigkeit dann die Entweichungsgeschwindigkeit von der Erde (ca 11 km/s), können sie dem System Erde verloren gehen. Diese Schicht der Atmosphäre wird deshalb Exosphäre genannt (siehe Abschnitt 10). Durch Diffusion in den interplanetaren Raum verlor und verliert das System Erde vorrangig *Wasserstoff* und *Helium*.

Eintrag von Materie in das System Erde
Wenn wir das System Erde als ein geschlossenes System betrachten, dann gehört der interplanetare Raum im Sinne von Abschnitt 1.4 zur "Umwelt" des Systems Erde. Nach dem zuvor Gesagten gibt das System Erde vorrangig Materie in Form von Wasserstoff und Helium an seine Umwelt ab. Aus der nahen Umwelt, aus dem unmittelbar angrenzenden interplanetaren Raum wird dem System Erde aber auch Materie zugeführt. Nach UNSÖLD/BASCHEK (1991) S.75 fällt auf die Erde insgesamt täglich eine Masse von etwa $4 \cdot 10^4$ kg, überwiegend in Form von Mikrometeoriten. Pro Jahr beträgt der Eintrag demnach etwa 14 600 Tonnen. Nach MASON/MOORE (1985) S.15 liegt der Eintrag von meteoritem Material (einschließlich des kaum erfaßbaren Staubes) zwischen 30 000 und 150 000 Tonnen pro Jahr. Neben Meteoren beziehungsweise Meteoriten umfaßt die interplanetare Materie zu den kleineren Teilchen hin (Teilchenradius <100 µm) vor allem den *interplanetaren Staub* sowie das *magnetische Plasma* des Sonnenwinds und die hochenergetischen Teilchen der *kosmischen Strahlung* aus solarer Quelle sowie aus galaktischen Quellen (bezüglich kosmischer Strahlung siehe Abschnitt 4.2.01). Eine graphische Übersicht über die in der Umgebung der Erde vorhandene Stromdichte von Teilchen verschiedener Massen gibt UNSÖLD/BASCHEK (1991) S.76. Mittels Satelliten und Raumsonden können Staubteilchen beziehungsweise Mikrometeorite aufgesammelt und anschließend analysiert werden.

Polarlicht
Beim Auftreffen der hochenergetischen Teilchen der kosmischen Strahlung (Primärstrahlung) auf Atomkerne in der Erdatmosphäre werden diese zerschlagen; die entstehenden ebenfalls sehr energiereichen Bruchstücke können weitere Atomkerne zerschlagen, so daß Kaskaden von Protonen, Neutronen und anderen Elementarteilchen sowie Photonen (Sekundärstrahlung) entstehen (LINDNER 1993). Diese Vorgänge ereignen sich im Höhenbereich von 2 000 km bis hinab zu 20 km über der Land- beziehungsweise Meeroberfläche. Pro Sekunde treffen ca 10^{18} Teilchen der kosmischen Strahlung die Erdatmosphäre, wobei die Bahnen der Teilchen wesentlich durch das interplanetare Magnetfeld bestimmt sind. Die Anregung und Ionisation der Moleküle in der oberen Erdatmosphäre in den (magnetischen) Polargebieten infolge einströmender Elektronen und Protonen aus chromosphärischen Eruptionen bewirkt

farbige Leuchterscheinungen, sogenannte Polarlichter (Nord- Südlichter): nach LINDNER 1993 S.128 in Höhen zwischen 100-300 km, nach HERRMANN 1985 S.117 zwischen 70-1000 km mit einem deutlichen Maximum bei 100/110 km Höhe. Wegen des Magnetfeldes der Erde können die elektrisch geladenen Teilchen in der Regel nur in den Gebieten um die magnetischen Pole der Erde in die Erdatmosphäre eindringen. Polarlichter sind oftmals mit magnetischen Stürmen verbunden. In den Polarlichtzonen ist die Farbe des Leuchtens meist weißlich-grünlich-gelblich, in anschließenden Zonen (in Richtung Äquator) ist das Nordlicht oft rot, teils mehrfarbig, auch violette Töne sind wahrnehmbar. Spektroskopische Untersuchungen (Farben-Zerlegung) zeigten, daß vor allem die in Bild 7.153 genannten Atome und Moleküle an der Lichterscheinung beteiligt sind. Nach BARTELS (1960) handelt es sich beim Sauerstoff und Stickstoff um unsere Luft, während der Wasserstoff von der Sonne stammt.

Sauerstoff-Atome O	$\lambda = 0{,}5577$ µm (gelblich-grün) $\lambda = 0{,}6300$ µm (rot)	Bild 7.153 Am Polarlicht wesentlich beteiligte Atome und Moleküle. Quelle: BARTELS (1960) S.228
Stickstoff-Moleküle N_2 und Stickstoff-Ionen N_2^-	verschiedenen Wellenlängen blau, violett	
Wasserstoff-Atome H	$\lambda = 0{,}6563$ µm (Hα), rot $\lambda = 0{,}4861$ µm (Hβ), blau	

7.6.06 Zum globalen Stickstoffkreislauf

Stickstoff (N) (Nitrogenium): das farb-, geruch- und geschmacklose Gas ist ein Grundbaustein allen Lebens. Eine Definition des Begriffes Lebewesen und einige Anmerkungen zu den grundlegenden Eigenschaften lebender Systeme sind zuvor gegeben worden. Im Vergleich zu Kohlenstoff, Sauerstoff und Wasserstoff ist der Anteil von Stickstoff in lebender Materie gering. Beispielsweise besteht der menschliche Organismus nur zu ca 3 % aus diesem Element. Anders aber als die Hauptelemente Kohlenstoff, Sauerstoff und Wasserstoff, die in Form von Kohlendioxid und Wasser für Pflanzen leicht bioverfügbar sind, liegt nur ein sehr kleiner Teil des Stickstoffs in seinem größten Reservoir (der Erdatmosphäre) in einer Form vor, die von Pflanzen verwertet werden kann. Auch Tiere und Menschen können die zu Aufbau und Funktion eines Organismus erforderlichen Biomoleküle nicht unter Verwendung von Luftstickstoff herstellen. Sie müssen deshalb Stickstoffverbindungen mit der Nahrung, insbesondere in Form von pflanzlichem und tierischem Protein aufnehmen.

Stickstoff und einige seiner Verbindungen in der Biosphäre
Beim molekularen Stickstoff (N_2) sind die zwei Stickstoffatome so fest aneinandergebunden, daß sie mit den meisten anderen Substanzen unter normalen Bedingungen nicht reagieren. Pflanzen benötigen reaktive Stickstoffverbindungen wie beispielsweise Ammoniak und Harnstoff, vor allem zur Erzeugung von Aminosäuren, den Bausteinen der Proteine (Eiweiße). Diese haben in der Zelle viele strukturelle und funktionelle Aufgaben zu erfüllen.

	N_2 molekularer Stickstoff	NH_3 Ammoniak	$CO(NH_2)_2$ Harnstoff	Aminosäuren	Proteine
Stickstoffgehalt in %	100	82	47	8-27	ca 16
Menge in 10^9 Tonnen Stickstoff	10 000	10	0,01	10	1

Bild 7.154
Stickstoff und einige seiner Verbindungen in der *Biosphäre* (Land- und Meerbiosphäre). Quelle: SMIL (1997). Im Bild 7.154 sind bezüglich N_2 genannt für die "terrestrische Biosphäre" (Landbiosphäre): 6-12 Milliarden Tonnen, für die "marine Biosphäre" (Meerbiosphäre): 1,2 Milliarden Tonnen.

DNS, RNS (DNA, RNA)

Bei fast allen Organismen treten als Träger von Information (genetischer Information) Moleküle der *Nukleinsäuren* auf. Aufbau und Funktion der Organismen bestimmen Proteine (Eiweiße), deren wesentliche Bausteine *Aminosäuren* sind. Befehle an die Proteine zum Ausführen von Aufgaben geben wiederum Nukleinsäuren. Die Nukleinsäuren der Zellkerne enthalten Desoxiribose, während die im Plasma und in den Ribosomen vorhandenen Nukleinsäuren Ribose enthalten. Entsprechend diesen Zuckerbestandteilen unterscheidet man *Desoxiribonukleinsäure* (DNS) (engl. desoxiribonucleid acid, DNA) und *Ribonukleinsäure* (RNS) (engl. ribonucleic acid, RNA) (PSCHYREMBEL 1990). Zum Aufbau von solchen Biomolekülen wie DNA, RNA und Proteinen, die als Grundbausteine des Lebens gelten, ist Stickstoff erforderlich.
1944 erkannten O.T. AVERY ( ) und Mitarbeiter die DNA als materiellen Träger der Erbeigenschaften.
1952 gelang es J.D. WATSON ( ) und F.H. CRICK ( ) ein räumliches Molekülmodell der

DNA aufzustellen (Doppelhelix) (CHRISTEN 1974). Die DNA bildet bei den meisten Organismen das genetische Material; bei niederen Organismen (Viren) erfolgt dieses durch die RNA (PSCHYREMBEL 1990).

Zusammenfassend kann gesagt werden: die beiden Arten der zuvor genannten Nukleinsäuren fungieren in allen Zellen als Speicher und Transporteur genetischer Information, die Proteine hingegen als Botenstoffe, Rezeptoren, Katalysatoren und Strukturbausteine (SMIL 1997).

Eine Linearisierung der gesamten DNA einer *menschlichen* Zelle würde die Länge von ca 2 m ergeben. Sie umfaßt ca 6 Milliarden einzelne Bausteine. Die Meilensteine der Entwicklung von Molekularbiologie und Gentechnologie, ausgehend vom Begründer der Genetik: dem Augustinerpater Johann Gregor MENDEL (1822-1884), sind übersichtlich dargestellt in ZEISS (13/2003).

Wie verschaffen sich Pflanzen Zugriff auf den Stickstoff der Luft?

Die Haupt- und Nebenbestandteile der Luft zeigt Bild 10.6. Molekularer Stickstoff (N_2) hat danach einen Anteil von ca 78 V% an der trockenen troposphärischen Luft. Obwohl somit reichlich vorhanden, ist das große Reservoir an Luftstickstoff für die *Pflanze* aber nicht unmittelbar verfügbar. Luftstickstoff ist in seiner Bindungsform sehr stabil und daher chemisch inert (reaktionsträge). In der Regel sind zwei Stickstoffatome so fest aneinandergebunden, daß sie mit den meisten anderen Substanzen unter normalen Bedingungen nicht reagieren. Organismen (und somit auch die Pflanzen) können Stickstoff daher im allgemeinen nur als Verbindung aufnehmen, meist in Form von Nitrat-Ionen (NO_3^-), seltener in Form von Ammonium-Ionen (NH_4^+) (THROM 1993). Bei Gewittern können zwar geringe Mengen des Moleküls durch Blitzenergie gespalten, oxidiert und beispielsweise vom Regen in den Boden eingetragen werden, doch eine weitaus größere Menge des Luftstickstoffs wird von bestimmten *Bakterien* aufgenommen und zu Ammonium-Ionen (NH_4^+) reduziert, die sich in Stoffwechselreaktionen weiter umsetzen lassen. Hierzu sind solche Organismen imstande, die den Enzymkomplex Nitrogenase besitzen (siehe biologische Luftstickstoff-Fixierung). Die wichtigsten stickstoffaufnehmenden Bakterien gehören zu den drei Rhizobium-Gattungen. Die Bakterien dieser Gattung leben in Symbiose mit Hülsenfrüchtlerarten, wie Bohnen oder Klee, deren Wurzelwerk sie veranlassen für sie Knöllchen als Herberge zu bilden (daher die Benennung *Knöllchenbakterien*). In geringerem Umfang tragen auch *Cyanobakterien* zur biologischen Stickstoff-Fixierung bei. Die Cyanobakterien kommen heute freilebend oder in Symbiose mit bestimmten Pflanzen lebend vor.

Bild 7.155
Zum Stickstoffkreislauf.
Die Ammonium- und Nitrit-Oxidation (rechts) verläuft unter aeroben Bedingungen. Die Denitrifikation und die Stickstoffixierung (links) sind prinzipiell auf anaerobe Bedingungen angewiesen. Die Stickstoffixierung kann auch in aeroben Bakterien vorkommen, wenn die intrazelluläre Nitrogenase vor Sauerstoff geschützt wird. Quelle: HENNECKE (1994)

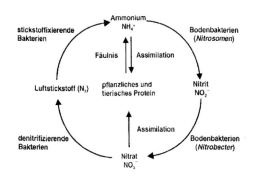

Atmosphärisches Reservoir

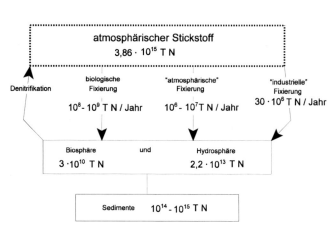

Bild 7.156
Zum Stickstoffkreislauf, nach MASON/MOORE (1985) S.208.
T = Tonnen.

In der Erdatmosphäre ist molekularer Stickstoff oder Distickstoff (N_2) mit einem Anteil von ca 76 G% beziehungsweise 78 V% vertreten. Er ist mithin, neben Sauerstoff und Argon, ein *Hauptelement* der Erdatmosphäre. In Form von *Spurenelementen* sind ferner vertreten: Distickstoffoxid (N_2O), Stickstoffdioxid (NO_2) und Stickstoffoxid (NO) sowie Nitrat-Ionen (NO_3^-), Ammoniak (NH_3) und Ammonium-Ionen (NH_4^+). Die globale durchschnittliche Zusammensetzung trockener troposphä-

rischer Luft ist in Bild 10.6 angegeben; eine Übersicht gibt auch Bild 7.90. Die Gesamtmasse der Erdatmosphäre wurde auf ca 50 $\cdot 10^{20}$g geschätzt; eine neuere Abschätzung (MASON/MOORE 1985, S.207) nennt für die
Gesamtmasse der *trockenen* Erdatmosphäre den Betrag von
51,17 $\cdot 10^{20}$g = 5 117 000 $\cdot 10^9$ Tonnen
= 5 117 000 Milliarden Tonnen
Wird der Anteil von *Distickstoff* (N_2) mit 76 G% angenommen, dann sind dies
= 3 888 920 Milliarden Tonnen
Die *Aufenthaltszeit* eines bestimmten N_2-Moleküls in der Atmosphäre liegt nach Schätzungen zwischen 10-100 Millionen Jahre.

Vom Distickstoffoxid (N_2O) wußte man vor **1970** nicht viel mehr, als daß es in der Atmosphäre vorkommt. Es bestand die gleiche Situation wie beim CO: Kenntnisse über den Kreislauf fehlten weitgehend, ebenso geeignete Meßmethoden (MPG 1987). Aufgrund der mittleren *Aufenthaltszeit* in der Troposphäre (ca 150 Jahre nach EK 1991 S.162, I; ca 120 Jahre nach GRASSL 1995) ist das Distickstoffoxid dort vertikal gut durchmischt. Bild 7.157 gibt eine Übersicht über die mittleren globalen troposphärischen Konzentrationen zu verschiedenen Zeitpunkten.

um:		mittlere globale troposphärische N_2O-Konzentration (in ppbv)
1982	330	MASON/MOORE (1985) S.206
1989	310	EK (1991) S.145,162 (I)
1992	311	GRASSL (1995)

Bild 7.157
Mittlere globale troposphärische N_2O-Konzentration zu verschiedenen Zeitpunkten und nach verschiedenen Autoren. Die derzeit bekannten Quellen und Senken des troposphärischen Distickstoffoxids (N_2O) sind im Bild 7.158 genannt.

Globale Flüsse des N_2O	Quellen und Senken des N_2O
(in 10^6 Tonnen pro Jahr) 2,0-4,0 4,6-8,2	**Natürliche Quellen** Meere/Seen Natürliche Böden
6,6-12,2	alle natürlichen Quellen
0,2-0,5 0,2-0,4 1,0-3,6	**Anthropogene Quellen** Verbrennung fossiler Brennstoffe Verbrennung von Biomasse künstliches Düngen (Böden und Grundwasser)
1,4-6,5 8,0-18,7	alle anthropogenen Quellen alle Quellen (a)
etwa bis 20,5 unbekannt	**Senken** Photochemischer Abbau in der Stratosphäre Aufnahme durch Böden und/oder aquatische Mikroorganismen
4,7-7,1	**Akkumulierung in der Troposphäre**

Bild 7.158
Quellen und Senken des Distickstoffoxids (N_2O). (a) Weitere mögliche Quellen sind: Photochemische Reaktionen in der Stratosphäre und Troposphäre sowie die Bildung von N_2O durch den Einsatz von Katalysatoren. Quelle: EK (1991) S.163 (I)

Katalysatoren (Stoffe, die die Geschwindigkeit chemischer Reaktionen erhöhen oder verringern) vermögen Stickstoff zu aktivieren. Katalysatoren besonderer Art werden von *Knöllchenbakterien* sowie von manchen *Cyanobakterien* gebildet. Sie aktivieren elementaren Stickstoff so stark, daß er schon bei Zimmertemperatur Verbindungen eingehen kann (CHRISTEN 1974). Weitere Ausführungen hierzu sind unter anderem enthalten in HENNECKE (1994). Nach Bild 7.158 wird N_2O überwiegend durch Aktivitäten von Mikroorganismen in Böden sowie im Meerwasser und in Seen (oder anderen Wasserkörpern) auf dem Land gebildet. Vor allem die Böden der Tropen sind sehr wahrscheinlich starke Quellen.

Nachfolgend sind verschiedene (absolute) *Mengenangaben* nochmals übersichtlich zusammengestellt:

Gesamtmasse der trockenen Erdatmosphäre
$51,17 \cdot 10^{20}$ g = $5\,117\,000 \cdot 10^9$ Tonnen
= 5 117 000 Milliarden Tonnen
Wird der Anteil von **Distickstoff (N_2)** mit 76 G% angenommen, dann sind dies
= 3 888 920 Milliarden Tonnen
Andere Autoren nennen als Betrag
Nach Bild 7.162   = 3 950 000 Milliarden Tonnen
Als Anteil von **Distickstoffoxid (N_2O)** wird folgender Betrag genannt
Nach EK (1991) S.162 = 2,350
Nach Bild 7.162   = 2   = $2 \cdot 10^{15}$ g

Das Kreislaufgeschehen im Boden

Im *Boden* (der belebten obersten Schicht der Erdkruste) kennzeichnen besondere Abläufe zwischen *anorganischen* und *organischen* N-Verbindungen das Kreislaufgeschehen. Wird dem Boden beispielsweise Ammonium zugeführt, dann geht der größte Anteil davon in einen austauschbaren Zustand über. Das austauschbare und gelöste NH_4^+ wird sodann teilweise direkt von Pflanzen aufgenommen *oder* von heterotrophen Mikroorganismen in organische Stickstoffverbindungen überführt (immobilisiert). Durch diese Immobilisierung bildet sich mikrobielle Biomasse (ein sogenannter aktiver Pool). Beim Absterben der vorgenannten heterotrophen Mikroorganismen wird die abgestorbene Biomasse durch *andere* Mikroorganismen abgebaut und der Stickstoff wieder in NH_4^+ überführt (N-Mineralisierung). Den mikrobiellen Abbau der organischen Substanz der Böden in einfache anorganische Stoffe (Mineralstoffe) bezeichnet man als *Mineralisierung*. Der in Pflanzen gespeicherte Stickstoff wird über Pflanzenrückstände teilweise dem Boden wieder zugeführt und dient ebenso wie die Masse abgestorbener Bodentiere heterotrophen Mikroorganismen als Nahrung beziehungsweise Energiequelle. Das zuvor generell beschriebene Geschehen wird vor allem von folgenden Vorgängen beeinflußt (SCHACHTSCHABEL 1989):
- anorganische und organische Düngung
- N-Zufuhr über Niederschläge, Bewässerung (NH_4^+, NO_3^-)
- Adsorption von Gasen aus der Atmosphäre (NH_3, Stickoxide)
- biologische N-Fixierung
- Pflanzenentzug und Abfuhr der Ernteprodukte
- Auswaschung
- Denitrifikation
- Ammoniak-Verflüchtigung
- Erosion.

Stickstoffdüngung
Hierauf wird später gesondert eingegangen.

Niederschläge
Durch Niederschläge gelangen regional oftmals erhebliche N-Mengen in den Boden. Der Eintrag aus der Atmosphäre kann dabei erfolgen in Form der *nassen* (Regen, Schnee), *feuchten* (Nebel,Smog) und *trockenen* (Gas, Staub) Deposition. In *Gewittern* bilden sich Stickoxide, die zu einer Salpetersäure (HNO_3)-Anreicherung im Gewitterregen führen.
Feste Stoffe des Bodens können gasförmige und gelöste Stoffe an ihrer Oberfläche anlagern, absorbieren. Diese absorbierenden Stoffe heißen *Absorbentien,* die absorbierten Stoffe *Adsorbate.* Adsorbiert werden neutrale Moleküle (beispielsweise Wasser, Organika) sowie geladene Atome und Moleküle (Kationen, Anionen) (SCHWERTMANN 1989).

Stickstofffixierung
Hierunter wird die Umwandlung von Luftstickstoff (N_2) in organisch verwertbares Ammonium (NH_4^+) verstanden. Für die Ernährung der Pflanzen (und damit für die Ernährung aller Lebewesen im System Erde) sei dies ein essentieller Prozeß, in seiner Bedeutung durchaus vergleichbar mit der Photosynthese (HENNECKE 1994). Stickstoffixierung kann auf *technischem* Wege erfolgen oder sich auf *biologischem* Wege vollziehen. Vergleicht man den energetischen Aufwand beim technischen und biologischen Weg der N_2-Fixierung, so ist er bei beiden Wegen etwa gleich, doch kommt der biologische Weg direkt oder indirekt mit dem Sonnenlicht als Energiequelle aus, während der technische Weg (etwa beim Haber-Bosch-Verfahren) geeignete Katalysatoren sowie hohe Temperaturen und Drücke erfordert, zu deren Erzeugung nichterneuerbare Energien (beispielsweise Erdöl) eingesetzt werden (HENNECKE 1994).

Biologische Luftstickstoff-Fixierung (N_2-Fixierung)
Beim diesem Weg zur Stickstofffixierung obliegt die Nutzbarmachung des Luftstickstoffs für die Pflanzen ausschließlich einigen freilebenden oder in Symbiose mit höheren Pflanzen lebenden *Mikroorganismen* die fähig sind, das Enzym Nitrogenase zu synthetisieren. Dieses Enzym katalysiert die Spaltung des sehr stabilen Moleküls N_2 und die Umwandlung zu Ammoniak (NH_3), wodurch organische Stickstoffverbindungen gebildet werden können (SCHACHTSCHABEL 1989). Eine Auswahl stickstofffixierender (diazotropher) Bakterienarten ist in HENNECKE (1994) enthalten. Nach ihm ist die Anzahl der freilebenden diazotrophen Bakterienarten zwar erheblich größer als die der symbiontischlebenden, doch seien die letztgenannten von besonderem Interesse, da sich hier Möglichkeiten zur umfassenden ökologischen und agrarwirtschaftlichen Nutzung eröffnen könnten. Man kann mithin unterscheiden zwischen

nicht-symbiontischer N_2-Fixierung
symbiontischer N_2-Fixierung.

Zur symbiontischen N_2-Fixierung sind besonders die drei Rhizobien-Gattungen (Azorhizobium, Bradyrhizobium, Rhizobium) befähigt. Sie werden vielfach auch *Knöllchenbakterien* genannt. Auf spezifischen Wirtspflanzen (in der Regel sind dies Legominosen) kommt durch komplexe Vorgänge die Bildung von Wurzelknöllchen zustande, in denen die Bakterien als Endosymbionten leben und in diesem Zustand N_2 fixieren (LOSICK/KAISER 1997, HENNECKE 1994). Wurzelknöllchen finden sich an Futterpflanzen wie Klee und Luzerne oder an landwirtschaftlich bedeutsamen Körnerleguminosen wie Bohnen-, Erbsen- und Sojabohnenpflanzen. Solche Pflanzen sind mithin bezüglich ihres Wachstums auf Stickstoffdünger *nicht* angewiesen; sie sind stickstoffautark. Die N_2-Menge, die durch Leguminosen fixiert werden kann, dürfte etwa betragen (SCHACHTSCHABEL 1989):
Erbsen und Bohnen   70-100 kg / (ha, Jahr)
Klee und Luzerne   bis zu 300 kg / (ha, Jahr)
Hinsichtlich der globalen Nutzpflanzenproduktion gilt derzeit die mengenmäßig gestaffelte Reihenfolge: Weizen, Reis, Mais, Soja... An vierter Stelle folgt mit Soja die erste stickstofffixierende Leguminose. Für den Anbau von Weizen, Reis und Mais ist der Einsatz von mineralischem Stickstoffdünger notwendig, es sei denn, es ließe sich eine "Knöllchenbildung an Nicht-Leguminosen" erreichen (HENNECKE 1994).

Pflanzenentzug und Abfuhr der Ernteprodukte
Zu Mengen und anderes keine Angaben.

Auswaschung
Sie umfaßt das Herauslösen und Wegtransportieren von Bodenstoffen mittels versikkerndem Wasser, wobei diese Stoffe entweder in tiefere Bodenbereiche wieder angelagert oder ins Grundwasser eingefügt werden. Die *Stickstoffauswaschung* aus dem Wurzelraum der Pflanzen (Rhizosphäre) erfolgt überwiegend als Nitrat (NO_3^-), bei leichtdurchlässigen Sandböden teilweise auch als Ammonium (NH_4^+). Nitrat im Boden ist nur schwach gebunden. Wird es von den Wurzeln der Pflanzen nicht aufgenommen, kann es leicht ins Grundwasser ausgewaschen werden.
    In der *Europäischen Gemeinschaft* gilt seit 1986 als zulässiger
    Höchstwert für die Nitrat-Grundwasserbelastung:
    11,3 mg Nitrat-N pro Liter (= 50 mg Nitrat/Liter)
    (SCHACHTSCHABEL 1989, S.273).

Denitrifikation (Denitrifizierung)
ist die *mikrobielle* Umwandlung von Nitrat (NO_3^-) zu gasförmigen Endprodukten wie N_2O und N_2 (HENNECKE 1994). Das N_2O in der obersten Bodenschicht wird in die Atmosphäre emittiert, das N_2O in den tieferen Bodenschichten wird mikrobiell abgebaut. Diese Form der Denitrifikation ist mithin eine *biologische* Denitrifikation. Da gasförmige N-Verluste in Böden auch aufgrund chemischer Reaktionen auftreten, bezeichnet man diesen Vorgang als *chemische* Denitrifikation (SCHACHTSCHABEL

1989).

Ammoniak-Verflüchtigung
Eine Ammoniak (NH_3)-Verflüchtigung kann eintreten, wenn der Boden (aufgrund der übermäßig anwesenden negativ geladenen Hydroxyl-Ionen) eine alkalische Reaktion aufweist und diese durch die Anwesenheit von Calciumcarbonat ($CaCO_3$) noch verstärkt wird, und wenn mit Ammoniak, NH_4-Salzen oder organischen Stickstoffdüngern (etwa Jauche, Gülle) gedüngt wird (SCHACHTSCHABEL 1989).

Erosion
N-Verluste durch *Wasser- und Winderosion* sind im Rahmen des Stickstoffkreislaufs deshalb besonders bedeutsam, weil im Boden der überwiegende Teil des organisch gebundenen Stickstoffs in den *Oberböden* vorliegt (nach THROM 1993 ca 95% des gesamten Boden-Stickstoffs), und zwar in Humusstoffen, Pflanzenrückständen, Biomasse und abgestorbenen Organismen, wobei der $N_{(org)}$-Gehalt korreliert ist mit dem $C_{(org)}$-Gehalt.

Ammoniumfixierung
Ergänzend sei noch kurz die Ammoniumfixierung angesprochen. Wenn Ammonium (NH_4^+) bei Extraktion mit einer K-haltigen Lösung nicht freigesetzt wird, gilt es als fixiert. Silicathaltige Böden enthalten im allgemeinen fixiertes NH_4^+, das teilweise von den Ausgangsgesteinen bei der Bodenbildung ererbt wurde (sogenanntes naives NH_4^+). Beim Einsatz von bestimmten Düngern oder bei bestimmter Mineralisierung wird es teilweise ergänzt durch neugebildetes NH_4^+ (sogenanntes frisch fixiertes NH_4^+) (SCHACHTSCHABEL 1989). Ferner zersetzen Bakterien stickstoffhaltige Verbindungen von toten Organismen und von Exkrementen, wobei Ammonium zur Wiederverwertung freigesetzt wird (SMIL 1997).

Stickstoffdüngung

Von allen Nährstoffen die Pflanzen zum Wachsen und zur Lebenserhaltung benötigen, ist der *Stickstoffbedarf* am höchsten. Er bestimmt wesentlich den pflanzlichen Ertrag. Da der Stickstoffgehalt der Ausgangsgesteine der Böden meist sehr gering ist und mit dem Ernten der Pflanzen den betroffenen Böden außerdem Stickstoff entzogen wird, gleicht der Landwirt zumindest den entstehenden Mangel vielfach durch Düngung aus. Der Optimalbereich bei *Stickstoffdüngung* ist allerdings sehr klein: bei N-Überschuß leiden Ertrag und Qualität der Pflanzen und steigt die Auswaschung, bei zu geringer N-Zufuhr können Ertragseinbußen folgen (SCHACHTSCHABEL 1989). Die mineralische Stickstoffdüngung kann zu einer Belastung der Gewässer einschließlich des Grundwassers mit anorganischen Stickstoffverbindungen führen (siehe die vorstehenden Ausführungen über Auswaschung).

Traditionelle Düngerversorgung
Ackerböden wird, wie zuvor dargestellt, durch verschiedene Prozesse kontinuierlich Stickstoff entzogen. Traditionell, besonders in vor-industriellen Gesellschaften, wird über Mist, Gülle und andere organische Dünger versucht, die Stickstoffentnahme aus dem Ackerboden wieder auszugleichen. Dabei müssen im allgemeinen erhebliche Mengen dieser sogenannten Wirtschaftsdünger ausgebracht werden. Eine anderer Verfahrensweg ist der Anbau von Hülsenfrüchten (Erbsen, Bohnen, Linsen...) im Wechsel mit Getreide und einigen anderen Nutzpflanzen. Die Knöllchenbakterien in den Wurzeln verhelfen dann zu einer gewissen Versorgung der Ackerböden mit Stickstoff. Verschiedentlich werden auch Hülsenfrüchtler (Klee...) ausschließlich zu dem Zweck ausgesät, sie später als Gründünger unterzupflügen (SMIL 1997). In asiatischen Reisfeldern erfüllen Schwimmfarne der Gattung Azolla, die mit Cyanobakterien in Symbiose leben, diese Aufgabe. Nach SMIL kann die Kombination Gründüngung/Ausbringen menschlicher und tierischer Exkremente theoretisch bis ca 200 kg Stickstoff pro Hektar Ackerfläche erbringen.

Zunehmendes Wissen führte schließlich zur Erkenntnis, daß die Nahrungsproduktion wesentlich vom bioverfügbaren Stickstoff abhängig ist und daß dieser im Hinblick auf den potentiell wachsenden menschlichen globalen Nahrungsbedarf auf vorgenannten Wegen nicht hinreichend erbracht werden kann. Im wissenschaftlichen Bereich war es vor allem der deutsche Chemiker Justus Freiherr v. LIEBIG (1803-1873), der herausragende Arbeit leistete und als Begründer der heutigen Düngelehre und der Agrikulturchemie gilt.

Düngerversorgung mit Hilfe der Ammoniak-Synthese (Haber-Bosch-Verfahren)
Hauptnährstoffe für Pflanzen sind Stickstoff, Kalium und Phosphor. Für die beiden letztgenannten besteht offenbar seltener ein Mangel und außerdem lassen sie sich im allgemeinen viel einfacher auf mineralischem Wege ausgleichen. In Kaligruben sind die zur Düngung geeigneten Kaliumsalze unmittelbar abbaubar und Phosphaterze (Rohphosphat) läßt sich mit Säure zu löslicheren Verbindungen aufschließen, die von Wurzeln mit dem Wasser aufgenommen werden können. Für Stickstoff gab es solche relativ einfachen Verfahrensweisen jedoch zunächst nicht.

Die weitere Entwicklung läßt sich etwa wie folgt skizzieren (SMIL 1997): Gewisse Stickstoffhilfen für die Landwirtschaft erbrachten (zumindest regional) vor allem der Einsatz von *Chilesalpeter* (lösliche anorganische Nitrate aus mineralischen Ablagerungen in Wüstengebieten der Erde) sowie von organischem *Guano* (der sich aus den Exkrementen von Seevögeln beispielsweise auf den regenlosen peruanischen Chincha-Inseln bildet). Auch *Kokerei-Ammoniak*, der bei der Umwandlung von Kohle in Koks in Schwelöfen anfällt, war eine Hilfe. Das Verfahren, bei dem Koks mit Kalk und Luftstickstoff zu *Kristallstickstoff* reagiert (einer Verbindung die Kalzium, Kohlenstoff und Stickstoff enthält), wurde von 1898 an in Deutschland kommerziell angewendet. Einen noch höheren Energieaufwand als das vorgenannte Verfahren erfordert die sogenannte *Luftverbrennung*, die Erzeugung von Stickstoffoxiden aus den Gasen der Luft mittels einem elektrischen Flammenbogen. Norwegen (mit Wasserkraftstrom reichlich ausgestattet) begann 1903 mit der Produktion von Stickstoffdünger auf diesem Wege. Einen Durchbruch in der Produktion brachte aber erst die Entwicklung der *Ammoniaksynthese*, des *Haber-Bosch-Verfahrens*.

Der deutsche Chemiker Carl BOSCH (1874-1940) befaßte sich ab 1899 mit möglichen Herstellungsverfahren. Der deutsche Chemiker Fritz HABER (1896-1934) fand schließlich eine praktikable Lösung für die Synthese von Ammoniak aus Stickstoff und Wasserstoff. Mit diesem Verfahren (inzwischen Haber-Bosch-Verfahren genannt) wurde ab 1913 die kommerzielle Produktion aufgenommen. Die Erforschung des Mechanismus der Ammoniaksynthese gelang erst um 1960 (CHRISTEN 1974). Die globale Jahresproduktion an *Ammoniak* betrug

um 1950   ca 5 Millionen Tonnen,
um 1990   ca 120 Millionen Tonnen (dies entspricht ca 100 Millionen Tonnen Stickstoff).

Ein großer Teil davon (ca 80 %) geht in die landwirtschaftliche Düngung (SMIL 1997). Inzwischen wird in der Landwirtschaft so viel Stickstoff als Düngemittel verwendet, daß seine Verteilung im System Erde sich dramatisch und in mancher Hinsicht für das menschliche Leben gefährlich verändert hat (SMIL 1997). Zusätzlich zu den auf *biologischem* Wege fixierten 180-200 $\cdot 10^6$ Tonnen N pro Jahr werden auf *technischem* Wege derzeit global ca 100 $\cdot 10^6$ Tonnen N pro Jahr hergestellt (HENNEKKE 1994).

Modelle des globalen Stickstoffkreislaufs

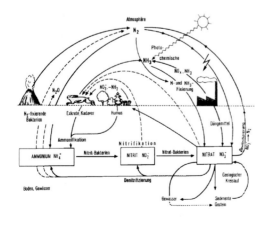

Bild 7.159
Modell des globalen Stickstoffkreislaufs nach FURLEY/NEWEY 1983.
------------> = geringere Bedeutung.
Quelle:
HEINRICH/HERGT (1991) S.64, verändert.

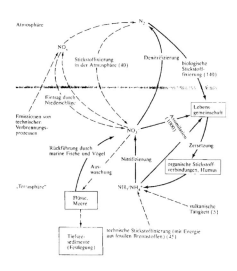

Bild 7.160
Modell des globalen Stickstoffkreislaufs. *Volle Linien* markieren Flüsse und Austauschprozesse, die von Organismen vermittelt und kontrolliert werden. *Unterbrochene Linien* kennzeichnen Flüsse, die vor allem auf physikalischen Kräften beruhen oder Folgen menschlicher Tätigkeit sind. Die *Zahlen* in Klammern kennzeichnen die relative Bedeutung einiger Austauschprozesse (Schätzdaten). Quelle: ODUM (1991)

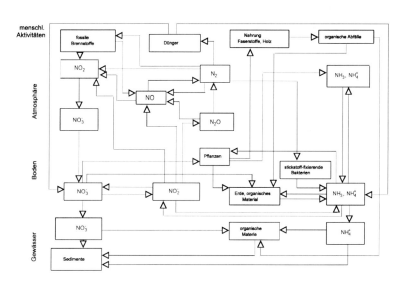

Bild 7.161
Modell des globalen Stickstoffkreislaufs nach SMIL (1997).

Menschliche Aktivitäten beeinflussen zunehmend den Stickstoffkreislauf in Gewässern, im Boden und in der Atmosphäre. Beim Wechseln zwischen den einzelnen Stationen nimmt der Stickstoff unterschiedliche Formen an. In der Nahrung von Mensch und Tier ist er vorrangig Bestandteil von Proteinen und Nukleinsäuren. Mit verstärktem Einsatz von Düngemitteln in der Landwirtschaft haben sich die bisherigen Flüsse dieses Elements im globalen Kreislaufgeschehen erheblich verändert.

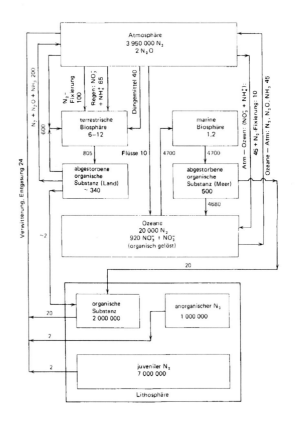

Bild 7.162
Modell des globalen Stickstoffkreislaufs nach HOLLAND 1978.
Hauptflüsse in 10^{12} g/a (Gramm pro Jahr);
Hauptreservoire in 10^{15} g.
Quelle:
MASON/MOORE (1985) S.211

7.6.07 Zum globalen Schwefelkreislauf

Schwefel (S) (Sulfur), das nichtmetallische Element, tritt in einer größeren Anzahl von allotropen Modifikationen auf. An der Luft entzündet sich Schwefel bei etwa 260°C und verbrennt mit blauer Flamme unter Bildung eines farblosen, stechend riechenden, giftigen Gases (Schwefeldioxid). Die Modifikationen unterscheiden sich vor allem durch den Kristallaufbau, teilweise auch durch die Molekülgröße. In der anorganischen Natur kommt Schwefel sowohl in gediegener Form, als auch in Form von Sulfiden (Salzen des Schwefelwasserstoffes H_2S) und Sulfaten (Salzen der Schwefelsäure H_2SO_4). Je nach den Redoxbedingungen tritt S in verschiedenen *Oxidationsstufen* auf: -2 (Sulfide...), 0 (elementarer Schwefel), +2 (Thiosulfate), +4 (Sulfite), +6 (Sulfate). Dementsprechend können zahlreiche mineralische und organische Verbindungen und Bindungsformen vorhanden sein. Unter stark reduzierenden Bedingungen treten Oxidationsstufen -2 oder 0 auf, unter oxidierenden Bedingungen tritt vor allem die Stufe +6 auf (zur Schreibweise der Oxidationszahlen siehe Bild 7.***).

Für Pflanze, Tier und Mensch ist Schwefel ein unentbehrliches Nährelement (SCHACHTSCHABEL 1989). Er ist ein notwendiger Bestandteil der Aminosäuren Cystein und Methionin und mithin am Stoffwechsel aller lebenden Organismen beteiligt (BINGEMER et al. 1987). Der Schwefelkreislauf beeinflußt unter anderem den pH-Wert des Regenwassers und den Aerosolgehalt der Atmosphäre; diesen insbesondere durch marine Emission von biogenem Schwefel an der Grenzfläche zwischen Meer und Atmosphäre (siehe Abschnitt 10.1). In der Troposphäre war um **1970** nur Schwefeldioxid (SO_2) als einzige gasförmige Schwefelverbindung in globaler Verteilung meßtechnisch nachgewiesen; heute kennt man folgende *Spurengase* als Teile des globalen Schwefelkreislaufs (JUNGE 1987): SO_2; $(CH_3)_2S$, H_2S, CS_2, wahrscheinlich auch CH_3SH; COS. Ihre Quellen und Senken im Kreislaufgeschehen werden nachfolgend erläutert. Einen Überblick über einige Modelle des globalen Schwefelkreislaufs geben die Bilder 7.164 und 7.165.

Schwefeldioxid (SO_2)

Quellen: Tätige Vulkane, Oxidation von meist biogenen Schwefelgasen, menschliche Aktivitäten (Nutzung fossiler Brennstoffe: Kohle, Öl, Erdgas). Bei Vulkanausbrüchen werden oftmals große Schwefelmengen ausgestoßen, die dann überwiegend in die Stratosphäre gelangen und dort langsam zu Schwefelsäure oxidieren. Vermutlich ist dies die einzige *direkte* natürliche Quelle von SO_2 (wenn man die Oxidation von biogenen Schwefelgasen als *indirekte* natürliche Quelle auffaßt) (JUNGE 1987). Nach derzeitiger Kenntnis erbringt der globale *Vulkanismus* gegenwärtig einen SO_2-Eintrag in die Atmosphäre von $0{,}15 \cdot 10^{14}$ gS/Jahr (mit einem großen Anteil aus nichteruptiver Tätigkeit) (JAENICKE 1987 S.10). Der gegenwärtige *anthropogene* Eintrag wird auf ca $1{,}4 \cdot 10^{14}$ gS/Jahr geschätzt (MÖLLER 1988).

Senken: Nasse oder trockene Ablagerung (teils direkt, teils nach Umwandlung in Aerosol-SO_4) auf das Gelände beziehungsweise die Geländebedeckung.

Aufenthaltszeit in der Atmosphäre: mehrere Tage bis zu einer Woche (mit starken örtlichen und zeitlichen Schwankungen). Die *Konzentration* in der Atmosphäre liegt zwischen 10-1000 ppv (JUNGE 1987).

Dimethylsulfid $(CH_3)_2S$ oder DMS
Schwefelwasserstoff (Wasserstoffsulfid) H_2S
Schwefelkohlenstoff (Kohlendisulfid) CS_2
Methylmercaptan CH_3SH
Quellen: Alle Gebiete wo biologische Prozesse meist unter anaeroben Bedingungen ablaufen (Watt, Sumpf); Meeresgebiete, hier vor allem $(CH_3)_2S$; menschliche Aktivitäten, besonders in Ballungsgebieten (Verbrennung von Biomasse, industrielle Prozesse in Raffinerien...). Mithin starke örtliche Schwankungen der Quellstärken; eine Ausnahme bildet vielleicht die Quellstärke von DMS bestimmter Meeresgebiete (Meeresoberflächen). DMS entsteht in diesen Gebieten als Stoffwechselprodukt mariner Algen und ist diejenige aerosolbildende Verbindung, über die global erhebliche Mengen an biogenem Schwefel aus dem Meer in die Atmosphäre emittiert wird (siehe Abschnitt 10.1); die H_2S-Emission des offenen Meeres ist im Vergleich dazu gering (BINGEMER et al. 1987). Auch Böden emittieren DMS.
Senken: Atmosphäre; die reduzierten Schwefelgase werden dort überwiegend zu SO_2 aufoxidiert. Bei Anwesenheit von Sauerstoff wird CS_2 zu COS oxidiert; es trägt somit zum Schwefeltransport in die Stratosphäre bei.
Aufenthaltszeiten in der Atmosphäre: Weniger als zwei Tage. Alle *Konzentrationen* sind meist <1 ppv (JUNGE 1987).

Carbonylsulfid (COS)
Quellen: Oxidation von Schwefelkohlenstoff (CS_2) in der Troposphäre; vermutlich anaerobe Prozesse; tätige Vulkane; menschliche Aktivitäten (Verbrennung von Biomasse, Prozesse in Industrieanlagen).
Senken: Stratosphäre (vermutlich Hauptsenke). Größere Anteile der schwefelhaltigen Spurengase werden zu Schwefeldioxid (SO_2) und weiter zu Schwefeltetroxid (SO_4) oxidiert und vom Niederschlag abgeschieden. In landfernen Meeresgebieten wurde SO_2 in der Luft und zusätzliches SO_4 im Seesalzaerosol gemessen (JUNGE 1987). Im marinen Aerosol sind mithin Schwefelverbindungen über jenen Anteil hinaus angereichert, der durch Dispersion von Seesalz-Sulfat von den Meeresoberflächen her und von Mineralstaub von den Landoberflächen her erklärt werden kann (BINGEMER et al. 1987).
Aufenthaltszeit in der Atmosphäre: mehrere Jahrzehnte (geringe Schwankungen) (JUNGE 1987).

Quellstärken der Schwefelemissionen
Die Quellstärken werden gegenwärtig wie folgt geschätzt (JUNGE 1987):
Biogene Schwefelemission	ca 1 $\cdot 10^{14}$ g S/Jahr
Anthropogene Schwefelemission	ca 1 $\cdot 10^{14}$
Schwefelemission im Seesalzaerosol	ca 0,5 $\cdot 10^{14}$
Schwefel in vulkanischen Emissionen	ca 0,1 $\cdot 10^{14}$

Die im vor- und nachstehenden Text genannten entsprechenden Beträge weichen hiervon etwas ab.

Wichtige Schwefelreservoire
Nach MÖLLER (1988) enthalten
⬥ Erd(kern)mantel, Sulfate im Meer: $1,3 \cdot 10^{21}$ g S
      + im Gips $CaSO_4$:   ca $5 \cdot 10^{21}$
⬥ Lithosphäre:
      Sulfide + elementarer Schwefel: ca $1,4 \cdot 10^{16}$

Zur Ernährungsweise hyperthermophiler Organismen

In den heißen wasserhaltigen Gebieten der Erde laufen (regionale) Stoffkreisläufe ab, die wesentlich durch die Anwesenheit *hyperthermophiler* Lebensgemeinschaften gestaltet sind (Abschnitt 7.1.02). Beispielsweise wird beim Schwefelkreislauf von verschiedenen hyperthermophilen Organismen Sulfid zu Sulfat oxidiert und umgekehrt Sulfat wieder zu Sulfid reduziert. STETTER (2003) gibt folgende Übersicht, wobei auch die daran beteiligten Gattungen von hyperthermophilen Archaeen und Bakterien angegeben sind.

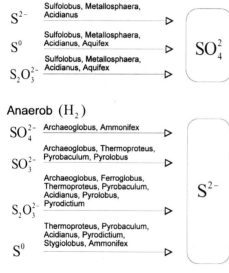

Bild 7.163 Schwefelkreislaufgeschehen in heißen wasserhaltigen Gebieten der Erde nach STETTER (2003).

SO_4^{2-} = Sulfat-Ion

S^{2-} = Sulfid-Ion, S^0 = elementarer Schwefel

Es bedeuten:

O_2 = Sauerstoff

H_2 = Wasserstoff

Sulfate = Salze der Schwefelsäure

Sulfide = Salze des Schwefelwasserstoffs

Sulfite = Salze der schwefligen Säure

Ionen = Positiv oder negativ elektrisch geladene Teilchen, in wässrigen Lösungen und in Schmelzen frei beweglich

Modelle des globalen Schwefelkreislaufs

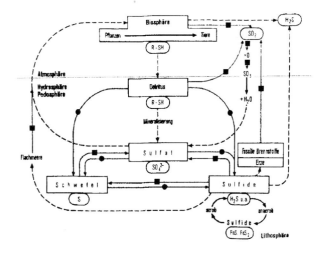

Bild 7.164
Modell des globalen Schwefelkreislaufs nach KORMONDY 1969. Quelle: HEINRICH/HERGT (1991) S.66, verändert. Zur Definition von Detritus siehe Bild 7.116.

--- = Stofftransport,
■ = Oxidation (Abgabe von Elektronen), ● = Reduktion (Aufnahme von Elektronen)

Bild 7.165
Modell des globalen Schwefelkreislaufs nach MÖLLER (1989).
RS = organischer Schwefel
MeS = Metallsulfide
S^{2-} = Sulfid-Ion
SO_4^{2-} = Sulfat-Ion

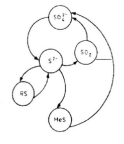

Der Schwefelgehalt der Pflanzen beträgt meistens 0,1-0,5% der Trockensubstanz (SCHACHTSCHABEL 1989). Pflanzen decken ihren Schwefelbedarf überwiegend aus dem SO_4-Gehalt der **Böden**. Die mineralisch vorkommenden Sulfate (SO_4^{2-}), vor allem im Gips ($CaSO_4$) und im Bittersalz ($MgSO_4$),sind offenbar eine Hauptquelle des im Kreislauf befindlichen Schwefels. SO_4 wird von den Pflanzen vermittels ihrer Wurzeln bei der Assimilation direkt aufgenommen, reduziert und als organisch gebundener Schwefel in das pflanzliche Material eingebaut (*assimilatorische Sulfatreduktion*).

Ein Teil dieses organisch gebundenen Schwefels nehmen pflanzenfressende Tiere auf. Abgestorbenes Pflanzenmaterial (auch in den Exkrementen der Tiere sowie im Boden) wird von Mikroorganismen zersetzt. Die Weitergabe des Elements erfolgt somit a) über die Nahrungskette an die Konsumenten und b) über den Detritus an die Destruenten. Beim Zersetzen des Detritus werden schwefelhaltige Aminosäuren freigesetzt; eine Spaltung in kleinere, flüchtige Moleküle führt zu CH_3SH, $(CH_3)_2S$, CS_2 und H_2S. Unter *anaeroben* Bedingungen wird in Böden und Gewässern von Mikroorganismen vor allem SO_4 zu H_2S reduziert (*dissimilatorische Sulfatreduktion*); unter *aeroben* Bedingungen führen Mikroorganismen Oxidationsreaktionen von H_2S zu elementaren Schwefel und zu SO_4 durch. Bei den vorgenannten Prozessen werden somit aus *nichtflüchtigen* biotischem (organischem) S und abiotischem Material (SO_4) *flüchtige* Schwefelverbindungen gebildet, was auch lebende Pflanzen vermögen, indem sie H_2S durch ihre Blattoberflächen an die Atmosphäre abgeben (BINGEMER et al. 1987). Anderseits können Pflanzen SO_2 und SO_3 auch aus der Luft aufnehmen. Ebenso sind Böden fähig, große Mengen an gasförmigen S-Verbindungen, wie SO_2, H_2S und CH_3SH sehr schnell zu absorbieren (SCHACHTSCHABEL 1989). Im photosynthetisch erschlossenen Bereich des Meeres werden flüchtige Schwefelverbindungen, wie $(CH_3)_2S$ oder DMS, CS_2, COS und CH_3SH_4, durch Phytoplankton produziert und an die Atmosphäre abgegeben (BINGEMER et al. 1987). Der durch DMS bewirkte Eintrag in die Atmosphäre beträgt nach BINGEMER et al. ca $0,3 \cdot 10^{14}$ g S/Jahr (±ca 50%). Gegenwärtig werden $(1,3-3,0) \cdot 10^{14}$ g S/Jahr als Sulfat in die Atmosphäre eingebracht, jedoch zu 90% dem Meer wieder zugeführt (MÖLLER 1982). Im biogenen Kreislaufgeschehen insgesamt sollen gegenwärtig mindestens $6,5 \cdot 10^{14}$ g S/Jahr chemisch umgewandelt werden, wobei die maritime Biosphäre mit 85% beteiligt sei (MÖLLER 1982).

Bleibt noch anzumerken, daß unter anaeroben Bedingungen **Eisen** mit H_2S reagiert zu Eisensulfiden (FeS, FeS_2). In neutralem und alkalischem Umfeld sind diese unlöslich und entziehen infolge Sedimentation somit Schwefel dem "kurzfristigen" Kreislaufgeschehen (HEINRICH/HERGT 1991). Siehe hierzu auch Abschnitt 7.1.04, Marine gebänderte Eisenerze und kontinentale Rotsedimente der Erde.

Die zuvor genannten anthropogenen Eingriffe in den globalen Schwefelkreislauf (Verbrennung von Biomasse, Prozesse in Industrieanlagen...) sind schließlich noch zu ergänzen durch den Eingriff **Düngung**. Sowohl über die mineralische, als auch über die organische Düngung wird dem Boden vielfach Schwefel zugeführt. Mengendaten für eine globale Aussage stehen nicht zur Verfügung. Als **Schadstoff** kann ein hoher SO_4-Gehalt nur dann wirken, wenn die jeweiligen Erfahrungswerte von *Entzugsdüngung* (die der Nährstoffabfuhr vom Feld entspricht) und *Erhaltungsdüngung* (die zur Aufrechterhaltung eines bestimmten Bodenwertes notwendig ist) überschritten werden. Der Pflanzenwuchs wird beeinträchtigt oder unterbunden, wenn Schwefel in *Sulfidform* vorliegt; Schwefelwasserstoff (H_2S) stellt beispielsweise ein starkes Pflanzengift dar. Auch hohe SO_2- beziehungsweise SO_3-Konzentrationen in der Luft wirken schädigend (SCHACHTSCHABEL 1989).

7.6.08 Zum globalen Phosphorkreislauf

Phosphor (P), das nichtmetallische Element, tritt in verschiedenen Formen auf. Es wird unterschieden: Weißer, Roter, Schwarzer Phosphor. Der Weiße Phosphor ist leicht selbstentzündlich (oxidiert an der Luft), sehr giftig und leuchtet an der Luft im Dunkeln. Von ihm leitet sich die Benennung ab: gr. Phosphorus, Lichtträger. Der Rote Phosphor und der Schwarze Phosphor sind ungiftig und leuchten nicht. P liegt in anorganischer und organischer Bindung im System Erde vor.
Phosphor ist ein wichtiges *wachstumbegrenzendes* Element. Er wird vor allem für die Energieumwandlung benötigt, die lebendes Cyto- oder Protoplasma von nichtlebendem Material unterscheidet (ODUM 1991). In Organismen sind große Phosphormengen vor allem enthalten in den Nukleinsäuren DNS und RNS (Abschnitt 7.7.06) sowie in den Membranen (als Phosphorlipide) (HEINRICH/HERGT 1991). Im Hinblick auf den biologischen Bedarf wird P als ein vergleichsweise seltenes Element des Systems Erde angesehen. Organismen haben für Speicherung von P viele Mechanismen entwickelt. Die P-Konzentrationen in einem Gramm Biomasse sind meist wesentlich höher als in einem Gramm anorganischer Substanz der unmittelbaren Umgebung, etwa des Bodens oder des Wassers (ODUM 1991). Während der direkt verfügbare Phosphor etwa in Organismen rasch zirkuliert, vollzieht sich das Kreislaufgeschehen in dem großen Reservoir der Gesteine vergleichsweise langsam, etwa vermittels Erosion mit Sedimentation im Meer und daran anschließender P-Rückführung zum Land vermittels Gebirgsbildung und Vulkanismus. Die Bilder 7.166 und 7.167 geben einen Überblick über einige Modelle des globalen Phosphorkreislaufs.

Im *Kreislaufgeschehen* wird dem Boden Phosphor als Phosphat-Ion (PO_4^{3-}) zugeführt, wobei die Phosphate bei der Verwitterung von Muttergestein ausgewaschen werden. Sie stehen dann den Pflanzen als Nährstoff zur Verfügung, oder sie werden bergmännisch, meist im Tagebau, abgebaut und unter anderem zu Düngemitteln verarbeitet. Zahlreiche schwerlösliche Phosphate werden dem "kurzfristigen" Kreislaufgeschehen durch Sedimentation entzogen. Das Kreislaufgeschehen in Organismen kann sehr schnell ablaufen. Phytoplankton beispielsweise nimmt Phosphate in 5 Minuten auf und die Abgabe ins freie Wasser oder an das Zooplankton erfolgt nach durchschnittlich 3 Tagen. Das Zooplankton gibt täglich soviel Phosphat ab, wie im Organismus selbst enthalten ist. In Pflanzen verbleibt ein Teil des aufgenommenen Phosphats 15-20 Tage, was vermutlich auf ein internes Kreislaufgeschehen zurückzuführen ist (HEINRICH/HERGT 1991). In Organismen soll mehr als die Hälfte des Phosphor als Phosphat gespeichert sein, der Rest soll sich in anorganischen Molekülen oder in organischen Verknüpfungen befinden.

Modelle des globalen Phosphorkreislaufs

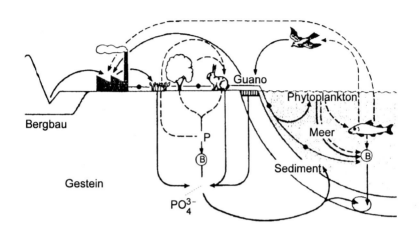

Bild 7.166
Modell des globalen Phosphorkreislaufs. Es bedeuten: volle Linien = anorganisches Phosphat, gestrichelte Linien = organischer Phosphor, Linie mit vollen Punkten = Abfluß ins Meer, B = Bakterien. Phosphor (P) wird dem mineralischen Kreislauf als Phosphat-Ion (PO_4^{3-}) zugeführt. Phosphate werden bei der Verwitterung von Gestein ausgewaschen oder im Bergbau gewonnen. Sie stehen dann den Pflanzen zur Verfügung beziehungsweise werden diesen (über Dünger) zugeführt. Quelle: HEINRICH/HERGT (1991), verändert

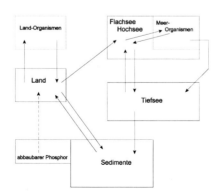

Bild 7.167
Modell des globalen Phosphorkreislaufs mit Angaben zu den Reservoiren und den Flüssen pro Jahr.

Reservoir	1975	1991
Landorganismen	3 000	$2{,}02 \cdot 10^9$
Land	200 000	$25{,}6 \cdot 10^{15}$
abbaubarer P	?	$12{,}8 \cdot 10^6$
Flach- und Hochsee	2 710	?
Meerorganismen	138	$128 \cdot 10^6$
Tiefsee	87 100	?
Sedimente	$4 \cdot 10^9$	$868 \cdot 10^{12}$

Flüsse pro Jahr	$\Rightarrow$	$\Leftarrow$	$\Rightarrow$	$\Leftarrow$
Landorganismen - Land	63,5	63,5	?	?
Land - Sedimente	18,3	20		
Land - Flach/Hochsee	1,7	-		
Flach/Hochsee - Meerorganismen	1040	998		
Flach/Hochsee - Tiefsee	18	58		
Tiefsee - Sedimente	1,7	-		
abbaubarer P (P-Dünger) - Land	12	-		

7.168
Phosphor-Reservoire und -Flüsse
Datenquelle:
1975: MASON/MOORE (1985), MÖLLER (1986), Angaben in 10^{12} g
1991: HEINRICH/HERGT (1991), Angaben in Tonnen (für Flüsse keine Angaben)

8 Graslandpotential

Globale Flächensumme
ca 46 000 000 km²
?

Eine allgemein akzeptierte Definition des Begriffes *Grasland* gibt es bisher nicht. Ob die Benennung *Nichtwald-Vegetation* geeignet ist, bleibt hier unbehandelt. Der Begriff Grasland soll zunächst alle Gebiete der Erde umfassen, die vollständig oder (neben Strauchgehölzen und Baumgehölzen) überwiegend einen Bestand an Gras aufweisen, wobei die Nahrungspflanzen (Getreide, Mais, Kartoffeln, Rüben...) als *kultivierte* Grasarten gelten (ODUM 1991). In diese Definition eingeschlossen sind mithin die in der Literatur oft widersprüchlich benutzten und umstrittenen Begriffe wie Savanne, Steppe, Prärie, Pampa, Weide, Grasflur, Wiese, Rasen und anderes. Erläuterungen zu diesen Begriffen gibt SCHMITHÜSEN (1961). Die in Verbindung zu dieser Definition stehende Begriff *offene* Wald-, Baumgehölz-, Strauchgehölzfläche ist erläutert im Abschnitt 7.3. Eine Übersicht über die "Steppengebiete" vermittelt JÄTZOLD (1984), wobei er darauf hinweist, daß die Benennung Steppe (russ. stepf) ebenes Grasland bedeutet. Der "Steppengürtel" der Erde sei außerdem *nicht* identisch mit einem bestimmten, einheitlichen "Klimagürtel" der Erde.

Wegen der großen Fruchtbarkeit sind (neben Wald) vor allem die Grasländer, besonders in den gemäßigten Klimabereichen der Erde, vom Menschen weitgehend in Ackerland umgewandelt worden; ein weiterer Teil in Grünland. Die Summe der Flächen von Ackerland und Grünland wird gelegentlich auch Landwirtschaftliche Fläche genannt (SJ 1990), im Gegensatz zur Forstwirtschaftlichen Fläche. Die Begriffe Ackerland und Grünland, beziehungsweise Landwirtschaftliche Fläche, werden hier ebenfalls in den Oberbegriff Grasland eingeschlossen. Das vom Menschen durch Umgestaltung von Teilen des "Naturgraslandes" (beziehungsweise "Naturwaldlandes") geschaffene "Kulturgrasland" umfaßt außer Acker- und Grünland auch noch andere Bereiche, insbesondere das Siedlungsland. Eine umfassende (vorläufige) begriffliche Landklassifizierung wurde herausgegeben von den UN (Economic and Social Council): ECE Standard Statistical Classification of Land use (CES/637 vom 07.04.1989).

Ohne Rücksicht darauf, in welchem Klimabereich der Erde die Grasländer liegen, wird das Grasland hier wie folgt gegliedert:
- Grünland
Fläche mit "natürlichem" Gras-, Stauden-, beziehungsweise Kräuterbestand sowie Weiden, Mähwiesen...
- Ackerland
Flächen mit bestimmtem "Nahrungspflanzenbestand".
- Siedlungsland
Es umfaßt Gebäudeflächen mit Hofflächen, Verkehrsflächen, Industrie- und Gewerbeflächen...

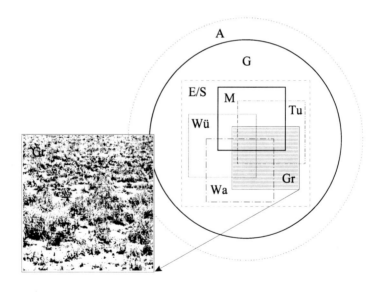

Bild 8.1
Das Graslandpotential (Gr) und die Verknüpfungen (im Sinne der Mengentheorie) zwischen dem Graslanpotential und den anderen Hauptpotentialen des Systems Erde.

	um	1969	1970	1980	1987	1990	1990	1990*
Eurasien	A		8	10	8			8,25
	G		9	10	12			
	Gr		17	20	20			
Amerika	A		3	4	4			4,16
	G		7	8	8			
	Gr		10	12	12			
Afrika	A		3	2	2			1,87
	G		6	8	7			
	Gr		9	10	9			
Australien + Ozeanien	A		<0	<0	<0			0,51
	G		5	4	5			
	Gr		5	4	5			
Erde	A		14	16	14	8	16	14,78
	G		27	30	32			
	Gr	42	41	46	46			32,67

Bild 8.2
Die Graslandfläche der Erde (in 10^6 km²) zu verschiedenen Zeiten und nach verschiedenen Quellen. A = Ackerland, G = Grünland, Gr = Grasland.
Quelle:
1969 FELS
1970 WESTERMANN (1972), FAO, UN
1980 MYERS (1985)
1987 SJ (1990)
1990 EK S.242, FAO
1990 EK (1991) S.287
1990* Vereinte Nationen (WB 1993)

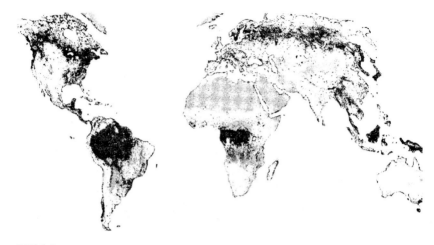

Bild 8.3
Bildteil oben: **Wald**gebiete (dunkel) und **Grasland**gebiete (hell), abgeleitet aus AVHRR-Daten der NOAA-Satelliten. Das farbige Original wurde mit einer geometrischen Auflösung von 1 km erstellt (de FRIES et al 2000). Die globale Flächensumme der Wald- und Graslandgebiete liege zwischen 30-60 Millionen km^2. Der Gehalt an Kohlenstoff schwanke zwischen 100-400 Tonnen / ha. Die Wüstengebiete sind dunkel-gemustert wiedergegeben (siehe beispielsweise Sahara).
Bildteil unten: Vergrößerung aus obigem Bildteil.

← vorrangig Ödland (Wüste Sahara, Hochgebirge)

← *Sahelzone* (mit Tschad-See)
← vorrangig Weidegebiete (Dornstrauchsavannen, Hartgrassteppen)
← vorrangig einfacher landwirtschaftlicher Anbau, teilweise Pflanzungen und Plantagen

← vorrangig Waldgebiete

Anmerkung:
Sahel (arab. Küste), hier Übergangszone vom Wüstengebiet der Sahara zur Dornstrauchsavanne. Am Sahara-Südrand eine breite Zone vom Atlantik bis zum Roten Meer (Flächengröße ca 2 Millionen km^2).

Menschwerdung, Domestizieren von Tieren und Pflanzen, Bodennutzung

Die Vorfahren des heutigen Menschen
Die menschliche Gattung *Homo* ist vermutlich im Zeitabschnitt 3,5 bis 2,0 Millionen Jahre vor der Gegenwart erstmals aufgetreten. Inzwischen aufgefundene Fossilien von *Australopithecus*-Arten, die etwa gleichaltrig mit den ältesten behauenen Steinwerkzeugen sind, schürten den Verdacht, daß in Ostafrika damals verschiedene aufrecht gehende Hominiden zeitgleich nebeneinander lebten. Der *anatomisch moderne* Mensch (*Homo sapiens sapiens*) ist seit ca **30 000** Jahren vor der Gegenwart existent.

E-J	Alter	Fundort	Benennung der Art
1925		Südafrika	A. africanus
1938		Südafrika	P. robustus
1959		Ostafrika, östlich G.	P. boisei
1968		Ostafrika, westlich G.	P. aethiopicus
1974	3,2	Ostafrika, westlich G.	A. afarensis
1994	4,5	Ostafrika, östlich G.	A. ramidus
1995	4,0	Ostafrika, westlich G.	A. anamensis
1996	3,5	Afrika, nahe Tschadsee	A. bahreighazali
1999	2,5	Ostafrika, westlich G.	A. garhi
2000	6,0	Ostafrika, östlich G.	Orrorin tugenensis
2001	3,5	Ostafrika, westlich G.	Kenyanthropus platyops
2002	7,0	Afrika, nahe Tschadsee	Sahelanthropus tschadensis

Bild 8.4
Einige Fossilfundstätten von Australopithecinen und noch älteren Hominiden. E-J = Entdeckungsjahr der Fossilie, anhand der die neu eingeführte Art beschrieben wurde. Das Alter der Fossilie ist im Millionen Jahren (10^6 Jahren) vor der Gegenwart angegeben. A = Australopithecus. P = Paranthropus (Sammelbegriff für die grobschlächtigen Australopithecinen-Verwandten). G = afrikanischer Grabenbruch. Nach Daten von PICQ (2003), SCHOLZ (2001) und andere

Nach **1980** haben sich die Vorstellungen zur Evolution des Menschen grundlegend gewandelt (PICQ 2003). Primatologen zeigten überzeugend auf, daß dem Menschen nahe verwandte Affenarten in Anpassung an ihre spezifische Umwelt (einschließlich Klima) unterschiedlich leben. Diese Ergebnisse erwiesen sich als anregend und fruchtbar auch für das Verständnis von Anpassungen bei der Entwicklung des heutigen Menschen, weil diese sich unter vergleichbaren Lebensbedingungen vollzog.

Weitere Fossilfunde und weiterentwickelte Forschungsmethoden (etwa in der Altersbestimmung der Fossilfunde sowie in der Molekularbiologie) stellten das Bild von einem "Stammbaum", den Glauben an eine Hauptentwicklungslinie bei der Menschwerdung, zunehmend infrage. Einem neuen Bild der Menschwerdung mangelt es jedoch noch an sicheren Konturen. Vielfach wird angenommen, daß die Wurzeln des heutigen Menschen in Afrika liegen (dies hatte schon 1872 der englische Naturforscher Charles Robert DARWIN, 1809-1882, vermutet), westlich oder östlich des afrikanischen Grabenbruchs. Aufrechter Gang und Werkzeugherstellung sind bei gleichzeitig an verschiedenen Orten lebenden Hominidenarten anzutreffen (nicht nur bei einer Art und an einem Ort). Auch Wanderbewegungen, etwa nach Eurasien, sind bereits ca 2 Millionen vor der Gegenwart erkennbar. Nach heutiger Erkenntnis ist der Mensch mit dem afrikanischen Menschenaffen (Gorilla und Schimpanse) viel näher verwandt als mit dem in Südostasien heimischen Orang-Utan (PICQ 2003). Inzwischen ist das Erbgut des Schimpansen entziffert. Damit werden die genetischen Unterschiede Schimpanse/Mensch besser erforschbar als bisher. Erste Ergebnisse offenbaren überraschend große genetische Unterschiede besonders in den Bereichen Hören, Riechen und Sprechen (ENGELN 2004).

Bild 8.5
Zeitliche Abfolge der Existenz einiger Hominiden-Arten (-Gattungen) nach Daten von SCHOLZ (2001).

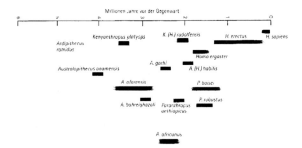

Das Domestizieren von Tieren und Pflanzen

Beim Menschen erfolgt die Versorgung des Körpers mit Nahrung, Wasser und Sauerstoff durch die Verhaltensweisen Essen, Trinken und Atmen. Ebenso wie beim Tier bestimmt auch beim Menschen der jeweilige Versorgungszustand die Bereitschaft (den Antrieb) zur Nahrungsbeschaffung. Werden Aufbauen und Unterhalten eines Nahrungsvorrats als Wirtschaftsform angesehen, dann betrieben die frühen Menschen nach heutiger Erkenntnis eine "aneignende" Wirtschaftsweise, gleich, ob sie mehr Sammler oder mehr Jäger waren oder mit List versuchten, Kadaver verendeter Tiere zu fleddern. Vermutlich war ihre Vorgehensweise zur Nahrungsbeschaffung zunächst wenig spezialisiert (BRÄUER/REINCKE 1999). Der Großteil ihrer Nahrung dürfte pflanzlicher Art gewesen sein. Die kulturelle Entwicklungsstufe des "anatomisch modernen Menschen" (des Homo sapiens sapiens) am Übergang vom

Pleistozän zum Holozän (um ca 10 000 Jahre vor der Gegenwart) entsprach noch weitgehend dieser aneignenden Wirtschaftsweise. Mit dem *Domestizieren* von Tieren und Pflanzen vollzieht sich sodann der Übergang zur "produzierenden" Wirtschaftsweise. Wann die Haustierhaltung begann, ist offen. Vielfach wird angenommen, daß sie um 12 000 bis 10 000 Jahren vor der Gegenwart eingesetzt habe (CLEVE 1987). Vermutlich begann die Tierhaltung und Tierzüchtung sowie das Halten von Haustieren und Tierherden etwas früher als der Anbau von Pflanzen (Hackbau, Pflanzbau, Ackerbau).

Bedeutsame Entwicklungen im Ackerbau sind erstmals ca 10 000 Jahre vor der Gegenwart erkennbar. Die Entwicklung soll sich vorrangig in Flußgebieten vollzogen haben, wie etwa am Nil, an Euphrat und Tigris, Ganges und Bramaputra sowie am Jangtsekiang (MYERS 1985). In diesen Regionen ist es ganzjährig warm und die Wasserversorgung ermöglicht der nahe Fluß. Seit diesen ersten Versuchen einer "Landwirtschaft", also dem Anbau von Feldfrüchten und der Viehzucht, wurde ein beträchtlicher Teil unseres Planeten umgegraben, die Landschaft beträchtlich verändert.

Das Domestizieren (oder "Kultivieren") wild wachsender Pflanzen hatte vermutlich noch tiefgreifendere Folgen als das Domestizieren der Tiere, denn das Kultivieren der Wildpflanzen zog nach sich die Herstellung von Ackerbaugeräten, landwirtschaftlichen Fahrzeugen, Vorratsgefäßen und Vorratskammern sowie das Errichten von Bewässerungsanlagen, Terrassenbauten und anderes bis hin zur Nahrungsmittelverarbeitung (CLEVE 1987). Das Kultivieren der Pflanzen gelang in verschiedenen Regionen der Erde, die zugleich charakteristische Kulturpflanzen hervorbrachten. Beispielsweise stammen Gerste und Weizen aus Westasien (ca 11 000 Jahre vor der Gegenwart), Hirse-Arten aus Ostasien (ca 6 000 Jahre vor der Gegenwart), Kartoffeln und Mais aus Mittel- und Südamerika (ca 4 000 Jahre vor der Gegenwart). Durch die Bewirtschaftung von Boden waren die Menschen zugleich an diese Region gebunden, und sie begannen, sich in festen Dörfern anzusiedeln.

Die Vergrößerung der Anbauflächen führte schließlich zu Ernteüberschüssen, so daß Nahrungsmittel ein Handelsobjekt wurden. Nahrungsmittel-Handel ermöglichte, eine größere Anzahl von Menschen in einer eng begrenzten Region zu ernähren. Es entwickelten sich neue Organisationsformen des menschlichen Zusammenlebens. Etwa 10 000 bis 8 000 Jahre vor der Gegenwart entstanden die ersten menschlichen "Siedlungen" und die ersten Städte: wie beispielsweise *Jericho* im Jordangraben nördlich des Toten Meeres und *Catal Hüyük* auf der anatolischen Hochebene in der Türkei (Blütezeit 10 000 bis 8 000 Jahre vor der Gegenwart). Die jungsteinzeitliche Siedlung (Neolithikum) Catal Hüyük (türk. für „gegabelter Hügel") bedeckte eine Fläche von ca 100 000 m^2 und umfaßte vermutlich bis zu 8 000 Einwohner (HODDER 2004). Über Wechselbeziehungen zwischen Klima und Beginn der Landwirtschaft siehe Abschnitt 10.5.

Bodennutzung
Es lassen sich unterscheiden *Böden* und *Sedimente*. Böden bestehen aus *Mineralen* verschiedener Art und Größe (anorganischen Stoffen) sowie aus organischen Stoffen, dem *Humus*. Die Anordnung von Mineralen und Humus bestimmen das *Bodengefüge* mit einem bestimmten Hohlraumsystem, den Poren von unterschiedlicher Größe und Form, die mit *Bodenlösung* (Wasser mit gelösten Salzen und Gasen) und *Bodenluft* gefüllt sind. Böden (Bodenarten) sind vorrangig geprägt durch Klima und Verwitterung, geologische Gegebenheiten (Ausgangsgesteine der Verwitterung), topographische Gegebenheiten (beispielsweise Hanglage, Flußniederung), durch Einwirkungen von Lebewesen (unter anderem des Menschen) und durch ihre (bereits abgelaufene) Entwicklungszeit. Böden dienen Organismen als Lebensraum und bieten Pflanzen, als Wurzelraum, Verankerung sowie Versorgung mit Wasser, Sauerstoff und Nährstoffen. "Kulturböden" dienen vor allem der Nahrungsmittelproduktion und der Erzeugung organischer Rohstoffe. Durch *Bodennutzung* wird der Boden verändert und damit auch seine Ertragsfähigkeit und Ertragsleistung. *Nachteilig* wirken Veränderungen durch Bodenabtrag. Diese Form der Bodenzerstörung ist zwar ein "natürlicher" Prozeß, wird aber durch die Nutzung der Böden verstärkt, vielfach sogar erst ausgelöst, insbesondere durch die Bodennutzung des Menschen. Bodenzerstörungen oder *Bodendegradierungen* ergeben sich vor allem aus *Bodenerosion durch Wasser* und *Bodenerosion durch Wind* (Deflation). Eine umfassende Untersuchung der Vereinten Nationen um **1990** erbrachte, daß 19,64 Millionen km^2 *deutliche Degradierungserscheinungen* aufweisen (WB 1993). Bei einer angenommenen Gesamtbodenfläche von 130,69 Millionen km^2 sind dies 17 %. Den größten Beitrag dazu verursachte die *Erosion durch Wasser* (56 %), gefolgt von der *Erosion durch Wind* (28 %), der *chemischen* Degradierung (12 %) und der *physikalischen* Degradierung (4 %). Die Waldbodenfläche ist in diesen Zahlen *nicht* enthalten. Den Prozessen der Bodenzerstörung stehen Prozesse der Bodenbildung beziehungsweise Bodenentwicklung gegenüber (SCHACHTSCHABEL et al. 1989), wobei die Eigenschaften der Böden, ihre Unterschiedlichkeiten in globaler Sicht, generell durch die Umwelt geprägt sind, in der sie vorkommen. Die Böden ändern sich, wenn einzelne Umwelteinflüsse sich ändern. Außerdem führt die *menschliche Arbeit* an Böden zu einer sekundären Umgestaltung der Böden und damit zu einem Übergang vom "Naturboden" zum "Kulturboden" (GANNSEN 1965). Die Bildung von Boden benötigt allerdings erheblich mehr Zeit, als dessen Zerstörung.

Bodenerosion
Durch die Bodenerosion werden Jahr für Jahr vermutlich 75 Milliarden Tonnen Boden ins Meer geschwemmt oder durch den Wind fortgetragen, wobei das Ausmaß der natürlichen Erosion durch die menschlichen Aktivitäten um ein Vielfaches gesteigert würde (MYERS 1985). Myers nennt einige Regionen der Erde mit starker Erosion, wobei Afrika und Asien als am stärksten betroffen ausgewiesen werden:

|Afrika|
Nordafrika, große Erosionsschäden trotz Bemühungen, die Wüstenbildung durch Baumgürtel aufzuhalten.
Sahel, vermutlich die Region der Erde mit der stärksten Winderosion.
Botswana/Namibia, sehr große Vieherden fördern die Erosion.
|Asien|
Mittlerer Osten, die Erosion (seit Jahrhunderten ein Problem) breitet sich gegenwärtig schneller aus als zuvor.
Zentralasien, Zuviel Vieh, zuwenig sachgemäße Bewirtschaftung, verursachen Erosion.
Mongolei, Zunehmen von Bevölkerung und Viehherden überfordern die Böden.
China, verliert durch den Jangtsekiang jährlich 5 Milliarden Tonnen feinen Lößboden.
Vorgebirge des Himalaja, ca 25 Millionen Tonnen werden jährlich von den abgeholzten Berghängen Nepals fortgeschwemmt, ebenso von den Vorgebirgen des Himalaja (im indischen Bereich des Einzuggebietes des Ganges). Im Golf von Bengalen entsteht dementsprechend eine riesige Untiefe beziehungsweise Insel.
Belutschistan, Traditionelle Viehzucht und zunehmende Viehherden fördern die Erosion.
Rajasthan, Dürreperioden sind Dauerzustand geworden.
|Amerika|
USA, starker Produktionsdruck auf die Böden in den Getreideanbaugebieten.
Mexiko, Brandrodungswirtschaft und Dürren.
Nordost-Brasilien, 40 Millionen Menschen überfordern die schwachen Böden.
|Australien|
lange Dürreperioden, verschärft durch sehr große Viehbestände.

Die Zusammenstellung charakterisiert den Stand um 1981. Eine informative kartographische Übersicht gibt der Atlas zur Bodenkunde von GANSSEN/HÄDRICH (1965). Nach der zuvor genannten Untersuchung der Vereinten Nationen (Stand um 1990) bestehen in den einzelnen Kontinenten der Erde die folgenden vom Menschen verursachten *Bodendegradierungen*:

Asien = 7,48 $\cdot 10^6$ km² (Millionen km²)
Afrika = 4,94
Südamerika = 2,43
Europa = 2,19
Nord/Mittelamerika = 1,58
Ozeanien = 1,03
Summe = 19,65

Als Ursachen der Degradierung werden genannt: Überweidungen, Rodungen, Ackerbau, Übernutzung, Industrie (Daten nach OLDEMAN et al. 1991 in WB 1993). Nachstehend sind noch einige Daten über die jährliche Bodenfracht einiger Flüsse genannt (Bild 8.6).

Fluß	Mündung	B.Fracht	W. Einzugsgebiet
Huang (Gelber Fluß)	Gelbes Meer	1 600	668
Ganges	Bucht von Bengalen	1 455	1 076
Nil	Mittelmeer	1 111	2 978
Amazonas	Atlantik	363	5 776
Irradwady	Bucht von Bengalen	299	430
Mekong	Südchinesisches Meer	170	795
Kongo	Atlantik	65	4 014
Niger	Golf von Guinea	5	1 114

Bild 8.6
Die durch Bodenerosion verursachte jährliche Bodenfracht einiger Flüsse. Geschätzte durchschnittliche Bodenfracht (Fracht) pro Jahr in 10^6 Tonnen. Größe des Wassereinzugsgebietes (Einzugsgebiet) in 1000 km². Quelle: WB (1993)

Stickstoffdüngung und Erdbevölkerung

Von allen Nährstoffen die Pflanzen zum Wachsen und zur Lebenserhaltung benötigen, ist der Stickstoffbedarf am höchsten. Er bestimmt wesentlich den pflanzlichen Ertrag. Da der Stickstoffgehalt der Ausgangsgesteine der Böden meist sehr gering ist und mit dem Ernten der Pflanzen den betroffenen Böden außerdem Stickstoff entzogen wird, gleicht der Landwirt zumindest den entstehenden Mangel vielfach durch Düngung aus. Mit verstärktem Einsatz von Düngemitteln in der Landwirtschaft haben sich die bisherigen Flüsse dieses Elements im globalen Kreislaufgeschehen erheblich verändert (Abschnitt 7.6.06).

Ackerböden wird also durch verschiedene Prozesse kontinuierlich Stickstoff entzogen. Traditionell, besonders in vor-industriellen Gesellschaften, wird über Mist, Gülle und andere organische Dünger versucht, die Stickstoffentnahme aus dem Ackerboden wieder auszugleichen. Dabei müssen im allgemeinen erhebliche Mengen dieser sogenannten Wirtschaftsdünger ausgebracht werden. Eine anderer Verfahrensweg ist der Anbau von Hülsenfrüchten (Erbsen, Bohnen, Linsen...) im Wechsel mit Getreide und einigen anderen Nutzpflanzen. Die Knöllchenbakterien in den Wurzeln verhelfen dann zu einer gewissen Versorgung der Ackerböden mit Stickstoff. Verschiedentlich werden auch Hülsenfrüchtler (Klee...) ausschließlich zu dem Zweck ausgesät, sie später als Gründünger unterzupflügen (SMIL 1997). In asiatischen

Reisfeldern erfüllen Schwimmfarne der Gattung Azolla, die mit Cyanobakterien in Symbiose leben, diese Aufgabe. Nach SMIL kann die Kombination Gründüngung/Ausbringen menschlicher und tierischer Exkremente theoretisch bis ca 200 kg Stickstoff pro Hektar Ackerfläche erbringen.

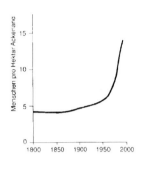

Bild 8.7
Zunahme der Bevölkerung in China in Menschen pro Hektar Ackerland. Quelle: SMIL (1997), verändert

Zunehmendes Wissen führte schließlich zur Erkenntnis, daß die Nahrungsproduktion wesentlich vom bioverfügbaren Stickstoff abhängig ist und daß dieser im Hinblick auf den potentiell wachsenden menschlichen globalen Nahrungsbedarf auf vorgenannten Wegen nicht hinreichend erbracht werden kann. Eine Lösung bietet die Düngerversorgung mit Hilfe der *Ammoniak-Synthese* (1913 Haber-Bosch-Verfahren, Abschnitt 7.6.06). Zum Anwachsen der Erdbevölkerung haben sicherlich viele Faktoren beigetragen, vermutlich wäre dieses explosionsartige Anwachsen in den letzten Jahrzehnten aber kaum möglich gewesen ohne die großtechnische Herstellung von Ammoniak und den davon abgeleiteten stickstoffhaltigen Düngemitteln. Die Entwicklung des Haber-Bosch-Verfahrens hat hierzu einen wesentlichen Beitrag geleistet. Vor allem die Bevölkerungsdichte in Staaten mit intensiver Landwirtschaft stieg erst dann deutlich, als stickstoffhaltiger Handelsdünger in großem Umfange eingesetzt werden konnte (Beispiel China). Inzwischen wird in der Landwirtschaft aber so viel Stickstoff als Düngemittel verwendet, daß seine Verteilung im System Erde sich dramatisch und in mancher Hinsicht für das menschliche Leben gefährlich verändert hat (SMIL 1997). Zusätzlich zu den auf *biologischem* Wege fixierten 180-200 $\cdot 10^6$ Tonnen N pro Jahr werden auf *technischem* Wege derzeit global ca 100 $\cdot 10^6$ Tonnen N pro Jahr hergestellt (HENNECKE 1994).

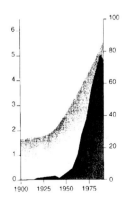

Bild 8.8
Globaler Verbrauch an synthetischen Stickstoffdüngern und Anwachsen der Erdbevölkerung. Skala links: Erdbevölkerung in Milliarden (10^9). Skala rechts: Verbrauch pro Jahr an Stickstoffdünger in Millionen Tonnen (10^6 Tonnen) Stickstoff. Quelle: SMIL (1997), verändert

Spurenelemente im Boden und im Wasser (Schadstoffbelastung)

Die vorrangig durch menschliche Tätigkeit direkt oder indirekt bewirkten gasförmigen, flüssigen und festen *Emissionen* gelangen als *Immissionen* in die Luft, ins Meer und in die sonstigen Gewässer sowie in den Boden. Sie können dort als Schadstoffe beispielsweise toxische (giftige) Wirkungen auf Mensch, Tier und Pflanze ausüben oder Änderungen des Klimas im System Erde herbeiführen. Ob ein Stoff als *Schadstoff* wirkt, ist wesentlich von der jeweils vorliegenden Dosis abhängig.

Schwermetalle als Schadstoffe
Zu den meist aus der metallverarbeitenden Industrie und dem Kraftfahrzeugverkehr stammenden Schwermetalle zählen Cadmium (Cd), Quecksilber (Hg), Blei (Pb). Zink (Zn), Nickel (Ni), Kupfer (Cu), Kobalt (Co), Chrom (Cr) und andere. Sie können als Abfälle, Abgase, Klärschlämme, Müllkomposte und anderes toxische Wirkungen erzeugen. Zum Schutz unserer (lebenserhaltenden) Umwelt sind daher hinreichende Gewässer- und Bodenkontrollen unerläßlich. Kontrollverfahren zur Feststellung erhöhter Schwermetallkonzentrationen stehen zwar zur Verfügung, doch vielfach sind diese nicht empfindlich genug und sprechen erst bei Werten an, die oberhalb der für den Menschen gefährlichen Grenze liegen.

|Arabidopsis-Testsystem|
Dieses Biotestsystem arbeitet mit transgenen Pflanzen. Er nutzt das Phänomen, daß Umweltgifte die Erbsubstanz nicht nur schädigen, sondern verschiedentlich auch defekte Gene reparieren, wenn solche defekten Gene künstlich in eine geeignete (Test-) Pflanze eingebaut wurden. Beispielsweise ließen sich mit diesem Verfahren neben Cadmium, Kupfer, Blei, Zink und Nickel auch Arsen nachweisen. Hinsichtlich Empfindlichkeit konnten 0,001 mg (Milligramm) Cadmium pro Liter Medium nachgewiesen werden (JACOBY 2001). Mit dieser Empfindlichkeit sei dieser Biotest zum Nachweis von Schwermetallbelastungen in Wasser- und Bodenproben allen bisher eingesetzten Verfahren weit überlegen.

Ausführungen über Metallkonzentrationen im Meerwasser und im Zooplankton sind im Abschnitt 9.3.02 enthalten.

Landnutzung
Die Europäische Union hat mit dem Projekt CORINE (Coordinated Information on the Environment) ein Informationssystem aufgebaut, das einen Überblick gibt über die geographische Verbreitung von 44 Landnutzungsklassen in Europa, wie Siedlungsflächen, landwirtschaftlich genutzte Flächen, Waldflächen und andere. Der erste Datensatz dieses Projektes bezieht sich auf die Jahre um 1995. Ein zweiter, inzwischen erstellter Datensatz bezieht sich auf die Jahre um 2000 (Land Cover 2000). Ein

Vergleich beider Datensätze zeigt deutlich, welche Veränderungen in der Landnutzung sich diesen ca 10 Jahren in Europa vollzogen haben.

Die 2000-Daten für *Deutschland* wurden im Rahmen eines Forschungsvorhabens vom DLR (in Oberpfaffenhofen) ermittelt (KN 2/2005). Sie basieren auf (digitale) Bildaufzeichnungen der Satelliten Landsat-5 und Landsat-7, die nach abgestimmter Methodik verarbeitet wurden. In Deutschland sind von den 44 definierten Klassen 37 vertreten.

Mit Fragen der Bodennutzung beziehungsweise Landnutzung als einem wesentlichen Merkmal zur Aufhellung der Beziehungen zwischen den Menschen und ihrer Umwelt ist, hat die deutsche Bundesregierung sich bereits 1985 befaßt und einen Maßnahmenkatalog zum Bodenschutz aufgestellt, der 1987 vom Bundeskabinett verabschiedet wurde. Besonders Wohnen, Arbeiten, Verkehr und Freizeitgestaltung stellen bekanntlich erhebliche Ansprüche an die einzelnen Bodenflächen. Dies gilt sowohl für die quantitativen Ansprüche, als auch für die qualitative Belastung der Bodenflächen durch die unmittelbare oder mittelbare Nutzung. Der sich hierauf gründende Informationsbedarf war Anlaß zur Förderung entsprechender Verfahren zur Bereitstellung der erforderlichen statistischen Daten, insbesondere des vom Statistischen Bundesamt vorgeschlagenen *Statistischen Informationssystems zur Bodennutzung* (STABIS) (BM-Bau 1989). Das 1990 durchgeführte Kolloquium über *Neue Wege raumbezogener Statistik* verdeutliche bereits die künftige Entwicklungsrichtung: den Einsatz der Satellitenfernerkundung (Statistisches Bundesamt 1992).

Vegetationsindex

Zur Klassifizierung von tätigen Oberflächen, insbesondere von Vegetationsoberflächen, kann der sogenannte *Normierte Differenz-Vegetationsindex* (engl. Normalized Difference Vegetation Index, NDVI oder kurz: Normalized Vegetation Index, NVI) benutzt werden. Das Verfahren beruht auf einer Berechnung der Intensitätsunterschiede der reflektierten Strahlung in ausgewählten Wellenlängenbereichen. Damit spektral neutrale Intensitätsschwankungen unberücksichtigt bleiben können, wird die Differenz normiert gemäß:

$$NDVI = \frac{I_{k2} - I_{k1}}{I_{k2} + I_{k1}}$$

In der Gleichung bezeichnet I die am Sensor (im Satelliten) ankommende reflektierte (Strahlungs-)Intensität und $k_{1,2...}$ den jeweiligen Kanal des Sensors, der in der Regel einen bestimmten Wellenlängenbereich des elektromagnetischen Spektrums umfaßt. Die *Definitionen von Vegetationsindizes* und einige gebräuchliche Arbeitsweisen sind anhand von Ergebnissen für Mitteleuropa für den Zeitabschnitt 1983-1985 übersichtlich dargestellt in BLÜMEL et al (1988). Es wurden NOAA-AVHRR-Daten benutzt mit einer 1km-Auflösung (Pixelgröße in der Natur).

Scotobiologie - Biologie der Dunkelheit

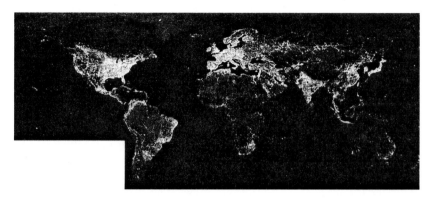

Bild 8.9
Die Erde während der Nacht (NASA-Bildmosaik). Das Bild hat Wissenschaftler inspiriert zu Überlegungen über den globalen Tag-Nacht-Zyklus der Lebewesen (auch des Menschen) und andere Fragen, etwa der Urbanisierung. Die Forschungsrichtung gab sich anläßlich eines Symposiums über „The Ecology of the Nigth" 2003 in Canada den Namen *Scotobiologie* (vom griech. scotos = Dunkelheit) (BIDWELL/GOERING 2004).

8.1 Satelliten-Erdbeobachtungssysteme
(vorrangig zur Landbeobachtung)

Die Wechselwirkungen zwischen der menschlichen Gesellschaft und ihrem Lebensraum verstärken sich in heutiger Zeit in einem Maße, wie nie zuvor in der Erdgeschichte seit dem Aufkommen des Menschen. Um die bestehende, (noch) hinreichend menschenfreundliche ökologische dynamische Stabilität zu erhalten, bedarf es einer umfassenden Überwachung der existentiellen Umweltparameter. Die *globale* Erfassung von Umweltparametern ist fast nur mit Hilfe von erdumkreisenden Satelliten möglich. Geeignete Satellitensysteme zur Umweltüberwachung (zur Überwachung des Systems Erde) sind die Satellitensysteme in *geostationären* und in *polnahen* Umlaufbahnen. Im Rahmen der *Landbeobachtung* sind bisher besonders die Daten der Systeme LANDSAT und NOAA erdweit genutzt worden und haben zu inhaltsreichen Ergebnissen geführt. Dies gilt weitgehend auch für die Radarsatelliten, wie etwa ERS und RADARSAT. Neben diesen Satellitensystemen mit polnahen Umlaufbahnen haben für globale Aufgabenstellungen ferner die sogenannten Wettersatelliten große Bedeutung erlangt, wie etwa GOES, METEOSAT und GMS, die als geostationäre Satellitensysteme bezeichnet werden.

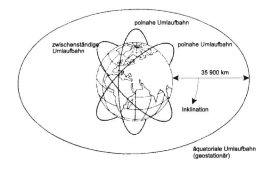

Bild 8.10
Für die Erdbeobachtung wichtige Satelliten-Umlaufbahnen.

Umlaufbahnen der Erdbeobachtungs-Satelliten
Die Charakteristik der Umlaufbahn eines Satelliten bestimmen weitgehend die *Inklination* (I) der Bahnebene und die "Höhe" (H) der Umlaufbahn über der Land/Meer-Oberfläche. Ist der Winkel zwischen der Äquatorebene und der Satellitenbahnebene, also die Inklination I = 0°, liegt eine *äquatoriale* Umlaufbahn vor. I = 90° ergibt eine *polare* Umlaufbahn. Durch I und H ist weitgehend auch die *Bahnspur* auf der Land/Meer-Oberfläche und der Abstand der Bahnspuren (etwa am Äquator) festgelegt. Die niedrigste sinnvolle Höhe von Satellitenbahnen über der Land/Meer-Oberfläche liegt (wegen der Reibung des Satelliten in der Erdatmosphäre) bei H = ca 200 km. Bei H = ca 1000 km wirken praktisch fast keine Reibungskräfte mehr auf den Satelliten ein. Bei H = ca 35 900 km über der Land/Meer-Oberfläche und I = 0° beträgt die *Umlaufdauer* des Satelliten ca 24 Stunden (Sterntag). Der Satellit hat also etwa dieselbe Winkelgeschwindigkeit wie die Erde und bleibt daher scheinbar über einen bestimmten Erdort stehen. Eine solche Umlaufbahn wird deshalb "geostationär" genannt (beispielsweise die Bahn des Satelliten METEOSAT). Bei *polarem* Umlauf würde sich der Satellit genau in Südrichtung oder in Nordrichtung bewegen und wegen der Erdrotation ständig in andere Zeitzonen und somit in andere Beleuchtungsverhältnisse gelangen. Bei *polnahem* Umlauf (I = 90° ± x°) kann die Zeitgleichung des Jahresablaufs berücksichtigt werden (durch Drehung der Bahnebene um einen festen Betrag pro Tag), wodurch sich (bei H = <1000 km) *sonnensynchrone* Umlaufbahnen konzipieren lassen, das heißt, der Satellit überfliegt bei solchen Bahnen den Äquator stets etwa zur gleichen Ortszeit. Kreuzt der Satellit auf einer solchen Bahn aus Nord kommend die Äquatorbahn (Äquatorebene), befindet er sich nach dem Überflug in einer sogenannten *absteigenden* Bahn (-spur), beim erneuten Überflug aus Süd kommend in einer sogenannten *aufsteigenden* Bahn (-spur). Da die Erde entsprechend ihrer Rotation unter der Satellitenbahn hindurch läuft, beschreibt die Spur aller Satellitenumläufe auf der Erdkugel beziehungsweise auf dem Erdellipsoid eine "Schraubenli-

nie", aus deren Verlauf sich die sogenannte *Wiederholrate* (Repetitionsrate, Repetitionszyklus) ergibt, jener Zeitabschnitt, nach dem derselbe Erdort wieder aufgezeichnet werden kann.

Hinsichtlich der *polnahen* und *sonnensynchronen* Umlaufbahnen gelten als optimal für die Erdbeobachtung beispielsweise die Kombinationen (BODECHTEL/GIERLOFF-EMDEN 1974):

Umläufe/Tag	Umlaufzeit (min)	Bahnhöhe H (km)	$\pm x°$
16	90	274,6	6,6
15	96	567,0	7,4
14	102,9	893,9	9,0

Satelliten, die sich zwischen der äquatorialen Umlaufbahn und den polnahen Umlaufbahnen bewegen, laufen auf sogenannten "zwischenständigen" (oder "schiefen") Umlaufbahnen.

Geostationäre Satellitensysteme

Einige (für die hier skizzierte Aufgabenstellung) herausragende Satellitensysteme in diesem Bereich sind nachfolgend erläutert.

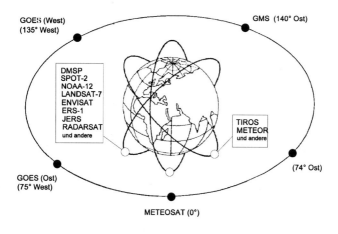

Bild 8.11
Für die Überwachung des Systems Erde und der Wettervorhersage wichtige Satelliten (Satellitenserien) in der äquatorialen ● (geostationären) Umlaufbahn, in polnahen ○ und in zwischenständigen ○ Umlaufbahnen.

GOES (USA)

NOAA-GOES (Geostationary Operational Environmental Satellite) umfaßt die Serie der sogenannten Wettersatelliten. Diese Serie wird meist durch die Benennung GOES-... gekennzeichnet. GOES-1 (Start 1975)...GOES-7 (Start 1987)...GOES-11 (Start 2000). Die Anfänge dieser Satellitenserie sind im Abschnitt 10.3 dargestellt. Die nachfolgenden Serien sind hier genannt. Sensoren im VIS- und UR-Bereich. Geplant GOES-N bis -Q.

METEOSAT (Europa, ESA, EUMESAT)

EUMESAT ist eine internationale Organisation, der mehr als 15 europäische Staaten angehören und deren Ziel es ist, ein europäisches System operationeller meteorologischer Satelliten zu betreiben. Das Operations- und Kontrollzentrum ESOC (European Space Operations Center) befindet sich in Darmstadt/Deutschland. Die *geostationäre* Satelliten-Serie METEOSAT dient zwar vorrangig der Wettervorhersage, zunehmend wird sie auch zur *Umweltüberwachung* genutzt. METEOSAT-1 (Start 1977)...METEOSAT-5 (Start 1991). Die Anfänge dieser Satellitenserie sind im Abschnitt 10.3 dargestellt. Der Leistungsumfang läßt sich etwa gliedern in Satellitenbilder, Windfelder und atmosphärische Vertikalprofile. In einer 2. Generation dieser Serie mit der Bezeichnung MSG (Meteosat Second Generation) sind Systemveränderungen enthalten (EUMESAT 1991). Die Satelliten MSG-1... sind hier genannt.

GMS (Japan)

Geostationary Meteorological Satellite (GMS). Die Serie wird meist durch die Benennung GMS-... gekennzeichnet. GMS-1 (Start 1977)...GMS-4 (Start 1989). Die Anfänge dieser Satellitenserie sind im Abschnitt 10.3 dargestellt. Die dem Anfang folgenden Serien sind hier genannt.

Satellitensysteme in polnahen Umlaufbahnen
Einige (für die hier skizzierte Aufgabenstellung) herausragende Satellitensysteme in diesem Bereich sind nachfolgend erläutert.

DMSP (USA)

DMSP (Defense Meteorological Satellite Program) bezeichnet eine Serie von polnah umlaufenden Satelliten. Sie wird meist durch die Benennung DMSP-... gekennzeichnet. DMSP-Block 4 (Startbeginn 1965).

METEOR (UdSSR, Russland)

METEOR bezeichnet die einzelnen Serien dieser Satellitenreihe, die vorrangig meteorologische Aufgaben zu erfüllen hatte/hat. Sie wird meist gekennzeichnet durch die Seriennummer (der gesamten Satellitenreihe) und innerhalb dieser durch die

Satellitennummer. METEOR-1-1 (Start 1969)...METEOR-3-5 (Start 1991)...

NOAA (USA)
NOAA-POES (Polar-Orbiting Operational Environmental Satellite) bezeichnet eine Serie von polnah umlaufenden Satelliten. Sie wird meist durch die Benennung NOAA-... gekennzeichnet. NOAA-1 (Start 1970)... NOAA-12 (Start 1991)... NOAA-16 (Start 2000).

LANDSAT (USA)
Der erste Satellit dieser Serie startete 1972 unter dem Namen ERTS-1 (Earth Resources Technology Satellite) und erhielt später den Namen LANDSAT-1.

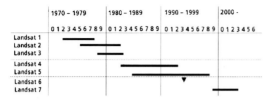

Bild 8.12 Das Landsat-Programm in zeitlicher Abfolge. Landsat-6 ist wegen Fehlstart ausgefallen. Quelle: DLR (1998), verändert

|LANDSAT-7, Sensor: ETM+|
VIS	0,45-0,52 µm	gA = 30 m
VIS	0,52-0,60	= 30
VIS	0,63-0,69	= 30
NUR	0,76-0,90	= 30
UR	1,55-1,75	= 30
UR	2,08-2,35	= 30
UR (thermal)	10,4-12,5	= 60
panchromatic	0,52-0,90	= 15

SPOT (Frankreich)
SPOT (Satellite Pour l'Observation de la Terre) bezeichnet eine Serie von polnah umlaufenden Satelliten. Sie wird meist durch die Benennung SPOT-... gekennzeichnet. SPOT-1 (Start 1986), SPOT-2 (Start 1990).

TERRA (USA) (Start 1999)
Das seit 1991 in Entwicklung und Realisierung befindliche umfassende globale Erdbeobachtungsprogramm von NASA (EOS, Earth Observing System, USA) erreichte einen ersten Verwirklichungshöhepunkt mit dem erfolgreichen Start des Satelliten TERRA.
Die an Bord befindlichen fünf Sensorsysteme sind *passive* Systeme.

ASTER (Advanced Spaceborne Thermal Emission and Reflection Radiometer) MODIS (Moderate-resolution Imaging Spectroradiometer), die Land/Meer-Oberfläche und ihre Bedeckung kann in 1-2 Tagen datenmäßig vollständig erfaßt werden.
MISR (Multiangle Imaging Spectroradiometer), es können stereoskopische Bilder auch von Wolken und Rauchfahnen erzeugt werden.
CERES (Clouds and the Earth's Radiant Energy System), der Sensor soll die Aufgaben des Satelliten ERBE übernehmen.
MOPITT (Measurements of Pollution in the Troposphere), abtastendes Radiometer mit Gaskorrelations-Spektroskop, der Sensor kann die Verteilung von Methan und Kohlenmonoxid in der unteren Atmosphäre messen.
Ihre Charakteristik läßt sich wie folgt kennzeichnen (RANSON/WICKLAND 2001):

Sensor	ASTER	MODIS	MISR	CERES	MOPITT
gA	15 m VIS 30 m mUR 90 m TUR	250 m (2 B) 500 m (5 B) 100 m (29 B)	275 m bis 1 km	22 km	22 km
B	14 B 0,5-12 µm	36 B 0,4-14 nm	4 B 0,443 mm 0,555 mm 0,670 mm 0,865 mm	3 B solar 0,3-5,0 mm, thermal 8-12 mm, total 0,3->200 mm	3 B 2,3 mm (CH_4) 2,4 mm (CO) 4,7 mm (CO)
SB	60 km	2 330 km	360 km	2 330 km	640 km
WR	n. Bedarf	täglich	6-9 Tage	täglich	3-4 Tage
Stereo	ja	nein	ja	nein	nein

gA = geometrische Auflösung (im Nadirbereich), B = Anzahl der Bänder (mit Spektralbereiche), SB = Streifenbreite, WR = Wiederholrate (Zeitabschnitt, nach dem derselbe Punkt wieder aufgezeichnet werden kann), Stereo = Stereoaufzeichnung/-auswertung möglich, mUR = mittleres Ultrarot (mittleres Infrarot), TUR = thermales Ultrarot (thermales Infrarot).

Die vorgenannten Sensorsysteme sollen geeignet sein zum Erbringen von Aussagen über die folgenden Parameter (RASON/WICKLAND 2001):

Atmosphäre	
Bewölkung, Wolken	MODIS, CERES, MISR, ASTER, Landsat
radiativer Energiefluß	CERES
Chemie der Troposphäre	MOPITT
Chemie der Stratosphäre	MOPITT
Aerosol	MODIS
Temperatur	MODIS
Feuchtigkeit	MODIS
Land	
Topographie	MODIS, MISR, ASTER/Landsat
Vegetation	MODIS, MISR, ASTER/Landsat
Oberflächentemperatur	MODIS, ASTER
Feuer, Brandherde	MODIS, ASTER/Landsat
vulkanische Vorgänge	MODIS, ASTER/Landsat
Nässe, Feuchtigkeit	MODIS
Eis-/Schneebedeckung	
Meereis	MODIS, MISR, ASTER/Landsat
Schneebedeckung	MODIS, MISR, ASTER/Landsat
Meer	
Meeresoberflächentemperatur	MODIS, ASTER
Phytoplankton und Sinkpartikel	MODIS, MISR

EOSDIS. Für Empfang, Bearbeitung und Analyse der enormen Datenmengen wurde ein Rechnernetzwerk eingerichtet, das als EOSDIS, als EOS Data and Information System bezeichnet wird. Aktuelle Informationen bringt unter anderem die zweimonatlich erscheinende EOS-Publikation "The Earth Observer". Aussagen zum Stand der Rechenleistung sind im Abschnitt 10 enthalten.

|Umwelt-Satellitensystem der USA, ab 1994|
1994 entschied der Präsident der USA (Clinton) die militärischen und zivilen meteorologischen Satellitensysteme der USA zu einem einzigen nationalen System zusammenzufassen. Das Programm trägt die Bezeichnung NPOESS (National Polarorbiting Operational Environmental Satellite System) und wird geführt vom integrierten Programmbüro IPO (des Verteidigungsministeriums und des Handelsministeriums).

NPOESS (National Polarorbiting Operational Environmental Satellite System, USA). Das neue Umweltsatellitensystem der USA wird betrieben von der Bundesbehörde

NOAA (National Oceanic and Atmospheric Administration, Handelsministerium). Die operative Betreuung hat NESDIS (National Environmental Satellite, Data and Information Service von NOAA). Diese Einrichtung ist auch für die Verarbeitung und Weitergabe der Daten zuständig (WHITEE 2001). Das genannte Satellitensystem umfaßt zwei Arten von Satelliten: GOES für nationale, regionale, kurzfristige Warnungen und aktuelle Berichte, POES für globale, langfristige Prognosen und Umweltbeobachtung. Beide Satellitenarten dienen vorrangig der Wettervorhersage, aber auch der Umweltbeobachtung. NOAA betreibt außerdem Satelliten des DMSP (Defense Meterolocical Satellite Program). Bezüglich der Wettervorhersage besteht eine Zusammenarbeit zwischen NOAA und EUMESAT.

|Gemeinsames Satellitensystem NOAA+EUMESAT|
Die beiden Institutionen beabsichtigen auch im Bereich der Satellitensysteme mit polnahen Umlaufbahnen zusammenzuarbeiten. Als Ergänzung zur Serie NOAA-POES (kurz: NOAA) ist von EUMESAT im Rahmen seines *Eumesat Polar Systems* (EPS) die Satellitenserie METOP vorgesehen. Die Satelliten NOAA-N sowie NOAA-N' (in der Nachmittags-Umlaufbahn, 13,30 und 14.30 Uhr Ortszeit) sollen ergänzt werden durch METOP-1 und METOP-2 (in der Vormittags-Umlaufbahn, 9.30 und 10.30 Uhr Ortszeit).

**Satelliten mit Sensoren
zum Erfassen von Strahlungsreflexion,**
vorrangig jener, die sich an tätigen Oberflächen des Landes vollzieht

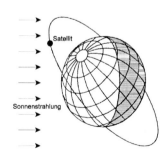

Abkürzungen
H = 35 900 km
äquatoriale Umlaufbahn = geostationärer Satellit

Für die polnah und zwischenständig umlaufenden Satelliten gilt:
H =
Höhe der Satelliten-Umlaufbahn über der Land/Meer-Oberfläche der Erde
sU = sonnensynchrone Umlaufbahn
I = Inklination der Umlaufbahn-Ebene (Winkel zwischen Äquator-Ebene und Umlaufbahn-Ebene)

ÄÜ = Ortszeit des Äquator-Überfluges (auf der Tagseite) bei Nord-Süd-Überflug oder "absteigend" (engl. decending), Süd-Nord-Überflug oder "aufsteigend" (engl. ascending)

AM = ante meridian, lat. vormittags. (AM-Umlaufbahn)
PM = post meridian, lat. zwischen Mittag und Mitternacht. (PM-Umlaufbahn)

gA = geometrische Auflösung (im Nadirbereich)
λ = Wellenlänge
A = Altimeter-Meßgenauigkeit ("innere" Genauigkeit des bestimmten Punktes)
F = Reflexionsfläche, kreisähnlicher Ausschnitt der momentanen Meeresoberfläche, der den Radarimpuls reflektiert (engl. Footprint)

Die von Sensor-System abgestrahlten Mikrowellen können horizontal (H) oder vertikal (V) *polarisiert* sein. Beim Empfang kann das Sensor-System wiederum auf horizontale oder vertikale Polarisation eingestellt sein. Dadurch sind vier Kombinationen der Polarisation abgestrahlter und empfangener Mikrowellen möglich: HH, VV, HV, VH.
Bezüglich Abkürzung DORIS und andere siehe Abschnitt 2.1.02.

Start	Name der Satellitenmission und andere Daten
ab 1960	**CORONA** (USA) militärisches Satelliten-Aufklärungssystem, im Einsatz von 1960-1972, 800 000 Bilder von Panoramakameras, zunächst als Einzelkameras ab 1962 im Stereomodus eingesetzt, Öffnungswinkel in Flugrichtung 6°, quer dazu 70°, geometrische Auflösung zwischen 2-10 m, ab 1995 zivile Nutzung möglich, die Aufnahmegebiete befinden sich vorrangig im damaligen Gebiet des „Ostblocks" (KAUFMANN/SULZER 1997, WALZ et al. 2004)
1970	**NOAA-1** (USA), H =1422-1472 km, sU, I = 102,0° mit *nachfolgende Missionen*
1972	**LANDSAT-1** (USA) H = 920 km, sU, I = 99°, ÄÜ = 8.50 Uhr Nord-Süd-Überflug mit *nachfolgende Missionen*
1975	**GOES-1** (Abschnitt 10.3) geostationär mit *nachfolgende Missionen*
1977	**METEOSAT-1** (Abschnitt 10.3) geostationär mit *nachfolgende Missionen*
1979	**COSMOS-1076** (Abschnitt 9.2.01)
1982	**LANDSAT-4** (USA) erstmals mit **TM** (Thematic Mapper)
1985	**LANDSAT-5** mit TM (USA) H = 705 km, sU, I = 98,2°, ÄÜ = 9.45 Uhr Nord-Süd-Überflug, Sensor TM: 7 Kanäle im Bereich 0,45-12,5 µm, gA = 30m/120m
1986	**SPOT-1** (Satellite Pour l'Observation de la Terre) (Frankreich) H = 832 km, sU, I = 98,7°, ÄÜ = 10.30 Uhr Nord-Süd-Überflug mit *nachfolgende Missionen*
1990	**SPOT-2** (Frankreich) H = 832 km, sU, I = 98,7°, ÄÜ = 10.30 Uhr ???-Überflug, Sensor HRV: 3 Kanäle im Bereich 0,50-0,89 µm, gA =

20 m, HRVpanchromatic: 1 Kanal im Bereich 0,51-0,73 µm, gA = 10 m

1991	**NOAA-12** (USA) H = 806-825 km, sU, I = 98,7°, ÄÜ = vormittags
1991	**ERS-1** (Europa, ESA) H = 780 km, I = 98,5°, Sensor SAR: 5,3 GHz (C-Band, VV) λ = 5,7 cm, gA = 30 m, Sensor Radaraltimeter-1 (RA-1): 13,8 GHz, A = ± 0,05 m, F = 6-20 km
1992	**JERS** (Japan) Sensor SAR: 1,3 GHz (L-Band, HH) λ = 23,5 cm, gA = 18 m
1994	**GOES-8** (USA) 2. Generation, neue Serie 8-11-M, *geostationär*
1994	**NOAA-14** (USA) H = , sU, I = , ÄÜ = 7.30 Uhr Nord-Süd-Überflug, Sensor AVHRR2: 5 Kanäle im Bereich 0,58-12,4 µm, gA = 1,1 km
1995	**ADEOS-1** (Advanced Earth Observing Satellite) (Japan, NASDA) H = 800 km, sU, ÄÜ = 10.30 Uhr, Sensoren: AVNIR, ILAS, IMG, NSCAT, OCTS, POLDER, RIS, TOMS
1995	**ERS-2** (Europa, ESA) H = 780 km, I = 98,5°, Sensor SAR: 5,3 GHz (C-Band, VV) λ = 5,7 cm, gA = 30 m, erfaßbares Gebiet bis 82° N/S, Überflug des gleichen Meßpunktes nach 35-168 Tagen (Wiederholrate), Sensor Radaraltimeter (RA-1): 13,8 GHz, A = ± 0,05 m, F = 6-20 km, geplante Altimeter-Mission 1995-2005
1995	**RADARSAT** (Canada) Sensor SAR: 5,3 GHz (C-Band, HH) λ = 5,6 cm, gA = 8-100 m (variabel)
1997	**OrbView-2** (Abschnitt 9.2.01)
1997	**TRMM** (USA, NASA) Sensoren: CERES, LIS, VIRS, TMI, PR (Japan), H = 402 km, I = 35°
? 1998	**ADEOS-2** (Japan, NASDA) Sensoren: ADALT, AMSR, E-LIDAR, GLI, IMB, (D)PR, SLIES, TERSE, TOMUIS, H = 800 km, sU,
1998	**NOAA-15** (vorher NOAA-K) (USA) H ca 850 km , sU, ÄÜ = 13.40 Uhr Nord-Süd-Überflug
1999	**LANDSAT-7** erstmals mit **ETM+** (Enhanced Thematic Mapper Plus) (USA) H = 705 km, sU, I = 98,2°, ÄÜ = 10.05 Uhr (Nord-Süd-Überflug), Sensor ETM+ (siehe Text)
1999	**IKONOS-2** (USA, Firma Space Imaging) H = 681 km, sU, Sensor Multispectral: 4 Kanäle im Bereich 0,45-0,88 µm, gA = 4 m, Sensor Panchromatic: 1 Kanal im Bereich 0,45-0,90 µm, gA = bis zu 1m. Die zuvor gestarteten Satelliten Early Bird 1, IKONOS-1, Quick Bird 1 erreichten geplante Umlaufbahnen nicht.
1999	**DLR-TUBSAT** (Deutschland) TUB = Technische Universität Berlin, Kleinsatellit mit der Fähigkeit zu *interaktiven* Such- und Beobachtungsoperationen (Steuerung vom Bodensegment aus), Teleskop, gA = 6 m

?	**NOAA-16** (USA) H ca 850 km
?	**SPOT-4** (Frankreich) Sensor Vegetation: 4 Kanäle im Bereich 0,43-1,75 μm, gA = 1 km, Sensor Xi: 4 Kanäle im Bereich 0,50-1,75 μm, gA= 20 m, Sensor M: 1 Kanal im Bereich 0,61-0,68 μm, gA = 10 m
?	**IRS 1C, 1D**, Sensor WiFS: 2 Kanäle im Bereich 0,62-0,86 μm, gA = 188 m, Sensor LISS-III: 4 Kanäle im Bereich 0,52-1,75 μm, gA = 23,5m/70,8m, Sensor PAN: 1 Kanal im Bereich 0,50-075 μm, gA = 5,8 m
?	**Fuyo-1** (Japan) zur meteorologischen Satellitenserie Himawari gehörig
1999	**TERRA** (vorher EOS AM-1) (USA) sU, H = ca 720 km, I = 98,1°, ÄÜ = 10.40 Uhr (Nord-Süd-Überflug), Sensoren: CERES (2), MISR, MODIS, ASTER (Japan), MOPITT (Canada) siehe Text, Missionsende 2008 ?
2000	**SRTM** (Shuttle-Radar-Topography-Mission) (USA, Deutschland, Italien) H = 240 km, I = 57°, Sensoren: Radarsysteme SIR-C: 5,3 GHz, λ = 5,6 cm, gA = 30 m, relative Höhengenauigkeit ± 10 m und X-SAR: 9,6 GHz, λ = 3,1 cm, gA = 30 m, relative Höhengenauigkeit ± 6 m, erfaßter Bereich: 60° Nord bis 57° Süd (siehe Abschnitt 3.1)
2000	**EO-1** (USA, NASA) Sensor Hyperion, 220 Kanäle im Bereich 0,4-2,5 μm, gA = 30 m
2000	**NOAA-16** (vorher NOAA-L) (USA) sU, ÄÜ = 7.30 Uhr Nord-Süd-Überflug, (es sollen folgen NOAA-M, -N und N')
2000	**GOES-11** (USA) *geostationär*
2000	**A-1** (Earth Resources Observing) (ImageSat-Konsortium, USA) geplant (bis 2004) 8 Kleinsatelliten mit SAR-Empfängern zu starten, gA = 1,8/0,8 m
2000	**SAC-C** (internationale Erderkundungs-Satellitenmission: USA, Argentinien, Dänemark, Italien, Brasilien, Frankreich) LANDSAT-7, EO-1, Terra und SAC-C überfliegen denselben Erdort im zeitlichen Abstand von 30 Minuten, H = 705 km, sU, I = 98,2°, ÄÜ = 10.21 Uhr, Sensoren: MMRS, HRTC, HSC, DCS, MMP, GOLPE, Whale Tracker, ICARE, IST, INES
2001	**PROBA** (Europa, ESA) (Project for On-Board Autonomy) ACNS (Attidute Control and Navigation System) zum satellitenautonomen Navigieren mit wichtigem Teil: Star tracker (Sternfinder), Kleinsatellit, Hyperspektralmission, Spektralbereich 450-2500 nm, H = 568 km, gA = 15-30 m
2002	**ENVISAT** (Europa, ESA) H = 780 km, sU, I = 98,55°, ÄÜ = 10.00 Uhr (Nord-Süd-Überflug), 10 wissenschaftliche Instrumente, Sensor

	ASAR Advanced Synthetic Aperture Radar): 5,3 GHz (C-Band, VV und HH) λ = 5,6 cm, Sensor RA (Radaraltimeter): 3,2 und 13,575 GHz, A = ± 0,02 m, weitere Sensoren: AATSR (Advanced Along-Track Scanning Radiometer), SCIAMACHY, GOMOS, MIPAS, MERIS (Medium Resolution Imaging Spectrometer), DORIS, geplante Altimeter-Mission 2002-2007
2002	**AQUA** (Abschnitt 9.2.01)
? 2001	**ARIES** (Australien) Sensor mit 64 Kanälen, gA = 30 m
? 2001	**IRS-P5** (Cartosat-1) Stereodaten, 2 Kameras, gA = 2,5 m
? 2001	**GOES-N** (USA) Serie N-Q, *geostationär*
? 2002	**OrbView-3** (Abschnitt 9.2.01)
? 2002	**SPOT-5**, Stereodaten, gA = 10 m
? 2004	**ALOS** (Advanced Land Observing Satellite) (Japan) H = 720 km ± 60 km, Stereodaten, Sensoren: PRISM, gA = 2,5 m, PALSAR
? 2006	**TerraSAR-X** oder -L (Deutschland) mit Kostenbeteiligung der Industrie, Einrichtung für Flugweg-Interferometrie (Along-Track-Interferometrie), Äquator-Überflug: 6.00 Uhr und 18.00 Uhr (dusk/dawn Orbit), H = 514 km, Inklination = 97,44°, Radarfrequenz = 9,65 GHz., Lebensdauer mindestens 5 Jahre
? 2005	**SMOS** (Europa, ESA) Schädigung Boden (und Salzgehalt Meer)
? 2005	**"Pleiades-Konzept"** (Frankreich, Italien) kleine Satelliten mit Sensoren panchromatisch, multispektral, Radar, gA ab 0,7 m
? 2005	**NPOESS** (USA) Vorversion, Wetter
? 2006	**ADM-Acolus** (Europa, ESA) Windgeschwindigkeit
? 2006	**METOP-1** (Europa, EUMESAT) (Meteorological Operational Satellite) sU, Umwelt (und Wetter)
? 2006	**METOP-2** (Europa, EUMESAT) sU, Umwelt (und Wetter)
? 2007	**RapidEye** (Deutschland) 5 Satelliten mit optischen Kameras
? 2011	**NPOESS** (USA) Umwelt (und Wetter) geplante Sensoren: ATMS (Advanced Technology Microwave Sounder, CrIS (Cross Track Infrared Sounder, VIIRS (Visible Infrared Imaging Radiometer Suite), OMPS (Ozon Mapping and Profiler Suite)
? 2010	**TerraSAR-2** (Deutschland) Kostenträger Industrie, baugleich mit TerraSAR-1
?	**Hydros** (USA) globale Erfassung der Bodenfeuchtigkeit und Permafrostgebiete

Bild 8.13   Satellitenmissionen/Sensoren vorrangig zur *Landbeobachtung* und Wettervorhersage. Quelle: DLR-Nachrichten März 2004, The Earth Observer (USA, EOS, 2005), BAMLER et al. (2003), SANDAU (2002), DLR (2001), STRUNZ (2001), KRAMER (1996)...

**Satelliten mit Sensoren
zum Erfassen von Ultrarot-Strahlungsemission,**
vorrangig jener, die von tätigen Oberflächen des Landes ausgeht

Als *tätige Oberfläche* gilt hier jene Fläche, an der sich ein bestimmter Hauptstrahlungsumsatz und damit Energieumsatz vollzieht (Abschnitt 4.2.04). Eine solche tätige Oberfläche kann beispielsweise sein: eine Bodenoberfläche, eine Waldoberfläche, eine Eis-/Schneeoberfläche, eine Wasseroberfläche. Die Wärmeabstrahlung an tätigen Oberflächen des Meeres sowie der Atmosphäre (Wolken) ist besonders behandelt. Die Charakteristik solcher tätigen Oberflächen des Landes soll zunächst durch einige Beispiele verdeutlicht werden.

In Bezug zum Waldpotential kommt dem Kronendach offenbar besondere Bedeutung zu.

Bild 8.14
Laserprofil eines Waldgebietes in einem bergigen Gelände. Quelle: ACKERMANN et al. (1994). Das *Kronendach* ist nur teilweise geschlossen, so daß auch die *Geländeoberfläche* deutlich hervortritt.

Können die Flächenteile vom Kronendach und von der Geländeoberfläche als tätigen Oberflächen angesehen werden, an denen sich der Hauptstrahlungsumsatz vollzieht?

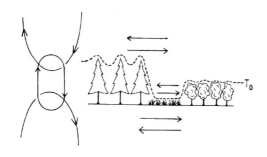

Bild 8.15
Eine *thermale* Bildaufzeichnung aus einem Satelliten erfaßt aus einem 3dimensionalen Prozeßgefüge (links angedeutet) offenkundig nur die 2dimensionale Verteilung einer Zustandsgröße (Temperatur) an einer markanten Grenzfläche (T_0 - Fläche). Quelle: GOSSMANN (1991). Kann diese Grenzfläche T_0 als tätige Oberfläche gelten? Das 3dimensionale System der Wärme- und Massenflüsse einer Landschaft (links im Bild) wird hier durch einen Grenzflächenparameter dargestellt und als "Oberflächentemperatur" angenommen.

Die Strahlungsabsorption in einem Wald und in einer Wiese zeigen beispielhaft die Bilder 8.16 und 8.17. Beim "Wald" wird der größte Teil der einfallenden sichtbaren Strahlung danach von der höchsten Kronenschicht absorbiert (79%). Die niederwüchsige Vegetation erhält nur ca 10%. Die (Licht-) Einstrahlung trägt somit (direkt) kaum zur Erwärmung des Bodens bei. Auch ein indirekter Wärmeaustausch durch Luftbewegung findet in einem solchen Wald kaum statt. Im Gegensatz dazu dringt bei der "Wiese" ein hoher Strahlungsanteil tief in den Pflanzenbestand ein. Noch mehr als 50% dringen bis zur Mitte der Grasschicht vor.

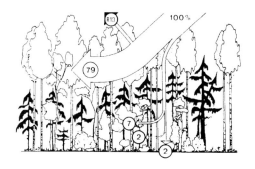

Bild 8.16
Strahlungsabsorption in einem "Wald" nach
CERNUSCA 1975. Quelle: SCHULTZ (1988)

Bild 8.17
Strahlungsabsorption in einer "Wiese" nach
CERNUSCA 1975.
Quelle: SCHULTZ (1988)

Weitere Ausführungen zum Kronendach als tätige Oberfläche sind im Abschnitt 7.3 enthalten. Strahlungsemission und Strahlungsreflexion an tätigen Oberflächen der Schnee-/Eisbedeckung sind im Abschnitt 4.2.06 angesprochen.

Bei der Betrachtung tätiger Oberflächen in Verbindung mit Wärmestrahlung sind ferner die fühlbaren und latenten Wärmeflüsse hinsichtlich ihrer Wirksamkeit abzuschätzen, insbesondere in Wald- und Wiesengebieten. Bild 8.18 soll die diesbezügliche Problematik verdeutlichen.

Bild 8.18
Zu den Bezugsflächen des fühlbaren und latenten Wärmestroms bei "Wald" und "Wiese". Quelle: GOSSMANN (1991), verändert

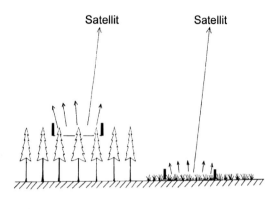

Die durch die Bestände "Wald" und "Wiese" gelegten horizontalen Ebenen sollen gleiche Größe haben. Für beide Bestände dient hinsichtlich der Wärmeabstrahlung somit zwar ein gleichgroßer Flächenausschnitt, doch die zugehörige tätige Oberfläche soll beim "Wald" erheblich größer sein, als bei der "Wiese", denn beim "Wald" seien alle Blattoberflächen an den turbulenten Flüssen beteiligt, die den fühlbaren und latenten Wärmestrom erbringen. Außerdem variiere die Blattoberfläche stark mit dem jeweils herrschenden Wetter und mit der Geländeform des Standortes (GOSSMANN 1991).

Bild 8.19
Luftströmungen in Wäldern bei unterschiedlichen Geländeformen. Quelle: GOSSMANN (1991). Vielfach wird angenommen, daß ca 30% der Landoberfläche hügelig oder gebirgig sind.

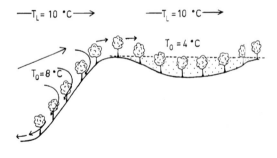

Nach Gossmann füllt auf den Hochflächen die am Abend gebildete Kaltluft den Bestand auf und stagniert darin. Im Gegensatz dazu fließe auf den Rücken und steilen Hängen die gekühlte Luft zwar rasch ab, doch werde sie ständig durch noch nicht gekühlte Luft aus der umgebenden Atmosphäre ersetzt. An Waldkämmen werde so ein wesentlich größeres Luftvolumen in die Abkühlung einbezogen und das gesamte Laub- und Nadelwerk des Bestandes nähme Wärme aus der Luft auf. Auf den Hochflächen würden nach der ersten Abkühlung am Abend dann nur noch die Baumspitzen Wärme aus der Luft aufnehmen.

Satelliten-Übersicht

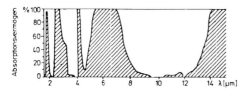

Bild 8.20
Absorptionsvermögen der Atmosphäre für elektromagnetische Strahlung zwischen 2 und 15 µm Wellenlänge nach LORENZ (1973).

Das Bild zeigt die atmosphärischen Strahlungsfenster in den Spektralbereichen |ca 2,0-2,5 µm| | 3,4-4,2 µm| und |8-13 µm|, die auch *Ultrarotfenster* (Infrarotfenster) genannt werden. Weitere Fenster sind im Abschnitt 4.2.06 beschrieben. Das Ultrarotfenster |3,4-4,2 µm| wird im Zusammenhang mit der Erderkundung weniger genutzt.

Start	Name der Satellitenmission und andere Daten
1970	**NIMBUS-4** (USA) H ca 1240 km, Sensor: THIR (Temperature Humidity Infrared Radiometer) 6,75-11,5 µm,
ab 1977	**METEOSAT** (siehe zuvor) Sensor: MSR (Multispectral Radiometer) 10,5-12,5 µm,
1978	**HCMM** (Heat Capacity Mapping Mission) (USA, NASA) H = 620 km, Sensor: HCMR (Heat Capacity Mapping Radiometer) 10,5-12,5 µm
ab 1979	**NOAA** -6,-7,-8,-9, (siehe zuvor) H = 705 km, Sensor: AVHRR: 10,3-11,3 µm
1985	**LANDSAT-5** (sieh zuvor) Sensor TM: 10,4-12,5 µm
1995	**ADEOS-1** (siehe zuvor) Sensor: OCTS (*Ocean* Color and Temperature Scanner) 0,41-12,5 µm, gA = 700 m
1998	**ADEOS-2** (siehe zuvor) Sensor: OCTS ?
1999	**LANDSAT-7** (siehe zuvor) Sensor ETM+: 10,4-12,5 µm

Bild 8.21
Satelliten mit Sensoren zum Aufzeichnung von *Wärmeabstrahlung*. Quelle: DLR (1998), GOSSMANN (1991) und andere

Zur Frage, ob sich die Wärmeabstrahlung der Erde ändert (der Haushalt also nicht mehr ausgeglichen ist), sind Ausführungen im Abschnitt 4.2.06 enthalten, die auf Meßergebnisse der Satelliten NIMBUS-4 und ADEOS-1 basieren und einen Zeitabschnitt von ca 27 Jahren bewerten.

Zur Energiebilanz an tätigen Oberflächen

Eine Möglichkeit zur Beschreibung der Energiebilanz an tätigen Oberflächen bietet der *Erhaltungssatz* der Energie. Bezogen auf die Land/Meer-Oberfläche als globale tätige Oberfläche kann gesetzt werden (MANNSTEIN 1991)

$$R + G + H + L_E = 0$$

Die einzelnen Summanden kennzeichnen darin die *Energieflußdichte* (in W/m^2), die oftmals verkürzend Energieflüsse oder Wärmeströme genannt werden. Die Summanden sind dem Charakter nach vektorielle Größen, die sich auf die Normalrichtung zur Oberfläche beziehen. Es bedeuten

R = Summe der Strahlungsflüsse
G = Summe aller Energieflüsse aus dem Gelände beziehungsweise aus dem Boden, die oftmals nur durch den Bodenwärmestrom repräsentiert wird
H = Fluß der fühlbaren Wärme
L_E = Fluß der latenten Wärme

Die Energieflussdichten werden positiv gezählt, wenn sie zur betrachteten Oberfläche hin gerichtet sind.

Nach MANNSTEIN kann die Strahlungsbilanz wie folgt aufgeteilt werden

$$R = R_S\downarrow + R_S\uparrow + R_L\downarrow + R_L\uparrow$$

R_S = kennzeichnet die *Globalstrahlung* (aufwärts oder abwärts gerichtet)
R_L = kennzeichnet die *Gegenstrahlung* (aufwärts oder abwärts gerichtet)

Die aufwärtsgerichtete kurzwellige (solare) Strahlung $R_S\uparrow$ ist der reflektierte Teil des abwärts gerichteten Flusses

$$R_S\uparrow = a \cdot R_S\downarrow$$

mit a = *Albedo* (Reflexionsgrad)

Für den *Bodenwärmestrom* kann nach MANNSTEIN gesetzt werden

$$G = -\lambda \cdot \frac{T_S - T_{(-1)}}{z_S - z_{(-1)}}$$

λ = Wärmeleitfähigkeit des Bodens (stark vom Wassergehalt abhängig)
T_S = Oberflächentemperatur (z_S = Tiefe dieser Fläche)
$T_{(-1)}$ = Flächentemperatur ($z_{(-1)}$ = Tiefe dieser Fläche, die nahe der Oberfläche liegen sollte.

Für das Beschreiben des Fließens von fühlbarer und latenter Wärme (durch die *Grenzschicht* zwischen Gelände/Meer und Atmosphäre) gibt es unterschiedliche Ansätze (MANNSTEIN 1991). Beispielsweise kann nach PRICE 1982 für den Fluß *fühlbarer* Wärme H benutzt werden

$$H = p_{air} \cdot c_p \cdot \frac{(T_S - T_{air})}{r}$$

mit dem atmosphärischen Widerstand r

$$r = \frac{\left[\ln\left(\frac{z_1}{z_0}\right)\right]^2}{\kappa^2 \cdot u}$$

κ = Karmann-Konstante (beispielsweise 0,35)
u = Windgeschwindigkeit
z_1 = Höhe in der die Temperatur gemessen wurde
z_0 = Rauhigkeitslänge
c = Wärmekapazität des Bodens (stark vom Wassergehalt abhängig)
c_p = spezifische Wärme bei konstantem Druck (p)
Für den Fluß *latenter* Wärme L_H kann benutzt werden

$$L_H = p_{air} \cdot L \cdot \frac{(q_S - p_{air})}{r}$$

L = Verdunstungswärme von Wasser
p_{air} = spezifische Feuchte der Luft
q_s = spezifische Feuchte an der Bodenoberfläche
r = atmosphärischer Widerstand

Nach Mannstein genüge die vorstehende Modellierung für eine nicht oder nur gering bedeckte Geländeoberfläche. Bei Bedeckung mit Vegetation ist sicherlich noch zu berücksichtigen, daß die Lebensvorgänge der Pflanzen mit einem Wassertransport aus den Bodenschichten in die Atmosphäre verbunden sind. Durch das (je nach Bedarf) erfolgende Öffnen und Schließen der Stomata der Pflanzen wird ein großer Teil dieses Wassers verdunstet. Außerdem sei eine geometrisch begrenzte tätige Oberfläche mit Pflanzenbedeckung wesentlich größer, als ohne eine solche Bedeckung (siehe zuvor). Gegebenenfalls sind noch weitere Einflüsse zu berücksichtigen.

Zum Begriff "Grenzschicht"

Die Austauschmechanismen zwischen dem Gelände beziehungsweise dem Meer einerseits und der Atmosphäre andererseits greifen ineinander, was zu einer laminaren (geordneten) *Grenzschicht* führt mit einem Eigenschaftssprung der Lufttemperatur, der spezifischen Feuchte (vom Boden oder von der Luft) und von Stoffkonzentrationen (BAUMGARTNER/LIEBSCHER 1990). Die Höhe dieser Grenzschicht beträgt zwar nur mm bis cm, beeinflußt aber stark den Austausch von Eigenschaften zwischen dem Gelände (Boden) einschließlich seiner Bedeckung und der Luft.